高等学校测绘工程系列教材

安全监测技术与应用

主编 岳建平 徐佳

WUHAN UNIVERSITY PRESS
武汉大学出版社

图书在版编目(CIP)数据

安全监测技术与应用/岳建平,徐佳主编.—武汉:武汉大学出版社,
2018.8
高等学校测绘工程系列教材
ISBN 978-7-307-20268-9

Ⅰ.安…　Ⅱ.①岳…　②徐…　Ⅲ.安全监测—技术—高等学校—教
材　Ⅳ.X924.2

中国版本图书馆 CIP 数据核字(2018)第 119776 号

责任编辑:杨晓露　　　责任校对:汪欣怡　　　版式设计:汪冰滢

出版发行:**武汉大学出版社**　　(430072　武昌　珞珈山)
　　　　(电子邮件:cbs22@whu.edu.cn　网址:www.wdp.com.cn)
印刷:湖北民政印刷厂
开本:787×1092　1/16　印张:21.75　字数:537 千字
版次:2018 年 8 月第 1 版　　2018 年 8 月第 1 次印刷
ISBN 978-7-307-20268-9　　定价:45.00 元

内 容 简 介

安全监测理论和技术是工程测量学中的一个重要研究内容，也是目前监测建筑物安全的一种重要手段，对保障国民经济建设和工程的正常运营有着重要的意义。本书重点介绍了安全监测的理论和方法，主要包括：安全监测的主要内容和要求，监测系统的设计，水平位移、垂直位移的监测方法，渗流监测技术，应力监测技术，并对现代监测技术作了详细深入的介绍，如自动化监测技术、光纤监测技术、GNSS监测技术、InSAR监测技术、三维激光扫描技术等。另外，还对监测数据的分析处理理论作了较详细的阐述。为了加强本书的实用性，针对多种类型工程的具体特点和要求，阐述了这些工程监测的内容和方法，对工程技术人员的实际应用有一定的参考价值。

前　言

　　本书是在总结多年教学经验的基础上，广泛征求同行的意见和建议，并根据当今测量技术的研究进展，全面介绍了安全监测的原理和方法，以及这些原理和方法在典型工程中的应用。在基本原理中，主要介绍了安全监测的目的和意义、精度要求、观测周期以及安全监测系统的设计原理等。在安全监测方法中，重点介绍了水平位移、垂直位移、挠度、裂缝等的监测技术。为扩大读者的知识面，还补充介绍了应力、渗流等安全监测的技术内容。为反映现代安全监测技术的研究进展，本书还介绍了GNSS监测技术、三维激光扫描监测技术、InSAR监测技术以及自动化监测技术等。为了能够全面反映安全监测工作的全过程，本书对监测资料的整编和安全监测数据分析处理理论等作了系统的介绍。

　　本书整体理论先进，实用性强，适用于测绘工程、土木工程等相关专业的教学和科研工作，也可作为工程技术人员的参考书。

　　本书的编写分工如下：岳建平(河海大学)，撰写第1、第6章，并负责全书的组织和统稿；徐佳(河海大学)，撰写第9章，并负责全书的校对；李明峰(南京工业大学)，撰写第10章；郑加柱(南京林业大学)，撰写第8章；席广永(郑州轻工业大学)，撰写第7章；周保兴(山东交通学院)，撰写第4章；刘志强(河海大学)，撰写第3、第12章；李桂华(河海大学)，撰写第13、第14章；张荣春(南京邮电大学)，撰写第2章；曹爽(南京信息工程大学)，撰写第11章；邱志伟(淮海工学院)，撰写第5章。

　　本书的部分内容取自所列的参考文献，在此对这些资料的作者表示衷心的感谢！

　　由于编者水平所限，书中难免存在谬误，敬请读者批评指正。

编者

2017 年 12 月

1

目　　录

第1章　绪论···1

1.1　安全监测的目的 ···1

1.2　安全监测的主要内容 ···2

　　1.2.1　巡视检查 ··2

　　1.2.2　环境监测 ··2

　　1.2.3　位移监测 ··3

　　1.2.4　渗流监测 ··3

　　1.2.5　应力、应变监测 ···3

　　1.2.6　周边监测 ··4

1.3　安全监测基本要求 ··4

　　1.3.1　监测系统设计 ··4

　　1.3.2　变形监测点的分类 ··4

　　1.3.3　变形监测的精度 ···5

　　1.3.4　变形监测的周期 ···7

　　1.3.5　变形监测的实施 ···8

1.4　安全监测研究进展 ··9

　　1.4.1　传统测量技术 ··9

　　1.4.2　GNSS 监测技术 ···10

　　1.4.3　光纤监测技术 ··12

　　1.4.4　GBSAR 监测技术 ···13

　　1.4.5　监测自动化技术 ···13

　　1.4.6　数学模型 ··14

　　1.4.7　安全评判 ··17

第2章　大地测量技术···19

2.1　精密水准测量 ···19

　　2.1.1　监测标志与选埋 ···19

　　2.1.2　监测仪器及检验 ···22

　　2.1.3　监测方法与技术要求 ···23

2.2　三角高程测量 ···25

　　2.2.1　单向观测及其精度 ··25

　　2.2.2　中间法及其精度 ···26

2.2.3　对向观测及其精度 ……………………………………………… 27

2.3　交会测量 …………………………………………………………… 27

2.3.1　测角交会法 ……………………………………………………… 27

2.3.2　测边交会法 ……………………………………………………… 28

2.3.3　后方交会法 ……………………………………………………… 29

2.4　导线测量 …………………………………………………………… 29

2.4.1　边角导线 …………………………………………………………… 30

2.4.2　基准值计算 ……………………………………………………… 31

2.4.3　复测值计算 ……………………………………………………… 31

2.4.4　弦矢导线 …………………………………………………………… 32

2.4.5　基准值的计算 …………………………………………………… 33

2.4.6　复测值的计算 …………………………………………………… 34

2.5　三角测量 …………………………………………………………… 34

第 3 章　GNSS 监测技术 …………………………………………………… 37

3.1　概述 ………………………………………………………………… 37

3.1.1　GPS 系统 ………………………………………………………… 37

3.1.2　GLONASS 系统 ………………………………………………… 38

3.1.3　BDS 系统 ………………………………………………………… 38

3.1.4　Galileo 系统 ……………………………………………………… 39

3.2　GNSS 定位误差源分析 …………………………………………… 39

3.2.1　与卫星有关的误差 ……………………………………………… 39

3.2.2　与信号传播有关的误差 ………………………………………… 41

3.2.3　与接收机有关的误差 …………………………………………… 44

3.2.4　其他误差 ………………………………………………………… 45

3.3　相对定位监测原理 ………………………………………………… 48

3.3.1　GNSS 相对定位数学模型 ……………………………………… 48

3.3.2　GNSS 相对定位模式 …………………………………………… 49

3.4　精密单点定位监测原理 …………………………………………… 50

3.4.1　PPP 函数模型 …………………………………………………… 50

3.4.2　PPP 随机模型 …………………………………………………… 53

3.4.3　参数估计方法 …………………………………………………… 54

3.5　GNSS 在苏通大桥监测中的应用 ………………………………… 55

第 4 章　三维激光扫描监测技术 ………………………………………… 59

4.1　概述 ………………………………………………………………… 59

4.2　三维激光扫描测量基本原理 ……………………………………… 60

4.2.1　激光测距系统 …………………………………………………… 60

4.2.2　激光扫描系统 …………………………………………………… 61

4.2.3　CCD 相机 ………………………………………………………… 61

4.3　测量误差分析 ……………………………………………………………… 62
　4.3.1　影响三维激光扫描精度的因素 …………………………………… 62
　4.3.2　三维激光扫描系统的精度检测 …………………………………… 64
4.4　点云数据处理方法 ………………………………………………………… 69
　4.4.1　点云配准 …………………………………………………………… 69
　4.4.2　数据滤波 …………………………………………………………… 72
　4.4.3　数据分割 …………………………………………………………… 73
　4.4.4　三角网格建立 ……………………………………………………… 77
　4.4.5　三维建模 …………………………………………………………… 79
4.5　基于三维激光扫描测量的变形分析方法 ………………………………… 79
　4.5.1　基于点的变形分析方法 …………………………………………… 79
　4.5.2　基于线的变形分析方法 …………………………………………… 80
　4.5.3　基于面的变形分析方法 …………………………………………… 81
　4.5.4　基于 NURBS 曲面的监测体表面变形分析 ……………………… 82
4.6　三维激光扫描技术在边坡变形监测中的应用 …………………………… 85
　4.6.1　工程概况 …………………………………………………………… 85
　4.6.2　点云数据的获取 …………………………………………………… 86
　4.6.3　点云数据配准 ……………………………………………………… 86
　4.6.4　点云数据噪声剔除 ………………………………………………… 87
　4.6.5　变形量获取 ………………………………………………………… 88

第5章　InSAR 监测技术 …………………………………………………………… 91
5.1　概述 ………………………………………………………………………… 91
5.2　InSAR 监测基本原理 ……………………………………………………… 91
　5.2.1　InSAR 技术基本原理 ……………………………………………… 92
　5.2.2　InSAR 技术处理流程 ……………………………………………… 93
　5.2.3　InSAR 技术误差分析 ……………………………………………… 94
5.3　数据处理新方法 …………………………………………………………… 97
　5.3.1　永久散射体干涉技术 ……………………………………………… 97
　5.3.2　相干目标分析方法 ………………………………………………… 99
　5.3.3　短基线集方法 ……………………………………………………… 100
5.4　GBSAR 监测技术与应用 ………………………………………………… 103
　5.4.1　GBSAR 监测原理 ………………………………………………… 103
　5.4.2　GBSAR 监测应用 ………………………………………………… 107
5.5　工程应用 …………………………………………………………………… 113
　5.5.1　监测地区及数据概况 ……………………………………………… 113
　5.5.2　监测结果验证及分析 ……………………………………………… 116

第6章　光纤监测技术 ……………………………………………………………… 119
6.1　概述 ………………………………………………………………………… 119

  6.2 光纤传感器介绍 ·· 120
   6.2.1 光纤的基本结构 ··· 120
   6.2.2 光纤传输的基本原理 ·································· 121
   6.2.3 光纤传感的基本原理 ·································· 122
   6.2.4 光纤传感器的特点 ····································· 123
   6.2.5 光纤传感器的分类 ····································· 124
   6.2.6 光纤传感器的应用领域 ······························ 127
  6.3 分布式光纤监测系统 ·· 128
   6.3.1 总体结构 ·· 128
   6.3.2 监测系统介绍 ·· 130
  6.4 工程应用 ·· 133
   6.4.1 结构工程监测 ·· 133
   6.4.2 海底管道监测 ·· 135
   6.4.3 滑坡体监测 ··· 137

第7章 自动化监测技术 ·· 140
  7.1 引言 ·· 140
  7.2 自动化监测系统 ·· 141
   7.2.1 自动化监测系统的分类 ······························ 141
   7.2.2 自动化监测系统的设计 ······························ 143
   7.2.3 自动化监测系统的数据采集单元 ·················· 145
  7.3 自动化监测方法 ·· 148
   7.3.1 变形监测 ·· 148
   7.3.2 应力应变监测 ·· 164
   7.3.3 渗压(流)监测 ··· 168
  7.4 自动化监测系统应用实例 ···································· 170
   7.4.1 三峡大坝安全监测的目的和原则 ·················· 171
   7.4.2 三峡大坝自动化监测系统 ··························· 171

第8章 监测资料整编与预处理 ·· 175
  8.1 监测资料整编 ··· 175
   8.1.1 平时资料整理 ·· 175
   8.1.2 定期资料整理 ·· 175
   8.1.3 整编资料刊印 ·· 177
  8.2 监测资料初步分析 ··· 177
   8.2.1 概述 ··· 177
   8.2.2 监测资料的检核 ······································· 178
   8.2.3 变形分析 ·· 179
  8.3 监测数据的预处理 ··· 181
   8.3.1 粗差检验 ·· 182

8.3.2　系统误差检验 ·· 183

8.4　安全监测信息管理系统 ·· 186

　8.4.1　监测数据管理与数据库管理系统 ······························· 186

　8.4.2　安全监测信息管理系统实例分析 ································· 186

　8.4.3　总结 ·· 192

第9章　安全监测数学模型 ··· 193

9.1　概述 ·· 193

9.2　统计分析模型 ·· 193

　9.2.1　一元线性回归模型 ·· 194

　9.2.2　多元线性回归模型 ·· 194

　9.2.3　逐步回归统计模型 ·· 195

　9.2.4　算例分析 ··· 198

9.3　灰色系统模型 ·· 199

　9.3.1　灰色系统理论的基本概念 ··· 199

　9.3.2　GM(1,1)模型 ·· 200

　9.3.3　GM(1,N)模型 ·· 202

　9.3.4　算例分析 ··· 203

9.4　时间序列模型 ·· 204

　9.4.1　ARMA 模型 ··· 204

　9.4.2　ARMA 模型建立的一般步骤 ··· 205

　9.4.3　ARMA 的 Box 建模方法 ·· 206

9.5　神经网络模型 ·· 210

　9.5.1　神经网络基本原理 ·· 211

　9.5.2　BP 神经网络 ··· 213

　9.5.3　广义回归神经网络 ·· 214

　9.5.4　小波神经网络 ··· 216

　9.5.5　算例分析 ··· 218

第10章　安全评判理论 ··· 220

10.1　概述 ·· 220

　10.1.1　安全评判的意义 ··· 220

　10.1.2　安全评判体系 ·· 221

　10.1.3　安全评判的原则 ··· 222

　10.1.4　安全评判方法 ·· 222

10.2　层次分析法 ·· 223

　10.2.1　基本知识 ··· 223

　10.2.2　层次分析法结构模型 ··· 226

　10.2.3　层次排序 ··· 227

　10.2.4　层次分析法评判决策 ··· 228

10.3 风险分析法 ··· 229
    10.3.1 风险分析的框架结构 ······································· 229
    10.3.2 定性风险分析法 ··· 230
    10.3.3 定量风险分析法 ··· 230
    10.3.4 总结 ·· 232
10.4 模糊分析法 ··· 232
    10.4.1 模糊聚类分析 ··· 233
    10.4.2 模糊综合评判 ··· 234
    10.4.3 大坝安全多层次模糊综合评判 ························· 235
10.5 安全评判专家系统 ··· 240
    10.5.1 专家系统 ··· 240
    10.5.2 大坝安全综合评价专家系统 ····························· 241

第11章 水利工程安全监测 ··· 246
11.1 概述 ·· 246
    11.1.1 监测工作的重要性 ·· 246
    11.1.2 监测系统研究进展 ·· 246
11.2 主要监测内容与方法 ··· 249
    11.2.1 概述 ·· 249
    11.2.2 监测项目 ··· 250
    11.2.3 监测方法 ··· 250
    11.2.4 监测周期 ··· 253
11.3 监测系统设计与建立 ··· 253
    11.3.1 监测断面布置 ·· 253
    11.3.2 水平位移观测点布置 ·· 254
    11.3.3 垂直位移测点布置 ··· 255
11.4 小浪底大坝安全监控系统设计 ······································· 255
    11.4.1 工程概况 ··· 255
    11.4.2 大坝监测项目 ·· 256
11.5 大坝安全监测发展趋势 ·· 261

第12章 桥梁工程安全监测 ··· 263
12.1 概述 ·· 263
12.2 监测内容与方法 ··· 263
    12.2.1 主要监测内容 ·· 263
    12.2.2 常用监测方法 ·· 265
12.3 桥梁基础垂直位移监测 ·· 267
    12.3.1 高程基准网与观测点布设 ·································· 267
    12.3.2 垂直位移观测 ·· 268
12.4 桥梁挠度和水平位移监测 ··· 269

　　12.4.1　平面基准网布设 ·· 269

　　12.4.2　索塔挠度观测 ·· 271

　　12.4.3　主梁挠度观测 ·· 271

　12.5　应用实例 ··· 272

　　12.5.1　超高索塔挠度监测 ·· 272

　　12.5.2　预应力连续刚构桥挠度监测 ·· 274

第13章　城市地铁工程安全监测 ··· 277

　13.1　概述 ··· 277

　13.2　城市地铁工程施工期监测 ··· 278

　　13.2.1　主要监测内容与方法 ·· 278

　　13.2.2　监测资料整理和分析 ·· 285

　　13.2.3　地铁工程施工期监测方案设计 ·· 286

　　13.2.4　工程应用 ·· 287

　13.3　城市地铁工程运营期长期监测 ··· 293

　　13.3.1　主要监测内容与方法 ·· 293

　　13.3.2　监测资料整理和分析 ·· 296

　　13.3.3　地铁工程运营期长期监测方案设计 ···································· 296

　　13.3.4　工程应用 ·· 297

　13.4　城市地铁工程运营期专项监测 ··· 301

　　13.4.1　主要监测内容与方法 ·· 301

　　13.4.2　监测资料整理和分析 ·· 305

　　13.4.3　地铁工程运营期专项监测方案设计 ···································· 306

　　13.4.4　地铁保护区自动化监测系统 ·· 307

　　13.4.5　工程应用 ·· 309

第14章　高铁工程安全监测 ··· 315

　14.1　概述 ··· 315

　14.2　主要监测内容和方法 ··· 315

　　14.2.1　变形监测网 ·· 316

　　14.2.2　路基变形监测 ·· 318

　　14.2.3　桥涵变形监测 ·· 320

　　14.2.4　隧道变形监测 ·· 323

　14.3　高速铁路工程监测方案设计 ··· 324

　14.4　工程应用 ··· 325

　　14.4.1　工程概况 ·· 325

　　14.4.2　工程地质概况 ·· 325

　　14.4.3　沉降监测技术要求 ·· 325

　　14.4.4　基准点、工作基点、沉降监测点的布设 ································ 325

　　14.4.5　沉降监测方法 ·· 327

14.4.6　数据处理 ……………………………………………………………… 328

14.4.7　资料整理 ……………………………………………………………… 328

参考文献 ………………………………………………………………………… 329

第1章 绪 论

1.1 安全监测的目的

变形监测是指对被监测的对象进行测量，以确定其空间位置及其内部形态随时间变化的过程和特征。变形监测的对象主要包括工程建筑物、技术设备以及其他自然或人工对象，例如大坝、桥梁、隧道、高层建筑、滑坡体及高边坡等。

变形监测是掌握建筑物形变特征的基本手段，但仅对建筑物的形变特征进行监测是不够全面的，还需要对结构内部的应力、温度以及外部环境进行相应的监测，才能全面掌握建筑物的性态特征，为此，在变形监测的基础上发展出安全监测。安全监测的主要目的是确定建筑物的工作性态，保证建筑物的安全运营，为此需要建立一套完整的安全评判理论体系，以分析和评判建筑物的安全状况，由此而产生和发展了一种新的建筑物健康诊断理论。

由于大型建筑物在国民经济中的重要性，其安全问题受到普遍的关注，政府和管理部门对安全监测工作都十分重视。综合起来，安全监测的目的主要有以下几个方面。

1. 分析和评价建筑物的安全状态

由于工程地质、外界条件等因素的影响，建筑物及其设备在施工和运营过程中都会产生一定的变形，这种变形常常表现为建筑物整体或局部发生沉陷、倾斜、扭曲、裂缝等。如果这种变形在允许的范围之内，则认为是正常现象，如果超过了一定的限度，就会影响建筑物的正常使用，严重的还可能危及建筑物的安全。为此，在工程建筑物的施工和运营期间，都必须对它们进行安全监测，以监视其安全状态。

2. 验证设计参数

安全监测的结果也是对设计数据的验证，可以为改进设计和科学研究提供依据。由于人们对自然的认识不够全面，不可能对影响建筑物的各种因素都进行精确计算，设计中往往采用一些经验公式、实验系数或近似公式进行简化，安全监测结果可以验证设计的正确性，修正不合理的部分。

3. 反馈设计施工质量

安全监测不仅能监视建筑物的安全状态，而且对反馈设计施工质量等起到重要作用。由于新的设计理论、新型材料、新型工艺等的不断应用，其效果需要在实践中得到验证和修正，同时，对于具体工程的实际施工质量也需要在施工后进行检验和证实。安全监测结果可以为设计的正确性以及施工质量的好坏提供最直接的依据。

4. 研究正常的变形规律和预报变形的方法

由于对问题的认识需要一个由浅入深的过程，且由于建筑物结构类型、建筑材料、施工模式、地质条件等的不同，其变形特征和规律存在一定的差异。因此，对建筑物实施安全监测，并对监测数据进行全面的分析研究，可寻找出建筑物变形的基本规律和特征，从而为监控建筑物的安全、预报建筑物的变形趋势提供依据。

1.2 安全监测的主要内容

对于不同类型的监测对象，其监测的内容和方法有一定的差异，但总的来说可以分成巡视检查、环境监测、位移监测、渗流监测、应力、应变监测及周边监测等几个方面。

1.2.1 巡视检查

巡视检查是安全监测中的一个重要内容，它包括现场巡视和现场检测两项工作，分别采用简单量具或临时安装的仪器设备在建筑物及其周围定期或不定期进行检查，检查结果可以定性描述，也可以定量描述。

巡视检查不仅是工程运营期的必需工作，在施工期也应十分重视。因此，在设计安全监测系统时，应根据工程的具体情况和特点，制定巡视检查的内容和要求，巡视人员应严格按照预先制定的巡视检查程序进行检查工作。

巡视检查的次数应根据工程的等级、施工的进度、荷载情况等决定。在施工期，一般每周2次；在正常运营期，可逐步减少次数，但每月不宜少于1次。在工程进度加快或荷载变化很大的情况下，应加强巡视检查。另外，在遇到暴雨、大风、地震、洪水等特殊情况时，应及时进行巡视检查。

巡视检查的内容可根据具体情况确定，例如，对于大坝的坝体其主要检查内容有：相邻坝段之间的错动；伸缩缝开合情况和止水的工作状况；上下游坝面、宽缝内及廊道壁上有无裂缝，裂缝中渗水情况；混凝土有无破损、溶蚀、水流侵蚀或冻融现象；坝体漏水量和水质有无明显变化；坝顶防浪墙有无开裂、损坏情况。对于金属结构，还应检查其有无油漆脱落、锈蚀等现象。

巡视检查的方法主要依靠目视、耳听、手摸、鼻嗅等直观方法，也可辅以锤、钎、量具、放大镜、望远镜、照相机或摄像机等工器具进行。如有必要，可采用坑（槽）探挖、钻孔取样或孔内电视、注水或抽水试验、化学试剂、水下检查或水下电视摄像、超声波探测及锈蚀检测、材质化验或强度检测等特殊方法进行检查。

现场巡视检查应按规定做好记录和整理，并与以往检查结果进行对比，分析有无异常现象。如果发现疑问或异常现象，应立即对该项目进行复查，确认后，应立即编写专门的检查报告，及时上报。

1.2.2 环境监测

环境监测是指对影响建筑物安全的大气环境、荷载环境、地质环境等进行监测。大气环境主要包括：气温、气压、降水量、风力、风向等；对于水工建筑物，荷载及地质环境主要包括：库水位、库水温度、冰压力、坝前淤积和下游冲刷等；对于桥梁工程，荷载及地质环境主要包括：河水流速、流向、泥沙含量、河水温度、桥址区河床变化、车流量等。总之，对于不同的工程，除了一般性的环境监测外，还要进行一些针对性的监测工作。

环境监测的一般项目通常采用自动气象站、水文站等来实现，对于特定类型建筑物的特定监测项目，应采用特定的监测方法和要求。地震是一种危害巨大的自然灾害，对于一些重大工程，为保证其安全，降低地震灾害所造成的损失，需要在工程所在地设立地震监测站，以分析和预报可能发生的地震。

1.2.3 位移监测

位移监测主要包括沉降监测、水平位移监测、挠度监测、裂缝监测等，对于不同类型的工程，各类监测项目的方法和要求有一定的差异。为使测量结果有相同的参考系，在进行位移测量时，应设立统一的监测基准点。

沉降监测一般采用几何水准测量方法进行，在精度要求不太高或者观测条件较差时，也可采用三角高程测量方法。对于监测点高差不大的场合，可采用液体静力水准测量和压力传感器方法进行测量。沉降监测除了可以测量建筑物基础的整体沉降外，还可以测量基础的局部相对沉降量、基础倾斜、转动等。

水平位移监测通常采用大地测量方法(如交会测量、三角网测量、导线测量、GNSS测量)，基准线测量(如视准线测量、引张线测量、激光准直测量、垂线测量)以及其他一些专门的测量方法(如裂缝计、多点位移计等)。目前，许多新的监测技术也在不断出现并得到应用(如三维激光扫描、光纤、InSAR等)。大地测量方法是传统的测量方法，基准线测量是目前普遍使用的实用方法，专门测量方法和监测新技术也是进行特定项目监测的十分有效的技术手段。

1.2.4 渗流监测

渗流监测主要包括地下水位监测、渗透压力监测、渗流量监测等。对于水工建筑物，还要包括扬压力监测、水质监测等。

地下水位监测通常采用水位观测井或水位观测孔进行，即在需要观测的位置打井或埋设专门的水位监测管，测量井口或孔口到水面的距离，然后换算成水面的高程，通过水面高程的变化分析地下水位的变化情况。

渗透压力一般采用专门的渗压计进行观测，渗压计和测读仪表的量程应根据工程的实际情况选定。

渗流量监测可采用人工量杯观测和量水堰观测等方法。量水堰通常采用三角堰和矩形堰两种形式。三角堰一般适用于流量较小的场合，矩形堰一般适用于流量较大的场合。

1.2.5 应力、应变监测

应力、应变监测的主要项目包括：混凝土应力应变监测、锚杆(锚索)应力监测、钢筋应力监测、钢板应力监测等。

为使应力、应变监测成果不受环境变化的影响，在监测应力、应变时，应同时测量监测点的温度。应力、应变的监测应与变形监测、渗流监测等项目结合布置，以便监测资料的相互验证和综合分析。

应力、应变监测一般采用专门的应力计和应变计进行。选用的仪器设备和电缆，其性能和质量应满足监测项目的需要，且应特别注意仪器的可靠性和耐用性。

1.2.6 周边监测

周边监测主要指对工程周边地区可能发生的对工程运营产生不良影响的监测工作，主要包括：滑坡监测、高边坡监测、渗流监测等。对于水利工程，由于水库的蓄水，使库区岸坡的岩土力学特性发生变化，从而引起库区的大面积滑坡，这对工程的使用效率和安全将是巨大的隐患，因此，应加强水利工程库区的滑坡监测工作。另外，对于水利工程中非大坝的自然挡水体，由于没有进行特殊处理，很可能会存在大量的渗漏现象，加强这方面的监测，对有效地利用水库，防止渗漏有很大的作用。

1.3 安全监测基本要求

1.3.1 监测系统设计

依据建筑物的特点设计一套监测系统，对建筑物及其基础的性态进行监测，是保证建筑物安全运营，及时发现和处理问题，防止事故发生的重要举措。在监测系统设计时，应遵循以下原则：

(1)针对性。设计人员应熟悉设计对象，了解工程规模、结构设计方法、水文、气象、地形、地质条件及存在的问题，有的放矢地进行监测设计，特别是要根据工程特点及关键部位综合考虑，统筹安排，做到目的明确、实用性强、突出重点、兼顾全局，即以重要工程和危及建筑物安全的因素为重点监测对象，同时兼顾全局，并对监测系统进行优化，以最小的投入取得最好的监测效果。

(2)完整性。对监测系统的设计要有整体方案，它是用各种不同的观测方法和手段，通过可靠性、连续性和整体性论证后，优化出来的最优设计方案。监测系统以监测建筑物安全为主，观测项目和测点的布设应满足资料分析的需要，同时兼顾到验证设计，以达到提高设计水平的目的。另外，观测设备的布置要尽可能地与施工期的监测相结合，以指导施工和便于得到施工期的观测数据。

(3)先进性。设计所选用的监测方法、仪器和设备应满足精度和准确度的要求，并吸取国内外的经验，尽量采用先进技术，及时有效地提供建筑物性态的有关信息。对工程安全起关键作用且人工难以进行观测的数据，可借助于自动化系统进行观测和传输。

(4)可靠性。观测设备要具有可靠性，特别是监测建筑物安全的测点，必要时在这些特别重要的测点上布置两套不同的观测设备以便互相校核并可防止观测设备失灵。观测设备的选择要便于实现自动数据采集，同时考虑留有人工观测接口。

(5)经济性。监测项目宜简化，测点要优选，施工安装要方便。各监测项目要相互协调，并考虑今后监测资料分析的需要，使监测成果既能达到预期目的，又能做到经济合理，节省投资。

1.3.2 变形监测点的分类

变形监测点一般分为基准点、工作基点和变形观测点三类。

1. 基准点

基准点是变形监测系统的基本控制点，是测定工作基点和变形观测点的依据。基准点通常埋设在稳固的基岩上或变形区域以外，能长期保存，且稳定不动。每个工程一般应建立 3 个基准点，以便相互校核，确保坐标系统的一致，当确认基准点稳定可靠时，也可少于 3 个。

水平位移监测的基准点，可根据点位所处的地质条件选埋，常采用地表混凝土观测墩、井式混凝土观测墩等。在大型水利工程中，经常采用深埋倒垂线装置作为水平位移监测的基准点。

沉降观测的基准点通常成组设置，用以检核基准点的稳定性。每一个测区的水准基点不应少于 3 个，对于小测区，当确认点位稳定可靠时可少于 3 个，但连同工作基点不得少于 2 个。水准基点的标石，应埋设在基岩层或原状土层中。在建筑区内，点位与邻近建筑物的距离应大于建筑物基础最大宽度的 2 倍，其标石埋深应大于邻近建筑物基础的深度。水准基点的标石，可根据点位所处位置的地质条件选埋基岩水准标石、深埋钢管标石、深埋双金属管标石和混凝土标石。

变形观测中设置的基准点应进行定期观测，并将观测结果进行统计分析，以判断基准点本身的稳定性。水平位移基准点的稳定性通常采用三角测量法进行，沉降监测基准点的稳定性一般采用精密水准测量的方法进行。

2. 工作基点

工作基点又称工作点，它是基准点与变形观测点之间起联系作用的点。工作点埋设在被研究对象附近，要求在观测期间保持点位稳定，其点位由基准点定期检测。

工作基点位置与邻近建筑物的距离不得小于建筑物基础深度的 1.5~2.0 倍。工作基点的标石，可根据实际情况和工程的规模，参照基准点的要求建立。

3. 变形观测点

变形观测点是直接埋设在变形体上的能反映建筑物变形特征的测量点，又称观测点。通过观测点的位置变化来判断被监测建筑物的沉陷与位移，因此，观测点必须与建筑物密切结合，且能反映建筑物的位移特征。

变形观测点标石埋设后，应在其稳定后开始观测。稳定期根据观测要求与测区的地质条件确定，一般不宜少于 15 天。

1.3.3 变形监测的精度

在制订变形监测方案时，首先要确定监测的精度要求。变形监测的精度要求一般依据有关国家规范或行业规范进行，对于某些特殊的监测对象，缺乏相关规范的要求时，应根据监测对象的规模、特点、工程地质条件以及监测的目的等进行专项设计，以确保监测目标的实现。

变形监测的目的大致可分为三类。第一类是安全监测。希望通过重复观测发现建筑物的不正常变形，以便及时分析和采取措施，防止事故的发生。第二类是积累资料。检验设计理论和方法的正确性，也为修改设计方法和制定设计规范提供依据。第三类是为科学试验服务。实质上可能是为了收集资料，验证设计方案，或是为了安全监测。显然，不同的目的所要求的精度不同。为积累资料而进行的变形观测精度要求低一些，另两种目的精度要求高一些。由于安全监测的极其重要性和目前测量手段的进步，加之测量费用所占工程费用的比例较小，因此，变形观测的精度要求一般较严。表 1-1 为我国《混凝土坝安全监测技术规范》(DL/T 5178—2016)有关变形监测的精度要求。

表 1-1　　　　　　　　　　　　　混凝土大坝变形监测的精度

项　目				监测精度
变形监测控制网				±1.4mm
水平位移	坝体	重力坝		±1.0mm
		拱坝	径向	±2.0mm
			切向	±1.0mm
	坝基	重力坝		±0.3mm
		拱坝	径向	±0.3mm
			切向	±0.3mm
坝体、坝基垂直位移		坝体		±1.0mm
		坝基		±0.3mm
坝体、坝基挠度				±0.3mm
倾斜	坝体			±5.0″
	坝基			±1.0″
坝体表面接缝与裂缝				±0.2mm
坝基、坝肩岩体内部变形				±0.2mm
近坝区岩体和高边坡	水平位移			±2.0mm
	垂直位移			±2.0mm
滑坡体	水平位移			±3.0mm(岩质边坡) ±5.0mm(土质边坡)
	垂直位移			±3.0mm(岩质边坡) ±5.0mm(土质边坡)
	裂缝			±1.0mm
渗流	渗流量			±10%满量程
	量水堰堰上水头			±1.0mm
	绕坝渗流孔、测压管水位			±50mm
	渗透压力			±0.5%满量程

在确定了变形监测的精度要求后，可参照《建筑变形测量规范》(JGJ 8—2016)确定相应的观测等级(参见表 1-2)。当存在多个变形监测精度要求时，应根据其中最高精度选择相应的精度等级；当要求精度低于规范最低精度要求时，宜采用规范中规定的最低精度。

6

表 1-2　　　　　　　　　　　建筑物变形测量等级及精度

变形测量等级	沉降观测	位移观测	适用范围
	观测点测站高差中误差（mm）	观测点坐标中误差（mm）	
特等	≤0.05	≤0.3	特高精度要求的变形测量
一等	≤0.15	≤1.0	地基基础设计为甲级的建筑的变形测量；重要的古建筑、历史建筑的变形测量；重要的城市基础设施的变形测量等
二等	≤0.50	≤3.0	地基基础设计为甲、乙级的建筑的变形测量；重要场地的边坡监测；重要的基坑监测；重要管线的变形测量；地下工程施工及运营中的变形测量；重要的城市基础设施的变形测量等
三等	≤1.50	≤10.0	地基基础设计为乙、丙级的建筑的变形测量；一般场地的边坡监测；一般的基坑监测；地表、道路及一般管线的变形测量；一般的城市基础设施的变形测量；日照变形测量；风振变形测量等
四等	≤3.0	≤20.0	精度要求低的变形测量

注：1. 沉降监测点测站高差中误差：对水准测量，为其测站高差中误差；对静力水准测量、三角高程测量，为相邻沉降监测点间等价的高差中误差。

2. 位移监测点坐标中误差：指的是监测点相对于基准点或工作基点的坐标中误差、监测点相对于基准线的偏差中误差、建筑上某点相对于其底部对应点的水平位移分量中误差等。坐标中误差为其点位中误差的 $\frac{1}{\sqrt{2}}$ 倍。

1.3.4　变形监测的周期

变形监测的时间间隔称为观测周期，即在一定的时间内完成一个周期的测量工作。观测周期与工程的大小、测点所在位置的重要性、观测目的以及观测一次所需时间的长短有关。根据观测工作量和参加人数，一个周期可从几小时到几天。观测速度要尽可能地快，以免在观测期间某些标志产生一定的位移。

变形监测的周期应以能系统反映所测变形的变化过程且不遗漏其变化时刻为原则，根据单位时间内变形量的大小及外界影响因素确定。当观测中发现变形异常时，应及时增加观测次数。不同周期观测时，宜采用相同的观测网形和观测方法，并使用相同类型的测量仪器。对于特级和一级变形观测，还宜固定观测人员、选择最佳观测时段、在基本相同的环境和条件下观测。

一般可按荷载的变化或变形的速度来确定。在工程建筑物建成初期，变形速度较快，观测次数应多一些，随着建筑物趋向稳定，可以减少观测次数，但仍应坚持长期观测，以便能发现异常变化。对于周期性的变形，在一个变形周期内至少应观测两次。具体观测周期可根据工程进度或规范规定确定，表1-3为大坝变形观测的周期要求。在施工期间，若遇特殊情况(暴雨、洪水、地震等)，应进行加测。及时进行第一周期的观测有重要的意义。因为延误最初的测量就可能失去已经发生的变形数据，而且以后各周期的重复测量成果是与第一次观测成果相比较的，所以应特别重视第一次观测的质量。

表 1-3   大坝变形观测周期

变形种类	水库蓄水前	水库蓄水	水库蓄水后 2~3 年	正常运营
混凝土坝				
沉陷	1 个月	1 个月	3~6 个月	半年
相对水平位移	半个月	1 周	半个月	1 个月
绝对水平位移	0.5~1 个月	1 季度	1 季度	6~12 个月
土石坝				
沉陷、水平位移	1 季度	1 个月	1 季度	半年

1.3.5 变形监测的实施

根据设计要求对观测仪器进行选型。监测仪器设备应以精确可靠、稳定耐久、具有良好的防潮性能为原则。自动化监测设备应具有自检自校功能，并能防潮防水防锈，长期稳定，还应具有人工监测手段，以防数据中断。设备的附件和配件的选择应以更换简单、更换时不影响观测数据的连续性为原则。

埋设安装前应对设备进行必要的检验、率定及配套验收，严格按设计施工，若需修改设计，应报请上级主管批准备案备查，施工时做好安装记录，绘制竣工图以备移交。

对于测绘仪器，应该选择高精度的监测仪器。如水准仪宜选择高精度的电子水准仪；全站仪宜选择测角精度不低于 1″级，测距精度不低于 1mm+1ppm×D 的高精度仪器。

1. 现场观测与检查

现场观测与检查应按操作规程及制度进行，观测要求做到四无、四随、四固定。四无即无缺测、无漏测、无违时、无不符精度。四随即随观测、随记录、随计算、随校核。四固定即人员、仪器、测次、时间固定。同时应做好巡视检查，及时整理、整编和分析监测成果并编写监测报告，建立监测档案，做好监测系统的维护、更新、补充和完善工作。

对新建大坝，各项观测设施应随施工的进展及时埋设安装，各种观测项目安装完毕后及时观测基准值。对于主要监测项目，第一次蓄水前必须取得基准值。老坝观测系统的改造亦应在投入运行时测定其基准值。各基准值至少连续观测两次，合格后取平均值作为基准值。

2. 测次安排

测次的安排原则是能掌握测点变化的全过程并保证观测资料的连续性。一般在施工期及蓄水运行初期测次较多，经长期运行掌握变化规律后，测次可适当减少，各种观测项目应配合进行观测，宜在同一天或邻近时间内进行。对于有联系的各观测项目，应尽量同时观测。野外观测应选择有利时间进行。如遇地震、大洪水及其他异常情况时，应增加观测次数；当第一次蓄水期较长时，在水位稳定期可减少测次。大坝经过长期运行后，可根据大坝鉴定意见，对测次作适当调整。根据《混凝土坝安全监测技术规范》（DL/T 5178—2016）规定，混凝土坝变形监测各阶段的观测次数见表1-4。

表1-4 变形观测项目各阶段的测次

监测项目	施工期	首次蓄水期	初蓄期	运行期
位移	1次/旬～1次/月	1次/天～1次/旬	1次/旬～1次/月	1次/月
倾斜	1次/旬～1次/月	1次/天～1次/旬	1次/旬～1次/月	1次/月
大坝外部接缝、裂缝变化	1次/旬～1次/月	1次/天～1次/旬	1次/旬～1次/月	1次/月
近坝区岸坡稳定	2次/月～1次/月	2次/月	1次/月	1次/季
大坝内部接缝、裂缝	1次/旬～1次/月	1次/天～1次/旬	1次/旬～1次/月	1次/月～1次/季
坝区平面控制网	取得初始值	1次/季	1次/年	1次/年
坝区垂直位移监测网	取得初始值	1次/季	1次/年	1次/年

3. 变形量正负号规定

在变形观测中，对位移的方向和符号也进行了严格的规定，见表1-5。

表1-5 变形监测符号规定

变形项目	正	负
水平位移	向下游、向左岸	向上游、向右岸
垂直位移	下沉	上升
倾斜	向下游转动、向左岸转动	向上游转动、向右岸转动
高边坡和滑坡体位移	向坡下、向左	向坡上、向右
接缝和裂缝开合度	张开	闭合
船闸闸墙的水平位移	向闸室中心	背闸室中心

4. 资料整编与分析

资料整编是对观测成果进行检查、校对、整理和编排，并及时分析，如发现异常应找出原因并采取措施。定期做好观测工作总结，根据要求做好月报表、年报表。

1.4 安全监测研究进展

1.4.1 传统测量技术

传统测量是用水准仪、经纬仪、测距仪、全站仪等测量仪器采用水准法、交会法测得变形体的垂直和水平位移。经纬仪和水准仪是传统的外部变形观测仪器，这些设备需要利用光波反射，所以常规测量需要仪器与测点之间满足通视要求，这也是常规测量法的不足之处。从 20 世纪 50 年代起，测绘仪器开始向电子化和自动化方向发展。电磁波测距仪的出现开创了距离测量的新纪元，电子经纬仪取代光学经纬仪后与电磁测距仪组合就成了智能型全站仪，智能型全站仪集测距、测角、计算记录于一体，并具备自动搜索功能，俗称"测量机器人"，利用它可真正做到无人值守，该系统操作简便、自动化程度高，尤其适应在地势狭窄、气候恶劣等不适应人工观测的位置使用。目前，测量机器人观测精度可达 1mm+1ppm/0.5″。

垂线是大坝变形监测的重要手段，用于监测大坝水平位移，分正垂线和倒垂线。正垂线法只能测得相对位移，倒垂线将垂线下端埋入稳定基岩，可测得绝对位移。倒垂线常与正垂线组合形成正倒垂组，倒垂线还常与引张线法结合测量大坝水平位移，此时倒垂线作为校核基点。用于垂线观测的垂线坐标仪从人工观测发展到自动遥测，遥测垂线坐标仪从接触式发展到非接触式，非接触式坐标仪从步进马达光学跟踪式到 CCD 式和感应式垂线坐标仪。其中感应式垂线坐标仪具有测试精度高、长期稳定性好、自动化程度高、结构简单、防水性能好、成本低等特点，特别适合在环境恶劣的大坝监测中应用。

引张线用于观测大坝水平位移。双向引张线自动测量技术可同时测量水平和垂直位移。引张线观测仪与垂线坐标仪原理一样，除了电容感应式，还有电磁感应式、步进电机光电跟踪式。真空管激光准直测量系统是在激光准直测量的基础上，消除大气折射影响的一种测量位移的监测系统。随着 CCD 技术及激光图像处理技术的发展，其测量精度和可靠性都有很大提高。

静力水准是监测沉降、倾斜的重要手段，因其测量精度高、稳定可靠，被广泛采用。目前的遥测静力水准仪多采用位移测量方式测量液面变化以获得变形量，主要类型有电容感应式、差动电感式、步进马达式、钢弦式、超声传感器式等。

1.4.2　GNSS 监测技术

作为空间数据获取的一种方法，卫星定位是现代测绘学科的代表技术之一。以 GPS 为代表的 GNSS 测量技术出现后，随即在变形监测领域得到了应用。GNSS 在变形监测中的作业方式可分为周期性和连续性两种模式，按照未知参数的处理方式可分为静态模式和动态模式。周期性测量一般采用静态数据处理模型，GNSS 在高精度变形监测领域的最初尝试，就是采用这种模式。早在 1992 年 7 月，E. Frei 等人在瑞士南部地区的 Maggia 谷区 Naret 大坝进行了 GPS 网的观测和重复测量试验。该网共有 5 个点，使用 WILD200 双频 GPS 接收机进行观测，并与 ME5000 精密测距仪和 T3000 电子经纬仪的观测结果进行了比较，结果表明，GPS 测量可以达到 1mm 左右的精度。美国加利福尼亚的 Pacoima 大坝是较早实施连续性监测的案例，该坝为混凝土坝，高 113m，于 1995 年建立了 GPS 自动化连续监测系统，由坝上两个监测点和一个距坝 2.5km 的基准点以及距坝约 30km 的南加利福尼亚综合 GPS 网（SCIGN）中的三个点组成。数据处理采用 GAMIT 软件和 IGS 的精密星历，每 6 个小时的观测数据作为一个测段，两年的观测数据处理结果表明，几个月的观测数据量可以探测大坝的 mm 级变形，一天的观测 GPS 的精度为 4~6mm。国内第一个连续监测系统是 1998 年湖北清江水电开发公司与原武汉测绘科技大学合作建立的隔河岩大坝 GPS 自动化监测系统，该系统包括 7 台 GPS 接收机，其中 2 台为基准站，5 台为坝面外观监测站。结果表明，其 6 小时解算的平面和垂直位移精度优于±1.0mm，2 小时解算精度优于±1.5mm。许多目标对象要求提供动态的变形监测，例如超水位蓄洪时的大坝、接近变形临界值时的滑坡体、台风影响下的高层建筑以及受风载和运营荷载影响的大型桥梁等。随着 GNSS 系统硬件和软件的发展与完善，特别是高采样率接收机的出现，使其在动态变形监测领域表现出独特的优越性。早在 1993 年 11 月，加拿大卡尔加里大学的 Lovse 等人利用采样频率 10Hz 的 GPS 对 160m 高的卡尔加里塔进行了强风影响下的振动测量，数据为动态后处理方式，并对结果进行了滤波处理，结果测得南北、东西方向的振动频率均为 0.3Hz，没有超出允许的 0.1~10Hz 范围，南北、东西方向的振幅分别为±15cm 和±5cm，证实了 GPS 可作为一种建筑物振动测量的标准方法。法国的 Leroy 等人于 1995 年 1 月对全长为 2141m、中央跨度为 856m 的诺曼底大桥进行了测试，证明了 GPS 能够以厘米级精度进行实时水平位移监测。美国地质测量局的 Celibi 等人，利用 RTK GPS 与加速度仪同时对 Los Angels 一幢 44 层的楼房以及 San Francisco 一幢 34 层的楼房进行了实时振动监测。结果表明，当振幅较小时 GPS 与加速度仪都能测量出建筑物的基本振动频率（0.25Hz），而当振幅较大时 GPS 的测量结果更准确。Breuer 等人于 1999 年利用 GPS 对位于德国斯图加特高达 155m 的电视塔和位于波兰奥波莱发电厂的高 250m 的一个工业烟囱进行了风荷载作用下的振动测量。结果显示，斯图加特电视塔沿横风向的振动曲线类似于频率为 0.2Hz 的正弦波，与以前用常规方法测得的频率相同。

国内在该领域的研究并不落后。1996 年，清华大学的过静珺等人对高达 325m 的深圳商业大厦应用两台 Novatel 3151R 单频 GPS 接收机进行实测。测试从 1997 年 9 月 10 日 2：00 开始到 5：00 结束，数据采样频率为 10Hz，参考站距大厦 500m，监测站位于大厦顶部，此时 16 号台风影响深圳，10min 平均风速为 11.4m/s。测量结果显示大厦横向（东西向）的最大位移量为 95mm，纵向（南北向）的最大位移量为 56mm，横向存在频率为 0.17Hz、振幅为 17mm 的振动，纵向存在频率为 0.20Hz、振幅为 10mm 的振动，与脉动测试结果符合程度较好。李宏男等构建了以 GPS 作为结构位移传感器的大连世贸大厦结构健康监测系统，实现了大厦在环境荷载影响下位移连续变化的远程自动化监测与评估。

尽管国内外学者对 GNSS 动态变形测量进行了许多试验和应用研究，但从相关文献报道中不难发现其中仍存在一些问题，主要表现在定位结果的精度及连续性方面。目前 GNSS 动态变形测量的典型精度为厘米级，因此其应用领域以变形幅度较大的大型公路桥梁为主，对于更高精度要求的动态变形测量，还无法满足需要，而影响精度的原因是观测值中存在着系统性误差，其中主要是多路径效应。载波相位观测值的多路径误差最大可达波长的 1/4，通常情况下为数毫米，其空间相关性弱，无法通过差分的方法消除或减弱，而且随着观测时间以及测站环境的不同而异，没有通用的误差模型。变形测量应用中测站点位置的选择受到变形体本身及其环境的制约，因而往往受到较大多路径误差的影响，严重时甚至会导致信号失锁，因此多路径误差成为影响动态变形测量精度的一个主要因素。另外，大多数应用案例中，GNSS 载波相位数据动态解算中都是采用了模糊度的 OTF 算法。这类算法比较成熟，在短基线条件下具有普适性，已经成为 RTK 测量中的标准算法。然而，这类方法在固定模糊度前，都需要利用一段时间内多个历元的观测数据进行初始化，且初始化期间相位观测值中不能有未修复的周跳，否则将很难确定整周模糊度。另外，在测量过程中，若卫星被遮挡或失锁时，需要重新进行初始化，初始化过程中只能得到精度较差的浮点解。因此，由于监测环境的限制，OTF 方法经常要进行初始化，有时初始化还不一定成功，使监测数据出现中断或输出错误的解算结果，影响了 GNSS 动态监测的可靠性和连续性。所幸的是，这些问题已经得到了关注并得到了初步解决。例如，变形监测中测站及其环境相对固定，多路径误差表现出近似以恒星日为周期的重复性，可以从前一周期中提取出多路径模型，对后一周期进行修正。而如何确定重复周期，如何分离随机噪声和多路径误差，是应用这种方法前需要进一步研究的问题。为提高动态监测的连续性，出现了多种模糊度实时单历元算法，但是这些算法在效率和可靠性方面还有进一步改进的空间。总之，研究的系统化还有待于进一步加强，算法的有效性仍需要深入研究和实践验证，理论研究成果向实用的软件产品及工程应用的转化还存在不足。

1.4.3　光纤监测技术

光纤技术是一种集光学、电子学为一体的新兴技术，其核心技术是光纤传感器。1979 年美国国家航空航天局最早在航空领域开展光纤传感技术研究，此后与加拿大在复合材料固化、结构无损检测、材料损伤监测、识别及评估等方面开展了大规模的光纤应用技术研究。我国于 20 世纪 90 年代后期在新疆石门子水库首次利用分布式光纤监测技术测量碾压混凝土拱坝温度。随着光导纤维及光纤通信技术的迅速发展，光纤技术已逐步在水利水电工程安全监测中得到广泛应用，前景广阔。

光纤传感器系统由光源、入射光纤、出射光纤、光调制器、光探测器以及解调器组成，其基本原理是将光源的光经入射光纤送入调制区，光在调制区内与外界被测参数相互作用，使光的光学性质发生变化而成为被调制的信号光，再经出射光纤送入光探测器、解调器而获得被测参数。当前，光纤检测系统主要是一种时域分布式光纤监测系统，它的技术基础是光时域反射技术 OTDR（Optical Time Domain Reflectormetry）。OTDR 的工作机理是脉冲激光器向被测光纤发射光脉冲，该光脉冲通过光纤时由于光纤存在折射率的微观不均匀性，以及光纤微观特性的变化，有一部分光会偏离原来的传播向空间散射，在光纤中形成后向散射光和前向散射光。其中后向散射光向后传播至光纤的始端，经定向耦合器送至光电检测系统。由于从光纤返回的后向散射光有三种成分：由光纤折射率的微小变化引起的瑞利（RayLeigh）散射，其频率与入射光相同；由光子与光声子相互作用而引起的拉曼（Raman）散射，其频率与入射光相差几十太赫兹；由光子与光纤内弹性声波场低频声子相互作用而引起的布里渊（Brillouin）散射。因此，时域分布光纤检测系统按光的载体可分为三种形式：基于拉曼散射的分布式光纤检测系统、基于瑞利散射的分布式光纤检测系统和基于布里渊散射的分布式光纤检测系统。

当前，前两种形式的研究和应用较多，后一种形式是国际上近年来才研发出来的一项尖端技术，国内研究才刚刚起步。由于后一种形式可用来测量光纤沿线的应变分布，可以预计，不久在这方面将有所突破，并且前两种形式将发展成更多的应用种类，逐渐向大坝安全监测的各个领域渗透。与此同时，准分布式光纤监测系统将获得较大发展，以光纤应变计组成的三向应变和二向应变的准分布式监测系统将面世。同一坝段一些非物理场类监测量，如裂缝监测，以及同一区域一些非物理场类监测量，如预应力监测，将出现更多的准分布式光纤监测系统，从而使相关量获得同步观测，大大提高观测资料的质量。

目前，在水利水电工程中，光纤技术已从初期的单纯温度监测，发展到渗流监测、应力应变监测、位移监测等多个方面，例如渗漏定位监测、裂缝监测、混凝土应力应变监测、动应变及结构振动监测、岩石锚固监测（锚杆及锚索预应力监测）、钢筋混凝土薄体结构物受力监测、混凝土固化监测、钢筋锈蚀监测、温度与渗流的耦合监测等。

1.4.4 GBSAR 监测技术

合成孔径雷达(Synthetic Aperture Radar，SAR)是利用合成孔径原理和脉冲压缩技术对地面目标进行高分辨率成像的高技术雷达，近年来获得了巨大的发展，是变形监测的前沿技术和研究热点。SAR 属于微波遥感的范畴，与传统的可见光、红外遥感技术相比，具有诸多的优越性，除了可以全天时、全天候、高精度地进行观测外，还可以穿透云层，一定程度穿透植被，且不依赖太阳作为照射源。随着 SAR 遥感技术的不断发展与完善，已成功用于地质、水文、测绘、军事、环境监测等领域。

由于传统的 SAR 缺乏获取地面目标三维信息及监测目标微小形变的能力。地基合成孔径雷达系统(GBSAR)作为一种新型的对地形变监测设备，通过合成孔径技术和步进频率技术实现雷达影像方位向和距离向的高空间分辨率，克服了星载 SAR 影像受时空失相干严重和时空分辨率低的缺点。通过干涉技术可实现亚毫米级微变形监测，不仅可以对地质滑坡等自然灾害进行有效的静态形变监测，还可以对人造建筑、大坝、边坡等进行亚毫米级实时形变监测，如露天矿开采边帮、排土场边坡、水利水电大坝和桥梁等。系统整体采样时间最短只需 4s，是目前该形变监测类产品中采样速率最快的系统。其优点在于实时监测、速度快、精度高、功耗低、覆盖范围广、便携易操作、全天候、性价比高。

1.4.5 监测自动化技术

自动化采集系统按采集方式分为集中式、分布式和混合式三种结构模式。集中式适用于仪器种类少、测量数量不多、布置相对集中和传输距离不远的中小型工程中。分布式结构测量控制单元可以安装在靠近传感器的地方，传感器的信号不需要传输较远的距离，信号的衰减和外界的干扰可以大大减轻。分布式体系结构既可适合于传感器分布广、数量多、种类多、总线距离长的大中型工程的自动化监测系统中，也能适合于传感器数量少的小型工程的自动化监测系统中，使用方便灵活。混合式是介于集中式和分布式之间的一种结构模式。目前具有代表性的监测自动化系统产品有意大利的 GPDAS 系统、美国的 2380/3300 和 IDA 等分布式系统、南京南瑞集团公司的 DAMS 系统、南京水文自动化研究所的 DG 系统、北京木联能工程科技有限公司研制的 LNIO18-11 开放型分布式系统。东风、二滩、天荒坪、小浪底等工程安装了 Geomation2380 系统。20 世纪 90 年代初岩滩、大化等新建工程安装了南京自动化研究院的集中式系统，1995 年葛洲坝安装了南京水文自动化研究所的分布式系统，1997 年新安江、水口等工程还曾安装过南瑞公司的混合式系统。

测控系统由以前的专用型逐步改变成了模块化通用型结构，根据不同的功能需求，开发不同的功能模块。如采集系统可采用内部功能模块化、传感器接口模块化的思想，将系统内部功能模块化，接口模块可根据测量传感器类型的不同，相应的配置振弦式、电感式、步进式、卡尔逊式等测量接口模块，可以通过搭积木的方式，组建满足要求的系统，而数据处理系统则可根据测量模块与接口模块的特点，配置振弦式数据处理功能模块、模拟量数据处理功能模块、通信功能模块等。

安全监测自动化系统的通信方式一般包括有线、无线、卫星、电话线、光纤、GSM/GPRS 等多种方式。目前新近投入使用的大坝安全监测自动化系统大多可提供两种或两种以上的通信方式，以方便系统的组网应用。目前很多系统优先采用光纤通信，不仅提高了通信速率，也提高了系统的抗电磁干扰能力和抗雷击能力。

安全监测自动化系统为了便于不同场合使用，大多设计了多种电源管理电路，可以利用交流电、直流电、蓄电池、太阳能供电等多种方式给系统供电。

安全监测自动化系统建设的初期，很多系统的工作不稳定、被损坏，甚至瘫痪都是由于抗干扰能力不过关，防雷击性能不够好造成的。通过近几年的研究和经验的积累，特别是避雷器技术和抗干扰技术的发展，目前的系统已从设计、结构、布局、元器件的筛选、通信、电源、电缆埋设等许多方面得到了改进提高，系统的防雷和抗干扰能力得到加强，系统的可靠性得到了较大的提高。

1.4.6 数学模型

安全监测取得的大量数据为安全评价提供了基础，但是原始观测数据往往不能直观清晰地展示工作性态，需要对观测数据进行分辨、解析、提炼和概括，从繁多的观测资料中找出关键问题，深刻地揭示规律并作出判断，这就需要进行监测数据分析。数学模型的研究是安全监测数据分析处理中的一项重要内容，目前常用的数学模型主要有统计模型、确定性模型、混合模型、时间序列模型等，各种模型都具有各自的特点和适用条件。

1. 统计模型

统计模型是基于回归分析方法建立起来的一种模型，它是研究一个变量(因变量)和多个因子(自变量、解释变量)之间非确定关系的最基本方法，也是目前使用最为广泛的方法。通常对大量的试验和观测数据进行逐步回归分析，得到变形与显著因子之间的函数关系，该模型除用于变形预测外也可用于物理解释。这种经典的变形预报方法，在目前的变形监测数据处理方面应用较早。1955年意大利国家电力局结构和模型研究所(ISMES)的Faneli和葡萄牙的Rocha等，应用统计回归方法定量分析了大坝的变形观测资料。次年，意大利的Tonini首次将影响大坝位移的因素分为水压、温度和时效分量。

2. 确定性模型

一个由完全肯定的函数关系(因果关系)所决定的模型。对于确定性模型，只要设定了输入和各个输入之间的关系，其输出也是确定的，而与实验次数无关。确定性模型事实上是一种简化了的随机性模型。确定性模型一般采用有限元法建立，这是具有先验性质的一种方法，例如，采用确定性模型对混凝土坝变形分析时，首先将混凝土坝划分为很多计算单元，然后根据材料的物理力学参数(如弹性模量、内摩擦角、泊松比、黏聚力、容重等)建立荷载与变形之间的函数关系，在边界条件下通过求解有限元微分方程，就可以得到有限元结点上的变形。该方法假设性较大，变形值的计算结果跟函数模型、单元划分和物理力学参数的选取有关，而且一般未考虑外界随机因子的影响，因此该方法的计算结果仅供参考。如果计算的变形值和实测值差异较大，往往需要对模型和参数进行修正和迭代计算。如果根据实测值采用确定性函数反求坝体材料的物理力学参数，则称为反演分析法，它常常与有限元法联合使用。在大坝监测数据分析中，通常基于有限元法来建立混合模型或者确定性模型来确定大坝安全监控指标。例如，1989年，李珍照对古田溪一级大坝的变形观测项目应用逐步回归分析方法建立了统计方程，还采用弹性力学有限元法计算了两个坝段多种条件下的理论水压位移，探索了将确定性计算与统计计算相结合和互作补充的方法，在国内第一次建立了水平位移的混合数学模型；任德记利用万家寨水利枢纽安全监测资料建立了基于有限元的混合模型；李端有等为了解决在建立混凝土拱坝位移监控模型时难以确定温度位移分量的问题，提出以气温和水温确定大坝温度边界，采用有限元数值分析方法分别确定混凝土拱坝位移的水压分量和温度分量，并在此基础上建立了混凝土拱坝位移的一维多测点确定性模型，并以清江隔河岩重力拱坝为例验证了所建立起来的位移确定性模型有较好的精度和外延性，可以实现对水压、温度及时效等位移分量的分离。

3. 混合模型

结合大坝和地基的实际工作性态，用有限元方法计算荷载(如水压)作用下的大坝和地基的效应场(如位移场、应力场或渗流场)，即水压分量，而温度分量和时效分量是采用统计分析，然后与实测值进行优化拟合而建立的模型。1977 年，意大利的 Faneli 提出了混凝土大坝变形的确定性和混合模型，将有限元理论的计算值与实测数据有机地结合起来，以监控大坝的安全状况。

4. 时间序列模型

时间序列分析简单来说是一种处理动态数据的参数化分析方法，具体来说是一种处理随时间先后顺序排列而又相互关联的数据的量化分析方法。随着人们对时间序列的认识不断深入和创新，以及众多学科领域的发展和深化，时间序列分析方法已经在天文、气象、水利、地震、航空航天、生物工程、工业自动化、军事科学以及人文社会科学等领域得到了广泛的应用。特别是进入信息时代后，随着计算机的高度普及和发展，时间序列分析法越发显示出其科学性和重要性，为越来越多领域的科研人员所关注。近年来，随着时间序列基本理论特别是线性序列理论的进一步发展和完善，时间序列的基本模型如 ARMA 模型在模型辨识、参数估计方面等开始向多维方向、非线性、非平稳和随机场方向发展，并逐渐引起人们的注意。相关科研工作者开始提出将稳健估计融入到时间序列分析中的思想和方法，主要用来解决数据系列中有异常干扰值、数据系列观测误差不呈正态分布的问题。时间序列分析在大坝监测数据分析领域中也得到了广泛的应用，徐培亮对大坝激光视准线观测位移值建立了一个 AR 模型，并预报了大坝的变形情况，结果表明其预报模型具有相当好的预报精度；吴俐民以平稳随机过程为基础，针对大坝变形的动态性进行了系统的研究，提出了一整套实用可行的时序系统辨识与建模方案，所建立的预测模型精度均高于传统的回归模型。

5. 灰色系统模型

当观测数据的样本数不多时，不能满足时间序列分析或者回归分析模型对于数据长度的要求。此时，可采用灰色系统理论建模。该理论于 20 世纪 80 年代由邓聚龙首次提出，通过将原始数列利用累加生成法变换为生成数列，从而减弱数据序列的随机性，增强规律性。1991 年，熊支荣等人详述了灰色系统理论在水工观测资料分析中的应用情况，并对其应用时的检验标准等问题进行了探讨。同年，刘观标利用灰色系统模型对某重力坝的实测应力分析证明了灰色模型具有理论合理、严谨、成果精度较高的特点。1994 年，刘祖强分析了灰色系统理论 GM(n, h)模型的建模机理，进而指出该模型较适合于呈指数变化的数据序列预测，用于动态分析时不直观，有时甚至偏离实际情况，不宜直接用来分析处理大坝安全监测数据序列。同时，他定义了中心累减生成、均值生成，据此导出了动态系统灰色(DGM(n, h))模型，算例分析也表明了 DGM(n, h)模型比 GM(n, h)模型有明显的优越性。1996 年，齐长鑫等人的应用灰色系统理论对坝基位移观测数据序列进行了分析，并提出了等维新息模型存在着最佳维数区的观点，建立了位移预测灰色模型，并将其成功地应用于千亩吞土坝沉降和侧向位移的预测。也有许多学者将灰色理论与其他方法相结合用于大坝监测数据的分析。例如灰色-时序动态组合模型、基于偏最小二乘回归的静态灰色模型、多变量灰色预测模型、基于小波分析的灰色预测模型、基于遗传支持向量机的多维灰色变形预测模型、灰色动态神经网络模型等。

6. 神经网络模型

人工神经网络(Artificial Neural Network，简称"神经网络"或 ANN)是一门崭新的边沿交叉科学，它在物理意义上模拟人脑信息处理机制，具有处理数值信息的一般计算能力，且具有处理知识的思维、学习、记忆能力。人工神经网络法将生物特征应用到工程计算分析中，解决大数据量情况下的学习、识别、控制和预报问题，对于拥有大量监测数据的大坝安全监测数据分析与预报尤为适合。该方法中三层反传 BP 网络模型最为成熟，该模型以影响因子作为神经网络的输入层，以监测变量作为输出层，中间为隐含层。人工神经网络法的网络拓扑结构、反传训练算法、初始权值的选取和调整、动量系数和步长的选择、训练收敛标准等都是重要的研究内容。目前，人工神经网络已经在监测数据分析当中广泛地应用，其分析软件和分析方法也十分成熟完善，研究成果和应用成果也都非常丰富。针对经典 BP 模型收敛速度慢和泛化能力弱的特点，学者们也提出了很多改进方法，如基于进化神经网络、基于递阶对角神经网络、基于 LM(Leverberg Marquart)优化算法的 BP 神经网络、Elman 回归神经网络等。

7. 频谱分析

大坝监测数据的处理和分析主要在时域内进行，利用 Fourier 变换将监测数据序列由时域信号转换为频域信号进行分析，通过计算各谐波频率的振幅，最大振幅所对应的主频可以揭示监测量的变化周期。这样在时域内无法显示的频谱信息，在频域内可以很容易得到。例如，将测点的变形量作为输出，相关的环境因子作为输入，通过估计相干函数、频率响应函数和响应谱函数，就可以通过分析输入输出之间的相关性进行变形的物理解释，确定输入的贡献和影响变形的主要因子。将大坝监测数据由时域信号转换到频域信号进行分析的研究应用并不多，主要是由于该方法在应用时要求样本数量要足够多，而且要求数据是平稳的，系统是线性的。频谱分析从整个频域上对信号进行分析，局部信号异常处，分析效果差。1997 年，邓跃进尝试着根据 Fourier 变换方法对大坝变形监测数据进行频谱分解，通过对比影响大坝变形各因素与变形量间的频谱关系及计算相干函数来分析大坝变形的原因。2001 年，李英冰等人应用频谱分析对隔河岩大坝外观 GPS 自动化监测数据进行分析，分别对位移和水位、位移和温度、位移变化速度和水位变化速度、位移变化速度和温度变化速度进行自谱和互谱分析，分析结果认为频谱分析有助于理解和探求大坝变形的机理和原因。

8. 小波分析法

小波分析优于 Fourier 变换的地方在于它在时域和频域上同时具有良好的局部化性质，而且由于对高频成分采用逐渐精细的时域或空域取样步长，从而可以聚焦到对象的任意细节，在细部频谱变化部位，优于传统的傅里叶分析方法。小波分析能够从信号中提取许多有用的信息，是各种信号处理方法(如时频分析法、多尺度分析和子带编码)的处理框架。通过伸缩和平移等运算功能对信号进行多尺度细化分析，近几年发展起来的小波分析是分析非平稳信号的强有力的工具，为信号处理领域提供了一种新的技术，推动着信号处理进入崭新的历史发展时期。小波分析方法也被应用在监测数据分析中，取得了良好的分析效果。例如，徐洪钟等人用小波多层分解方法对大坝观测数据的异常值进行检测，验证了该方法可有效地检测单个和多个异常值；钱镜林尝试利用小波分析提取大坝变形监测数据中的时效分量或者趋势分量，用以判断大坝变形是否趋于稳定；陈继光应用小波分析来消除观测数据中的噪声。但是，在进行小波分析时，对于大坝不同类型的监测变量应该如何选取合适的小波基函数并没有明确的标准，大多数只是根据分析的结果来判断小波基函数的选择是否合适。

9. 卡尔曼滤波

卡尔曼滤波是建立在概率论和最小方差估计基础上的，它能根据当前测量数据和前一时刻的最优估计值，借助系统自身的状态方程，按照一套递推公式计算出当前时刻的最优估计值。卡尔曼滤波的最大特点是能剔除随机扰动误差的影响，从而得到更接近真实情况的测量数据，无需保存过去的测量数据。如果将变形体视作一个动态系统，系统的状态可用由状态方程和观测方程构成的 Kalman 滤波模型描述，状态方程中如果包含监测点的位置、速率和加速率等状态向量参数，就是典型的运动模型。该方法的优点是具有严密的递推算法，不需要保留历史观测值序列，而且把模型的参数估计和预报结合在了一起。应用时需要确定初始状态向量、协方差阵以及动态噪声向量协方差阵。华锡生、李智录等许多人应用 Kalman 滤波方法进行大坝监测数据的分析，并且获得了满意的拟合精度和预测精度。

1.4.7 安全评判

对建筑物进行客观准确的评价是充分发挥工程效益、降低工程安全风险和提高除险加固措施针对性的必然要求。安全评价一般可分成如下四个层次：(1)获取当前安全的整体印象；(2)分析面临的安全风险；(3)掌握损伤程度、隐患部位及其成因；(4)分析除险加固效益和预测结构使用寿命。

目前，在安全鉴定的综合评价法中，既有定量的因素，又有定性的因素，而且目前的评估方法在理论上均有一定的局限性，单纯应用某一种方法进行评估，很难保证评估结果的可靠性。因此，为确保评价结果的准确性，在其安全性评价中应选用合适的评估方法，可考虑同时采用多种方法进行综合评估，以便对结果进行相互校对与综合评价。目前常用的综合评价方法有层次分析法、模糊分析法和专家系统等。

1. 层次分析法

层次分析法是一种实用的多准则决策方法，它把一个复杂问题表示为有序的递阶层次结构，通过人们的判断对决策方案的优劣进行排序。这种方法能够统一处理决策中的定性与定量因素，具有实用、系统、简洁等优点。运用层次分析法解决问题时，大体分为如下四个步骤：(1)分析问题中各因素之间的关系，建立递阶层次结构，即首先要把问题条理化、层次化，构造出一个具有层次关系的结构模型；(2)对同一层次的各指标以上一层次的指标为准则进行两两比较，构造两两比较判断矩阵；(3)计算各指标的权重；(4)判断矩阵的一致性检验。可直接采用综合评价集作为评测对象的最终评价，这能使评判者了解评测对象在各个评价上的分布情况，从而对评测对象有较全面和深入的了解。

2. 安全监测专家系统

安全监测工作不仅可以跟踪建筑物的运行状态，尽早地发现和排除不安全因素，还可以及时将观测资料的分析结果反馈到设计、施工和运行中去，以校验和修改分析方法、设计准则和运行荷载等。因此，安全监测工作不仅能降低安全风险，产生很大的经济效益，而且具有很高的科研价值。安全监测专家系统的研制，有以下几个方面的意义：(1)有利于专家经验的形式化、理论化，有助于将专家的感性认识更快更好地上升为理性知识；(2)有利于知识的积累。专家系统的建立为专家提供了一种随时将其较明确的经验知识记录在可复制的物理介质上的工具，有利于加快知识的积累和传播；(3)有利于监测工作的连续性。专家系统的建立，一方面可以作为训练工具帮助新手尽快适应工作、掌握技能；另一方面，它可对原始数据、分析方法和分析结果统一管理，也有利于后期人员监测工作的全过程，使以后的分析和决策具有更充分的依据。

安全监测专家系统包含对观测数据的处理、物理成因分析及综合评判。对观测数据的处理主要是对原型观测资料的正分析，即由实测资料建立数学监控模型，并用这些模型监控大坝的今后运行。成因分析则根据外部征兆，首先利用专家经验假设可能的原因，然后再调用各种数值模型对其进行验证。综合评判在成因分析得到确认的情况下，尽可能多地综合利用各方面的信息，包括目视巡查的结果等，预测大坝运行状况的发展趋势，评估其安全情况，并决定是否采取相应的措施。

第2章 大地测量技术

2.1 精密水准测量

2.1.1 监测标志与选埋

精密水准测量精度高，方法简便，是沉降监测最常用的方法。采用该方法进行沉降监测，沉降监测的测量点分为水准基点、工作基点和监测点三种。

水准基点是沉降监测的基准点，一般3~4个点构成一组，形成近似正三角形或正方形，为保证其坚固与稳定，应选埋在变形区以外的岩石上或深埋于原状土上(在冻土地区，应埋至当地冻土线0.5m以下)，也可以选埋在稳固的建(构)筑物上。为了检查水准基点自身的高程有无变动，可在每组水准基点的中心位置设置固定测站，定期观测水准基点之间的高差，判断水准基点高程的变动情况，也可以将水准基点构成闭合水准路线，通过重复观测的平差结果和统计检验的方法分析水准基点的稳定性。

根据工程的实际需要与条件，水准基点可以采用下列几种标志：

(1)普通混凝土标。如图2-1所示，用于覆盖层很浅且土质较好的地区，适用于规模较小和监测周期较短的监测工程。

(2)地面岩石标。如图2-2所示，用于地面土层覆盖很浅的地方，如有可能，可直接埋设在露头的岩石上。

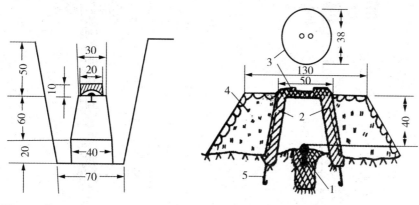

图 2-1 普通混凝土标(单位：cm)   图 2-2 地面岩石标(单位：cm)

(3)浅埋钢管标。如图2-3所示，用于覆盖层较厚但土质较好的地区，采用钻孔穿过土层达到一定深度时，埋设钢管标志。

(4)井式混凝土标。如图2-4所示，用于地面土层较厚的地方，为防止雨水灌进井内，井台应高出地面0.2m。

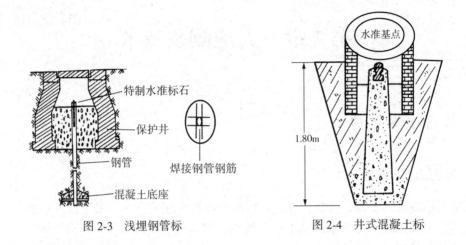

图2-3　浅埋钢管标　　　　　　　　图2-4　井式混凝土标

(5)深埋钢管标。如图2-5所示，用于覆盖层很厚的平坦地区，采用钻孔穿过土层和风化岩层，达到新鲜基岩时埋设钢管标志。

(6)深埋双金属标。如图2-6所示，用于常年温差很大的地方，通过钻孔在基岩上深埋两根膨胀系数不同的金属管，如一根为钢管，另一根为铝管。由于两管所受地温影响相同，因此通过测定两根金属管高程差的变化值，可求出温度改正值，从而可消除由于温度影响所造成的误差。

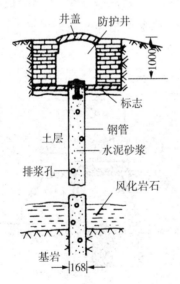

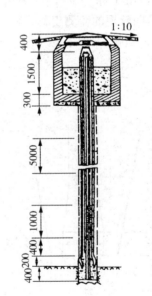

图2-5　深埋钢管标（单位：mm）　　　图2-6　深埋双金属标（单位：mm）

工作基点用于直接测定监测点的起点或终点。为了便于观测和减少观测误差的传递，工作基点应布置在变形区附近相对稳定的地方，其高程尽可能接近监测点的高程。工作基点一般采用地表岩石标；当建筑物附近的覆盖层较深时，可采用浅埋标志；当新建建筑物附近有基础稳定的建筑物时，也可设置在该稳定建筑物上。因工作基点位于测区附近，应经常与水准基点进行联测，通过联测结果判断其稳定状况，保证监测成果的正确可靠。

监测点是沉降监测点的简称，布设在被监测建（构）筑物上。布设时，要使其位于建筑物的特征点上，能充分反映建筑物的沉降变形情况，点位应避开障碍物，便于观测和长期保护，标志应稳固，不影响建（构）筑物的美观和使用，还要考虑建筑物的基础地质、建筑结构和应力分布等因素，对于重要和薄弱部位应该适当增加监测点的数目。如建筑物四角或沿外墙 10~15m 处或 2~3 根柱基上；裂缝、沉降缝或伸缩缝的两侧；新旧建筑物、高低建筑物及纵横墙的交接处；建筑物不同结构的分界处；人工地基和天然地基的接壤处；烟囱、水塔和大型储藏罐等高耸构筑物的基础轴线的对称部位，每个构筑物不少于 4 个点。监测点标志应根据工程施工进展情况及时埋设，常用的监测点标志形式有：

（1）盒式标志。如图 2-7 所示，一般用铆钉或钢筋制作，适于在设备基础上埋设。

（2）窨井式标志。如图 2-8 所示，一般用钢筋制作，适于在建筑物内部埋设。

（3）螺栓式标志。如图 2-9 所示，标志为螺旋结构，平时旋进螺盖以保护标志，观测时将螺盖旋出，将带有螺纹的标志旋进，适于在墙体上埋设。

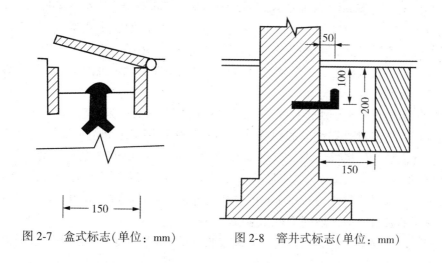

图 2-7　盒式标志(单位：mm)　　　　图 2-8　窨井式标志(单位：mm)

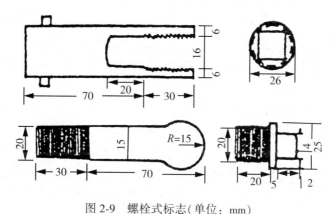

图 2-9　螺栓式标志(单位：mm)

2.1.2 监测仪器及检验

不同类型的建筑物，如大坝、公路等，其沉降监测的精度要求不尽相同。同一种建筑物在不同的施工阶段，如公路基础和路面施工阶段，其沉降监测的精度要求也不相同。针对具体的监测工程，应当使用满足精度要求的水准仪，采用正确的测量方法。国家有关测量规范如《建筑变形测量规范》（JGJ 8—2016），对不同等级的沉降监测应当配备的水准仪有明确的要求：对于特等沉降监测，应对所用测量方法、仪器设备及具体作业过程等进行专门的技术设计、精度分析，并宜进行试验验证；对一等沉降监测，应使用 DS05 型水准仪配合因瓦条码标尺；对二等沉降监测，应使用 DS05 型水准仪配合因瓦条码标尺或玻璃钢条码标尺，或使用 DS1 型水准仪配合因瓦条码标尺；对三等沉降监测，应使用 DS05 或 DS1 型水准仪配合因瓦条码标尺或玻璃钢条码标尺，或使用 DS3 型水准仪配合玻璃钢条码标尺；对四等沉降监测，应使用 DS1 型水准仪配合因瓦条码标尺或玻璃钢条码标尺，或使用 DS3 型水准仪配合玻璃钢条码。

目前，投入沉降监测的精密水准仪种类较多，相当于或高于 DS05 型的精密水准仪有WildN3、ZeissNi002、ZeissNi004、ZeissDiNi12、DS05、NA2003 等，相当于或高于 DS1 型的精密水准仪有 ZeissNi007、DS1、NA2002 等，其中 ZeissNi002、ZeissNi007 为自动安平水准仪，ZeissDiNi12、NA2002、NA2003 为电子水准仪。自动安平水准仪在概略整平后，自动补偿器可以实现仪器的精确整平，因此操作过程比一般精密水准仪简单方便，且提高了观测速度，但从发展趋势看，既具有自动补偿功能又能实现水准测量自动化和数字化的电子水准仪更有发展和应用前景。

自动安平水准仪和电子水准仪虽有一般精密水准仪无法比拟的优点，但也有其不足之处，首先表现在它们对风和震动的敏感性，因此，在建筑工地和沿道路观测时应特别注意。此外，它们易受磁场的影响。有研究和经验表明，ZeissNi007 基本不受磁场的影响；ZeissNi002 受影响较小，但仍然呈明显的系统影响；NA2002 存在影响，但大小尚不明确。因此，精密水准测量时应该避开高压输电线和变电站等强磁场源，在没有搞清楚强大的交变磁场对仪器的磁效应前，最好不要使用这类仪器。

无论使用何种仪器，开始工作前，应该按照测量规范要求对仪器进行检验，其中水准仪的 i 角误差是最重要的检验项目。检验 i 角误差时，如图 2-10 所示，可在较为平坦的场地上选定安置仪器的 J_1、J_2 点和竖立标尺的 A、B 点，$s=20.6$m。先在 J_1 点上安置水准仪，分别照准标尺 A 和 B 读数，如果 $i=0$，标尺上的正确读数应分别为 a_1' 和 b_1'；如果 $i \neq 0$，读数应分别为 a_1 和 b_1。由 i 角引起的读数误差分别为 Δ 和 2Δ，则在 J_1 点上测得 A、B 两点的正确高差为：

$$h_1' = a_1' - b_1' = (a_1 - \Delta) - (b_1 - 2\Delta) = a_1 - b_1 + \Delta = h_1 + \Delta \qquad (2-1)$$

再在 J_2 点上安置水准仪，分别照准标尺 A 和 B 读数，同理可得 A、B 两点的正确高差为：

$$h_2' = a_2' - b_2' = (a_2 - 2\Delta) - (b_2 - \Delta) = a_2 - b_2 - \Delta = h_2 - \Delta \qquad (2-2)$$

如不考虑其他误差的影响，则 $h_1' = h_2'$，由式(2-1)和式(2-2)可得：

$$2\Delta = (a_2 - b_2) - (a_1 - b_1) = h_2 - h_1 \qquad (2-3)$$

由图 2-10 可知：

$$i'' = \frac{\Delta}{s} \cdot \rho'' \approx 10\Delta \tag{2-4}$$

式中，Δ 以 mm 为单位，$\rho = 206265 \approx 206000$。水准测量规范规定水准仪的 i 角对一等、二等沉降观测不超过 15″，对三等、四等沉降观测不超过 20″，否则应进行校正。

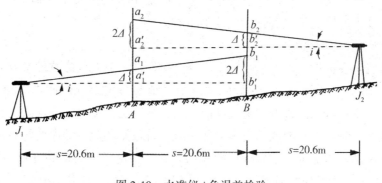

图 2-10　水准仪 i 角误差检验

精密水准测量前，还应按规范要求对水准标尺进行检验，其中标尺的每米真长偏差是最重要的检验项目，一般送专门的检定部门进行检验。《国家一、二等水准测量规范》规定，如果一根标尺的每米真长偏差大于 0.1mm，应禁止使用，如果一对标尺的平均每米真长偏差大于 0.05mm，应对观测高差进行改正，一个测站观测高差的改正数为：

$$\delta = fh \tag{2-5}$$

式中，δ 为一个测站观测高差的改正数，单位为 mm；f 为平均每米真长偏差，即一对标尺的平均每米真长与名义长度 1m 之差，单位为 mm/m；h 为一个测站观测高差，单位为 m。

一个测段观测高差的改正计算公式为：

$$\sum h' = \sum h + f \sum h = (1+f) \sum h \tag{2-6}$$

式中，$\sum h$ 为测段观测高差，单位为 m；$\sum h'$ 为测段改正后高差，单位为 m。在野外作业期间，可以用通过检定的一级线纹米尺检测标尺每米真长的变化，掌握标尺的使用状况，但检测结果不作为观测高差的改正用，具体方法参见《国家一、二等水准测量规范》。

2.1.3　监测方法与技术要求

采用精密水准测量方法进行沉降监测时，从工作基点开始经过若干监测点，形成一个或多个闭合或附合路线，其中以闭合路线为佳，特别困难的监测点可以采用支水准路线往返测量。整个监测期间，最好能固定监测仪器和监测人员，固定监测路线和测站，固定监测周期和相应时段。

水准仪的 i 角误差已经被检验甚至校正，但仍然是存在的，设 $s_{前}$、$s_{后}$ 分别为前后视距，在 i 角不变的情况下，对一个测站高差的影响为：

$$\delta_s = \frac{i''}{\rho''} \cdot (s_{后} - s_{前}) \tag{2-7}$$

对一个测段高差的影响为：

$$\sum \delta_s = \frac{i''}{\rho''} \cdot \left(\sum s_{后} - \sum s_{前} \right) \tag{2-8}$$

由式(2-7)、式(2-8)，一个测站上的前后视距相等和一个测段上的前后视距总和相等可以消除 i 角误差的影响，但事实上很难做到，为了保证极大地减少 i 角误差的影响，水准测量规范对前后视距差和前后视距累积差都有明确的规定，测量中应遵照执行。严格控制前后视距差和前后视距累积差，也可有效地减弱磁场和大气垂直折光的影响。例如，当水准线路与输电线相交时，将水准仪安置在输电线的下方，标尺点与输电线成对称布置，水准仪视准线变形的影响将得到较好地减弱和消除。

水准仪在作业中由于受温度等影响，i 角误差会发生一定的变化，这种变化有时是很不规则的，其影响在往返测不符值中也不能完全被发现。减弱其影响的有效方法是减少仪器受辐射热的影响，避免日光直接照射。如果认为在较短的观测时间内，i 角与时间成比例地均匀变化，则可以采用改变观测程序的方法，在一定程度上消除或减弱其影响。因此水准测量规范对观测程序有明确的要求。往测时，奇数站的观测顺序为：后视标尺的基本分划，前视标尺的基本分划，前视标尺的辅助分划，后视标尺的辅助分划，简称"后前前后"；偶数站的观测顺序为：前视标尺的基本分划，后视标尺的基本分划，后视标尺的辅助分划，前视标尺的辅助分划，简称"前后后前"。返测时，奇、偶数站的观测顺序与往测偶、奇数站相同。

标尺的每米真长偏差应在测前进行检验，当超过一定误差时应进行相应改正。测量中还必须考虑标尺零点差的影响，假设标尺 a、b 的零点误差分别为 Δa、Δb，如图 2-11 所示，在测站 I 上零点误差对标尺读数 a_1、b_1 和高差产生影响，观测高差为：

$$h_{12} = (a_1 - \Delta a) - (b_1 - \Delta b) = a_1 - b_1 - \Delta a + \Delta b \tag{2-9}$$

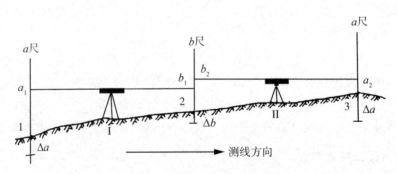

图 2-11　标尺零点差的影响

在测站 II 上零点误差对标尺读数 a_2、b_2 和高差产生影响，观测高差为：

$$h_{23} = (b_2 - \Delta b) - (a_2 - \Delta a) = b_2 - a_2 + \Delta a - \Delta b \tag{2-10}$$

若将式(2-9)、式(2-10)相加，则测站 I、II 所测高差之和中消除了标尺零点误差的影响，故作业中应将各测段的测站数目安排成偶数。

对采用精密水准测量进行沉降监测，国家有关测量规范都提出了具体的技术要求，具体实施时，应结合具体的沉降监测工程，选择相应的规范作为作业标准，表 2-1～表 2-3 摘录了《工程测量规范》(GB50026—2007)对沉降监测的主要技术要求，供参考。

表 2-1 视线长度、前后视距差和视线高度（m）

等级	仪器类型	视线长度	前后视距差	视距累积差	视线高度
一等	DS05	≤15	≤0.3	≤1.0	≥0.5
二等	DS05	≤30	≤0.5	≤1.5	≥0.5
三等	DS05、DS1	≤50	≤2.0	≤3.0	≥0.3
四等	DS1	≤75	≤5.0	≤8.0	≥0.2

表 2-2 水准测量主要限差（mm）

等级	基辅分划读数差	基辅分划所测高差之差	相邻基准点高差中误差	每站高差中误差	往返较差、附合或环线闭合差	检测已测高差较差
一等	0.3	0.4	0.3	0.07	$0.15\sqrt{n}$	$0.2\sqrt{n}$
二等	0.3	0.4	0.5	0.15	$0.3\sqrt{n}$	$0.4\sqrt{n}$
三等	0.5	0.7	1.0	0.30	$0.6\sqrt{n}$	$0.8\sqrt{n}$
四等	1.0	1.5	2.0	0.70	$1.4\sqrt{n}$	$2.0\sqrt{n}$

注：n 为测段的测站数。

表 2-3 沉降监测点的精度要求（mm）

等级	往返较差、附合或环线闭合差	高程中误差	相邻点高差中误差
一等	$0.15\sqrt{n}$	±0.3	±0.10
二等	$0.3\sqrt{n}$	±0.5	±0.30
三等	$0.6\sqrt{n}$	±1.0	±0.50
四等	$1.4\sqrt{n}$	±2.0	±1.00

另外，根据《建筑变形测量规范》（JGJ 8—2016），对于特等沉降监测，应对所用测量方法、仪器设备及具体作业过程等进行专门的技术设计、精度分析，并宜进行试验验证。

2.2 三角高程测量

水准测量因受观测环境影响小，观测精度高，是沉降监测的主要方法，但如果水准路线线况差，水准测量实施将很困难。高精度全站仪的发展，使得电磁波测距三角高程测量在工程测量中的应用更加广泛，若能用短程电磁波测距三角高程测量代替水准测量进行沉降监测，将极大地降低劳动强度，提高工作效率。

2.2.1 单向观测及其精度

单向观测法即将仪器安置在一个已知高程点（一般为工作基点）上，观测工作基点到沉降监测点的水平距离 D、垂直角 α、仪器高 i 和目标高 v，计算两点之间的高差。顾及大气折光系数 K 和垂线偏差的影响，单向观测计算高差的公式为：

$$h = D \cdot \tan\alpha + \frac{1-K}{2R} \cdot D^2 + i - v + (u_1 - u_m) \cdot D \qquad (2\text{-}11)$$

式中，u_1 为测站在观测方向上的垂线偏差；u_m 为观测方向上各点的平均垂线偏差。

垂线偏差对高差的影响虽随距离的增大而增大，但在平原地区边长较短时，垂线偏差的影响极小，且在各期沉降量的相对变化量中得到抵消，通常可忽略不计。因此上式简化为：

$$h = D \cdot \tan\alpha + \frac{1-K}{2R} \cdot D^2 + i - v \qquad (2\text{-}12)$$

高差中误差为：

$$m_h^2 = \tan^2\alpha \cdot m_D^2 + D^2 \sec^4\alpha \frac{m_\alpha^2}{\rho^2} + m_i^2 + m_V^2 + \frac{D^4}{4R^2} \cdot m_K^2 \qquad (2\text{-}13)$$

由式(2-13)可以看出，影响三角高程测量精度的因素有测距误差 m_D、垂直角观测误差 m_α、仪器高量测误差 m_i、目标高量测误差 m_v、大气折光误差 m_K。采用高精度的测距仪器和短距离测量，可大大减弱测距误差的影响；垂直角观测误差对高程中误差的影响较大，且与距离成正比的关系，观测时应采用高精度的测角仪器并采取有关措施提高观测精度；监测基准点一般采用强制对中设备，仪器高的量测误差相对较小，对非强制对中点位，可采用适当的方法提高量取精度；监测项目不同，监测点的标志有多种，应根据具体情况采用适当的方法减小目标高的量测误差；大气折光误差随地区、气候、季节、地面覆盖物、视线超出地面的高度等不同而发生变化，其影响与距离的平方成正比，其取值误差是影响三角高程精度的主要部分，但对小区域短边三角高程测量影响程度较小。

若采用标称精度 $0.5''$、1mm+1ppm×D 的全站仪观测一测回，取 $m_s = 1\text{mm}+1\text{ppm}×D$，$m_\beta = 1.0''$，并设 $D = 500\text{m}$，$\alpha = \pm3°$，$m_i = m_v = \pm1.0\text{mm}$，$m_K = \pm0.2$，根据式(2-13)可求得 $m_h = \pm4.8\text{mm}$。

假设监测点的观测高差中误差允许值为 $m_h = \pm5.0\text{mm}$，则当 $D \leqslant 500\text{m}$ 时，都可以满足精度要求。

2.2.2 中间法及其精度

中间法是将仪器安置于已知高程点 1 和测点 2 之间，通过观测测站点到 1、2 两点的距离 D_1 和 D_2、垂直角 α_1 和 α_2、目标 1、2 的高度 v_1 和 v_2，计算 1、2 两点之间的高差。中间法距离较短，若不考虑垂线偏差的影响，其计算公式为：

$$h = (D_2\tan\alpha_2 - D_1\tan\alpha_1) + \left(\frac{D_2^2 - D_1^2}{2R}\right) - \left(\frac{D_2^2}{2R}K_2 - \frac{D_1^2}{2R}K_1\right) - (v_2 - v_1) \qquad (2\text{-}14)$$

若设 $D_1 \approx D_2 = D_0$，$\Delta K = K_2 - K_1$，$m_{D_1} \approx m_{D_2} = m_{D_0}$，$m_{v_1} \approx m_{v_2} = m_v$，则有：

$$h = D_0(\tan\alpha_2 - \tan\alpha_1) + \frac{D_0^2}{2R} \cdot \Delta K - v_2 + v_1 \qquad (2\text{-}15)$$

$$m_h^2 = (\tan\alpha_2 - \tan\alpha_1)^2 \cdot m_{D_0}^2 + D_0^2(\sec^4\alpha_2 + \sec^4\alpha_1)\frac{m_\alpha^2}{\rho^2} + \frac{D_0^4}{4R^2} \cdot m_{\Delta K}^2 + 2m_v^2$$

$$(2\text{-}16)$$

由式(2-16)可以看出，大气折光对高差的影响不是 K 值取值误差的本身，而是体现在 K 值的差值 ΔK 上，虽然 ΔK 对三角高程精度的影响仍与距离的平方成正比，但由于视线大大缩短，在小区域选择良好的观测条件和观测时段可以极大地减小 ΔK，ΔK 对高差的影响甚至可忽略不计。这种方法对测站点的位置选择有较高的要求。

2.2.3　对向观测及其精度

若采用对向观测，根据式(2-12)，设 $D_1 \approx D_2 = D_0$，$\Delta K = K_2 - K_1$，计算高差的公式为：

$$h = \frac{1}{2}D \cdot (\tan\alpha_{12} - \tan\alpha_{21}) - \frac{\Delta K}{4R} \cdot D^2 + \frac{1}{2}(i_1 - i_2) + \frac{1}{2}(v_1 - v_2) \qquad (2\text{-}17)$$

若设 $m_{i_1} \approx m_{i_2} = m_i$，对向观测高差中误差可写为：

$$m_h^2 = \frac{1}{4}(\tan\alpha_{12} - \tan\alpha_{12})^2 \cdot m_D^2 + \frac{D^2}{4}(\sec^4\alpha_{12} + \sec^4\alpha_{21}) \cdot \frac{m_\alpha^2}{\rho^2} + \frac{D^4}{16R^2} \cdot m_{\Delta K}^2 + \frac{m_i^2 + m_v^2}{2}$$

$$(2\text{-}18)$$

采用对向观测时，K_1 与 K_2 严格意义上虽不完全相同，但对高差的影响也不是 K 值取值误差的本身，而是体现在 K 值的差值 ΔK 上，在较短的时间内进行对向观测可以更好地减小 ΔK 值，视线较短时 ΔK 值对高差的影响甚至可忽略不计。这种方法对监测点标志的选埋有较高的要求，作业难度也较大，一般的监测工程较少采用。

2.3　交会测量

交会法是利用 2 个或 3 个已知坐标的工作基点，测定位移标点的坐标变化，从而确定其变形情况的一种测量方法。该方法具有观测方便、测量费用低、不需要特殊仪器等优点，特别适用于人难以到达的变形体的监测工作，如滑坡体、悬崖、坝坡、塔顶、烟囱等。该方法的主要缺点是测量的精度和可靠性较低，高精度的变形监测一般不采用此方法。该方法主要包括测角交会、测边交会和后方交会三种方法。

在进行交会法观测时，首先应设置工作基点。工作基点应尽量选在地质条件良好的基岩上，并尽可能离开承压区，且不受人为的碰撞或震动。工作基点应定期与基准点联测，校核其是否发生变动。工作基点上应设强制对中装置，以减小仪器对中误差的影响。

工作基点到位移监测点的边长不能相差太大，应大致相等，且与监测点大致同高，以免视线倾角过大，影响测量的精度。为减小大气折光的影响，交会边的视线应离地面或障碍物在 1.2m 以上，并应尽量避免视线贴近水面。在利用边长交会法时，还应避免周围强磁场的干扰影响。

2.3.1　测角交会法

如图 2-12 所示，A、B 为工作基点，其坐标为 (x_A, y_A)、(x_B, y_B)。两个水平角 α、β 是观测值，则监测点 P 的平面坐标为：

$$\left.\begin{array}{l} x_P = \dfrac{x_A\cot\beta + x_B\cot\alpha + (y_B - y_A)}{\cot\alpha + \cot\beta} \\[3mm] y_P = \dfrac{y_A\cot\beta + y_B\cot\alpha - (x_B - x_A)}{\cot\alpha + \cot\beta} \end{array}\right\} \qquad (2\text{-}19)$$

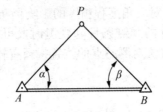

图 2-12　测角交会法

测角交会的测量中误差可按下式计算：

$$m_p = \frac{m_\beta}{\rho} \sqrt{\frac{a^2 + b^2}{\sin^2\gamma}} \qquad (2\text{-}20)$$

式中：m_β 为测角中误差；γ 为交会角；a、b 为交会边长。

采用测角交会法时，交会角最好接近 90°，若条件限制，也可设计在 60° ~ 120°范围内。工作基点到测点的距离，一般不宜大于 300m，当采用三方向交会时，可适当放宽要求。三方向交会时，其定位误差可简单地用二方向交会的 $\frac{1}{\sqrt{2}}$。

2.3.2　测边交会法

如图 2-13 所示，A、B 为已知点，其坐标为 (x_A, y_A)、(x_B, y_B)。水平距离 a、b 是观测值，根据 a、b 可求出点 P 的平面坐标。

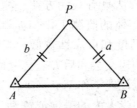

图 2-13　测边交会法

根据 a、b 和已知点 A、B 之距 s_{AB}，可由余弦公式计算出：

$$\angle PAB = \arccos \frac{b^2 + s_{AB}^2 - a^2}{2bs_{AB}}$$

因此得

$$\alpha_{AP} = \alpha_{AB} - \angle PAB$$

故有

$$\left. \begin{array}{l} x_P = x_A + b\cos\alpha_{AP} \\ y_P = y_A + b\sin\alpha_{AP} \end{array} \right\} \qquad (2\text{-}21)$$

边长交会法测量的中误差计算公式如下：

$$m_p = \frac{1}{\sin\gamma} \sqrt{m_a^2 + m_b^2} \qquad (2\text{-}22)$$

式中：m_a 和 m_b 是边长 a 和 b 的测量中误差；γ 为交会角。

由式(2-22)可知，γ 角等于 90° 时，m_P 值最小；m_a 和 m_b 越小，m_P 值也越小。因此，在使用该法时应注意下列几点：

（1）γ 角通常应保持在 60°~120° 范围内；

（2）测距要仔细，以减小测边中误差 m_a 和 m_b；

（3）交会边长度 a 和 b 应力求相等，且一般不宜大于 600m。

2.3.3 后方交会法

如图 2-14 所示，A、B、C 为已知点，其坐标为 (x_A, y_A)、(x_B, y_B)、(x_C, y_C)。在监测点 P 上对已知点 A、B、C 分别观测了两个水平角 α、β。由此可计算出监测点 P 的平面坐标如下：

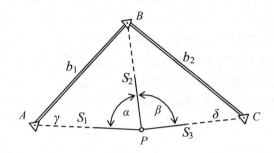

图 2-14 后方交会法

$$\left.\begin{aligned} x_P &= x_B + \Delta x_{BP} \\ y_P &= y_B + k \cdot \Delta x_{BP} \end{aligned}\right\} \tag{2-23}$$

式中：

$$a = (x_A - x_B) + (y_A - y_B)\cot\alpha$$
$$b = (y_A - y_B) + (x_A - x_B)\cot\alpha$$
$$c = (x_C - x_B) + (y_C - y_B)\cot\beta$$
$$d = (y_C - y_B) + (x_C - x_B)\cot\beta$$
$$k = \frac{a + c}{b + d}$$
$$\Delta x_{BP} = \frac{a - bk}{1 + k^2}$$

在实际测量过程中，还应注意工作基点和监测点不能在同一个圆周上(危险圆)，应至少离开危险圆周半径的 20%。

后方交会测量的精度可用下式计算：

$$m_p = \frac{s_2 m}{\rho \cdot \sin(\gamma + \delta)}\left[\left(\frac{s_1}{b_1}\right)^2 + \left(\frac{s_3}{b_2}\right)^2\right] \tag{2-24}$$

2.4 导线测量

精密导线法是监测曲线形建筑物(如拱坝等)水平位移的重要方法。按照其观测原理的不同，又可分为精密边角导线法和精密弦矢导线法。弦矢导线法是根据导线边长变化和矢距变化的观测值来求得监测点的实际变形量；边角导线法则是根据导线边长变化和导线的转折角观测值来计算监测点的变形量。由于导线的两个端点之间不通视，无法进行方位角联测，故一般需设计倒垂线控制和校核端点的位移。

在水工建筑物的监测中，国外大多采用边角导线法，如苏联、葡萄牙的 Alfo Rabagao 坝、Cabril 坝，莫桑比克的 Cabra-Bassa 坝。国内的一些大型拱坝，如东江大坝、龙羊峡大坝、紧水滩大坝、丹江口大坝等的弯曲段，也相继采用了精密导线法监测。

2.4.1　边角导线

边角导线的转折角测量是通过高精度经纬仪观测的，而边长大多采用特制铟钢尺进行丈量，也可利用高精度的光电测距仪进行测距。观测前，应按规范的有关规定检查仪器，在洞室和廊道中观测时，应封闭通风口以保持空气平稳，观测的照明设备应采用冷光照明（或手电筒），以减少折光误差。观测时，需分别观测导线点标志的左右测角各一个测回，并独立进行两次观测，取两次读数中值为该方向观测值。

边角导线的系长一般不宜大于 320m，边数不宜多于 20 条，同时要求相邻两导线边的长度不宜相差过大。边角导线测量计算原理如图 2-15 所示。

在图 2-15 中，左边折线为初次观测时各导线点的位置，右边折线代表第 k 次观测时各导线点的位置。

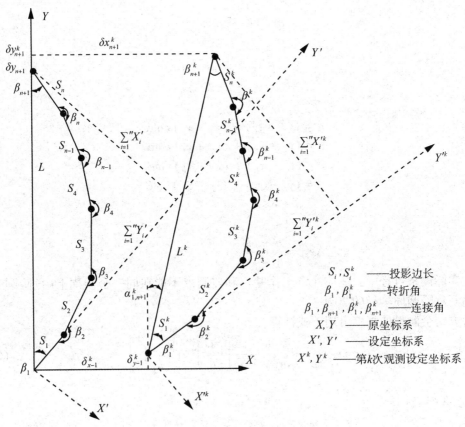

图 2-15　边角导线测量与计算

30

2.4.2 基准值计算

基准值的计算步骤如下：

（1）以 A 点为坐标原点，AB 连线为 Y 轴，建立 XAY 坐标系。同时以 A 点为原点，以导线的第一边 S_1 为 Y' 轴，建立 $X'A\,Y'$ 辅助坐标系。连线 L 和 S_1 的夹角为 β_1。

（2）导线边长基准值计算：

$$S_i = b_i + \Delta b_i + \Delta b_t \tag{2-25}$$

式中：b_i 为两导线点的微型标志中心之间的长度值；Δb_i 为因瓦丝上的刻线与轴杆头上刻线的差值；Δb_t 为温度改正数。

（3）在 $X'A\,Y'$ 辅助坐标系下，计算连接角 β_1 和 L。

$$\beta_1 = \arctan \frac{\sum\limits_1^n S_i \cos\alpha'_i}{\sum\limits_1^n S_i \sin\alpha'_i} \tag{2-26}$$

$$L = \sqrt{\left[\sum_1^n S_i \sin\alpha'_i\right]^2 + \left[\sum_1^n S_i \cos\alpha'_i\right]^2} \tag{2-27}$$

式中：方向角 $\alpha'_i = 90° + \sum\limits_2^i [\beta_i - (i-1)\cdot 180°]$。

（4）在 XAY 坐标系下，计算导线点初始坐标值 X_i、Y_i。

$$\left.\begin{array}{l} X_i = \sum\limits_{i=1}^i S_i \sin(\alpha'_i - \beta_1) \\ Y_i = \sum\limits_{i=1}^i S_i \cos(\alpha'_i - \beta_1) \end{array}\right\} \tag{2-28}$$

导线的基准值要求独立测定 3 次以上，取平均值，以保证基准坐标具有较高的精度。

2.4.3 复测值计算

复测值的计算步骤为：

（1）计算、改正两端点的坐标：

$$\left.\begin{array}{l} X_i^k = X_i + (Q_{ti}^k - Q_{ti})\sin\mu + (Q_{\eta i}^k - Q_{\eta i})\cos\mu \\ Y_i^k = Y_i + (Q_{ti}^k - Q_{ti})\cos\mu - (Q_{\eta i}^k - Q_{\eta i})\sin\mu \end{array}\right\} \tag{2-29}$$

式中：μ 为 t 方向之方位角，$i=1$，$n+1$。

（2）导线边长复测值计算：

$$S_i^k = b_i + (\Delta b_t^k - \Delta b_t) + (\Delta b_i^k - \Delta b_i) \tag{2-30}$$

式中：$\Delta b_t^k - \Delta b_t$ 为边长的温度改正数。

（3）用两端点新坐标反算边长 L^k 和方位角 $\alpha_{1,\,n+1}^k$，公式如下：

$$L^k = \sqrt{(X_{n+1}^k - X_1^k)^2 + (Y_{n+1}^k - Y_1^k)^2} \tag{2-31}$$

$$\alpha_{1,\ n+1}^k = \arcsin \frac{\delta y_{1,\ n+1}^k - \delta y_1^k}{L^k} = \arccos \frac{\delta x_{1,\ n+1}^k - \delta x_1^k}{L^k} \qquad (2\text{-}32)$$

（4）以复测基点 A_k 点为原点，以导线的第一边 S_1^k 为 Y'^k 轴，建立 $X'^k A Y'^k$ 复测坐标系，计算各边的坐标增量，然后进行边角网的平差计算。

（5）复测连接角值 β_1^k 的计算：

$$\beta_1^k = \arctan \frac{\sum_1^n X_i^k}{\sum_1^n Y_i^k} = \arctan \frac{\sum_1^n S_i^k \cos\alpha_i'}{\sum_1^n S_i^k \sin\alpha_i'} \qquad (2\text{-}33)$$

（6）在 XAY 坐标系里根据改正后的 S_i^k、β_i^k 计算导线点坐标 X_i^k、Y_i^k。

（7）计算各点径向、切向两个位移值，得出各点的实际变形量，公式如下：

$$\alpha_i^k = \arcsin \frac{\delta y_i^k - \delta y_1^k}{L^k}$$

$$v_i = \arcsin \frac{S_i}{2R} + [\alpha_i^k - \alpha_{1,\ n+1}^k]$$

$$\delta x_i^k = X_i^k - X_i$$

$$\delta y_i^k = Y_i^k - Y_i$$

式中，R 为曲率半径（拱坝）。

$$\left. \begin{array}{l} 径向：\delta\eta_i^k = \delta y_i^k \cos v_i - \delta x_i^k \sin v_i \\ 切向：\delta\xi_i^k = \delta y_i^k \sin v_i + \delta x_i^k \cos v_i \end{array} \right\} \qquad (2\text{-}34)$$

精密边角导线的精度和效率主要受测角精度影响。在需要采用精密边角导线法时，为提高导线转折角的观测精度，应采用冷光或手电照明，以保持气流平稳，并减弱温度梯度，以减小折光差。

2.4.4　弦矢导线

弦矢导线法是根据重复进行 k 次导线边长变化值 b_i^k 和矢距变化值 V_i^k 的观测来求得变形体的实际变形量 δ。弦矢导线法矢距测量系统是以弦线在矢距尺上的投影为基准，用测微仪测量出零点差和变化值。首测矢距时需测定两组数值：读取弦线在矢距因瓦尺上的垂直投影读数 $V_i(i = 1,\ 2,\ \cdots,\ n)$ 以及微型标志中点（即导线点）与矢距尺零点之差值 δe_0。复测矢距时，仅需读取弦线在矢距因瓦尺上的垂直投影读数 V_i^k。

弦矢导线的系长不宜大于 400m，边数不宜大于 25 条，若矢距量测精度不能保证转折角的中误差小于 1″时，导线长应适当缩短，边数应适当减少。若矢距量测精度较高，系长也可适当放长。因为此法的关键是提高三角形（矢高）的观测精度，一般需采用铟钢杆尺、读数显微镜和调平装置等设备。

弦矢导线的布设原理如图 2-16 所示，观测计算原理如图 2-17 所示。

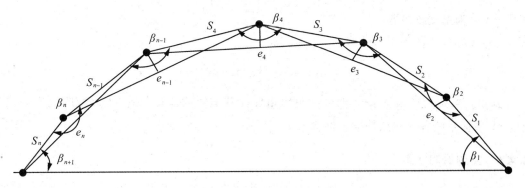

图 2-16　弦矢导线法布设原理

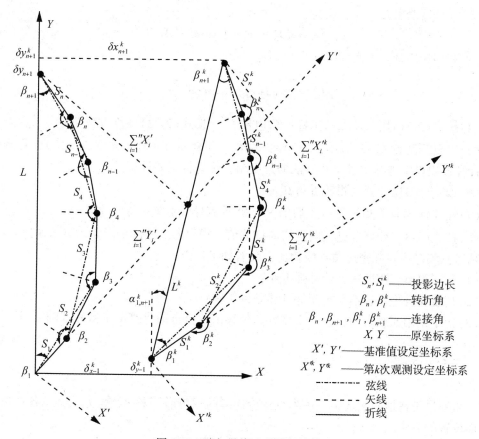

S_n, S_i^k ——投影边长
β_n, β_i^k ——转折角
β_n, β_{n+1}, β_i^k, β_{n+1}^k ——连接角
X, Y ——原坐标系
X', Y' ——基准值设定坐标系
X'^k, Y'^k ——第k次观测设定坐标系
——·——·—— 弦线
— — — — 矢线
———— 折线

图 2-17　弦矢导线法观测与计算

2.4.5　基准值的计算

（1）计算矢距基准值 e_i，其公式如下：

$$e_i = V_i + \Delta e_t + \delta e_0 + \Delta e_0 \tag{2-35}$$

式中：Δe_0 为尺长改正数；Δe_t 为温度改正数。

（2）计算导线边长基准值

$$S_i = b_i + \Delta b_i + \Delta b_t \tag{2-36}$$

33

式中：Δb_t 为温度改正数。

（3）计算导线转折角基准值 $\beta_i(i = 2，3，\cdots，n)$：

$$\beta_i = \arccos\left(\frac{e_i}{S_{i-1}}\right) + \arccos\left(\frac{e_i}{S_i}\right) \tag{2-37}$$

在求得导线转折角 β_i 后，即可按照边角导线基准值的计算公式（2-27）和式（2-28）得到 XAY 坐标系的各导线点基准坐标 X_i、Y_i。

2.4.6 复测值的计算

（1）按照边角导线的方法，建立 $X'^k A^k Y'^k$ 复测坐标系，按式（2-29）、式（2-30）计算改正后两端点的坐标和导线边长复测值 S_i^k。

（2）计算复测矢距：

$$e_i^k = e_i + (V_i^k - V_i) + (\Delta e_t^k - \Delta e_t) \tag{2-38}$$

（3）利用矢距计算复测导线转折角 β_i^k：

$$\beta_i^k = \arccos\frac{e_i^k}{S_{i-1}^k} + \arccos\frac{e_i^k}{S_i^k} \tag{2-39}$$

（4）按式（2-31）用两端点新坐标反算边长 L^k，按式（2-32）计算方位角 $\alpha_{1,\ n+1}^k$。

（5）以复测基点 A^k 点为原点，以导线的第一边 S_1^k 为 Y'^k 轴，建立 $X'^k A^k Y'^k$ 复测坐标系，计算各边设定坐标增量，然后依据角度闭合法进行平差计算。

（6）按式（2-33）计算复测转折角 β_1^k。

（7）在 XAY 坐标系里根据改正后的 S_i^k、β_i^k 计算导线点坐标 X_i^k、Y_i^k。

（8）按式（2-34）计算各点径向、切向位移值，得出各点实际变形量 $(\delta\eta_i^k，\delta\xi_i^k)$。

精密弦矢导线与精密边角导线相比，具有如下优点：

（1）复测简单、速度快、劳动强度小；

（2）精度高且稳定，不受折光等外界条件影响；

（3）便于采用遥测自动化，为实现计算位移值的全自动化奠定了良好基础。

2.5 三角测量

三角测量是在地面上选定一系列点构成连续的三角形，采取测角方式推算各三角形顶点平面位置的方法。

在三角测量中，测定了水平位置的三角形顶点称为三角点。由一系列相互连接的三角形所构成的网形称为三角网。利用在三角点上观测的角度值，从起始点和起始边出发，按边角关系可推算得各三角形顶点的平面坐标。

为了保证推算边长的精度，要求三角网中三角形的每个角度一般不小于 30°，受地形限制或避免建造高标时，允许小至 25°。为了保证三角网（点）具有足够的精度和密度，有关测量规范、规程对各等级三角网的边长、测角精度、起算元素精度、最弱边精度等项技术要求都作了具体规定。

三角测量的主要工作包括实地选点、埋石、水平角观测、边长观测、测站平差、数据整理和验算、三角网平差等。

1. 实地选点

根据技术设计确定的布网方案并结合测区实际情况，在实地选定最适宜的点位。三角点点位应满足下列要求：

（1）点位选在视野开阔，能反映变形体变形特征的地方，还须考虑埋石后能够长久保存，便于造标和观测；

（2）点位离开公路、铁路和其他建筑物一定距离；

（3）为保证观测目标的成像质量和减少大气折光对观测角的影响，视线应旁离障碍物一定距离；

（4）所选点位构成的三角形的角度、边长、图形结构符合规范要求。

2. 埋石

为了保证观测精度，便于观测，使三角点能够长期保存，各三角点均应埋设标石。标石是三角点点位的永久标志，根据测区的地质条件和三角网的等级，选定标石的类型。目前，在变形监测实际工程中，大多采用带有强制归心底盘的混凝土观测墩。

3. 水平角观测

水平角是推算监测点平面坐标的基本元素，其质量直接影响点位精度，是三角测量中的主要环节。三角点水平角用经纬仪观测。为确保观测成果质量，用于三角测量的经纬仪必须定期进行检验。三角网的水平角观测一般采用方向观测法，当一个点上方向总数超过 6 个时，可考虑分两组观测，每组方向数大致相等，并包括两个共同方向，其中一个最好为共同零方向，以便增加检核和加强两组观测值间的联系。观测方向多于 3 个，在观测过程中某些方向目标暂时不清晰时，可先行放弃，待清晰时按分组观测的要求补测。

4. 测站平差

进行分组观测或联测两个高等方向时，为消除测站观测值间的矛盾所进行的平差，即求出测站各方向观测值的最或然值，并评定其观测精度。

（1）完全方向组的测站平差。在一个测站上，用全圆方向观测法对所需观测方向以相同的测回数进行观测，所有测回观测结果的算术平均值就是每个观测方向的最或然值，即完全方向组的测站平差值。其中误差的计算公式为：

$$\begin{cases} \mu = \pm K \dfrac{\sum |\nu|}{n} \\ K = \dfrac{1.253}{\sqrt{m(m-1)}} \\ M = \pm \dfrac{\mu}{\sqrt{m}} \end{cases} \tag{2-40}$$

式中：μ 为一测回观测方向值的中误差；K 为系数；ν 为测站的方向平差值与各测回观测值之差；n 为方向数；m 为测回数；M 为各方向平差值的中误差。

（2）等权分组观测时的两组测站平差。首先对各组本身进行测站平差，求出本组各方向平差值。设两组联测的共同方向为 i、j，第一组联测方向的方向值为 i'、j'，相应的平差改正数为 v_i'、v_j'；第二组联测方向的方向值为 i''、j''，相应的平差改正数为 v_i''、v_j''。按下式计算平差改正数：

$$\begin{cases} v'_i = +\dfrac{1}{4}w_{1,2} \\[2mm] v'_j = -\dfrac{1}{4}w_{1,2} \\[2mm] v''_i = -\dfrac{1}{4}w_{1,2} \\[2mm] v''_j = +\dfrac{1}{4}w_{1,2} \end{cases} \tag{2-41}$$

式中：$w_{1,2} = (j' - i') - (j'' - i'')$，为两组观测联测角的差值(闭合差)。最后对两组观测值分别加以改正，再求出以其中一组或共同的零方向起算的各方向值，即为该站每个观测方向值的最或然值。

(3)联测高等方向的测站平差。在高等级点设站观测低等方向并联测两个高等点方向时，为消除联测所得的高等方向观测值与已知高等方向值之间的差异，需进行平差。其平差方法是先对该组观测值进行测站平差，然后使低等方向的方向值强制附合在高等方向的方向值上。平差时，首先求联测角观测值与已知角值之差 w，然后将联测的方向各改正 $w/2$，第一个联测方向改正数为 $w/2$，第二个联测方向改正数为 $-w/2$，再对观测方向加以改正，最后求出以零方向起算的各方向值，即为该站各方向观测值的最或然值。

5. 数据整理和验算

外业观测结束后，应对观测数据进行全面的检查和整理。数据检查主要包括数据的完整性和数据精度检查，完整性检查是指按照技术设计是否对所有的观测项目进行了观测，并取得有效数据，数据精度检查主要是指外业观测数据是否符合规范规定的各项限差要求。对于某些类型的观测数据，应按照规范要求进行各项改正，如边长观测值的气象改正、常数改正等。外业数据经检查合格后，应整理成规定格式的数据文件，供后续的平差计算等使用。

6. 三角网平差

平差计算一般采用经鉴定的平差软件进行。在平差前，应编辑输入数据文件，并仔细检查其正确性。在首期观测平差时，应根据技术设计确定起算点及起算数据。平差结束后，应根据平差结果计算各监测点的位移量，分析位移特点和趋势，对于有突变的监测点应检查成果的可靠性，当确认位移异常时，应及时上报。

第3章 GNSS监测技术

3.1 概述

全球导航卫星系统(Global Navigation Satellite System，GNSS)是指利用卫星对地面上的用户进行定位、导航及授时等的所有导航卫星系统总称。目前，世界上主要的全球性、区域性及相关增强系统有：美国的 GPS(Global Positioning System)、俄罗斯的 GLONASS(Globalnaya Navigatsionnaya Sputnikovaya Sistema)、中国北斗卫星导航系统 BDS(Beidou Navigation Satellite System)、欧洲 Galileo 系统、日本准天顶卫星导航系统 QZSS(Quasizenith Satellite System)及印度 NAVIC 系统(Navigation with Indian Constellation)。GNSS 技术具有高精度、全天候、自动化、实时、连续、无需通视条件等优点，在大地测量学及其相关学科领域，如地球动力学、海洋大地测量、资源勘探、航空与卫星遥感、工程变形监测及精密时间传递等方面得到了广泛应用。

3.1.1 GPS 系统

全球定位系统 GPS 是由美国国防部设计、建设、控制和维护的。该系统主要由卫星星座、地面控制和监测站、用户接收设备三大部分组成。从 1978 年首颗原型卫星发射起，历经十余年时间，GPS 系统于 1995 年 4 月具备完全运行能力。GPS 卫星信号包含两种不同精度的测距码，即 P 码和 C/A 码，并对应提供精密定位服务(Precise Positioning Service，PPS)和标准定位服务(Standard Positioning Service，SPS)。为防止未经许可用户将 GPS 用于军事目的，美国于 1991 年 7 月开始实施反电子欺骗技术(Anti-Spoofing，AS)，通过将 P 码和保密的 W 码相加形成 Y 码，以防止非授权用户进行高精度实时定位。2000 年 5 月 1 日，美国宣布取消对 GPS 卫星民用信道的选择可用性(Selective Availability，SA)政策，民用定位精度提高到 10 m 以内水平。截至 2017 年 6 月 30 日，GPS 在轨工作卫星有 32 颗，其中包括 Block IIR-A、Block IIR-B、Block IIR-M 及 Block IIF 等星座类型。

1999 年 1 月 25 日，美国副总统戈尔宣布，将斥资 40 亿美元，进行 GPS 现代化，旨在加强 GPS 对美军现代化战争中的支撑和保持全球民用导航领域中的领导地位。美国军方为更好地解决 GPS 军民信号互扰问题，在新一代 GPS IIF 卫星增加了 L5 频率(1176.45 MHz)民用导航信号，并采用了军码直接捕获等系列措施。从 2003 年起发射的 GPS IIR-M 卫星在 L2C 频点(1227.6 MHz)上又增加了新的民用导航 W 信号 L2M。GPS L1M 和 L2M 码具有较强的抗干扰能力及保密性能。除此之外，GPS III 型星座将采用全新的设计方案，由高椭圆轨道(Highly Elliptical Orbit，HEO)卫星和地球静止轨道卫星(Geostationary Earth Orbit，GEO)相结合的新型混合星座组成，计划在 20 年左右时间完成 33 颗卫星左右组网计划，以满足未来军事、民用和商业用户的更高要求。

3.1.2 GLONASS 系统

俄罗斯的 GLONASS 系统是除美国 GPS 系统以外已建成并具备完全运行能力的全球卫星导航系统。GLONASS 系统在 1996 年 1 月开始运行，共有 24 颗 GLONASS 卫星可用于定位和授时。但由于政府财政预算的缩减，导致在 2001 年其工作卫星仅有几颗。近年来，俄罗斯政府正在实施一个恢复 GLONASS 24 颗卫星星座的长期计划。截至 2011 年 12 月 8 日，GLONASS 在轨工作卫星达 24 颗，已恢复系统完全运行能力，可以提供全天候、全球无缝覆盖的卫星定位服务。随着 GLONASS 现代化进程的不断推进，GLONASS 重新成为一些 GNSS 研究机构和接收机厂商关注的热点。自 2006 年以来，越来越多的 GNSS 设备制造商进入 GPS/GLONASS 接收机市场。国内部分城市已着手将 CORS(Continuously Operating Reference Stations)基准站升级为双星系统接收机。全球 IGS 站、区域 CORS 站及普通 GNSS 用户中，GPS/GLONASS 双模接收机的使用范围日趋扩大。

自从 IGEX-98(International GLONASS Experiment)和 IGLOS-PP(International GLONASS Pilot Project)项目实施以来，已逐渐能获取 GLONASS 的精密卫星轨道和钟差数据。目前，4 个机构能提供 GLONASS 精密卫星轨道(精度 10~15 cm)，2 个分析中心能够提供后处理的 GLONASS 精密卫星钟差数据。这使得利用 GLONASS 改善当前基于 GPS 观测值的精密单点定位精度及可靠性成为可能。自 2003 年以来，俄罗斯先后发射了多颗 GLONASS-M 卫星。GLONASS-M 卫星是 GLONASS 卫星的改造升级版，其具有很多新的特性，如卫星设计寿命延长至 7 年、增加了 L2 频率的民用码以及改善了卫星钟差的稳定性。2011 年 2 月，俄罗斯发射首颗 GLONASS-K 卫星。第三代卫星 GLONASS-K 的设计寿命增加至 10~12 年，并会增加第三种民用信号频率和码分多址信号，这为今后 GLONASS 和 GPS 系统的兼容与数据融合提供了更加有利的条件。GLONASS 系统的加入将使 PPP 可利用的 GNSS 卫星星座数从原来的 32 颗增加到 56 颗，其可用卫星数提高 60%。随着 GLONASS 现代化进程的不断推进，综合 GPS 和 GLONASS 系统，将为 GNSS 用户提供更多的导航卫星数以及卫星几何构形的改善。

3.1.3 BDS 系统

北斗卫星导航系统(BeiDou Navigation Satellite System，BDS)是我国正在实施的自主建设、独立运行的全球卫星导航系统，与载人航天、嫦娥探月并列为国家三大航天工程。目前，北斗系统已成功应用于国防、测绘、水利、海洋、气象、交通、减灾救灾和公共安全等诸多领域，产生显著的经济效益和社会效益。BDS 由空间段、地面段和用户段三部分组成，空间段包括 5 颗静止轨道卫星和 30 颗非静止轨道卫星，其空间星座由 5 颗地球静止轨道(Geosynchronous Earth Orbit，GEO)卫星，27 颗中圆地球轨道(Medium Earth Orbit，MEO)卫星和 3 颗倾斜地球同步轨道(Inclined Geosynchronous Satellite Orbit，IGSO)卫星组成。其中，GEO 卫星分别定点于东经 58.75°、80°、110.5°、140°和 160°，卫星轨道高度为 35786 km；MEO 卫星轨道高度为 21528 km，轨道倾角为 55°，均匀分布在 3 个轨道面上；IGSO 卫星轨道高度为 35786 km，轨道倾角为 55°，均匀分布在 3 个倾斜同步轨道面上，3 个 IGSO 卫星星下点轨迹重合，交叉点经度为东经 118°，相位差 120°。BDS 采用 CDMA 扩频通信体制，卫星在 B1(1561.098 MHz)、B2(1207.140 MHz)和 B3(1268.520 MHz)三个频点播发信号。

长期以来，我国各行业领域对全球卫星导航定位(GNSS)技术的应用存在严重依赖单一 GPS 系统的特点。目前美国全球定位系统 GPS 占据着全球导航应用市场的绝对份额，对于国家重大战略基础设施，实现 GNSS 系统资源自主性具有十分重要的战略意义。尤其在国际政治环境发生重大变化时，可以摆脱对国外导航定位系统的依赖。2012 年 12 月 27 日，北斗二号系统正式开通运行，目前正为亚太地区提供区域导航、定位和授时服务。2015 年 3 月 30 日，首颗新一代北斗卫星发射升空，预计将在 2020 年前后完成覆盖全球的导航卫星系统构建，其间还将进行新型导航信号体制、星间链路和新型原子钟等国产自主可控设备试验工作。BDS 建成后将为全球用户提供定位、测速和授时服务，并为我国及周边用户提供定位精度优于 1 m 的广域差分服务和短报文通信服务。BDS 的主要功能为定位、测速、单双向授时、短报文通信，其性能指标主要有定位精度优于 10 m，测速精度优于 0.2 m/s，授时精度优于 20 ns。

3.1.4　Galileo 系统

Galileo 卫星导航系统是 2002 年 3 月由欧盟委员会和欧洲空间局(European Space Agency，ESA)共同发起的一项以民用为目的的航天项目，旨在打破美国对全球卫星导航定位产业的垄断，建立欧洲自主卫星导航系统，同时获得建立欧洲共同安全防务体系的条件及良好的社会和经济效益。2005 年 12 月 28 日，由英国萨瑞卫星技术公司研制的首颗在轨验证卫星的实验星 GIOVE-A 成功发射，标志着 Galileo 计划在轨验证阶段迈出重要一步。建成后的 Galileo 星座由 30 颗中轨地球卫星组成，这些卫星将均匀地分布在 3 个轨道面上，卫星轨道高度 23222 km，每个轨道面上分布了 9 颗工作星和 1 颗备用卫星。每个轨道的升交点赤经与上一轨道面均间隔 120°，轨道倾角为 56°，运行周期为 14 h。Galileo 卫星将发射 4 种位于 L 波段的频率，分别为 E1(1575.42 MHz)、E5a(1176.45 MHz)、E5b(1207.14 MHz)及 E6(1278.75 MHz)。受到经费不足、政治因素和欧盟内部竞争等多方面的影响，Galileo 卫星发射不断延期，进入全面组网运行的预计时间一再推迟。Galileo 系统建成后将具备全球导航定位、全球搜索救援，并向不同用户提供不同模式的如公开、商业、政府、安全等服务。

3.2　GNSS 定位误差源分析

3.2.1　与卫星有关的误差

1. 卫星轨道误差

卫星轨道误差是指卫星星历给出的卫星空间位置与其实际位置间的偏差。卫星的空间位置是由地面监控系统根据卫星测轨结果计算求得的，其大小与卫星跟踪站的数量及空间分布、观测值的质量、所采用的定轨模型及软件的完善程度等密切相关。目前，用户获取卫星星历的方式主要有两种：广播星历和精密星历。

(1)广播星历

广播星历是由 GNSS 系统的地面控制部分所确定和提供，经导航卫星向全球用户公开播发的一种预报星历。它用参考时刻的卫星轨道根数及其变化率来描述卫星轨道，并通过导航电文以一组参数的形式发送给用户。一般每 2 小时更新一次，用户可以按照与观测时刻最近的一组广播星历数据来计算卫星在 WGS-84 坐标系下的位置。目前，GPS 广播星历所能提供的卫星位置三维坐标精度约为 1m 左右。根据 GLONASS 空间信号接口控制文件（Interface Control Document Ver. 5. 1）描述，广播星历中给出的 GLONASS-M 卫星位置切向、法向、径向误差分别为 7m、7m、1.5m。

（2）精密星历

一般来说，卫星轨道误差能直接转化为单点定位的位置误差，因而当前广播星历的精度只能满足导航及低精度单点定位的需要。进行厘米级精度的精密单点定位时，需使用高精度的精密星历。GPS 精密星历主要由 IGS 组织及其分析中心提供，以 15 min 为采样率给出卫星在 ITRF 框架下的三维坐标，用户在 GPS 数据处理中需进行插值才能获得任意时刻卫星的位置。常用的插值方法有拉格朗日插值法、切比雪夫多项式插值法等。在 IGS 组织中有 7 个分析中心，各分析中心使用的数据来自一组 IGS 测站，然后经过不同的软件、观测模型及轨道模型处理得到独立解。这些精密解经综合加权平均计算后得到形成 IGS 的最终星历，并以标准 SP3 文件的格式存储。除最终星历外，IGS 组织还提供 GPS 快速星历、超快速星历。IGS 从 2005 年开始提供 GLONASS 最终星历产品。目前，该产品为 8 个分析中心最终轨道解的综合加权结果，分别来自 BKG、COD、EMR、ESA、GFZ、GRG、IAC 及 MCC，其所能提供的卫星位置精度约为 5 cm。IGS 当前尚未正式提供 GLONASS 快速星历与超快速星历产品，但已有一些分析中心能提供相关下载服务。例如，ESA 于 2010 年 3 月 7 日正式推出 GLONASS 快速星历与超快速星历产品，用户可以通过其 FTP 服务器进行下载。

2. 卫星钟差

尽管卫星上采用的是高精度的原子钟（如 Rb 钟、Cs 钟），但这些钟随着时间的推移会发生频率漂移变化。卫星钟差是指信号卫星离开卫星时，卫星钟相对于导航系统自身标准时的偏差。

（1）导航电文钟差模型

①GPS 导航电文钟差模型。在时刻 t，GPS 卫星钟差一般用二次多项式模型表示：

$$x(t) = x_0 + y_0(t - t_{oc}) + \frac{1}{2}z_0 (t - t_{oc})^2 \qquad (3-1)$$

式中，$x(t)$ 为卫星钟相位偏差；t_{oc} 为计算的参考时刻；x_0、y_0 分别为卫星钟的相位和频率偏移；z_0 为频率偏移的线性变化，也称为频率漂移。以上 3 个参数由地面控制系统根据长期的卫星钟相位数据资料得到，并编入导航电文播发给用户。

②GLONASS 导航电文钟差模型。GLONASS 导航电文仅给出参考时刻的卫星钟偏差 τ_n 和相对频率偏差 γ_n，相应的卫星钟差模型可表示为：

$$x(t) = \tau_n + \gamma_n(t - t_{oc}) \qquad (3-2)$$

（2）精密卫星钟差

IGS 组织及其分析中心在提供精密卫星轨道的同时，还提供 GPS 精密卫星钟差改正产品。受卫星钟稳定性变化影响，利用不同采样间隔的卫星钟差产品进行内插会带来相应的插值误差。对于 30s 间隔的 IGS 最终卫星钟差产品而言，插值误差约为 4mm。CODE 分析中心于 2008 年 5 月 4 日正式推出 5s 采样间隔的卫星钟差产品。IGS 目前尚未正式提供 GLONASS 精密卫星钟差产品。不过，在提供 GLONASS 精密卫星轨道产品的分析中心，除 BKG 和 MCC 外，另外 6 个分析中心还提供事后精密卫星钟差改正产品。

3. 卫星天线相位中心偏差

卫星和接收机间的距离观测值实际上是相应天线相位中心的距离。由于卫星轨道数据通常都是以卫星质心描述卫星位置的，因而 PPP 观测方程中距离计算值为卫星质心和接收机间的几何距离。此时，应对卫星质心位置施加天线相位中心偏差改正（Phase Center Offset，PCO）。卫星天线 PCO 通常在以卫星质心为原点的星固坐标系中表示。设卫星天线 PCO 在星固坐标系中的坐标为 $(x, y, z)^{\mathrm{T}}$，则该偏移量在 *ECEF* 坐标系中可表示为向量 $\boldsymbol{d}$：

$$\boldsymbol{d} = \begin{pmatrix} \boldsymbol{e}_x & \boldsymbol{e}_y & \boldsymbol{e}_z \end{pmatrix} \begin{pmatrix} x \\ y \\ z \end{pmatrix} \tag{3-3}$$

式中，$\begin{pmatrix} \boldsymbol{e}_x & \boldsymbol{e}_y & \boldsymbol{e}_z \end{pmatrix}$ 为方向余弦矩阵。向量 $\boldsymbol{d}$ 可直接加到 *ECEF* 坐标系中由卫星相位中心和接收机构成的向量上。

如图 3-1 所示，在 *ECEF* 坐标系中，测站与卫星构成向量 $\boldsymbol{r}_{\mathrm{sat}}$，测站与太阳构成向量 $\boldsymbol{r}_{\mathrm{sun}}$，卫星与太阳构成向量 $\boldsymbol{n}_{\mathrm{sun}} = \boldsymbol{r}_{\mathrm{sun}} - \boldsymbol{r}_{\mathrm{sat}}$，则式(3-3)中的各方向余弦可表示为：

$$\boldsymbol{e}_z = -\frac{\boldsymbol{r}}{|\boldsymbol{r}|}, \qquad \boldsymbol{e}_y = \frac{\boldsymbol{e}_z \times \boldsymbol{n}_{\mathrm{sun}}}{|\boldsymbol{e}_z \times \boldsymbol{n}_{\mathrm{sun}}|}, \qquad \boldsymbol{e}_x = \boldsymbol{e}_y \times \boldsymbol{e}_z \tag{3-4}$$

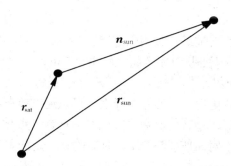

图 3-1 测站、卫星及太阳在 *ECEF* 坐标系中的几何关系

另外，卫星天线瞬时相位中心与天线平均相位中心并不完全一致，且会随着卫星信号方位角的不同而变化，称为卫星天线相位中心变化（Phase Center Variation，PCV）。2006 年 11 月，IGS 正式启用绝对相位中心改正模型，该模型同时提供 PCO 和 PCV 值，并以 ANTEX（Antenna Exchange Format）格式文件存储。

3.2.2 与信号传播有关的误差

1. 电离层延迟

电离层是位于高度为 60~1000 km 的大气层，在该区域内太阳强辐射使得部分中性气体分子被电离而形成大量的正离子和自由电子。电离层会造成载波相位信号的提前以及码伪距信号的延迟，且延迟大小与信号传播路径上的总电子含量（Total Electron Content，TEC）成正比，表示如下：

$$\delta_{\mathrm{ion}} = \frac{40.3}{f^2}\mathrm{TEC} \tag{3-5}$$

式中：δ_{ion} 为电离层延迟；f 为卫星信号频率；TEC 的单位为 TECU，按照上式计算得到 1TECU 对应 GPS 的 L1 频率信号延迟的等效距离为 0.162 m。

（1）电离层延迟改正模型

电离层延迟在一天内的变化可以从几米到二十几米。目前一般采用两种途径对电离层延迟进行削弱或改正：一种为利用电离层色散效应，由不同信号频率的线性观测值消除电离层延迟一阶项；另一种就是建立区域或全球电离层模型，常用的电离层模型主要有本特模型（Bent）、国际参考电离层模型（International Reference Ionosphere，IRI）、Klobuchar 模型及全球电离层模型（Global Ionosphere Maps，GIM）。

GPS 广播星历导航电文中包含 8 个 Klobuchar 电离层模型系数，用于计算沿信号传播路径的电离层延迟。除电离层模型系数外，用于计算的其他参数还有接收机天线的大地纬度 φ、大地经度 λ、观测时间 T，以及观测卫星的方位角 A 和高度角 E。Klobuchar 模型可将电离层延迟影响改正 50%~60%。

GIM 模型是由 IGS 电离层工作组通过对来自不同分析中心的 TEC 产品进行综合加权后生成的 IGS 官方电离层产品。该模型以 IONEX 文件格式存储，包含全球电离层图及卫星和接收机的码硬件延迟偏差值（Differential Code Bias，DCB）。每天的 IONEX 文件提供 13 个电离层图，从 0h 开始到 24h 结束。可以提供空间上 5°×2.5°（经纬度）、时间上 2h 分辨率的电离层 VTEC、GPS 卫星和接收机的硬件 DCB 值。IGS 提供的最终 GIM 产品的精度为 2~8 TECU，其可将电离层延迟影响改正约 80%。快速 GIM 产品具有与最终 GIM 产品相同的分辨率，但其精度与最终 GIM 相比差 5%~10%，为 2~9 TECU。IGS 最终产品发布的时间延迟约为 11 天，而快速 GIM 产品一般小于 24h。

（2）电离层延迟映射函数

将天顶方向的 VTEC 转化到信号传播路径上，可以通过所谓的映射函数实现。常用的电离层延迟映射函数有单层模型映射函数、几何映射函数、椭球映射函数等。不同映射函数仅在低卫星高度角情况下对 VTEC 与 STEC 的描述有一定的差异。在此，仅讨论当前广泛采用的单层模型（Single Layer Model，SLM）映射函数，可表示如下：

$$F(z) = \frac{STEC}{VTEC} = \frac{1}{\cos z_{IPP}} = \frac{1}{\sqrt{1 - \left(\dfrac{R}{R+H}\sin z\right)^2}} \tag{3-6}$$

式中，z_{IPP} 和 z 分别为电离层穿刺点与接收机处的卫星天顶距；R 为平均地球半径，一般取 6371 km；H 为电离层薄层的高度，在中纬度区域一般取 250~350 km，赤道区域通常取 350~500 km，而 IGS 提供的官方电离层产品一般取 450 km。电离层穿刺点（Ionospheric Piercing Point，IPP）是指卫星信号传播路径与电离层薄层的交点。对应的 SLM 模型示意图见图 3-2。

2. 对流层延迟

对流层是指高度约 50km 以下未被电离的中性大气层。与电离层不同，对于频率 30 GHz 以下的电磁波信号，对流层基本上是非色散介质，即信号折射与信号频率无关，且无法用双频改正的方法来消除对流层延迟。一般通过求出信号传播路径上各处的大气折射系数，然后进行积分来计算对流层延迟改正。对流层延迟与温度、气压、湿度以及天线的位置有关。在天顶方向上的延迟量约为 2 m，并且随着测站处卫星高度角的降低而增大。对于卫星高度角仅有几度的卫星，GPS 信号的对流层延迟可达 20 m。

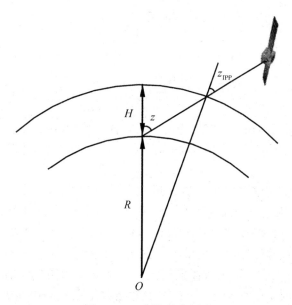

图 3-2　SLM 模型示意图

（1）对流层延迟改正模型

对流层延迟通常分成两部分处理：一部分为遵循理想气体定律的干分量（静力延迟分量），它可以由在接收机天线处测定的气压精确计算出来，约占对流层延迟量的 90%；另一部分为变化复杂的湿分量，水汽时空变化的复杂性使得难以精确计算湿延迟分量，它所引起的延迟量约占 10%，在 PPP 中一般作为未知参数进行估计。常用的对流层延迟改正模型有 Saastamoinen 模型、Hopfield 模型、UNB3 模型等。当卫星高度角大于 15° 时，这些模型计算的对流层延迟值差异通常很小。在此仅给出较为常用的 Saastamoinen 模型，具体表示如下：

$$\delta_{\text{trop}} = \frac{0.002277}{\cos z} \left[P + \left(\frac{1255}{T} + 0.05 \right) e - B \tan^2 z \right] + \delta R \qquad (3\text{-}7)$$

式中，z 为卫星天顶距；P 为大气压（mbar）；T 为测站温度（K）；e 为水汽压（mbar）；B 和 δR 为改正项，可以通过测站高与卫星天顶距的列表函数插值得到。在该模型中，可以使用气压、温度、湿度的实测值，或者使用由标准大气模型得到的值。

（2）对流层延迟映射函数

与电离层延迟类似，通常将天顶方向的对流层干延迟和湿延迟分别通过对应的映射函数转化为信号传播路径上的斜延迟，即

$$\delta_{\text{trop}} = m_h \cdot \delta_{\text{zhd}} + m_w \cdot \delta_{\text{zwd}} \qquad (3\text{-}8)$$

式中，δ_{zhd} 为对流层天顶干延迟（Zenith Hydrostatic Delay，ZHD），m_h 为对应的映射函数；δ_{zwd} 为对流层天顶湿延迟（Zenith Wet Delay，ZWD），m_w 为对应的映射函数。常用的对流层延迟映射函数有 Niell 映射函数、Vienna 映射函数 VMF1 以及全球映射函数 GMF 等。Niell 于 1996 年提出 NMF 模型，表示如下：

$$m_i(E) = \cfrac{1 + \cfrac{a_i}{1 + \cfrac{b_i}{1 + c_i}}}{\sin E + \cfrac{a_i}{\sin E + \cfrac{b_i}{\sin E + c_i}}} \tag{3-9}$$

式中，$m_i(\cdot)$ 为对流层延迟映射函数，下标 i 既可表示干延迟映射函数 m_h，又可表示湿延迟映射函数 m_w；E 为测站处卫星高度角；a_i、b_i、c_i 为映射函数系数，由 ray-tracing 技术确定。

VMF1、GMF 与 NMF 三种映射函数在形式上是相同的，不同之处在于确定以上三个系数的方法。NMF 采用无线电探空数据，而 VMF1 与 GMF 均应用数值天气模型（Numeric Weather Model，NWM）数据确定。NMF 映射函数具有两个不足之处：一是在南半球高纬度地区偏差较大；二是对经度变化不敏感，由此造成在部分地区测站位置估值的系统性偏差。与 NMF 映射函数相比，采用数值天气模型（NWM）数据的 VMF1 及 GMF 映射函数能更好地描述对流层的时空变化情况。VMF1 映射函数是在欧洲中期天气预报中心 40 年的月平均气压、温度及湿度资料分析基础上建立起来的，该函数在全球范围内具有较高的精度。在 VMF1 映射函数的基础上，Boehm 等人于 2006 年提出 GMF 映射函数，并给出球谐函数形式表示的映射函数系数确定解析式，更易于在相关分析软件中编程实现，因而目前为多数 IGS 分析中心所采用。

3. 多路径效应

多路径效应是指卫星信号从多个路径到达接收机天线的现象，对伪距和载波相位观测值均有影响，且与接收机天线周围环境及接收机自身密切相关。接收机会接收到直接到达的信号和反射信号，其中反射信号的路径主要取决于反射面和卫星位置。反射面通常相对于接收机是静止的，但卫星位置是随时间变化的。因此，多路径误差是一个与时间有关的变量。由于多路径效应时空变化的复杂性，目前尚难以通过模型对其进行有效消除，仅能通过一定的措施进行削弱，主要方法有：① 选择合适的站址，天线安置尽量避开强反射物（如水面、山坡、高层建筑物等）；② 选用能抑制多路径效应的天线（如扼流圈天线等）；③ 适当延长观测时间；④ 改进数据处理方法，如采用小波分析进行滤波等。

3.2.3 与接收机有关的误差

1. 接收机钟差

卫星信号到达接收机时，接收机钟相对于卫星导航系统标准时的差异称为接收机钟差。GNSS 接收机一般内置高精度的石英钟，不但钟差的数值大、变化快，且质量稳定性较原子钟要差。在高精度定位中，可采用外接频标（如 Rb 钟、Cs 钟），为接收机提供高精度的时间标准。

2. 接收机天线相位中心偏差

GNSS 接收机天线相位中心（Antenna Phase Center，APC）的位置与天线的几何中心一般情况并不一致，会随着接收到卫星信号的方向而发生变化，且与信号的频率有关。接收机天线相位中心偏差也由相位中心偏移 PCO 和相位中心变化 PCV 两部分组成。接收机天线 PCO 是指天线平均 APC 与接收机天线参考点（Antenna Reference Point，ARP）之间的三维偏差；PCV 则提供 APC 随卫星天顶距及方位角变化的改正值，用于确定天线相位中心的瞬时位置。与卫星天线相位中心改正相对应，接收机天线相位中心改正模型也采用绝对改正模型；ANTEX 文件中包含了目前世界上各主流 GNSS 设备制造商的接收机天线相位中心偏差改正数据。

外业测量一般量取接收机天线 ARP 与测量标志中心位置偏差，作为接收机天线位置偏差记录在观测值 RINEX 文件头中。接收机天线 APC、测站中心及卫星几何关系可用向量表示，如图 3-3 所示。接收机天线瞬时相位中心位置向量 $\boldsymbol{d}_{\mathrm{APC}}$ 可表示为：

$$\boldsymbol{d}_{\mathrm{APC}} = \boldsymbol{d}_{\mathrm{BM}} + \boldsymbol{d}_{\mathrm{PCO}} + \boldsymbol{d}_{\mathrm{PCV}} = \begin{pmatrix} \Delta n \\ \Delta e \\ \Delta u \end{pmatrix} \tag{3-10}$$

式中，$\boldsymbol{d}_{\mathrm{BM}}$ 为天线 ARP 相对于测量标志中心的偏移，$\boldsymbol{d}_{\mathrm{PCO}}$、$\boldsymbol{d}_{\mathrm{PCV}}$ 为天线 APC 相对于 ARP 的偏移。

于是，PPP 观测方程中观测距离值与计算距离值之间的关系，可表示为：

$$|\boldsymbol{r}_{\mathrm{APC}}| = |\boldsymbol{r}_{\mathrm{BM}}| - \boldsymbol{d}_{\mathrm{APC}} \cdot \boldsymbol{e} \tag{3-11}$$

式中，$\boldsymbol{e} = \begin{bmatrix} \cos(\mathrm{ele})\cos(\mathrm{azi}) & \cos(\mathrm{ele})\sin(\mathrm{azi}) & \sin(\mathrm{ele}) \end{bmatrix}$ 为单位向量；ele 为卫星高度角；azi 为卫星方位角。

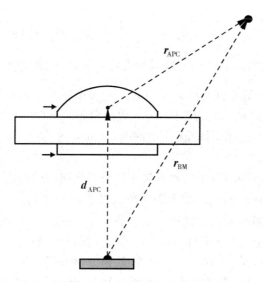

图 3-3 天线 APC、测站中心及卫星几何关系

3.2.4 其他误差

1. 相对论效应

根据广义相对论理论，受引力位差异的影响，位于 GNSS 卫星轨道高度的卫星钟要比地面钟快些。另外，由于卫星钟以卫星运行的速度在 GNSS 轨道移动，由狭义相对论可知，卫星钟要比地面钟慢些。也就是说，以上两种因素会综合影响卫星钟的频率变化，因此在 PPP 数据处理中必须考虑相对论效应的影响。

对于 GPS 系统，相对论效应对卫星钟频率的影响可以分为两部分：一部分为固定频率偏差，该部分仅与卫星轨道长半轴大小有关；另一部分是由于卫星轨道偏心率所引起的可变频率偏差分量，该部分需用户在数据处理时进行改正。在每颗卫星发射之前，会进行固定频率偏差分量的校正，即将卫星钟的标准频率10.23 MHz调低，校正后的频率为：

$$(1 - 4.4647 \times 10^{-10}) \times 10.23 \text{MHz} = 10.22999999543 \text{MHz} \tag{3-12}$$

用户改正部分需首先计算卫星的位置和速度，可变频率偏差部分对卫星钟差的影响可用如下公式表示：

$$\Delta t_{\text{rel}} = -\frac{2\boldsymbol{R} \cdot \boldsymbol{V}}{c^2} \tag{3-13}$$

式中，$\boldsymbol{R}$为卫星的瞬时位置向量；$\boldsymbol{V}$为卫星的瞬时位置向量；c为真空中光速。

2. 潮汐效应

(1)地球固体潮

地球沿轨道运动会引起日月引力的变化，由此所形成的地球弹性形变，称为地球固体潮。地球固体潮汐引起的测站周期性位移主要与测站所处的纬度有关，在高程方向可达30 cm、在水平方向可达5 cm。由于地球固体潮由很多周期项叠加而成，因此不能通过全天取平均完全消除。

IERS Conventions给出了地球固体潮引起测站位移的近似公式，用球谐函数展开至二阶项可表示为：

$$\Delta \boldsymbol{r} = \sum_{j=2}^{3} \frac{GM_j}{GM_{\oplus}} \frac{R_e^4}{R_j^3} \left\{ h_2 \hat{\boldsymbol{r}} \left(\frac{3}{2} (\hat{\boldsymbol{R}}_j \cdot \hat{\boldsymbol{r}})^2 - \frac{1}{2} \right) + 3l_2 (\hat{\boldsymbol{R}}_j \cdot \hat{\boldsymbol{r}}) [\hat{\boldsymbol{R}}_j - (\hat{\boldsymbol{R}}_j \cdot \hat{\boldsymbol{r}}) \hat{\boldsymbol{r}}] \right\} \tag{3-14}$$

式中，$GM_{\oplus}$为地球引力常数；GM_j为月球引力常数($j=2$)和太阳引力常数($j=3$)；R_e为地球赤道半径；R_j、$\hat{\boldsymbol{R}}_j$为由地心到月球或太阳的矢径大小及其单位向量；r、$\hat{\boldsymbol{r}}$为由地心到测站的矢径大小及其单位向量；h_2为二阶Love数，取值0.6078；l_2为二阶Shida数，取值0.0847。以上表达式近似地球固体潮位移的精度为5mm左右。

(2)海洋负荷潮

海洋负荷是指在海潮期间由于海水质量重新分布所引起的海床和海岸形变。在海水重量作用下，地壳会发生弹性形变，称为海洋负荷潮。海潮负荷主要影响近海岸的GPS测站，对于大多数内陆的测站而言，该项改正一般小于1 cm。一个测站24小时的海潮负荷改正平均值通常较小，通过全天取平均后的海洋负荷改正一般为几个毫米。因此，对于厘米级动态PPP、近海岸区域(<1000 km)的静态PPP必须进行海洋负荷潮改正。

IERS Conventions给出了海洋负荷潮的改正模型，其简化形式可表示为：

$$\Delta \boldsymbol{c} = \sum_j f_j A_{cj} \cos(w_j t + \chi_j + u_j - \Phi_{cj}) \tag{3-15}$$

式中，$\Delta \boldsymbol{c} = (\Delta R, \Delta W, \Delta S)$表示在时刻$t$由海洋负荷引起的测站位移向量；下标$j$表示不同的潮波，一般仅需考虑11个潮波，即4个半日潮波M_2、S_2、N_2、K_2，4个全日潮波K_1、O_1、P_1、Q_1及3个长周期性潮波M_f、M_m、S_{sa}；f_j、u_j为与月球升交点经度有关的系数；w_j、χ_j表示在$t=0h$时刻第j个潮波的角速度和天文参数；振幅A_{cj}、相位Φ_{cj}均与测站位置有关，可以通过海潮模型与海岸线数据计算得到。

海洋负荷潮改正计算值与采用的海潮模型密切相关，不同的海潮模型间计算得到的改正值会有一定差异。用户可以使用相关软件根据选定的海潮模型并输入测站概略位置，即可计算得到11个主要潮波的振幅和相位。另外，上式得到的位移向量(ΔR, ΔW, ΔS)是在站心坐标系中表示的，需进一步通过坐标变换，转化为 *ECEF* 坐标系中表示的向量 $(\Delta X, \Delta Y, \Delta Z)$。

（3）极潮

地球瞬时自转轴在地球内部的运动（极移）会引起地表测站位置的变化，称为极潮。IERS Conventions（2010）给出了极潮改正的近似改正公式，表示如下：

$$\begin{cases} \delta_S = -9\cos2\phi \left[(x_p - \bar{x}_p)\cos\lambda - (y_p - \bar{y}_p)\sin\lambda \right] \\ \delta_W = 9\sin2\phi \left[(x_p - \bar{x}_p)\sin\lambda + (y_p - \bar{y}_p)\cos\lambda \right] \\ \delta_R = -33\sin2\phi \left[(x_p - \bar{x}_p)\cos\lambda - (y_p - \bar{y}_p)\sin\lambda \right] \end{cases} \tag{3-16}$$

式中，δ_S、δ_W、δ_R 分别表示极潮改正三个方向的坐标分量；λ、ϕ 为测站的大地经纬度；$m_1 = x_p - \bar{x}_p$ 与 $m_2 = y_p - \bar{y}_p$ 表示计算时刻地极位置 (x_p, y_p) 与平均地极 $(\bar{x}_p, \bar{y}_p)$ 之间的差异。

IERS 地球旋转中心通过对 1976.0—2010.0 期间的极移数据拟合建立三阶极移模型，可以利用该模型进行线性插值及外推计算任意时刻 t 的平均地极位置，具体表示如下：

$$\begin{cases} \bar{x}_p(t) = \sum_{i=0}^{3} (t - t_0)^i \times \bar{x}_p^i \\ \bar{y}_p(t) = \sum_{i=0}^{3} (t - t_0)^i \times \bar{y}_p^i \end{cases} \tag{3-17}$$

式中，$t_0 = 2000.0$；$\bar{x}_p^i$、$\bar{y}_p^i$ 为模型各阶系数值。类似地，上式得到的位移向量 $(\delta R, \delta W, \delta S)^T$ 也是在站心坐标系中表示的，同样需进一步转化为 *ECEF* 坐标系中表示的向量 $(\delta X, \delta Y, \delta Z)^T$。

3. 天线相位缠绕

GNSS 卫星发射的载波相位信号为右旋圆极化电磁波，因此接收机接收到的载波相位观测值与卫星和接收机天线的相对定向有关。接收机或卫星天线绕其纵轴旋转时，可能引起载波相位变化值达到一个波长，这种影响称为天线相位缠绕。在静态定位中，接收机天线指向通常固定不动，而卫星天线指向会因太阳能板的旋转而发生缓慢变化，这种将引起站星几何构形的改变。尤其是在卫星进出地影区域时，太阳能板为对准太阳会发生快速旋转，相应卫星天线在半小时内可能最大旋转一周，此时应对该部分载波相位观测值进行天线相位缠绕改正或剔除。在动态定位中，由接收机天线旋转引起的相位缠绕误差被接收机钟差吸收，因此一般不予考虑。

天线相位缠绕改正 $\Delta\Phi$ 可通过 Wu（1993）提出的模型计算，具体公式如下：

$$\begin{cases} \Delta\Phi = 2N\pi + \text{sign}(\zeta) \cdot \arccos\left(\dfrac{D' \cdot D}{\| D' \| \cdot \| D \|} \right) \\ \zeta = \hat{k} \cdot (D' \times D) \\ N = \text{nint}\left(\dfrac{\Delta\Phi_{\text{prev}} - \delta\Phi}{2\pi} \right) \end{cases} \tag{3-18}$$

式中，$\hat{k}$ 为卫星至接收机间的单位向量；D'、D 分别为卫星和接收机天线的有效偶极向量；$\Delta\Phi_{\text{prev}}$ 表示前一历元的天线相位缠绕改正；$\text{nint}(\cdot)$ 表示就近取整；N 的初始值可以设为 0。

设星固坐标系单位向量为$(\hat{x}', \hat{y}', \hat{z}')$、站心地平坐标系单位向量为$(\hat{x}, \hat{y}, \hat{z})$，则$D'$、$D$可由下式计算：

$$\begin{cases} D' = \hat{x}' - \hat{k}(\hat{k} \cdot \hat{x}') - \hat{k} \times \hat{y}' \\ D = \hat{x} - \hat{k}(\hat{k} \cdot \hat{x}) - \hat{k} \times \hat{y} \end{cases} \tag{3-19}$$

3.3 相对定位监测原理

GNSS 相对定位，也叫差分 GNSS 定位，是目前 GNSS 定位中精度最高的一种定位方法，已广泛应用于大地测量、精密工程测量、变形监测等。相对定位是通过确定同步跟踪相同的 GPS 卫星信号，从而确定若干台接收机之间的相对位置(三维坐标差)来实现定位。两点间的相对位置可以用一条基线向量来表示，故相对定位也称为测定基线向量，或简称为基线测量。在两个观测站或多个观测站，同步观测相同卫星的情况下，卫星的轨道误差、卫星钟差、接收机钟差、电离层和对流层的折射误差等对观测量的影响具有一定的相关性，通过相对定位中的观测方程间差分可有效消除或减弱上述误差的影响，从而提高相对定位的精度。

3.3.1 GNSS 相对定位数学模型

静态相对定位中，一般采用载波相位观测值为基本观测量，载波相位可以是原始的非差相位观测值，也可以是在测站、卫星或历元之间组合的差分观测值。用原始非差相位进行相对定位称为非差模式，用差分相位进行相对定位称为差分模式。在静态相对定位中，依所用差分观测量的不同又可以分为 3 种形式：单差、双差和三差。

假设，基线两端的接收机对 GNSS 卫星 j、k 于历元 t_1、t_2 进行了同步观测，则可以得到如下独立的载波相位观测量：$\varphi_1^j(t_1)$、$\varphi_1^k(t_1)$、$\varphi_2^j(t_1)$、$\varphi_2^k(t_1)$、$\varphi_1^j(t_2)$、$\varphi_1^k(t_2)$、$\varphi_2^j(t_2)$、$\varphi_2^k(t_2)$。

单差(Single-Difference，SD)，即不同观测站同步观测相同卫星所得观测量之差。取符号 $\Delta\varphi^j(t)$、$\Delta\varphi_i(t)$、$\Delta\varphi_i^j(t)$ 分别表示不同接收机之间、不同卫星之间、不同历元之间的相位观测量一次差，称为站间单差、星间单差和历元间单差。

$$\begin{cases} \Delta\varphi^j(t) = \varphi_2^j(t) - \varphi_1^j(t) \\ \Delta\varphi_i(t) = \varphi_i^k(t) - \varphi_i^j(t) \\ \Delta\varphi_i^j(t) = \varphi_i^j(t_2) - \varphi_i^j(t_1) \end{cases} \tag{3-20}$$

以站间单差为例，将载波相位观测方程式(3-21)代入式(3-22)中，可得观测方程为式(3-23)。

$$\Delta\varphi^j(t) = \frac{f}{c}\left[\rho_2^j(t) - \rho_1^j(t)\right] - f\left[\delta_2(t) - \delta_1(t)\right] - \left[N_2^j(t_0) - N_1^j(t_0)\right] -$$

$$\frac{f}{c}(\delta_{2,\text{ion}}^j - \delta_{1,\text{ion}}^j) - \frac{f}{c}(\delta_{2,\text{trop}}^j - \delta_{1,\text{trop}}^j) \tag{3-21}$$

双差(Double-Difference，DD)，即不同观测站同步观测同一组卫星所得单差之差。取符号 $\nabla\Delta\varphi^k$ 表示站间星间双差，其表达式为

$$\nabla\Delta\varphi^k = \Delta\varphi^k(t) - \Delta\varphi^j(t) = \left[\varphi_2^k(t) - \varphi_1^k(t)\right] - \left[\varphi_2^j(t) - \varphi_1^j(t)\right] \tag{3-22}$$

其观测方程为：

$$\nabla\Delta\varphi^j(t) = \frac{f}{c}\big[\rho_2^k(t) - \rho_2^j(t) - \rho_1^k(t) - \rho_1^j(t)\big] - \big[N_2^j(t_0) - N_2^k(t_0)$$

$$- N_1^k(t_0) + N_1^j(t_0)\big] - \frac{f}{c}(\delta_{2,\,\mathrm{ion}}^k - \delta_{2,\,\mathrm{ion}}^j - \delta_{1,\,\mathrm{ion}}^k + \delta_{1,\,\mathrm{ion}}^j) -$$

$$\frac{f}{c}(\delta_{2,\,\mathrm{trop}}^k - \delta_{2,\,\mathrm{trop}}^j - \delta_{1,\,\mathrm{trop}}^k + \delta_{1,\,\mathrm{trop}}^j) \tag{3-23}$$

三差(triple-difference，TD)，即不同历元，同步观测同一组卫星所得观测值的双差之差。其表达式为

$$\delta\nabla\Delta\varphi^k(t) = \nabla\Delta\varphi^k(t_2) - \nabla\Delta\varphi^k(t_1) = \big[\varphi_2^k(t_2) - \varphi_1^k(t_2) - \varphi_2^j(t_2) + \varphi_1^j(t_2)\big] -$$

$$\big[\varphi_2^k(t_1) - \varphi_1^k(t_1) - \varphi_2^j(t_1) + \varphi_1^j(t_1)\big] \tag{3-24}$$

如果分别以 t_1、t_2 表示两个不同的观测历元，并忽略大气折射残差的影响，则三差观测方程可表示为：

$$\delta\nabla\Delta\varphi^k(t) = \frac{f}{c}\big[\rho_2^k(t_2) - \rho_2^j(t_2) - \rho_1^k(t_2) - \rho_1^j(t_2)\big] -$$

$$\frac{f}{c}\big[\rho_2^k(t_1) - \rho_2^j(t_1) - \rho_1^k(t_1) - \rho_1^j(t_1)\big] \tag{3-25}$$

三次差分模式中不包含整周待定值，因此可以利用三次差方法来探测和修复周跳，由于还在相邻历元间求差，历元间隔 $t_{i+1} - t_i$ 一般取数秒至数分钟，使得接收机钟误差前面的系数较小，于是钟误差的影响也就较小。若接收机频率漂移不大，可仅取起始历元的两接收机的相对钟误差作为待定钟误差参数，而舍去其他钟误差参数。但需注意的是，三次差分观测值与双差观测值相比，其相关性更强，在组成观测值的权矩阵时需做相应的考虑。由三次差分观测值进行最小二乘求解，也可得出相对定位解，但解的稳定性往往不如对站间星间双差分观测值的求解结果。

上述关于载波相位原始观测量的不同线性组合，都可作为相对定位的相关观测量，它们的主要优点在于：①可消除或减弱一些具有系统性误差的影响，如卫星轨道误差、钟差和大气折射误差等；②可以减少平差计算中未知数的数量。因此，原始观测量的差分模型，无论在生产实践中或科学研究中，都获得了广泛的应用。

3.3.2　GNSS 相对定位模式

根据用户接收机在定位过程中所处的状态不同，相对定位可分为经典静态相对定位、快速静态相对定位、准动态相对定位和动态相对定位。

(1)经典静态相对定位

经典静态相对定位，即采用两套(或两套以上)GNSS 接收设备，分别安置在两条(或多条)基线的端点，根据基线长度和要求的精度，在一定时段内固定不动地静态同步观测相同的卫星，以获得充分的多余观测数据。观测的独立基线边，可以构成闭合图形，利于观测成果的检核，能够增强网的强度，提高成果的可靠性和精确性。

(2)快速静态相对定位

快速静态相对定位，使一台接收机在参考站(或基准站)上固定不动，连续跟踪所有可见卫星，另一台接收机在其周围的观测站流动，并在每一流动站上静止地进行数分钟观测，以确定流动站与基准站之间的相对位置。利用快速静态相对定位，当接收机在流动站

49

之间移动时，不必保持对所测卫星的连续跟踪，该模式作业速度快、精度高。

（3）准动态相对定位

准动态相对定位，是指建立一个基准站（或参考站），并安置一台 GPS 接收机，连续跟踪所有可见卫星。流动站在保持对所测卫星连续跟踪的情况下，依次在各流动点观测数秒钟，又称为"走走停停"定位法。该方法从本质上讲应属于快速静态定位的方法，在迁站过程中之所以要开机观测，并不是为了测定接收机的运动轨迹，而只是为了让在初始化阶段中所测定的整周模糊度保持并传递至下一个流动点，以实现快速定位。

（4）动态相对定位

动态相对定位，是用一台接收机安设在基准站（或参考站）上固定不动，另一台接收机安设在运动的载体上，两台接收机同步观测相同的卫星，以确定运动点相对基准站的实时位置。根据数据处理方式不同，通常可以分为实时处理和测后处理。实时动态处理（Realtime Kinematic，RTK）要求在观测过程中实时地获得定位的结果，无需存储观测数据；但在流动站与基准站之间，必须实时地传输观测数据或观测量的修正数据。事后动态处理（Post Processing Kinematic，PPK）要求在观测工作结束后，通过数据处理而获得定位的结果。这种处理数据的方法，可以对观测数据进行详细的分析，易于发现粗差，也不需要实时地传输数据，但需要存储观测数据。观测数据的测后处理方式，主要应用于基线较长、不需实时获得定位结果的测量工作等。

3.4　精密单点定位监测原理

精密单点定位（Precise Point Positioning，PPP）是利用载波相位观测值及高精度的卫星星历与卫星钟差进行单台接收机高精度定位的方法。PPP 的概念最早由美国喷气实验室（Jet Propulsion Laboratory，JPL）的 Zumberge 等人于 1997 年提出，该技术仅由单台 GNSS 接收机就可以实现高精度的绝对定位，具有高精度、低成本、无需基准站、可提供动态全球参考框架下的定位解等优势，是近 20 年来 GNSS 领域的研究热点。最初 PPP 的应用领域是静态大地测量数据的后处理，如 GNSS 跟踪站位置的快速解算、地壳变形监测等。一般来讲，对于偏远、广阔的地区，通常附近无参考站可利用，而且临时建立参考站往往要花很大代价，PPP 技术就成为首要考虑的定位手段。在 GNSS 实时定位应用领域，差分模式下的 RTK 技术可以为局部区域范围内的用户提供实时、高精度、相对可靠的定位服务，但存在依赖基准站、作用距离有限的不足。当基线超过 50km 以上后，基准站和参考站的对流层及电离层误差的相关性降低，RTK 定位解逐渐不可靠。网络 RTK（Network Real-Time Kinematic，NRTK）技术能改进该状况，但需要高密度分布的连续运行参考站支持。另外，在虚拟参考站（Virtual Reference Station，VRS）应用中，还需要双向通信。PPP 无需设立基准站、作业机动灵活、数据处理简单，单台接收机即可实现广域甚至全球范围内的精密定位，从而在实时 GNSS 应用方面较 RTK 技术要更具竞争潜力。

3.4.1　PPP 函数模型

1. PPP 观测方程

（1）消电离层观测模型

传统 PPP 观测方程一般采用载波相位和码伪距消电离层组合观测值（Ionosphere-Free

Combination）建立。

对于 GPS 卫星 i，其观测方程可以表示为：

$$\begin{cases} P_{\text{IF},\,i}^{G} \equiv \dfrac{f_1^2 P_1^G - f_2^2 P_2^G}{f_1^2 - f_2^2} = \rho^G + c(\mathrm{d}t_r^G - \mathrm{d}t_i^{G/s}) + \delta_{\text{trop}_i} + \delta_{\text{tide}} + \delta_{\text{rel}} + \varepsilon_P^G \\[4mm] \Phi_{\text{IF},\,i}^{G} \equiv \dfrac{f_1^2 \Phi_1^G - f_2^2 \Phi_2^{G^\cdot}}{f_1^2 - f_2^2} = \rho^G + c(\mathrm{d}t_r^G - \mathrm{d}t_i^{G/s}) + \lambda^G N_{\text{IF},\,i}^G + \delta_{\text{trop}_i} + \delta_{\text{tide}} + \delta_{\text{rel}} + \delta_{\text{phw}} + \varepsilon_\Phi^G \end{cases}$$

$$(3\text{-}26)$$

式中，$P_{\text{IF},\,i}^G$、$\Phi_{\text{IF},\,i}^G$ 分别为码伪距和载波相位的消电离层组合观测值；$\mathrm{d}t_r^G$ 为接收机钟差；$\mathrm{d}t_i^{G/s}$ 为 GPS 卫星 i 的钟差；ρ^G 为卫地距；δ_{trop_i} 为对流层斜延迟；δ_{tide} 为潮汐效应；δ_{rel} 为相对论效应；δ_{phw} 为天线相位缠绕；N_i^G 为 GPS 卫星 i 对应的消电离层相位组合模糊度；ε_P^G、ε_Φ^G 为观测噪声；c 为真空中光速；λ^G 为 GPS 消电离层相位观测值所对应的波长；f_1、f_2 分别表示 L_1 和 L_2 载波的频率。

传统消电离层 PPP 观测模型，通过 L_1 和 L_2 两个频率上观测值的线性组合可以有效消除一阶电离层误差的影响，因而在 PPP 数据处理中得到广泛采用。但这种观测值组合观测模型存在一定的缺陷，主要表现为两个方面：一是组合后的观测值噪声增大。以 GPS 系统为例，组合后的观测值噪声将扩大到原观测值噪声的近 3 倍。二是组合后的模糊度参数整周特性被破坏。在参数估计过程中，两个频率对应的模糊度参数组合将作为单个参数处理，不利于整周模糊度的固定。

（2）UofC 模型

UofC（University of Calgary）模型是加拿大 Calgary 大学 Gao 等学者提出的一种新的 PPP 观测模型。该模型利用电离层对码伪距和载波相位观测值的影响大小相等、符号相反的特性，建立两种观测值的半和线性组合来消除一阶电离层误差的影响。

对于 GPS 卫星 i，其观测方程可以表示为：

$$\begin{cases} P_{U1,\,i}^G \equiv \dfrac{P_1^G + \Phi_1^G}{2} = \rho^G + c(\mathrm{d}t_r^G - \mathrm{d}t_i^{G/s}) + \dfrac{\lambda_1^G}{2} N_1^G + \delta_{\text{trop}_i} + \delta_{\text{tide}} + \delta_{\text{rel}} + \dfrac{\varepsilon_{P_1}^G + \varepsilon_{\Phi_1}^G}{2} \\[4mm] P_{U2,\,i}^G \equiv \dfrac{P_2^G + \Phi_2^G}{2} = \rho^G + c(\mathrm{d}t_r^G - \mathrm{d}t_i^{G/s}) + \dfrac{\lambda_2^G}{2} N_2^G + \delta_{\text{trop}_i} + \delta_{\text{tide}} + \delta_{\text{rel}} + \dfrac{\varepsilon_{P_2}^G + \varepsilon_{\Phi_2}^G}{2} \\[4mm] \Phi_{\text{IF},\,i}^G = \rho^G + c(\mathrm{d}t_r^G - \mathrm{d}t_i^{G/s}) + \dfrac{cf_1}{f_1^2 - f_2^2} N_1^G - \dfrac{cf_2}{f_1^2 - f_2^2} \mathrm{N}_2^G + \delta_{\text{trop}_i} + \delta_{\text{tide}} + \delta_{\text{rel}} + \varepsilon_\Phi^G \end{cases}$$

$$(3\text{-}27)$$

可以看出，对于每颗卫星，UofC 观测模型可以建立 3 个观测方程，包括 2 个码伪距与载波相位半和组合观测方程，以及 1 个载波相位消电离层组合观测方程。设码伪距和载波相位观测值先验中误差分别为 σ_P、σ_Φ，按照误差传播定律，UofC 组合观测值中误差可表示为：

$$\sigma_{P_U} = \frac{1}{2}\sqrt{\sigma_P^2 + \sigma_\Phi^2} \tag{3-28}$$

可见，UofC 模型的半和组合观测值的噪声与原码伪距观测值的噪声相比是减小的。另外，UofC 观测模型对两个频率上的模糊度参数分别进行估计，保留了模糊度的整周特性。

2. 观测模型线性化

以 GPS 系统 PPP 观测方程为例，式(3-27)中卫地距 ρ^G 为非线性多变量函数，即

$$\rho^G = \sqrt{(x_s^G - x_r)^2 + (y_s^G - y_r)^2 + (z_s^G - z_r)^2} \tag{3-29}$$

式中，$(x_s^G,\ y_s^G,\ z_s^G)^{\mathrm{T}}$ 为卫星位置，$(x_r,\ y_r,\ z_r)^{\mathrm{T}}$ 为接收机位置待估参数。

PPP 观测模型的线性化一般通过泰勒级数将上述函数展开至 1 阶项，即

$$\rho = F(X^0) + \left.\frac{\partial F(X)}{\partial X}\right|_{X^0} \mathrm{d}X + \varepsilon(\mathrm{d}X) \tag{3-30}$$

$$F(X^0) \equiv \rho^0 = \sqrt{(x_s^G - x_r^0)^2 + (y_s^G - y_r^0)^2 + (z_s^G - z_r^0)^2}$$

$$\left.\frac{\partial F(X)}{\partial X}\right|_{X^0} \mathrm{d}X = \left[\frac{-(x_s^G - x_r^0)}{\rho^0}\quad \frac{-(y_s^G - y_r^0)}{\rho^0}\quad \frac{-(z_s^G - z_r^0)}{\rho^0}\right]\begin{pmatrix} \Delta x_r \\ \Delta y_r \\ \Delta z_r \end{pmatrix} \tag{3-31}$$

式中，$X^0 = (x_r^0,\ y_r^0,\ z_r^0)^{\mathrm{T}}$ 为接收机近似坐标。

线性化形式为：

$$P_{\mathrm{IF},i}^G = \rho_0^G + \left[\frac{-(x_s^G - x_r^0)}{\rho_0^G}\quad \frac{-(y_s^G - y_r^0)}{\rho_0^G}\quad \frac{-(z_s^G - z_r^0)}{\rho_0^G}\right]\begin{pmatrix} \Delta x_r \\ \Delta y_r \\ \Delta z_r \end{pmatrix} + c(\mathrm{d}t_r^G - \mathrm{d}t_i^{G/s}) + \delta_\Sigma + \varepsilon_P^G \tag{3-32}$$

$$\Phi_{\mathrm{IF},i}^G = \rho_0^G + \left[\frac{-(x_s^G - x_r^0)}{\rho_0^G}\quad \frac{-(y_s^G - y_r^0)}{\rho_0^G}\quad \frac{-(z_s^G - z_r^0)}{\rho_0^G}\right]\begin{pmatrix} \Delta x_r \\ \Delta y_r \\ \Delta z_r \end{pmatrix} + c(\mathrm{d}t_r^G - \mathrm{d}t_i^{G/s}) + \lambda^G N_i^G + \delta_\Sigma + \varepsilon_\Phi^G$$

假设在历元 t，测站 r 同步观测到 m 颗 GPS 卫星，将所有卫星的观测方程线性化，则有：

$$\begin{pmatrix} \Phi_{\mathrm{IF},1}^G(t) \\ \Phi_{\mathrm{IF},2}^G(t) \\ \vdots \\ \Phi_{\mathrm{IF},m}^G(t) \\ P_{\mathrm{IF},1}^G(t) \\ P_{\mathrm{IF},2}^G(t) \\ \vdots \\ P_{\mathrm{IF},m}^G(t) \end{pmatrix} = \begin{pmatrix} a_{1x} & a_{1y} & a_{1z} & 1 & M_1 & 1 & 0 & \cdots & 0 \\ a_{2x} & a_{2y} & a_{2z} & 1 & M_2 & 0 & 1 & \cdots & 0 \\ \vdots & \vdots & \vdots & \vdots & \vdots & \vdots & \vdots & \ddots & \vdots \\ a_{mx} & a_{my} & a_{mz} & 1 & M_m & 0 & 0 & 0 & 1 \\ a_{1x} & a_{1y} & a_{1z} & 1 & M_1 & 0 & 0 & 0 & 0 \\ a_{2x} & a_{2y} & a_{2z} & 1 & M_2 & 0 & 0 & 0 & 0 \\ \vdots & \vdots & \vdots & \vdots & \vdots & \vdots & \vdots & \ddots & 0 \\ a_{mx} & a_{my} & a_{mz} & 1 & M_m & 0 & 0 & 0 & 0 \end{pmatrix}\begin{pmatrix} \Delta x_r \\ \Delta y_r \\ \Delta z_r \\ c\mathrm{d}t_r^G \\ zpd_w \\ \lambda^G N_1^G \\ \lambda^G N_2^G \\ \vdots \\ \lambda^G N_m^G \end{pmatrix} + \begin{pmatrix} v_1^\Phi \\ v_2^\Phi \\ \vdots \\ v_n^\Phi \\ v_1^P \\ v_2^P \\ \vdots \\ v_m^P \end{pmatrix} \tag{3-33}$$

上式写成矩阵形式：

$$\underset{2n\times 1}{y} = \underset{2n\times(n+5)}{A}\ \underset{(n+5)\times 1}{x} + \underset{2n\times 1}{V} \tag{3-34}$$

式中，y 为观测向量；x 为待估参数向量，包括测站位置改正数 $(\Delta x_r,\ \Delta y_r,\ \Delta z_r)^{\mathrm{T}}$；$\mathrm{d}t_r^G$ 为 GPS 接收机钟差；zpd_w 为天顶对流层湿延迟；$(N_1^G,\ \cdots,\ N_n^G)^{\mathrm{T}}$ 为 GPS 相位模糊度；A 为设计阵；a_{ix}、a_{iy}、a_{iz} 为载波相位和伪距观测值对状态参数求偏导数得到的系数；M_i 为对流层延迟映射系数。显然，要获得单个历元的 PPP 解，需 GPS 可见卫星数不少于 5 颗。

3.4.2 PPP 随机模型

1. 观测值随机模型

(1)不同卫星观测值定权

由于卫星信号传播过程中受到多种误差源的影响，不同卫星、不同观测历元的观测值精度会有所不同。目前观测值随机模型精化方法主要分为两类：一类是基于能反映观测值质量指标的验前估计，如卫星高度角定权、信噪比定权；另一类是基于最小二乘残差的验后估计，如赫尔墨特估计、最小范数二次无偏估计等。从实时性应用角度出发，在此仅给出几种常用的随机模型验前估计方法。

①卫星高度角模型。卫星信号延迟误差随着卫星高度角的减小而逐渐增加，因而卫星高度角高的信号质量通常优于卫星高度角低的信号。基于此，有学者提出建立卫星高度角信息与观测值方差的变化关系，主要有三角函数模型和指数函数模型。

三角函数模型：

$$\sigma = \frac{\sigma_0}{\sin E} \tag{3-35}$$

指数函数模型：

$$\sigma = s \times [a_0 + a_1 \times \exp(-E/E_0)] \tag{3-36}$$

式中，σ_0 为观测值的先验中误差；E 为测站处的卫星高度角；σ_0 为观测值天顶方向的先验中误差；a_0、a_1、E_0 为常数项；s 为比例因子，其大小取决于实测数据质量。

②信噪比模型。信噪比（Signal-to-Noise Ratio，SNR）是指接收的载波信号强度与噪声强度的比值。信噪比值越大，相应的信号质量及观测值精度越高。基于信噪比信息的观测值随机模型，可表示如下：

$$\sigma_{\Phi_i}^{\,2} = C_i \, 10^{-(C/N_0)/10} \tag{3-37}$$

式中，σ_{Φ_i} 为载波相位观测值中误差；C/N_0 为观测历元的信噪比，单位 dB-Hz；C_i 为常数项。

2. 状态参数随机模型

(1)白噪声与随机游走

①白噪声。白噪声（White Noise）是指功率谱密度在整个频域内均匀分布的随机噪声。由于白光是由各种频率的单色光混合而成，因此这种具有平坦功率谱的噪声被称作是"白色"的。假设白噪声 $w(t)$ 是一种功率谱密度为常数的随机过程，其统计特性需满足如下条件：

$$E[w(t)] = 0 \,, \, E[w(t_i)w(t_j)] = q_w \delta(t_i - t_j) \tag{3-38}$$

式中，q_w 是连续时间系统的噪声谱密度；$\delta(\cdot)$ 是狄拉克函数（Dirac Delta Function）。如果白噪声服从具有零均值的高斯分布，则称为"高斯白噪声"。

②随机游走。如果一个随机过程 $X(t)$ 在任意时刻 t 的概率分布仅与前一时刻 $t-1$ 的状态有关，则 $X(t)$ 可以看作是一阶马尔科夫过程（First-order Markov Process）。连续一阶马尔科夫过程的微分方程可以表示为：

$$\dot{X}(t) = -\frac{X(t)}{\tau} + w(t) \tag{3-39}$$

式中，τ 为时间常量；$w(t)$ 为白噪声。若上式中的 X 与 w 的概率密度函数均服从高斯分布，则上述随机过程称为高斯-马尔科夫过程（Gauss-Markov Process）。

离散系统的高斯-马尔科夫过程可以表示为：

$$X_k = \Phi X_{k-1} + w_{k-1} \tag{3-40}$$

$$\Phi = \exp\left(\frac{t_k - t_{k-1}}{\tau}\right) \tag{3-41}$$

式中的 τ 值越小，Φ 越小，意味着系统状态从当前历元到下一历元的相关性越弱；当 $\tau \to 0$ 时，$\Phi = 0$，则上式所描述的即为互不相关的白噪声过程。相反地，τ 值越大，Φ 越大，表明相邻历元间的系统状态具有高度相关性。当 $\tau \to \infty$ 时，$\Phi = 1$，则上述高斯-马尔科夫过程称为随机游走过程。

（2）待估参数随机模型

①天顶对流层湿延迟。天顶对流层延迟通常分为两部分处理：干延迟和湿延迟。干延迟分量可以通过适当的大气改正模型精确地计算出来，而湿延迟一般作为未知参数进行估计。天顶湿延迟在短时间内变化相对较小，一般为几个 cm/h，故可以用随机游走模型模拟其变化过程。

②接收机钟差。接收机钟差的变化主要取决于接收机所采用频标的稳定性。一般来讲，可以将接收机钟差按白噪声处理，并设置较大的先验谱密度值。

③接收机位置与模糊度。在静态条件下，接收机位置参数视为常量；在动态条件下，接收机位置参数的先验谱密度取决于载体的运动状态。在参数估计过程中，GPS 模糊度参数均视为不随时间变化的量。

3.4.3 参数估计方法

对于离散系统，标准 Kalman 滤波状态方程和观测方程表示如下：

$$\begin{cases} x_k = \Phi_{k,k-1}x_{k-1} + \Gamma_{k-1}w_{k-1} & (k \geq 1) \\ z_k = H_k x_k + v_k \end{cases} \tag{3-42}$$

式中，x_k 为状态向量；$\Phi_{k,k-1}$ 为状态转移矩阵；Γ_{k-1} 为状态噪声矩阵；w_{k-1} 为状态噪声向量；z_k 为观测向量；H_k 为观测矩阵；v_k 为观测噪声向量。

模型的基本统计性质：

$$E\{w_k\} = 0，E\{v_k\} = 0 \tag{3-43}$$

$$\text{cov}(w_k, w_j) = Q_k \delta_{kj}，\text{cov}(v_k, v_j) = R_k \delta_{kj}，\text{cov}(w_k, v_j) = 0 \tag{3-44}$$

式中，观测噪声 v_k 与状态噪声 w_k 是互不相关的零均值白噪声序列；Q_k 是系统噪声序列的方差阵；R_k 是观测噪声序列的方差阵；δ_{kj} 是克罗内克 Kronecker 函数，即

$$\delta_{kj} = \begin{cases} 1, & k = j \\ 0, & k \neq j \end{cases} \tag{3-45}$$

在 PPP 数据处理中，观测模型和状态模型一般为非线性的。要应用标准 Kalman 滤波进行参数估计，通常要将模型进行线性化处理。所谓扩展 Kalman 滤波（Extended Kalman Filter，EKF），就是指围绕前一历元的状态滤波值对非线性 Kalman 滤波模型进行泰勒级数展开。EKF 滤波的状态方程在 t_{k-1} 历元的状态最优估值 $\hat{x}_{k-1}$ 处展开，而观测方程是在 t_k 历元状态预测值 $\hat{x}_{\frac{k}{k-1}}$ 处展开。因此，EKF 滤波引入的模型线性化误差主要取决于估值 $\hat{x}_{k-1}$ 及预测值 $\hat{x}_{\frac{k}{k-1}}$ 的精度。

3.5 GNSS 在苏通大桥监测中的应用

对于处于常规运营期的大跨径桥梁而言，除随机环境因素激发下产生的微小振动外，桥梁的动态变形一般为是接近"蠕动"的缓慢动态变形。但这种动态蠕变与大坝、滑坡体等的变形又有明显不同，其周期较短，一般约为24h。本实例针对目前 GNSS-RTK 监测系统并不能完全满足高精度变形监测的不足，尝试采用基于 GPS/BDS 观测数据的连续准静态相对定位模式监测大跨径桥梁动态变形。

苏通大桥是世界上首座主跨径突破千米的斜拉桥，全长 8.146km，由引桥、主桥和辅桥等三部分组成；其中主桥为七跨双塔双索面钢箱梁斜拉桥，主孔跨径为1088m。根据苏通大桥的结构特点，在主桥关键部位布设监测点 12 个，分别位于主桥南端、南 1/4 跨、跨中、北 1/4 跨、北端、南索塔、北索塔。同一监测断面，上、下游监测点对称布设。监测采用双基准站策略，选取苏通大桥平面控制网点 ST02 作为主基准站，ST06 作为辅基准站，两基准站距各监测点均不超过 3.5km。基准站10°以上高度角周围无明显遮挡及远离电磁波干扰源、地质条件较为稳定。具体监测点布设位置及点位分布，如图 3-4 所示。

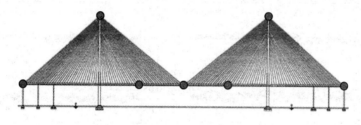

图 3-4　监测点布设位置

监测基准采用与苏通大桥测区附近多个 IGS 站点联测的方法，获取基准点在 ITRF2008 框架下的坐标。考虑到监测结果在不同坐标系中的表达，为方便后期坐标转换，将苏通大桥基准平面控制网点一起纳入解算。GPS 网三维平差约束基准取 SHAO、BJFS、TWTF 在 ITRF2008 框架下的坐标。

GNSS 解算结果的坐标是基于 ITRF 参考框架的，而对桥梁特性的分析主要基于桥梁横向、纵向及竖向。为分析各 GNSS 监测点的平面位置变化，建立苏通大桥桥轴坐标系，其中，X 轴为桥纵轴方向、Y 轴为桥横轴方向。对于各 GNSS 监测点的竖向位移变化，直接采用 WGS-84 椭球下的大地高 H。对各时段基准站与各监测点所构成的 GPS/BDS 基线进行双差解算处理，仅取基线固定解，并剔除不合格基线。根据联测 IGS 站得到的基准点坐标，结合基线解算结果，得到各监测点的 ITRF2008 下的坐标。由 ITRF2008 坐标转换为苏通大桥桥轴坐标的过程如下：

①采用北京 54（BJ54）椭球参数，将各监测点的 ITRF2008 框架下的空间直角坐标 $(X, Y, Z)_{ITRF2008}$ 转换为 BJ54 椭球下的大地坐标 $(B, L, H)_{BJ54}$。

②以 BJ54 椭球为基准，选定测区中央子午线，将得到的 $(B, L, H)_{BJ54}$ 投影为平面格网坐标 $(x, y)_{GRID}$；将该格网坐标进行平移、旋转及尺度缩放，可转换为与苏通大桥平面控制网采用的"STB 平面坐标" $(x, y)_{STB}$。

③按照求得的转换参数，可以将各 GNSS 监测点的坐标转为"STB 平面坐标"。"STB 平面坐标系"与"大桥桥轴坐标系"仅存在方位旋转关系，二者间的旋转角 β 通过监测点 P1 与 Q1 原"STB 平面坐标"反算坐标方位角得到。

④采用 WGS-84 椭球参数，可以将各监测点的 ITRF2008 框架下的空间直角坐标 $(X, Y, Z)_{ITRF2008}$ 转换为大地高 H，用于分析各监测点的纵向位移变化。

按图 3-4 所示的监测点位，于 2014 年 9 月 28 日 8：00 至 9 月 29 日 8：00 进行了第一次 GNSS 动态变形监测。将主桥各监测点外业数据每 15min 作为一个单元时段进行连续解算。设计如下三种方案：① GPS 单系统；② BDS 单系统；③ GPS/BDS 组合系统。为保证监测成果的可靠性，取基准站 ST02、ST06 推求的监测点 ITRF2008 坐标平均值，然后前述方法转化为"桥轴坐标"。以各监测点 9 月 28 日 8：00~9：00 解算结果的均值作为初始值，解算结果扣除该基准值后，可得到三种模式下主桥监测点动态变形结果，如图 3-5 所示。限于篇幅，在此仅给出了主桥南端、北端、跨中及 1/4 跨各一侧点位的解算结果。

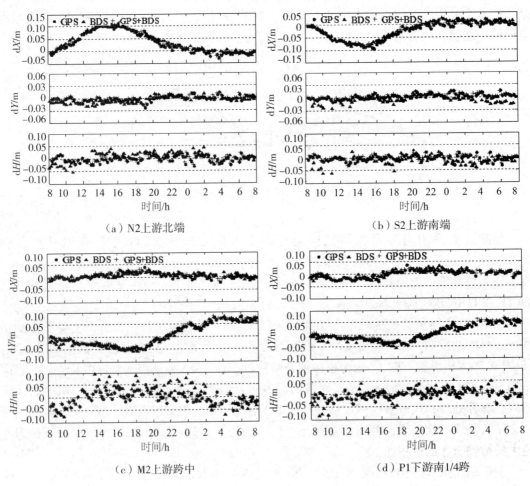

图 3-5　三种模式下苏通大桥主桥监测点动态变形结果(2014 年)

从图中 GPS 和 GPS/BDS 组合两种模式的解算结果可以看出：①主桥南端和北端监测点沿桥轴纵向位移变化较大，随着温度上升引起的缆索、钢箱梁受热膨胀，于 15：00~

16：00 变形达到最大幅值，约为 10 cm。由于主桥两端点均有桥墩支撑，沿桥轴横向位移变化除个别时段外，大多在 ±1cm 范围内，而竖向位移稍大，在 ±2cm 范围内变化。主桥两端监测点位在次日 8：00 的解算结果均在初始位置附近，表明其三维动态变形均具有良好的可恢复性。②受缆索约束，主跨跨中和 1/4 跨监测点沿桥轴纵向位移均较小，波动范围为 ±2cm。沿桥轴横向位移变化 24h 最大幅值可达 10 cm；注意到其位移极值出现在 19：00 左右，且在次日 8：00 未恢复至初始值附近。对于竖向位移，跨中监测点位移波动要明显大于 1/4 跨点位，大多在 ±5cm 范围内。

2016 年 9 月 26 日 8：00 至 9 月 26 日 8：00 进行了第二次 GNSS 观测。当日气温变化为 24～30℃，较 2014 年平均气温约高 2℃，天气条件与第一次监测无其他明显差异。另外，两次试验桥梁均处于正常运营状态，无突发交通拥堵、台风等特殊状况影响。外业观测卫星高度角、采样率等与 2014 年设置完全相同，但按每 10 min 一个时段进行连续解算。为全面反映主桥各点位在两年间的周日动态变形情况，在此进一步给出与图 3-5 位置不同的三个监测点位 GPS/BDS 组合模式下不同年度监测结果对比，如图 3-6 所示。需要说明的是，2016 年与 2014 年监测结果采用的相同初始基准。

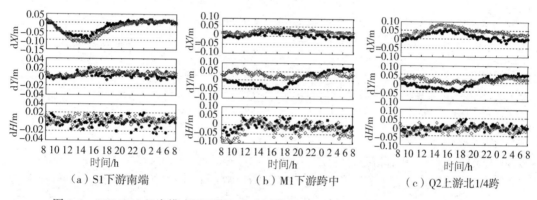

（a）S1下游南端　　　　　　　（b）M1下游跨中　　　　　　（c）Q2上游北1/4跨

图 3-6　GPS/BDS 组合模式下不同年度监测结果比较（◆2014/09/28，◇2016/09/26）

从不同年度间监测结果来看，连续准静态监测单元时段取 10～15 min 均能获得较高精度的监测结果。从图中可以看出，下游南端监测点不同年度间平面和竖向位移表现出较好的一致性。在夜间 23：00 至次日 11：00 温度变化相对平稳时段，两年间纵向、横向及竖向位置互差均值分别为 6.0mm、3.0mm 和 3.2mm，而 11：00～19：00 时段两年间位置互差稍大，以上主要与两次试验的温度差异有关。受两侧缆索约束，主跨跨中和 1/4 跨监测点位纵向位移较主桥端点变化幅值要小得多，两年间位置互差 24h，均值分别为 12.2mm、21.5mm；考虑到 2016 年平均气温较 2014 年高出 2℃ 左右，若剔除温度差异影响，两年间变化趋势线可以认为是基本一致的。横向位移互差则相对大得多。跨中（见图 3-6（b））和 1/4 跨（见图 3-6（c））横向位移结果显示，在夜间 23：00 至凌晨 5：00 时段，两年间监测点横向位移结果互差均值分别为 15.2mm、12.7mm，而该时段车辆交通荷载较少、温度变化趋于平稳；最大互差出现在 10：30～11：30、18：30～19：00 和 5：30～6：00 前后，其最大互差可达 5～7 cm。主跨跨中和 1/4 跨两年间各时段竖向位移变化区间未发现明显偏差，两期位置差均值分别为 18.9mm、9.1mm。

与现有 RTK 监测模式相比，GNSS 连续准静态监测模式顾及常规运营状态下大跨径桥梁结构缓慢蠕动变形的典型特征，监测精度可达毫米级，其自动化数据处理模块可嵌入已有桥梁健康监测系统，作为 RTK 系统的有效补充。在获得长期连续准静态监测结果时间序列后，可进一步结合温度、风速、交通荷载等观测资料，建立桥梁关键部位位移与环境因素数学相关模型，研判其动态变形区间及其发展趋势，为构件疲劳损伤检测预警及桥梁健康状态评估提供数据支持。

第4章 三维激光扫描监测技术

4.1 概述

三维激光扫描技术出现在 20 世纪 90 年代中期，是在 GPS 测量技术之后出现的测量新技术，是三维空间数据获取和重构的新技术，与传统的测量技术相比，具有很大的区别。它通过直接测量仪器中心到测量目标的距离和角度信息，计算出测量目标的三维坐标数据，该技术在扫描测量时，不需要在测量物体上设置任何专用测量标志，可以直接对其进行快速测量，并获取高密度的坐标数据，得到一个表示测量物体的点集，称为"点云数据"，对传统的单点测量技术进行了彻底变革，使原有的"单点测量"方式变为"体测量"方式。这种地面三维激光扫描仪已经开始出现在测绘行业，主要的测量公司已经进入这一领域，并生产出了应用于测绘行业的扫描仪器。这标志着三维激光扫描技术在测绘领域获得了认可。相对于传统的测量技术，三维激光扫描仪可以获取测量对象或表面的高分辨率点云数据，可以由方格网或者三角网对其进行快速建模，并且可以探测到测量物体局部细节的变形，对变形监测分析起着重要的作用。

将该技术引入到变形监测，可充分利用测量物体上大量自然地物作为测量点来完成测量及变形分析工作。利用该技术进行测量和变形分析具有如下的优点：

①扫描测量的快速性。传统的经纬仪、全站仪等，它们对于采集复杂结构的海量点云数据有困难，而三维激光扫描系统可以在短时间内快速获取物体表面大量的点云数据。

②扫描测量的高密度、高精度特性。在扫描作业的时候，可以对该系统的扫描间隔进行设置，获取高密度的点云数据。扫描测量的精度是由扫描仪本身的测量精度和模型构建精度决定，目前扫描测量数据的建模精度可以达到 2mm。

③扫描测量的自动化。该系统不仅可以直接获取建筑物的距离信号，而且可以控制其扫描过程，实现测量数据的自动化输出，具有良好的可靠性。

④扫描方式的实时、动态和主动性。由于三维激光扫描系统可以快速地扫描建筑物，获取三维点云数据，这就表现出实时、动态的特征，同时该仪器为主动式扫描设备，可以随时对物体进行扫描测量，不受时间与空间的限制。

⑤扫描测量的非接触性。由于该扫描系统测量作业时并不需要接触被扫描的物体，因此，该系统可以测量那些不容易到达的目标物。在变形体进入加速变形甚至剧变破坏阶段，快速获取变形体的变形值对于准确预测灾害发生的具体时间起着重要的作用。地面三维激光扫描仪可不受干扰而独立进行监测体的面式测量，并且利用快速、高密度采集的点云数据，对实体目标的三维模型进行重构，全面地反映了被测物体的形状特征，可以为准确预测变形发生的时间，提供第一手连续可靠的数据及其相关信息资料。

⑥数据信息的丰富性。直接获得激光点所接触的物体表面的空间位置、反射强度和颜

色等信息，可以在短时间内对所扫描测量的区域建立详细的三维立体模型，并能提供准确的定量分析。

⑦监测信息的可融合性。将全站仪、GPS等定位系统获取的坐标数据同点云数据进行联合处理，利用点云数据处理软件进行坐标转换，可以获得满足于各种工程需要的不同坐标下的三维点云坐标数据。

⑧对外界环境要求低。该技术不需要预先设置专用的瞄准和测量标志，无论白天还是夜间，都可以在复杂的现场和空间对被测物体进行快速的格网式扫描测量。

4.2 三维激光扫描测量基本原理

传统测绘技术可以对测量目标中指定的点位进行精确的测量，是一种高精度的单点定位技术，可以测量出所需要点的坐标数据。三维激光扫描技术与其有本质的不同，该技术可以按照设定的扫描间隔，高精度、高密度地对被测物体整体或局部进行三维扫描测量。三维激光扫描系统分为激光测距系统和激光扫描系统，不仅如此，三维激光扫描仪器还集成了 CCD 相机、仪器内部控制及校正等系统，这就保证了该仪器可以自动地获取三维空间中的真彩色点云数据。

4.2.1 激光测距系统

按照激光测距的方法可分为脉冲式测距、相位式测距、激光三角法测距。

(1) 脉冲式测距

该方法通过测定脉冲波在仪器和测量目标之间往返的时间延迟来确定距离。其工作方式为仪器内部的激光脉冲二极管发射激光脉冲，经旋转棱镜将该激光脉冲射向被测物体，物体表面反射回来的激光脉冲由探测器接收并记录，则被测目标的距离可以根据发射和接收激光脉冲信号的时间差来计算，其距离计算公式为：

$$S = \frac{1}{2}ct \tag{4-1}$$

式中，S 为扫描测量的距离；c 为光的传播速度；t 为脉冲信号从发射到接收的往返时间。

由于该种类型的激光具有较小的发散角度，并且该激光脉冲的瞬时功率很大，持续时间极短，因而测距范围可以达到几百米甚至是上千米。但是激光扫描测量的距离越远，其点位测量的精度也会越低。

(2) 相位式测距

如图 4-1 所示，其工作原理为采用无线电波段的频率，控制激光束的行进幅度，并测定出调制光从仪器发射到返回一次需要的相位延迟数，就可以根据调制光的波长确定出该相位延迟所产生的相位差，该方法测距的表达式为：

$$S = \frac{c}{2}\left(\frac{\phi}{2\pi f}\right) \tag{4-2}$$

式中，ϕ 为测距过程中测定的相位差；f 为脉冲的固有频率。采用该测距方式的三维激光扫描仪器主要应用于距离比较近的扫描测量。

(3) 激光三角法测量

该方法利用结构化光源和立体相机，根据所得到的两条光线信息，确定立体投影关

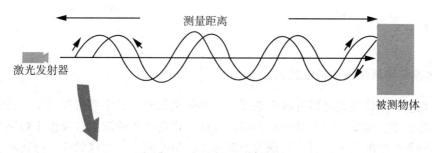

图 4-1　相位测量距离原理

系。环境光线对这种测量方法的影响比较大，对近距离扫描比较适用。它的优点为扫描精度高、频率快，主要应用于室内且对精度要求很高的逆向建模等工程中。

4.2.2　激光扫描系统

利用内置伺服马达，激光扫描系统可以对多面反射棱镜的转动进行精确控制，保证脉冲激光束能沿横轴或纵轴方向进行快速扫描。测量出每个脉冲激光的横向扫描角度 α 和纵向扫描角度 θ。在没有特殊设定的情况下，该扫描系统默认采用仪器内部自定义的坐标系统，其坐标原点位于激光扫描仪中心，X 轴位于横向扫描面内，Y 轴也位于横向扫描面内且与 X 轴垂直，Z 轴和横向扫描面相垂直，如图 4-2 所示。

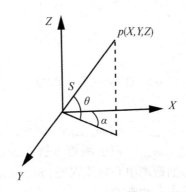

图 4-2　三维激光扫描仪坐标系统

由此根据式(4-3)，可以计算出扫描激光点及被测目标的三维坐标：

$$\begin{cases} X = S\cos\theta\cos\alpha \\ Y = S\cos\theta\sin\alpha \\ Z = S\sin\theta \end{cases} \tag{4-3}$$

4.2.3　CCD 相机

可以利用彩色 CCD 相机拍摄被测物体的全景彩色照片，并获取被测物体丰富的颜色信息，结合贴图技术，可以将所获取的被测物体的颜色、纹理等信息添加到所测点云数据中，得到所测量物体的三维真彩色信息。

61

4.3 测量误差分析

4.3.1 影响三维激光扫描精度的因素

扫描测量的点位误差可以分解为系统误差和偶然误差,其中系统误差主要为测量仪器本身固有的误差,而偶然误差是由外界测量环境不稳定产生的误差以及由于被测量物体反射条件不佳等产生的误差,具体表现为距离测量、角度测量、边缘效应、分辨率、测量对象的反射特性、外界环境条件等引起的综合误差。

1. 单个扫描点的误差分析

(1)角度测量误差

如图 4-3 所示,三维激光扫描角度测量误差模型可表达为:

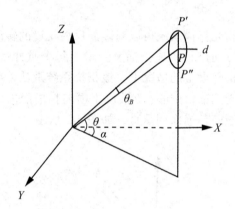

图 4-3   扫描测量角度误差图示

$$m_A = \sqrt{(m_{\text{system}})^2 + (m_{\text{random}})^2 + (m_{\text{beamwidth}})^2} \qquad (4\text{-}4)$$

式中,m_A 表示角度测量总误差;m_{system} 表示测角系统误差;m_{random} 表示测角偶然误差;$m_{\text{beamwidth}}$ 表示激光光柱宽度产生的偏离中心轴线误差,$m_{\text{beamwidth}} = d/S$,其中 d 为激光脚点处圆的直径,S 为扫描仪到激光脚点的距离。

(2)距离测量误差

如图 4-4 所示,三维激光扫描测量距离误差模型可表达为:

$$m_S = \sqrt{(m_{\text{S\_system}})^2 + (m_{\text{S\_random}})^2 + (m_{\text{slant}})^2} \qquad (4\text{-}5)$$

式中,m_S 表示测量距离总误差;$m_{\text{S\_system}}$ 表示测距的系统误差;$m_{\text{S\_random}}$ 表示测距的偶然误差;m_{slant} 表示目标反射面倾斜,即入射激光和测量物体表面不垂直所产生的误差,且

$$m_{\text{slant}} = S_1 - S = -\frac{S \times \gamma \times \tan\dfrac{\gamma}{2}}{2} \qquad (4\text{-}6)$$

2. 点云模型的误差分析

点云模型的精度主要由点云数据的采样间距和激光脚点光斑的大小决定,即采样的分辨率。如图 4-5 所示,点云数据质量受采样分辨率的影响比较大,由于利用三维激光扫描

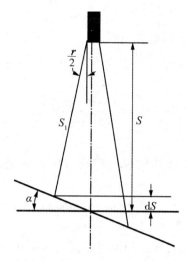

图 4-4 扫描测量距离误差图示

技术进行测量时,不需要设置特定的测量标志,如果需要获得特定点的点位三维坐标,需要根据扫描测量点云数据,利用拟合计算的方法确定出该点的坐标。而扫描测量的点云数据密度会受到扫描分辨率的影响,进一步会影响到点位坐标的计算效果。一般情况下,扫描测量的点云数据越密集,其拟合精度越高。点云数据分辨率的计算模型为:

$$\mathrm{d}x = \frac{S \times \mathrm{d}\alpha}{\cos^2\alpha} \tag{4-7}$$

式中,$\mathrm{d}x$ 表示水平扫描角度的变化量为 $\mathrm{d}\alpha$ 时,距离 S 处相邻点的水平间隔。

$$\mathrm{d}z = \frac{S\mathrm{d}\theta}{\cos^2\theta\cos\alpha} \tag{4-8}$$

式中,$\mathrm{d}z$ 表示竖向扫描角度发生 $\mathrm{d}\theta$ 变化量时,距离扫描仪 S 处在竖直方向上相邻点的间隔。

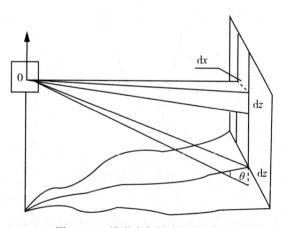

图 4-5 三维激光扫描点间隔图示

$$dl = dz\cot\theta = \frac{Sd\theta}{\sin\theta\cos\theta\cos\alpha} \tag{4-9}$$

式中，dl 表示平面上，在扫描方向的点间隔。

根据式(4-7)和式(4-8)可以计算出在水平距离 S 处的立面(xz 平面)上扫描点的密度表达式为：

$$n_{xz} = \frac{\cos^3\alpha\,\cos^2\theta}{S^2 d\alpha d\theta} \tag{4-10}$$

由式(4-7)和式(4-9)可以计算出距离扫描仪中心 S 处的水平面上点的密度的表达式为：

$$n_{xy} = \frac{\cos^3\alpha\cos\theta\sin\theta}{S^2 d\alpha d\theta} \tag{4-11}$$

从式(4-7)、式(4-8)和式(4-9)可知，扫描点之间的间隔随扫描距离 S 的增加而不断增大。从式(4-10)和式(4-11)可知，在距离扫描中心越远的位置，其扫描测量得到的点云数据的密度越低。因此，在对测量目标进行实地扫描时，需要根据扫描距离选择合适的扫描分辨率。

由以上对单个扫描点和点云模型的误差分析可知，测量的距离、反射面的入射角度和点云的分辨率是影响点云精度的主要因素。

4.3.2 三维激光扫描系统的精度检测

为了验证上述误差模型的正确性，分析各种影响因素对扫描测量数值影响的大小，找出其对扫描测量的影响规律。设计了基于 FARO FOCUS[3D]三维激光扫描系统的检测方案，着重检测分析扫描的距离、扫描分辨率、扫描入射角度对扫描测量的影响规律。

1. 扫描距离对扫描精度的影响检测

本次检测主要是为了评定扫描距离对扫描测量单点定位精度的影响规律。如图 4-6 所示，具体检测步骤为：

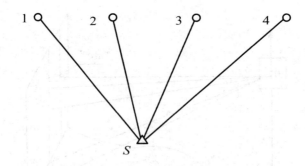

图 4-6　扫描距离影响检测布置图

① 在距离扫描标靶 10m 处设置架站点 S，将扫描仪架设在点 S 上，设置扫描的分辨率为 1/1，对标靶点 1、2、3、4 各扫描 5 次，提取出标靶中心点的坐标。

② 在距离标靶点 20m、30m、40m 和 50m 处重复步骤①的操作过程。

③ 数据分析：根据以上检测步骤得到的数据，对三维激光扫描仪的单点定位精度进行评定。如表 4-1~表 4-3 所示，三维激光扫描系统的单点定位精度在 10m 处能达到 0.5mm 左右、在 20m 处能达到 1mm 左右、在 40m 处能达到 1.5mm 左右；随着扫描距离的增加其单点定位精度逐渐降低。

由对不同扫描距离下的单点定位精度和点云数据质量的分析可知，扫描距离极大地影响到点云数据的质量。随着扫描距离的增加，扫描体的反射率会逐渐降低，获取的点云数据密度会逐渐减小，点云数据质量会逐渐降低，并且扫描的入射角度越小，点云数据质量降低得越快。因此，在野外扫描操作中，应根据实际情况选择合适的扫描距离。

表 4-1 **检测点 1 扫描测量精度统计表**

扫描距离（m）	坐标中误差（mm）			点位中误差（mm）
	m_x	m_y	m_z	
50	0.70	1.20	4.20	4.42
40	0.40	0.60	1.60	1.70
30	0.30	0.40	1.40	1.50
20	0.10	0.10	0.90	1.00
10	0.10	0.20	0.30	0.30

表 4-2 **检测点 2 扫描测量精度统计表**

扫描距离（m）	坐标中误差（mm）			点位中误差（mm）
	m_x	m_y	m_z	
50	0.70	0.40	2.70	2.80
40	0.20	0.40	1.40	1.50
30	0.50	0.60	1.50	1.70
20	0.10	0.10	0.90	0.90
10	0.10	0.20	0.20	0.30

表 4-3 **检测点 3 扫描测量精度统计表**

扫描距离（m）	坐标中误差（mm）			点位中误差（mm）
	m_x	m_y	m_z	
50	0.80	0.60	3.50	3.60
40	0.50	0.60	1.20	1.40
30	0.50	0.70	0.80	1.20
20	0.00	0.20	0.90	0.90
10	0.10	0.20	0.20	0.30

2. 扫描分辨率检测

本次检测主要是为了评定扫描分辨率对单点精度的影响规律，检测采用图 4-6 所示的标靶布置，其具体的检测步骤为：

① 将测站点 S 布置在距离标靶点 10m 和 30m 处，设置扫描分辨率为 1/8，分别对标靶点 1、2、3、4 扫描 5 次，提取出标靶中心点的坐标。

② 设置扫描仪的分辨率为 1/5、1/4、1/2 和 1/1，重新进行步骤①的扫描操作。

③ 数据分析：根据以上检测步骤得到的数据进行计算，其具体结果如表 4-4 和表 4-5 所示，对其进行分析，得到如下结论：

a. 测量距离为 10m、分辨率为 1/8 时，获取的点位中误差为 2~3mm，分辨率为 1/4 时，点位误差为 0.6~0.8mm；在测量距离为 30m 时，1/2 分辨率点位误差为 3~5mm，1/1 分辨率时为 1~2mm。因此，测量距离相同时，扫描的分辨率会影响到测量精度。

b. 测量距离为 10m 时，分辨率为 1/4、1/2 和 1/1 时，获取的点位中误差都在 1mm 左右，非常接近。因此，并不是分辨率越高测量的精度会显著提高，分辨率只要能满足要求即可，分辨率过高并不能显著提高测量精度，反而会增加工作量。

因此，扫描的分辨率会极大地影响到扫描点云的数据质量，在进行实际扫描时，要选择合适的扫描分辨率。

表 4-4　　　　　　　　　　　10m 处不同分辨率扫描精度评定表

扫描分辨率	坐标中误差（mm）												点位中误差（mm）			
	1 点			2 点			3 点			4 点			1 点	2 点	3 点	4 点
	m_x	m_y	m_z	m_x	m_y	m_z	m_x	m_y	m_z	m_x	m_y	m_z				
1/8	1.10	0.80	1.10	1.60	1.50	1.60	1.10	0.80	1.20	1.40	2.20	1.50	1.80	2.70	1.80	3.00
1/5	0.20	0.40	1.40	0.20	0.40	1.40	0.20	0.40	1.40	0.20	0.40	1.40	1.50	1.50	1.50	1.50
1/4	0.10	0.10	0.70	0.10	0.10	0.70	0.20	0.20	0.70	0.30	0.10	0.50	0.70	0.70	0.80	0.60
1/2	0.20	0.20	0.40	0.20	0.30	0.90	0.10	0.20	0.30	0.20	0.10	0.90	0.50	1.00	0.40	0.90
1/1	0.10	0.10	0.60	0.10	0.10	1.40	0.00	0.10	0.60	0.20	0.00	1.20	0.60	1.40	0.60	1.30

表 4-5　　　　　　　　　　　30m 处不同分辨率扫描精度评定表

扫描分辨率	坐标中误差（mm）												点位中误差（mm）			
	1 点			2 点			3 点			4 点			1 点	2 点	3 点	4 点
	m_x	m_y	m_z	m_x	m_y	m_z	m_x	m_y	m_z	m_x	m_y	m_z				
1/8	—	—	—	—	—	—	—	—	—	—	—	—	—	—	—	—
1/5	—	—	—	—	—	—	—	—	—	—	—	—	—	—	—	—
1/4	—	—	—	—	—	—	—	—	—	—	—	—	—	—	—	—
1/2	4.60	2.00	0.50	3.30	1.90	1.20	1.50	1.40	0.50	0.20	1.30	1.90	5.10	4.00	3.40	2.30
1/1	0.10	0.00	1.60	0.10	0.60	2.10	0.20	0.20	2.20	0.40	0.00	1.10	1.60	2.20	2.20	1.20

3. 入射角度检测

本检测主要是评定在不同入射角度下的扫描精度，分析入射角度的变化对扫描精度的影响规律。为了实现此目的，利用图4-7所示的FARO扫描仪自带的平面标靶，在不同的入射角度下对平面标靶进行扫描，然后将扫描的结果与全站仪测量的结果相比较，评定其精度，并分析入射角度对单点精度和点云数据质量的影响规律。

图 4-7　FARO 扫描仪平面标靶

如图4-8所示，S点为仪器的架站点，1~7点为布置在墙面上的扫描标靶点。架站点位于第二个标靶处，距离该标靶的垂直距离S_2为20m左右，并且S_2的方向同墙面基本垂直，即第二个标靶点的扫描入射角度基本为90°。其他各标靶点的入射角度分别约为−72°、62°、45°、38°、33°和30°。

① 将测量机器人架设到S点，测量仪器中心到各标靶点的平距和各标靶点到仪器中心连线之间的水平夹角。

② 利用三联脚架法，将扫描仪架设到S点，重复5次扫描测量各个标靶的中心坐标，计算出架站点到各标靶点的水平距离和各方向的水平夹角。

③ 利用重复扫描测量值评定扫描点的内符合精度；将扫描测量值与Sokkia NET05机器人测量值进行比较，评定扫描点的外符合精度。

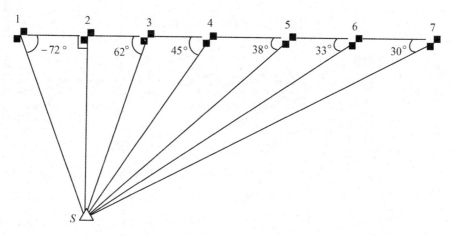

图 4-8 入射角检测扫描标靶布置图（"−72°"表示扫描光线从左侧72°入射）

④ 数据处理与分析：根据以上步骤得到检测数据，其计算结果见表4-6~表4-8。分析表中数据可知：

表 4-6 不同入射角度重复扫描测量内符合精度统计表

点号	入射角度 (°)	坐标中误差（mm）			点位中误差（mm）
		m_x	m_y	m_z	
1	−72	0.10	0.00	0.20	0.20
2	90	0.10	0.00	0.20	0.20
3	62	0.00	0.10	0.20	0.20
4	45	0.10	0.20	0.40	0.50
5	38	0.10	0.30	0.40	0.50
6	33	0.20	0.60	0.30	0.70
7	30	0.30	1.70	0.30	1.70

表 4-7 扫描仪同全站仪测量距离比较表

点号	入射角度 (°)	全站仪测量距离（m）	扫描仪测量距离（m）	距离差（mm）
1	−72	22.3196	22.3163	3.30
2	90	22.2837	22.2810	2.60
3	62	22.7696	22.7662	3.40
4	45	23.7085	23.7009	7.60
5	38	24.4472	24.4504	−3.20
6	33	25.2703	25.2616	8.70
7	30	26.1305	26.1188	11.70

表 4-8 扫描仪同全站仪测量水平夹角比较表

序号	水平夹角	全站仪测量夹角(°)	扫描仪测量夹角(°)	水平角度差(°)
1	α_{21}	−18.3381	−18.3459	0.0078
2	α_{22}	0.0000	0.0000	0.0000
3	α_{23}	−28.7055	−28.7071	0.0016
4	α_{24}	−45.9254	−45.9141	−0.0113
5	α_{25}	−52.9996	−52.9827	−0.0169
6	α_{26}	−58.1813	−58.1582	−0.0231
7	α_{27}	−61.9675	−61.9393	−0.0282

a. 在扫描距离和分辨率等外界条件基本相同的情况下，扫描仪多次扫描的坐标误差和点位误差随着入射角度的增大而减小，即扫描仪单点定位的内符合精度随着扫描入射角度的增大而提高。

b. 扫描仪测量得到的测站点到标靶点的平距和各扫描方向的水平夹角，同全站仪测量得到的对应量之差随着入射角度的增大而减小，即扫描仪单点定位的外符合精度随着入射角度的增大而提高。

总之，扫描的入射角度对点云数据的获取具有重要的影响，入射角度越大获取的点云质量越高，入射角度越小获取的点云质量越低。因此，在扫描测量时为了能满足特定的扫描测量的质量要求，需要根据实际情况选择合适的扫描入射角度。

4. 各影响因素对扫描精度的影响规律

由以上对三维激光扫描系统误差模型的分析和实际精度检测的结果，可知：

(1)扫描距离对测量精度的影响

三维激光扫描仪的扫描精度都随距离的增加而降低。在扫描测量的距离较近时，该仪器和全站仪对目标点的测量精度相差不大，说明在近距离测量时三维激光扫描的单点定位精度可以达到高精度全站仪的测量水平；当扫描测量的距离较远时，三维激光扫描仪对目标的测量精度降低，说明在远距离测量时，三维激光扫描仪的单点测量精度与高精度的全站仪相比还有较大的差距，因此，在利用三维激光扫描仪进行测量分析时，要考虑测量距离对测量精度的影响，选择最佳的测量距离。

(2)扫描分辨率对测量精度的影响

① 测距精度和单点定位的精度都会随着测量分辨率的增加有所提高，扫描分辨率是影响点位测量精度的重要因素之一。由以上对理论和实测数据的分析知，当扫描分辨率一定时，扫描距离越远获取的点云数据质量越差，计算出的点位误差越大。由此可知，能否合理设置扫描测量的分辨率将直接影响扫描效率和点云数据的质量。

② 由以上的检测数据知，点云分辨率设置越高，得到的点云数据越密集，建模精度越高。可是扫描分辨率过高会大大增加外业数据采集与内业数据处理的工作量，却不能显著提高最终建模的精度。因此应结合实际观测及精度要求，设置最佳的扫描分辨率。

(3)入射角度对测量精度的影响

三维激光扫描仪的扫描范围水平方向为 0°～360°，垂直方向为 −60°～90°。但是随着入射角度的增大，被扫描体的反射强度越高，扫描的精度越高。随着距离的增加，反射强度最好的扫描范围会逐渐减小。因此，为了保证扫描精度，应选择合适的扫描范围，以保证扫描时有最佳的入射角度。

4.4 点云数据处理方法

4.4.1 点云配准

点云数据处理时，点云配准是最主要的数据处理之一，由于目标物的复杂性，通常需要从不同方位扫描多个测站，才能把目标物扫描完整，每一测站扫描数据都有自己的坐标系统，三维模型的重构要求把不同测站的扫描数据纠正到统一的坐标系统下。在扫描区域中设置控制点或标靶点，使得相邻区域的扫描点云图上有 3 个以上的同名控制点或控制标靶，通过控制点的强制附合，将相邻的扫描数据统一到同一个坐标系下，这一过程称为坐标配准。在每一测站获得的扫描数据，都是以本测站和扫描仪的位置和姿态有关的仪器坐标系为基准，需要解决的坐标变换参数共有 7 个：3 个平移参数、3 个旋转参数和 1 个尺度参数。常见的配准算法有：四元数配准算法、七参数配准算法、迭代最近点算法（ICP）等。地理参考就是通过坐标变换，把点云数据纠正到同一地方或全球坐标系统下。图 4-9 为不同视点扫描的示意图。

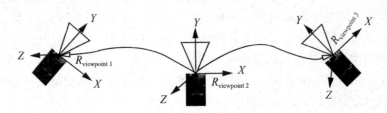

图 4-9　不同视点扫描图

坐标配准通常包括两部分：①把不同的仪器坐标系下的点云数据纠正到同一个仪器坐标系下。②把仪器坐标系纠正到测量坐标系下，增加地理参考。

1. 数学基础知识

（1）刚体变换

点云的两两配准实际上是一种刚体变换，因此点云的配准就是要求得刚体变换关系。ICP 算法的数学基础，即刚体变换及四元数组。

配准实际上就是要找到从坐标系 1 到坐标系 2 的一个刚体变换。假定通过两个处于不同站点的扫描仪均可以看到 P 点，这一点在两幅点云数据影像中的坐标分别是 P_1 $(x_1, y_1, z_1)^T$ 和 P_2 $(x_2, y_2, z_2)^T$。P 点在第一幅点云中的坐标 P_1 可以通过旋转和平移变换到第二幅点云中的坐标 P_2，即

$$\begin{pmatrix} x_p^2 \\ y_p^2 \\ z_p^2 \end{pmatrix} = R \begin{pmatrix} x_p^1 \\ y_p^1 \\ z_p^1 \end{pmatrix} + t \tag{4-12}$$

用一个 3×3 的旋转矩阵 $\boldsymbol{R}$ 和三维平移向量 $\boldsymbol{t}$ 来描述这个变换，即

$$\boldsymbol{R} = \begin{pmatrix} r_{00} & r_{01} & r_{02} \\ r_{10} & r_{11} & r_{12} \\ r_{20} & r_{21} & r_{22} \end{pmatrix}, \qquad \boldsymbol{t} = \begin{pmatrix} t_x \\ t_y \\ t_z \end{pmatrix} \tag{4-13}$$

则变换应该满足的条件为：使得场景中任意一点 P 在坐标系 1 中的三维坐标和其在坐标系 2 中的三维坐标满足如下关系：

$$\begin{pmatrix} x_p^2 \\ y_p^2 \\ z_p^2 \end{pmatrix} = \begin{pmatrix} r_{00} & r_{01} & r_{02} \\ r_{10} & r_{11} & r_{12} \\ r_{20} & r_{21} & r_{22} \end{pmatrix} \begin{pmatrix} x_p^1 \\ y_p^1 \\ z_p^1 \end{pmatrix} + \begin{pmatrix} t_x \\ t_y \\ t_z \end{pmatrix} \tag{4-14}$$

点云配准的目标就是要找出满足上述条件的刚体变换 $(\boldsymbol{R}, \boldsymbol{t})$。

配准算法或求解旋转矩阵各元素时常使用其他形式的旋转角表达式，如四元数组。四元数组能直接使用旋转轴和旋转角表达式来产生满意的数值解，而且如果已知旋转矩阵，可以很容易地提取旋转要素（旋转轴和旋转角度）。这些是矩阵方法所不能做到的。

（2）四元数

对上面旋转矩阵可采用不同的表示法，比如四元数、欧拉角来求旋转表示中的参数，这里采用四元数法来计算。

一个四元数 q 其实是一个四维向量 $(\lambda_0, \lambda_1, \lambda_2, \lambda_3)^T$。也可看成一个标量 a 和一个向量 r 共同组成，其中 a 是一个值为 x 的实数，r 是三维向量 $(\lambda_1, \lambda_2, \lambda_3)^T$。

一个实数 x 对应于四元数 $(x, 0, 0, 0)$，而一个三维向量 v 则对应于四元数 $(0, v)$。两四元数的乘运算定义为（表示两数的乘积）。

$$q \Lambda q' = (aa' - \gamma\gamma', a\gamma' + a'\gamma + \gamma\gamma')$$

四元数 q 的共扼定义为

$$q = (a, -\gamma)$$

四元数 q 的模定义为（其中 $\parallel \parallel$ 表示向量的欧氏范数）：

$$|q|^2 = \parallel q \parallel^2 = \lambda_0^2 + \lambda_1^2 + \lambda_2^2 + \lambda_3^2 \tag{4-15}$$

对于模为 1 的四元数，称为单位四元数。

这样，一个旋转矩阵 R 可以唯一地用一个单位四元数 q 来表示。三维旋转矩阵 R 和三维向量 v 的乘积可以写成四元数相乘的形式：

$$(0, Rv) = q \Lambda (0, v) \Lambda q$$

就可得到旋转矩阵 R 和其相应的单位四元数 q 之间的关系：

$$R = \begin{bmatrix} \lambda_0^2 + \lambda_1^2 - \lambda_2^2 - \lambda_3^2 & 2(\lambda_1\lambda_2 - \lambda_0\lambda_3) & 2(\lambda_1\lambda_3 - \lambda_0\lambda_2) \\ 2(\lambda_1\lambda_2 - \lambda_0\lambda_3) & \lambda_0^2 - \lambda_1^2 + \lambda_2^2 - \lambda_3^2 & 2(\lambda_2\lambda_3 - \lambda_0\lambda_1) \\ 2(\lambda_1\lambda_3 - \lambda_0\lambda_2) & 2(\lambda_2\lambda_3 - \lambda_0\lambda_1) & \lambda_0^2 - \lambda_1^2 - \lambda_2^2 + \lambda_3^2 \end{bmatrix} \tag{4-16}$$

2. 七参数配准算法

坐标配准主要是实现坐标系的统一，在两个同为右手坐标系的三维直角坐标系中，通过旋转变换、平移变换使得两个不同坐标原点、不同坐标轴方向的坐标系统一到同一个坐标系下。旋转角为绕坐标轴逆时针旋转的角度，角度范围为 0° ~ 360°。坐标系绕 z 轴旋转 Y 角，旋转矩阵为：

$$R_z(\gamma) = \begin{pmatrix} \cos\gamma & \sin\gamma & 0 \\ -\sin\gamma & \cos\gamma & 0 \\ 0 & 0 & 1 \end{pmatrix} \tag{4-17}$$

同理，坐标系绕 y 轴旋转 β 角，绕 x 轴旋转 α 角，旋转矩阵分别为 $R_y(\beta)$ 和 $R_x(\alpha)$，

$$R_y(\beta) = \begin{pmatrix} \cos\beta & 0 & \sin\beta \\ 0 & 1 & 0 \\ -\sin\beta & 0 & \cos\beta \end{pmatrix} \tag{4-18}$$

$$R_x(\alpha) = \begin{pmatrix} 1 & 0 & 0 \\ 0 & \cos\alpha & \sin\alpha \\ 0 & -\sin\alpha & \cos\alpha \end{pmatrix} \tag{4-19}$$

坐标系 o-xyz 分别绕自身 z，y，x 3 个轴连续旋转 3 个角度后，使得三轴方向与参考

坐标系 $o\text{-}xyz$ 的三轴方向一致，再把坐标原点移动到参考坐标系的坐标原点上。

点云数据的坐标变换主要需要解决 6 个参数：3 个大角度旋转参数 α，β，γ，3 个平移参数 x_0，y_0，z_0，坐标变换公式为：

$$\begin{pmatrix} X \\ Y \\ Z \end{pmatrix}_i = \boldsymbol{R}(\alpha, \beta, \gamma) \begin{pmatrix} x \\ y \\ z \end{pmatrix}_i + \begin{pmatrix} x_0 \\ y_0 \\ z_0 \end{pmatrix} \qquad (4\text{-}20)$$

根据坐标轴的旋转次序不同，就会有不同的旋转矩阵，假定坐标轴的旋转次序为 z，y，x 轴时，上式可改为：

$$\begin{pmatrix} X \\ Y \\ Z \end{pmatrix}_i = \boldsymbol{R}_x(\alpha)\boldsymbol{R}_y(\beta)\boldsymbol{R}_z(\gamma) \begin{pmatrix} x \\ y \\ z \end{pmatrix}_i + \begin{pmatrix} x_0 \\ y_0 \\ z_0 \end{pmatrix} \qquad (4\text{-}21)$$

由上式可得三维旋转矩阵的具体形式：

$$\boldsymbol{R}_x(\alpha)\boldsymbol{R}_y(\beta)\boldsymbol{R}_z(\gamma) = \begin{pmatrix} \cos\beta \cdot \cos\gamma & \cos\beta \cdot \sin\gamma & \sin\beta \\ -\cos\alpha \cdot \sin\gamma - \sin\alpha \cdot \sin\beta \cdot \cos\gamma & \cos\alpha \cdot \cos\gamma - \sin\alpha \cdot \sin\beta \cdot \sin\gamma & \sin\alpha \cdot \cos\beta \\ \sin\alpha \cdot \sin\gamma - \cos\alpha \cdot \sin\beta \cdot \cos\gamma & -\sin\alpha \cdot \cos\gamma - \cos\alpha \cdot \sin\beta \cdot \sin\gamma & \cos\alpha \cdot \cos\beta \end{pmatrix}$$

$$(4\text{-}22)$$

要实现两幅相邻点云图的配准，只需要选取 3 个以上已知坐标值的同名点，求出 3 个角度值 α，β，γ，3 个平移参数 x_0，y_0，z_0，就可根据上式求出一幅点云图的点在相邻坐标系下的坐标。这些参数的求解可根据测量平差原理，根据三维旋转矩阵的特性（即三维直角坐标系绕自身坐标轴旋转是属于正交变换），建立误差方程求解 6 个参数。

3. 地理参考

点云数据被纠正到统一的仪器坐标系下，为了获得点云数据精确的地理位置，需要增加地理参考，把仪器坐标系下的点云数据纠正到大地坐标系或地理坐标系下。只有将扫描的三维坐标转换到绝对的大地空间直角坐标系统中，才可以为工程测量、GIS 空间数据库等生产应用提供标准的数据。由于扫描仪的设计性能不同，所支持的坐标转换方式也不同。

第一种坐标转换方式：通过已知测站点和后视点的空间直角坐标，可以通过计算把扫描点扫描坐标转换为空间直角坐标下。

第二种坐标转换方式：已知 3 个参考点在扫描坐标系和空间直角坐标系下的三维坐标，可由坐标变换把点云数据转换到空间直角坐标系下。

通过测量获得目标物周围标靶点的大地坐标，最好标靶能组成一个闭合环，以减少误差传播。可采用上面提到的坐标纠正方法，把仪器坐标系下点云数据纠正到大地坐标系下。先将上面所述获得的标靶坐标生成一个测站，再与点云图上的同名点进行坐标匹配纠正，这样即可把所有的点云数据纠正到标靶点的大地坐标系下。

4.4.2 数据滤波

由于实际扫描过程中受到各种人为的或随机因素的影响，噪声点难以避免地混在了点云数据中，根据以往经验及统计结果表明，扫描所得到的点云数据中，有 0.1%~5% 的噪声点是需要剔除的，所以在对点云数据进行操作之前应去噪。

1. 产生噪声的原因

在扫描的过程中，点云中混入的噪声大致可以分3类：

①由于被测物体表面因素产生的误差所引起的噪声。如被测目标物表面的粗糙度、表面的缺陷、物体的材质、表面的波纹等。当被测物体表面非常光滑时，比如扫描透明的玻璃杯，会使激光束发生较强的镜面反射，从而产生误差，引起噪声。

②由于扫描系统本身的误差所引起的噪声。例如三维扫描设备的精度、CCD传感器的分辨率、激光散斑、分辨率和采样误差、系统的电噪声、热噪声等由硬件设备引起的噪声。

③突发因素引起的噪声。例如在进行扫描的过程当中因为某些偶然因素将原本不属于物体的数据扫描到物体的点云数据中，如树木、汽车、鸟等遮挡物形成的散乱点或空洞。

2. 点云数据滤波方法

为了降低或消除噪声对后续建模质量的影响，有必要对扫描结果进行平滑滤波。一般情况下，针对噪声产生的不同原因，采用相应的办法，达到消除噪声的目的。对第一类噪声，可以从调整扫描和扫描物之间的距离来解决；第二类噪声是系统固有噪声，可以通过调整扫描的参数或利用一些平滑或滤波的方法过滤掉；而第三类噪声只有用人工交互的办法解决，如手动删除。下面就简单讨论一下几种点云过滤方法。

由于扫描的数据在组织形式上是二维的，因此借鉴了几种二维图像处理的滤波方法。只不过在图像处理中，处理的是每个像素的像素值，而对点云的过滤是处理的每个点的 X、Y、Z 坐标值。

数据平滑通常采用标准高斯、平均或中值滤波算法，滤波窗口和效果如图4-10所示。高斯滤波器在指定域内的权重为高斯分布，其平均效果较小，故在滤波的同时能较好地保持原数据的形貌。平均滤波器是利用滤波窗口内各采样数据点的统计平均值来代替当前点。二维图像中的中值滤波器是查找采样点的值，取滤波窗口灰度值序列中间的那个灰度值为中值，用它来代替窗口中心所对应像素的灰度。中值滤波是一种有效的非线性滤波，常用于消除随机脉冲噪声。把它应用到点云中过滤时在距离图像上滑动一个含有奇数个点的窗口，对该窗口所覆盖点的 Y 值按大小进行排序，处在 Y 值序列中间的那个 Y 值称为中值点，用它来代替窗口中心的点。

如果要消除第三类噪声，只有通过自动、半自动或者手动的方法，来删除不需要的点云部分。自动或半自动是指通过判断点云中点到原点的距离，然后设置一个大小合适的阈值，大于或小于这个阈值的点云被保留或删除，根据不同的情况，做相应的处理。手动的办法只是把不需要的点云数据选中，然后删除。经过这些处理使得剩余的点云就是目标区域的点云，即感兴趣区域的点云。

图4-11(a)是有噪声的三维模型，图4-11(b)是过滤噪声点后的三维模型。

4.4.3 数据分割

1. 点云数据的分割

点云数据分割就是要将整幅点云分割为多个子区域，每个子区域对应于一个自然曲面，且要保证每个子区域只包含采集自某一特定自然曲面上的扫描点。数据分割是点云数据表面特征提取和三维建模中的一项重要的数据处理过程。

把三维激光扫描数据划分为不同的类型，并根据这些类型对点云数据进行分割，采用

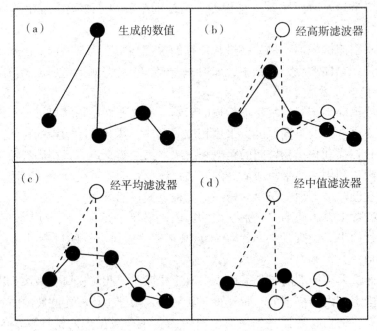

1/9	1/9	1/9
1/9	1/9	1/9
1/9	1/9	1/9

（1）平均法

1/16	2/16	1/16
2/16	4/16	2/16
1/16	2/16	1/16

（2）高斯法

图 4-10　几种常用的滤波方法

组件库中已有的模型，通过曲面拟合，可以建立目标物的表面模型，这在逆向工程建模中广泛采用；在建筑物建模中，对于圆柱、圆锥等规则的几何形体也常常采用。图 4-12(a)是地面激光扫描建筑物侧面图，图 4-12(b)是建筑物采用算法自动分割的结果。

2. 点云数据分割算法的分类

点云分割算法大体上可以分为两大类：一类是基于边缘的方法，是以检测数据的变化为出发点的方法；另一类是基于区域的方法，以检测数据的一致性为出发点的方法。

基于边缘的方法，一般是用某种边缘检测算子提取代表特性不连续(比如距离变化或法向变化等)的边缘点，然后连接这些边缘点形成封闭的区域轮廓。算法有两个主要阶段：一是不同区域的边界探测；二是群集边界里的点，给出最后的分割；这类方法可以准确地获得区域的边界线段，但是往往形成断裂的轮廓，需要复杂的后续操作才能得到所需的最终分割；而在表面曲率不连续的地方，采用这种方法检测不到边缘点，且后续措施无法弥补。

基于区域的方法，是将具有一致性(例如法向一致或曲率一致等)的、彼此邻接的像素编组成为区域，这可以保证得到封闭的区域。在基于区域的方法中，又分为区域生长方法和基于聚类技术的方法，最具代表的是区域增长法。这种方法是用局部的表面属性作为一个相似性度量，合并邻近的具有相同表面属性的点。这种方法对具有噪声点的数据不敏

（a）有噪声的三维模型

（b）过滤噪声点后的三维模型

图 4-11　三维模型过滤噪声前后对比

感，但比基于边界的方法执行起来要好。基于表面的分割方法的两个步骤：自下而上和自上而下。从自下而上的方法开始选择一些种子像素，按照被给定的相似标准增长片段，种子点的选择是至关重要的，因为最终的分割结果依赖于它。自上至下的分割方法，是通过分配所有的像素到一个群组，然后拟合一个单个的曲面到这个组。只要拟合要素的选择高于阈值，那么继续细分这个区域。常用的方法是自下而上的方法。

3. 区域生长算法

区域生长法的基本思想主要是考虑激光点及其空间邻域点之间的关系，将具有相似性质的像素集合起来构成区域。具体实现为对每个分割的区域找个种子点作为生长的起点，再将种子点周围邻域中与种子点具有相同或相似性质的点（根据某种事先确定的生长或相似准则来判定）合并到种子点所在的区域中。将这些新的点当作新的种子点继续进行上面的过程，直到再没有满足条件的点可被包括进来，这样一个具有某种均匀性的区域就长成了，且相邻区域具有不同的均匀性。在实际应用区域生长法时需要解决 3 个问题：

①选择或确定一组能正确代表所需分割区域的种子点（选取种子）。

②确定在生长过程中能将相邻点包括进来的准则（生长准则）。

（a）地面激光扫描建筑物点云

（b）点云分割结果

图 4-12　对建筑物进行激光扫描前后对比

③制定让生长过程停止的条件或规则(终止条件)。

种子点的选取是进行区域生长的第一步,是进行后续处理的关键,种子点的选取是否合理直接关系到区域生长出的目标是否正确。种子点选择太多会造成过分分割,将不是目标的背景划分为目标;种子点选择太少,又会丢失目标信息,使目标分割不完整。

采用区域生长法直接对点云数据进行分割的关键在于种子点的位置选择、生长准则和生长顺序。该方法是一种串行算法,当目标较大时,分割速度较慢,因此在设计算法时要尽量提高效率。

区域生长法进行点云分割的具体步骤如下:

①建立一个堆栈且置空,对点云数据顺序扫描,找到第一个还没有归属的点 α ,设该点为 (x_0, y_0) 。

②将 α 点纳入堆栈中,并将与该点对应的标记修改为非零值。

③判断堆栈是否为空,如果堆栈中存在元素,则继续下面的步骤,否则结束生长。

④以 (x_0, y_0) 为中心。考虑 (x_0, y_0) 的八邻域点 (x, y) ,如果生长标记为0,进一步判断 (x, y) 是否满足生长准则。如果生长标记为非零值,则不考虑该点(该点已并入目标区域)。

⑤如果该邻域点满足生长条件,则将 (x, y) 与 (x_0, y_0) 合并,同时将 (x, y) 压入堆栈。如此循环直到八邻域点都经过判断。

⑥在完成对 α 点的八邻域点判断是否生长后,从堆栈中取出一个点,把它当作 (x_0, y_0) ,回到步骤④;同时删除堆栈中的首元素。

⑦当堆栈为空时，回到步骤①；重复步骤①～⑥，直到每个点都有归属时，生长结束。

使用该方法对点云数据进行分割后，可以发现每个选取的阈值都统一地作用于全部数据，不同对象间由于特征不同，分割阈值也就不一样，选择较大的分割阈值会造成较小的地物对象之间的分割出现错误，反之，选择较小的阈值则不能很好地对较大的地物进行分割。

4.4.4 三角网格建立

高密度采样的距离图像（即点云数据）进行物体表面的重建的研究基本上沿着两个方向进行：一是把距离数据作为散乱点集进行重建；二是把距离数据作为结构化的点集数据进行重建。根据三维模型表示的不同方式，从深度数据进行三维模型重建也存在两种方法，一种是三维表面模型重建，主要是构造网格（三角形网格等）逼近物体表面；另一种是几何模型重建，常见于 CAD 中的轮廓模型。点云数据三维重建的两个重要的条件是：（1）数据必须是配准之后，融合为一个整体的数据；（2）重建的表面必须与融合的数据或原始数据拓扑关系一致。

三维激光扫描获取的点云数据是离散的，实际应用中，需要获取三维物体表面，这些离散的点是没有拓扑关系的，通过建立邻近点间正确的拓扑连接关系，可揭示散乱数据点所蕴涵的原始物体表面的形状和拓扑结构。

1. 从点云中构造三角格网的方法

从点云中构造网格达到三维表面重建的方法主要有两类：第一类是把点云看成无序散乱的，这类方法主要有 Delaunay 三角化和 MC 算法及其变种；第二类是根据原始点云的组织格式，利用点云本身的一些特性进行三角化。

Delaunay 三角网具有以下性质：

性质 1 （空外接圆性质）在由点集 V 生成的 Delaunay 三角网中，每个三角网的外接圆均不包含该点集的其他任意点。

性质 2 （最大最小角度性质）在由点集 V 生成的 Delaunay 三角网中，所有三角形中的最小角度是最大的，即在生成的三角形网格中，各三角形的最小内角和为最大。

性质 3 （唯一性）不论从区域何处开始构网，最终都将得到一致的结果。具有空外接圆，以及最小角最大的性质，可最大限度地保证网中三角形满足近似等边（角）性，避免了过于狭长和尖锐的三角形的出现，是公认的最优三角网。

采用 Delaunay 生成算法主要分为两步：首先生成一个包括所有离散数据点的凸壳；再利用该凸壳生成一个初始的三角网，并在此基础之上，逐个加入其他离散点，生成最终的三角网。很多领域的三维模型，就是用该算法生成，然后每个点再加一个 Z 值，即高程，得到三维模型。

散乱数据点三角剖分的目标是使散乱数据点在空间连成一个最优的三角网格，尽量接近 Delaunay 三角网格。目前，三角格网的建立方法可分为基于体剖分、基于面剖分和基于面投影等方法。

2. 基于平面建立的三角格网方法

将三维激光扫描点云投影到平面上建立三角格网，这种方式称为投影方式，一般的二维 Delaunay 三角化算法主要可分为逐点插入法（如 Bowyer/Watson 算法）、对角线交换算法

（Lawson 算法）、约束三角化算法等。在平面上建立 Delaunay 三角格网，有两种处理情况：

①将三维散乱点一一对应地投影在一个平面上成为二维平面点，然后在平面上建立三角网，最后将平面上三角网的关系映射成三维空间散乱点之间的关系。

②当不存在三维散乱点与二维投影点一一对应的平面时，可采用分割面将三维散乱点分割成若干个区域，分别投影到不同的平面上，在各个面内建立 Delaunay 三角格网，然后将各个面内三角格网关系映射到三维空间，最后对分割截面两边的三角形做合并优化处理。

（1）基本原理

① 将平面凸区域内的散乱数据点按字典排序方式排序，并将排序后的数据建立顶点表。

② 取顶点表中的前 i 个顶点，构造初始 Delaunay 三角格网 T，其中 i 是保证节点不共线的最小整数，建立各顶点的邻接关系，按逆时针方向建立边界环，如图 4-13（a）所示。

③ 从顶点表中取得一点 P_k，P_k 点是 T_{k-1} 外的一个点，在边界上搜索顶点 P_1 和 P_2，使得按逆时针方向从 P_1 到 P_2 间的所有边界边从 P_k 处都是可见的。此外，不再有从 P_k 处可见的边界边。将 P_k 与 P_1、P_2 以及从 P_1 到 P_2 按逆时针方向经过所有的边界顶点，修改边界环和内节点的邻接链表，如图 4-13（b）所示。

（2）三角格网优化

对每一个以 T_{k-1} 的边为对角线且包含顶点 P_k 的凸四边形，应用最小内角最大准则进行判断，得到优化后的 Delaunay 三角格网，如图 4-13（c）所示。

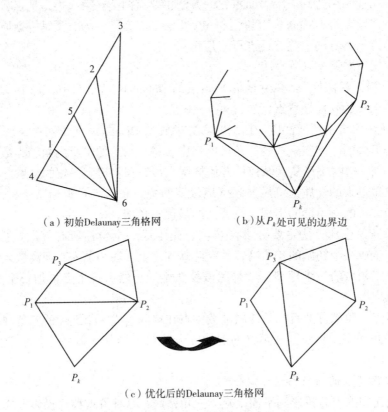

（a）初始Delaunay三角格网　　　（b）从P_k处可见的边界边

（c）优化后的Delaunay三角格网

图 4-13　平面上建立三角格网

78

4.4.5 三维建模

模型用来表示实际的或抽象的实体或对象，数据模型是一组实体以及它们之间关系的一般性描述，是真实世界的一个抽象。数据结构是数据模型的表示，是建立在数据模型基础上的，是数据模型的细化。

三维建模是三维激光扫描技术应用的一个重要内容，三维激光扫描数据的模型重建技术是根据获取的三维激光扫描仪点云数据，经过数据处理，提取出建模所需要的数据，对物体进行实体造型，以得到三维模型。三维重建中建立的三维图形对象一般称为模型，三维激光扫描数据重建的三维模型按其存储方法和在计算机中的处理过程可以分为4种模型：点云模型、三维线框模型、三维表面模型和三维实体模型。

①点云模型：物体由离散的表面采样点集所描述。点云模型不仅能看出物体的形状而且还可以进行长度量测，但不能够表示物体的拓扑关系。这种表示法虽然适合表示距离图像，但缺少灵活性。因为这种深度数据的分辨率有限，局部放大之后，点云表现出大量的空洞，很难通过调整分辨率来处理物体表面的细节。

②三维线框模型：通过用目标物的边来表示物体，边线以外都是空的。三维线框模型可以表示物体目标物的外形，但不能遮挡及隐藏线条。线框是相邻表面或物体外形的交线。由于这种方法原理简单，因此应用比较广泛，但是表面特性难于用这种表示描述。这种表示不适合距离图像，因为距离图像不能直接提供表面的交线。这种方法多用于 CAD 中的三维物体的线画图表示法。

③三维表面模型：构成模型的各条边之间具有一个无厚度的表面，从外形上看是一个实体。三维表面模型能够隐藏后面的边界，也可以渲染成有真实质感的实体效果。网格表示属于这一类，网格表示通过连接三个点格来表示物体的表面，很适合激光扫描仪扫描所得到的表面数据。三角形网格的表示方法已经成为 3D 物体的通用表示方法。

④三维实体模型：即构造实体几何表示（Constructive Solid Geometry，CSG）。这种表示用物体的基本体积单元（如立方体、圆柱体、圆锥体、球等）或体素和相应的布尔运算构成物体的 CGS 树来表示物体的 3D 体积结构，CSG 树明确定义了物体的体素和表面区域，并且能以一个很小的数据量描述一个复杂的物体。大部分物体的几何和拓扑特征都能用这种表示来描述。它要求具备各个部分之间的关系。这些要求使得这种表示不能以一种较简单的运算方式对距离图像进行处理。

4.5 基于三维激光扫描测量的变形分析方法

基于三维激光扫描技术的变形分析方法是变形监测的重点，被监测物体的特征主要表现为点、线和面特征，采用点、线、面相结合的整体变形分析方法，实现对监测体的变形进行定量、直观的分析，对研究监测物体及其结构的变形具有重要的意义。

4.5.1 基于点的变形分析方法

对于三维激光扫描得到海量的高精度点云，直接通过两期点云比较而得到两期监测体的变形监测还是比较困难的，一方面监测体的地形表面比较复杂，产生非地面冗余数据，对两期点云比较产生较大影响；另一方面，对于大量的点云数据，直接计算点与点的距离，计算量较大，并且无法像传统数据那样获取两期监测点数据的同名点。目前用于"点"比较的主要方法有两种，基于点云的直接比较和点云拟合监测块比较。

1. 点云的直接比较

基于三维激光扫描仪扫描的数据，不同时间进行的扫描无法获得相对应点，无法直接获得点的变形量。一般情况下，点云比较方法主要包括邻近点变形分析方法和点云曲面拟合方法。

① 基于邻近点变形分析方法，是将统一框架内的点云按照八叉树结构进行划分，对相似单元的点云进行 Hausdorff 距离的比较。Hausdorff 距离是两组点云集之间的一种常见距离，计算一个点云集 S 中的每个点到另一个点云集 S 中最近点的距离：

$$d(p, S') = \min_{p \in s'} \| p - p' \|_2 \qquad (4\text{-}23)$$

② 点云拟合曲面方法是将两期点云数据建立索引，由第二期点云中的任一点对应第一期的 K 邻域点拟合成的平面，判定点到平面距离阈值的大小而标识变化点。点云拟合平面方法可计算出监测体上任意点随时间的变化量，不仅能得到监测体整体变化趋势，还可以得到局部细节的变化量。

2. 点云拟合监测块比较

传统监测主要是基于全站仪或者 GPS 的固定点比较方法，可以直接测定监测点坐标，计算其变形。由于扫描仪扫描两期点云没有同名点，需要从监测体上分辨出特征监测区域。通过合理确定其范围，对点云加工处理，将其视为监测特征区域。根据地物不同的特征，运用两种方式对点云进行处理：拟合法和重心法。拟合法主要处理球体类或者圆形面的变形监测点的点云；重心法经常用来处理外形不规则的监测体。通过人为确定点云范围，设定反射强度阈值或者法向方向的一致性，得到筛选后的监测点点群。取该点群的平均坐标作为监测块体的监测点。

通过对监测块的识别，并运用重心法拟合得到的两期点云重心坐标，计算其变形量。

点云的直接比较方法，操作简单，自动化程度高，但是点云计算量较大，两次扫描数据的噪声去除结果会对局部变形分析结果产生较大的影响。

4.5.2 基于线的变形分析方法

通过对地形的线性特征提取，可以直观得到地形的变形量大小。利用扫描后获得的点云数据，可以直接获得地形的等高线、断面线等线性特征。通过对三维数据转化为二维的深度影像，根据图像特征自动获取监测体的特征信息，从而获得局部的细节变化。

1. 等高线的提取

等高线指的是高程相等的相邻各点在地形图上所连形成的闭合曲线，是三维地形在二维平面的一种表达。通过对两期等高线的绘制比较，可以直观反映出变形趋势。自动绘制等高线方法有格网法和三角网法。格网采样密度，对等高线绘制的精度影响较大，并且利用格网法绘制的等高线使整个地形区域平滑，不利于显示局部变化趋势。三角网法利用原始数据绘制等高线，绘制等高线方法简单，精度较高，主要用于等高线的制作。

将两期的等高线数据叠加到一起，可以直观地观察到等高线的变化，以此判断变形情况。

2. 深度影像的特征提取

将三维点云数据转换为二维的深度影像，利用图像处理技术进行图像的分割及特征提取，进而对监测体形变进行分析。基于深度图像处理提取技术在城市建筑物提取、城市建筑物的特征提取、点云边界提取应用较多。

4.5.3 基于面的变形分析方法

1. 基于 DEM 的变形监测方法

对扫描的两期点云数据处理，建立各自的 DEM 模型。通过模型差值或者相关参数的变化来分析监测体的变化。对于地形数据来说，通过建立两期的 DEM 或者曲面模型，可以直接获取变形信息。建立高精度的数字高程模型，以第一次建立的 DEM 为基准，将后期的 DEM 进行内插计算。比较同一水平坐标点的高程，就可以得到整个区域对应任意坐标的变形值。

(1)把滑坡用网格分成若干区域，分区域 DEM 进行体积比对，得到任意区域的滑坡变形量。

(2)通过 DEM 特征的信息提取，可以获得滑坡的断面图、曲线图、三维变形曲面图，直观定量滑坡的变形趋势。

这种方法计算量小、速度快，并且包含了由点云数据拼接精度、点云质量以及点云粗糙度构成的不确定性的计算。但这种方法主要有两个方面的不足：

一是这种方法不适合所有的三维场景，如地形起伏比较大的场景，基于 DEM 的方法对于悬垂面不能很好地处理，对于深度表面降低了信息密度。这种情况下，表面变化应沿几何水平面的法线方向进行测量。

二是如果表面是二维空间一个大的表面，则网格化粗糙地面激光点云数据比较困难。粗糙三维表面有一定的尺度，并且可以获取地面同名特征点，可能存在点云数据缺失。缺失部分的数据可以通过插值获得，这样就降低了 DEM 数据的精度。因为点云数据的密度和粗糙度变化很快，所以选择代表一个格网的高程比较困难。

2. 基于点到拟合曲面的变形分析方法

基于点到曲面的变形分析是通过计算待比较的点云数据到参考模型曲面之间的距离，这种方法的关键点在于计算得到一个精度比较高的参考面，是目前比较常用的方法。如图 4-14 点到格网的距离所示，利用点集 S_1 构建表面模型，求取待对比点云数据中任意一点沿着局部格网法线方向的距离。

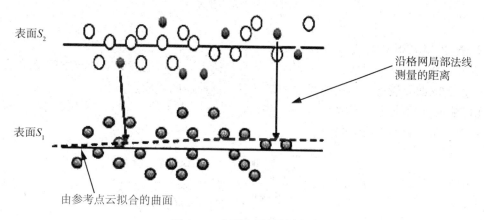

图 4-14　点到格网的距离图

对于表面起伏变化不大的地形来说，这种方法是利用点到拟合曲面的距离代替了点与点之间的距离，是一种比较有效而且精度较高的方法。

4.5.4 基于 NURBS 曲面的监测体表面变形分析

监测体的变形除了整体变形以外，还存在变形体的相对变形，比如滑坡体表面的变形等。要获取监测体表面的相对变形量，首先要找到变形前后监测面上的对应点，然后对其求差来获取变形量。为了获取点云模型表面在三维空间中的相对变形，本节提出了一种基于 NURBS 参数曲面的变形量计算方法。该方法利用 NURBS 参数曲面对监测区域进行建模，通过研究 NURBS 曲面参数的快速反求方法可以确定出变形前后 NURBS 曲面上的对应变形监测点。

1. 算法描述

如图 4-15 所示，设曲面片 ABCD 为变形前参数曲面，$P(x, y, z)$ 为其上一点（图 4-15（a））；曲面片 $A'B'C'D'$ 为曲面片 ABCD 变形后参数曲面，$P'(x', y', z')$ 处于曲面片 $A'B'C'D'$ 上（图 4-15（c）），并且和 $P(x, y, z)$ 为曲面变形前后的对应点，为了确定点 $P(x, y, z)$ 与点 $P'(x', y', z')$ 的对应关系，其具体的计算步骤描述如下：

①参数反求：由变形前曲面 ABCD 上的已知点 $P(x, y, z)$ 计算出该点在对应的参数平面上的坐标 (u, v)（图 4-15（b））；

②对应点计算：利用所求得的参数 (u, v)，作为参数曲面片 $A'B'C'D'$ 上点 $P'(x', y', z')$ 所对应的参数坐标，正解出点 $P'(x', y', z')$。

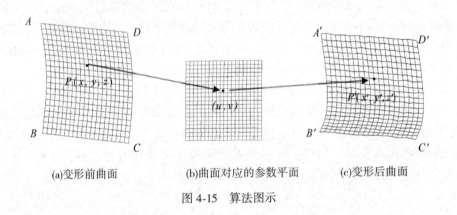

(a)变形前曲面　　　　　(b)曲面对应的参数平面　　　　　(c)变形后曲面

图 4-15　算法图示

2. 基于 NURBS 曲面的对应点确定

点云模型由离散点组成，点之间没有什么规律，更不可能找到对应点之间的关系，因此构造点云的曲面模型，利用曲面模型来求解变形前后的对应点。

（1）曲面参数的反求

对于一张给定的 NURBS 曲面：

$$P(u, v) = \frac{\sum_{i=0}^{n} \sum_{j=0}^{m} W_{i,j} P_{i,j} N_{i,k}(u) N_{j,k}(v)}{\sum_{i=0}^{n} \sum_{j=0}^{m} W_{i,j} N_{i,k}(u) N_{j,k}(v)} \tag{4-24}$$

式中，$P_{i,j}$ 是控制顶点；$W_{i,j}$ 是相应控制点的权因子；$N_{i,k}(u)$，$N_{j,k}(v)$ 为定义在节点向量 $\boldsymbol{U} = (u_0,\ u_1,\ \cdots,\ u_k,\ \cdots,\ u_n,\ \cdots,\ u_{n+k})$ 和 $\boldsymbol{V} = (v_0,\ v_1,\ \cdots,\ v_k,\ \cdots,\ v_m,\ \cdots,\ u_{m+k})$ 上的 k 阶 B 样条基函数。S 为曲面 $P(u,\ v)$ 上的一个点，现要求出其对应的曲面参数 $(u_s,\ v_s)$，使 $P(u_s,\ v_s) = S$，具体方法如下：

① NURBS 曲面重采样：将 NURBS 曲面 P 沿参数 u 和 v 的方向均匀采样，即取 u_i 和 v_j（见图 4-16），计算出该参数所对应的 NURBS 参数曲面点坐标为 $(x_{ij},\ y_{ij},\ z_{ij})$，其中 $i = 1,\ \cdots,\ n$；$j = 1,\ \cdots,\ n$，重采样以后的点云模型为 M'，如图 4-17 和图 4-18 所示。

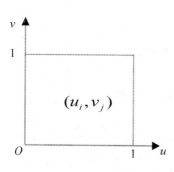

图 4-16　NURBS 参数平面

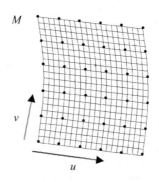

图 4-17　NURBS 曲面重采样

图 4-18　重采样点云数据

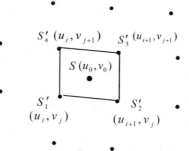

图 4-19　最近点搜索示意图

② 近似参数域计算：为了确定出曲面上任意一点 S 对应的参数 $(u_s,\ v_s)$，利用快速搜索点云 k 邻近点的算法，对重采样点云模型进行搜索，找到距离 S 点最近的四个点 S_1'、S_2'、S_3'、S_4'，以其对应的参数 $(u_i,\ v_j)$，$(u_i,\ v_{j+1})$，$(u_{i+1},\ v_{j+1})$，$(u_{i+1},\ v_j)$ 作为 P 点的最近参数区域，如图 4-19 所示。

③ 参数域细分：根据所求点 S 的最近参数域，采用四叉树分割的方法，进行快速地搜索，确定出 S 点的精确参数 $(u_s',\ v_s')$，并且满足 $|P(u_s,\ v_s) - P(u_s',\ v_s')| < \varepsilon$，如图 4-20 和图 4-21 所示。

（2）曲面对应点确定

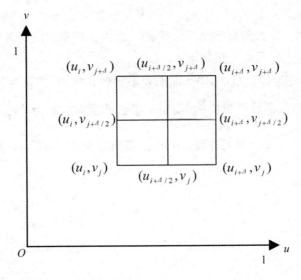

图 4-20　参数平面四叉树分割

在曲面 $ABCD$ 上反算出点 $S(x, y, z)$ 对应的参数 (u_s, v_s) 后，将该参数 (u_s, v_s) 代入曲面 $A'B'C'D'$ 的方程中，即可计算出点 S 在曲面 $A'B'C'D'$ 上的对应点 $S'(x', y', z')$。

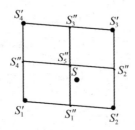

图 4-21　四叉树分割后的点云

3. 变形量的计算

根据曲面变形前后对应点对 $S_i(x_i, y_i, z_i)$ 和 $S'_j(x'_j, y'_j, z'_j)$，其中 $i = 1, 2, \cdots, n$；$j = 1, 2, \cdots, n$，则可以计算出对应点坐标的差值为：

$$\begin{cases} \Delta x_{ij} = x_i - x'_j \\ \Delta y_{ij} = y_i - y'_j \\ \Delta z_{ij} = z_i - z'_j \end{cases} \tag{4-25}$$

则对应点对之间的距离为：

$$S_{ij} = \sqrt{(\Delta x_{ij})^2 + (\Delta y_{ij})^2 + (\Delta z_{ij})^2} \tag{4-26}$$

即为两点云模型相应的变形量。

4.6 三维激光扫描技术在边坡变形监测中的应用

4.6.1 工程概况

某山区高大边坡，位于大河的旁边，该边坡区地处寒武系风化砂岩低丘分布区，自然边坡坡角为15°~38°，坡高20~50m；坡脚人工边坡坡角为40°~75°，坡高8~33m。地形起伏较大，局部边坡较陡地段，覆盖土体的自重下滑分力较大。滑坡区岩土组成从上至下为：素填土、砖红色黏土、全风化砂岩、强风化砂岩。素填土结构松散，透水性好；砖红色黏土、全风化砂岩透水性差，属相对隔水层，在强降雨作用下，雨水渗至相对隔水面受阻，在层面附近形成饱水带，强度降低，容易发生滑坡，如图4-22所示。

图4-22 工程位置图

该地段有部分楼房、厂房，建筑物多为开山傍水而建，人类工程活动较强烈，山坡、河岸边坡较陡且植被较发育。根据现场调查，现状地质灾害的危害程度中等，如不及时进行治理，则会影响正常的生活，如图4-23所示。

图4-23 扫描区域图

4.6.2 点云数据的获取

根据扫描区域的地形情况，扫描的位置设置在河流对面的山坡上，共设置了 5 个固定扫描站点，扫描距离为 500~700m，并且扫描区域内有大量的灌木和草丛，扫描条件非常不利。

为了获取高质量的点云数据，采用匈牙利 RIEGL VZ-1000 三维激光扫描成像系统进行数据的采集，该设备拥有 RIEGL 独一无二的全波形回波技术（Waveform Digitization）和实时全波形数字化处理和分析技术（On-line Waveform Analysis），每秒可发射高达 300000 点的纤细激光束，提供高达 0.0005° 的角分辨率。这种高精度高速激光测距及可同时探测到多重乃至无穷多重目标的细节信息技术优势，是传统单次回波反映单一物体技术所无法比拟的。除此以外，基于 RIGEL 独特的多棱镜快速旋转扫描技术，能够产生完全线性、均匀分布、单一方向、完全平行的扫描激光点云线。VZ-1000（图 4-24）的高质量制作水准和密封等级使它能够在恶劣的环境条件下完成高难度的测量分析任务。

图 4-24 扫描仪器设备

为了获取完整的点云数据，完成对滑坡的变形监测，测量人员进行了两期扫描测量，每一期扫描测量设置了 5 个测站，每个测站获取的点云数据为 3 千万左右，最终的点云数据到达了一亿五千万，获取了测量区域的完整点云数据，如图 4-25 所示。

4.6.3 点云数据配准

由于边坡上杂草丛生，地形高低起伏比较复杂，没有明显的特征，各扫描站之间布设公共标靶也不方便，因此扫描测量采用绝对坐标，首先在扫描测量周围布设至少三个以上

图 4-25　点云数据图

的测量标靶，利用三维激光扫描测量系统获取这些标靶的局部坐标(扫描坐标系下的坐标)，然后利用 GPS 测量出这些标靶的绝对坐标，再用坐标转换原理计算出所测量点云的绝对坐标。如图 4-26 为扫描标靶布置图。

图 4-26　扫描标靶布置图

4.6.4　点云数据噪声剔除

　　由于测量出的点云数据会受到草丛和灌木的影响，所以点云数据中存在噪声，不能反映真实的滑坡地表形态。因此，为了获取真实的边坡地表形态，必须进行噪声剔除。如图 4-27 所示为噪声剔除前的点云数据，图 4-28 为噪声剔除后的点云数据。

图 4-27　噪声剔除前的点云数据

图 4-28　噪声剔除后的点云数据

4.6.5　变形量获取

①对边坡点云数据进行规则化,并构建 NURBS 曲面模型,如图 4-29 所示为第一期测量边坡数据的 NURBS 模型,如图 4-30 所示为第二期测量边坡数据的 NURBS 模型。

图 4-29　第一期滑坡监测数据

②利用本章提出的曲面变形获取方法,计算出边坡的变形情况。图 4-31 ~ 图 4-33 为边坡监测在 X、Y 和 Z 方向的变形量图示,从计算结果可以看出:

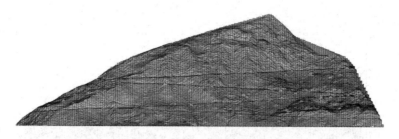

图 4-30　第二期滑坡监测数据

　　a. 边坡在 X 轴方向的变形小于 5mm，在 Y 轴方向的变形为 1cm 左右，这说明边坡在 X 轴和 Y 轴方向上几乎没有变形，如图 4-31 和图 4-32 所示。

　　b. 边坡的变形主要发生在 Z 轴方向，最大变形为 20cm 左右，如图 4-33 所示。

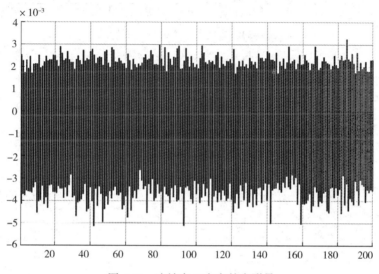

图 4-31　边坡在 X 方向的变形量

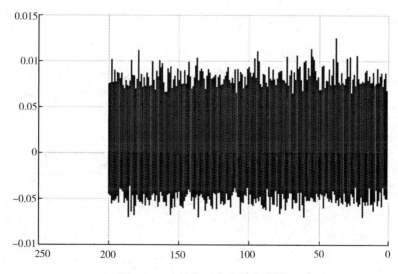

图 4-32　边坡在 Y 方向的变形量

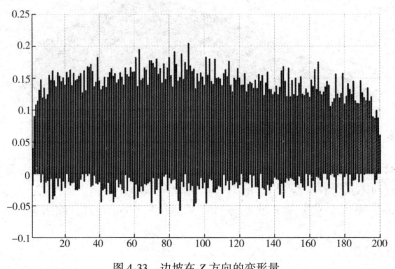

图 4-33　边坡在 Z 方向的变形量

第 5 章　InSAR 监测技术

5.1　概述

　　目前，变形监测方法可分为地面测量、空间测量、摄影测量和地面三维激光扫描、专门测量四类。地面测量的方法精度高、应用灵活，适用于各种变形体和监测环境，但野外工作量大。空间测量技术可提供大范围的变形信息，但受观测环境影响大，如在山区峡谷，GPS 卫星的几何强度差，定位精度低，有些地方则多路径影响大，定位结果不可靠。与前两种方法相比，摄影测量外业工作量少，可以提供变形体表面上任意点的变形，但精度较低；地面三维激光扫描技术遥测的距离有限（一般小于 1 km），变形监测固有误差达数毫米，且随着遥测距离的增大精度急剧降低；专门测量手段相对精度较高，但仅能提供局部的变形信息。近年来，合成孔径雷达技术为变形监测开辟了一条新的道路。

　　合成孔径雷达干涉（Synthetic Aperture Radar Interferometry，InSAR）技术可全天时、全天候、高精度地进行大面积地表变形监测，是近些年来迅速发展起来的微波遥感新技术。尤其适用于传统光学传感器成像困难的地区，现已成为地形测绘、灾害监测、资源普查、变化检测等很多微波遥感应用领域的重要信息获取手段。合成孔径雷达差分干涉测量技术（D-InSAR）可用来做高精度的缓慢地表形变观测，该方法的发展是基于空间相干性估计和二维相位解缠等技术，利用雷达波相位差进行大范围地表形变观测。在实际应用中，许多实验区发生的数月甚至数天的后向散射体的时间去相干，这导致该技术在应用中受到诸多条件的限制。例如，必须选择短时间基线影像和天气/季节接近的影像，以避免受到过多的时间去相干和大气的影响，但在时间基线长、天气状况差异大的影像中，仍然有可能有少数像元具有高相干性。因此，如何识别出这类时间序列上的高相干目标点——永久散射体（Permanent Scatterer，PS），引发了一种基于 D-InSAR 的被称为 PS 的新思想的产生。它的基本思路是使用大量同一区域不同时间的 SAR 影像（大于 30 景），对时间序列上的系列像元进行基于相干性的稳定分析。PS 采用的处理流程由于能够抑制大气效应和时间去相干对雷达波相位的影响，利于提取准毫米级、长时间范围内的缓慢地表形变场。因此，在大尺度的时间和空间上，D-InSAR 技术成为高分辨率且高精度地表形变观测的技术之一，并逐步进入实用化阶段。

5.2　InSAR 监测基本原理

　　作为合成孔径雷达遥感技术的新发展，InSAR 技术通过相距很近的两个天线得出的两幅 SAR 的复图像，由地面各点分别在两个复数图中的相位差，得到两复数图的干涉图，从而计算出地面各点在成像中电磁波所经过的路程差，最后得出地面各点地表的高度信息，形成三维地貌，生成数字高程模型（DEM）。下面通过从 InSAR 进行地形测量的角度上分析 SAR 干涉成像的基本原理。

5.2.1　InSAR 技术基本原理

假设飞行平台上同时安置了两副雷达天线 S_1，S_2，如果天线 S_1 能够发射并且接收信号，而天线 S_2 仅能够接收由地面传来的回波信号，进行观测的两天线与地面目标点的几何关系模型如图 5-1 所示。由两天线 S_1 和 S_2 可以得到从地面目标点返回携带相位的回波信息，分别用复数的形式可以表示为：

$$复数图像 1：\quad u_1 = |u_1| e^{j\varphi_1} \tag{5-1}$$

$$复数图像 2：\quad u_2 = |u_2| e^{j\varphi_2} \tag{5-2}$$

那么由 S_1 或 S_2 接收到的从目标点返回的信号相位可表示为：

$$\varphi = -\frac{2\pi}{\lambda}(\rho_t + \rho_r) = \varphi_t + \varphi_r \tag{5-3}$$

式中，λ 为波长；ρ 为从天线到目标点间的距离；下标 t 和 r 分别表示发射和接收信号的相关参数。两副天线所接收到的信号的相位差为：

$$\varphi = \varphi_1 - \varphi_2 = \frac{2\pi}{\lambda}P(\rho_2 - \rho_1) \tag{5-4}$$

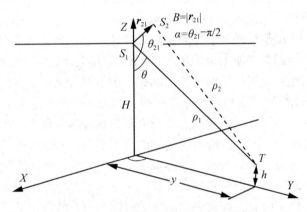

图 5-1　干涉测量几何关系示意图

当仅有一副天线用于发射雷达信号进行观测时，式(5-4)中的 $P = 1$，表示干涉图的相位差为单程（仅有返程信号），如单轨道双天线模式；当两副天线都可以发射和接收回波信号时，$P = 2$，表示干涉图的相位往返为双程，如单天线重复轨道模式。将两幅复图像经过配准后，对应的像素点回波信号进行复共轭，就可以得到干涉条纹图：

$$\begin{aligned} u_{\text{int}} &= u_1 u_2^* \\ u_{\text{int}} &= |u_1| |u_2| e^{j(\varphi_1 - \varphi_2)} \end{aligned} \tag{5-5}$$

相位差则需要从得到的复干涉图中计算出，即

$$\varphi = \text{unw}\{\varphi_M\} = \text{unw}\left\{\arctan\left[\frac{\text{Im}(u_{\text{int}})}{\text{Re}(u_{\text{int}})}\right]\right\} \tag{5-6}$$

由反正切函数得到的，实际上只是 $[0, 2\pi]$ 内的主值，即对 2π 取模的值 φ_M。那么

绝对的相位差 φ 需要从主值 φ_M 中推算出来，此过程就称为相位的解缠或相位的展开（Phase Unwraping）。从图 5-1 中可见，$\triangle S_1 T S_2$ 和 θ，α 之间的角度关系并利用余弦定理可得：

$$\rho_2^2 = \rho_1^2 + B^2 - 2\rho_1 B \cos(\theta - \theta_{21}) \tag{5-7}$$

式中，B 为两雷达天线之间的距离，称为空间基线，简称基线。设 $\alpha = \theta_{21} - \pi/2$，称为水平方向基线角，则有

$$
\begin{aligned}
\sin(\theta - \alpha) &= \cos(\theta - \theta_{21}) \\
&= \frac{\rho_1^2 - \rho_2^2 + B^2}{2\rho_1 B} \\
&= \frac{(\rho_1 - \rho_2)(\rho_1 + \rho_2)}{2\rho_1 B} + \frac{B}{2\rho_1} \\
&\cong \frac{\rho_1 - \rho_2}{B} = \frac{-\lambda\varphi}{2\pi PB}
\end{aligned}
\tag{5-8}
$$

式(5-8)中近似变量之间的关系表达得更加简洁直观。当 $\rho_1 \gg B$ 时，可以得出

$$\theta = \alpha - \arcsin\left(\frac{\lambda\varphi}{2\pi PB}\right) \tag{5-9}$$

$$h = H - \rho_1 \cos\theta \tag{5-10}$$

式(5-9)和式(5-10)揭示了干涉相位差 φ 与高程 h 之间的数学关系。也就是说，如果已知天线位置(参数 H、B、α)和雷达成像系统参数(θ)等，就可以由 φ 计算出地面的高程值 h。

5.2.2　InSAR 技术处理流程

从上述的理论分析可知，InSAR 在原始数据获取之后，必须经过一系列的处理过程才能得到观测区域的干涉条纹图和三维地形图，InSAR 技术的基本流程可以参见图 5-2。在处理过程中，由于对目标区域内的高程信息的反演是通过对干涉相位处理完成的，因此，要对回波的信息里携带的相位信息进行相位保持。为得到较为精确的高程信息，合成孔径雷达干涉测量技术的处理流程往往分为以下几步：

1. 主从影像配准

对于重复轨道干涉成像模式，星载 InSAR 数据处理中首先需要解决影像的配准问题。重复轨道获得的两幅复影像数据，由于两次观测雷达平台飞行轨道不同，同一目标区域在两次观测中所成的影像是不完全重合的。为得到准确的干涉相位，必须精确地配准。理论上，两幅复数 SAR 影像配准精度需要达到子像素级(1/10 像素)。

主从影像间的配准，是单视复数影像生成 DEM 的第一步，它对干涉图的生成以及高程的精度都具有一定的影响。目前有许多文献对 SAR 影像配准方法做了细致深入的研究。配准过程中，最重要的是控制点的选取，由不同的控制点选取测度，相关学者提出了许多配准方法，其中包括：相干系数法、相关系数法、最大干涉频谱法、相位差影像平均波动函数法、最小二乘法等。对于几何变形模型，则通常采用 2 次多项式来进行拟合。

不同于一般遥感光学影像的配准，SAR 影像配准有其自身的特点。一方面，对于重复轨道干涉测量，由于两次成像天线的位置是不断变化着的，因此两幅影像的位置关系也是复杂多变的。另一方向，由于 SAR 影像是复数影像，因此不仅需要利用影像的幅度信

息，还要充分利用相位信息。

2. 干涉图生成

经过精配准后的两幅复数 SAR 影像，经过这一步获得相位的差值。由式(5-5)可知，一方面相位的获取可以通过将配准的两幅图的相位值直接相减，另一方面也可以将两幅复图像通过共轭相乘来获得。

3. 平地效应去除

干涉图生成后，就需要对干涉相位进行去平地效应的处理。假设地面为一平面，但是根据干涉测量原理，仍然会造成一定的距离差，并产生相应的干涉条纹，这部分的相位值称为平地相位，这部分干涉条纹不仅会给后续的相位解缠带来难度，而且也不能正确地从干涉图中反映地形变化的趋势。因此，为得到反应地表形态变化的干涉相位值，必须将其去除。在实际的数据处理中，往往可以从干涉图上均匀地取一部分像素计算其平地效应造成的相位值，然后通过二次多项式将整个影像的这部分相位拟合出来加以去除。

4. 相位解缠

从上面的分析也可见，经过去平后得到的干涉相位差实际上只是主值，其取值范围为 $[-\pi, \pi]$，因此要得到真实的相位差必须在此值的基础上加上或减去 2π 的整数倍，这个过程就称为相位解缠。由于 SAR 独特的成像方式与机理以及地形的多样性给 InSAR 相位解缠带来极大的困难，但随着 InSAR 技术的兴起，相位解缠也成为研究的热点。短短的十几年里，提出的算法有几十余种，其中较为典型的算法有：枝切法、最小范数法、统计费用网络流法等。

5. 相位转高程及地理编码处理

从理论上来说，解缠后的相位需要根据式(5-9)及式(5-10)由相位值反演到地面的高程值。但是，实际的处理中，由于所有必要参数的获取是有一定困难的。因此，不会直接利用上面两式进行计算，实际计算中往往是通过迭代计算的手段逐步求解。经过相位转高程后，就需要对其进行地理编码。InSAR 技术的地理编码是将影像数据以及高程数据由雷达坐标系(距离-方位-高程)转换到较为通用的参数坐标系(如 WGS-84 坐标系)。

5.2.3 InSAR 技术误差分析

InSAR 技术的监测精度评定及其技术的限制条件与应用范围的研究，都需要对其误差源进行深入的研究。本节从 InSAR 技术测高角度来对其进行误差分析，根据式(5-9)和式(5-10)，在利用 InSAR 技术生成 DEM 的过程中假设各参数不相干，则总的测高误差为：

$$\sigma_h^2 = \left(\frac{\partial h}{\partial R}\sigma_R\right)^2 + \left(\frac{\partial h}{\partial B}\sigma_B\right)^2 + \left(\frac{\partial h}{\partial \alpha}\sigma_\alpha\right)^2 + \left(\frac{\partial h}{\partial H}\sigma_H\right)^2 + \left(\frac{\partial h}{\partial \varphi}\sigma_\varphi\right)^2 \qquad (5\text{-}11)$$

式中，σ_R、σ_B、σ_α、σ_H 和 σ_φ 分别是斜距 R、基线长度 B、基线倾角 α、飞行平台高度 H 和干涉相位 φ 的中误差。其中每个误差源对高程的影响程度是不相同的，下面通过对其进行偏微分计算具体讨论。

(1)斜距误差

$$\frac{\partial h}{\partial R}\sigma_R = \cos\theta \cdot \sigma_R \qquad (5\text{-}12)$$

式中的误差是由斜距误差 σ_R 决定的，并且与视角 θ 有关。σ_R 主要取决于 SAR 定时系统的不确定性、采样时钟的抖动和信号通过大气层、电离层的延迟等因素。该项误差与其

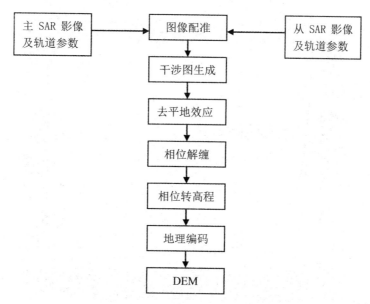

图 5-2　InSAR 数据处理的基本流程

造成的高程误差属于同一数量级，所以影响并不大。

（2）基线长度误差

基线是干涉测量中一个极为重要的参数，它对高程测量的精度影响很大。

$$\frac{\partial h}{\partial B}\sigma_B \approx \frac{R\sin\theta\tan(\theta-\alpha)}{B} \cdot \sigma_B \tag{5-13}$$

式中的误差是由基线长度误差 σ_B 引起的，同时还和 R、B、α、θ 有关。由于在一般情况下 $R \gg B$，如果要求此误差项小于 $1m$，则有

$$\sigma_B \leqslant \frac{B}{R\sin\theta\tan(\theta-\alpha)} \tag{5-14}$$

取 $\alpha = 0$，对于 ERS 传感器而言，若基线长度分别为 300m、1000m，则 σ_B 的允许值分别为 2.3mm、7.68mm，因此对基线的要求是非常严格的。

另外，基线的长度也对该项误差对高程的影响起到了很大的作用，同样以 ERS 干涉测量系统为例（图 5-3），表现了当基线误差为 1cm 时，随着基线的变短，高程误差急剧增大。在下文实验中使用的 16m 基线的数据，1cm 的基线误差就会造成 90 多米的高程误差。所以短基线的 InSAR 数据虽然有相干性较高，解缠较容易的优点，但是，通常的处理手段方法很难获取高精度的 DEM。外部 DEM 数据的应用，在处理这种短基线数据时就显得更为重要了。

（3）基线倾角误差

基线倾角 α 对高程精度也具有显著的影响，其误差公式为：

$$\frac{\partial h}{\partial \alpha}\sigma_\alpha = R\sin\theta \cdot \sigma_\alpha \tag{5-15}$$

上式中的误差是由基线倾角 α 引起的。如果要求此误差项小于 1m，则有

$$\sigma_\alpha \leqslant \frac{1}{R\sin\theta} \tag{5-16}$$

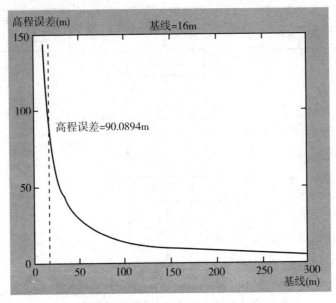

图 5-3　不同基线情况下基线误差对测高精度的影响

对于 ERS 系统，σ_α 的允许值为 0.00018°，此要求非常高。实际中，可以利用高程已知点反推基线长度和姿态，从而减小误差。

（4）轨道误差

轨道误差本身对高程测量的影响主要由传感器高度 H 造成：

$$\frac{\partial h}{\partial H}\sigma_H = \sigma_H \tag{5-17}$$

该式表明飞行平台的高度误差将引起同样大小的高程误差。它主要由卫星的轨道定位精度决定。目前 ERS-1/2 的轨道径向精度达到 30cm，Delft 大学提供的 ERS-1/2 和 Envisat 卫星的精密轨道参数精度更高一些，所以轨道定位误差对 DEM 的误差影响不大，但是，如果通过卫星轨道参数直接求解基线，则这样得到的基线的误差按照式（5-12）的分析就完全不能忽略了。

（5）干涉相位误差

$$\frac{\partial h}{\partial \varphi}\sigma_\varphi = \frac{\lambda R\sin\theta}{4\pi B\cos(\theta - \alpha)} \cdot \sigma_\varphi \tag{5-18}$$

此式表明了相位误差 σ_φ 和高程误差的关系。σ_φ 具有随机误差的性质，其主要受系统热噪声、数据处理引入的误差、回波信号去相干和大气效应等几方面影响。由上式可以看出，与分析基线误差时一样，由于 $R \gg B$，相位误差对高程的影响也十分严重，尤其是在基线较短的情况下，相位上十分微小的误差都会造成错误的高程值。

如图 5-4 所示，在 ERS-1/2 的参数条件下，30° 的相位误差随着基线的变短，高程误差越来越大。由相关实验资料证明，若采用的 16m 基线 InSAR 数据，可能会造成 50 多米的高程误差。

据以上的误差分析，不难发现，传统的 InSAR 处理方法虽能够大范围、高精度地获取地形信息，但干涉相位仍然受到时空基线误差的限制。为了克服 D-InSAR 技术时空失

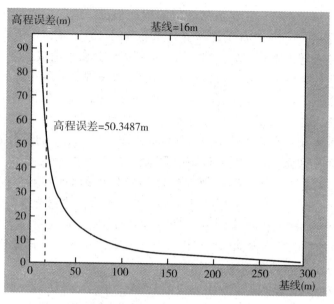

图 5-4 不同基线情况下相位误差对测高精度的影响

相关的条件限制且充分地挖掘出 SAR 影像中的有用信息，进而利用干涉 SAR 得到更加可靠的形变信息。近年来，由意大利 POLIMI 的 Ferretti 等提出一种永久散射体星载干涉 SAR 数据处理技术，这种技术利用长时间基线和大空间基线下干涉图的点目标信息，理论上较好地克服了时间、空间去相干以及大气对干涉信息的影响，并可以分离大气相位和形变相位，得到地面形变的线性、非线性演变过程。随着 PS 概念的提出，一系列基于观测周期内相干性高的点目标时序分析方法相继提出，如 PSI、CTA、SBAS 等方法，下节将对这些方法进行阐述与介绍。

5.3 数据处理新方法

5.3.1 永久散射体干涉技术

永久散射体(Permanent Scatterers Interferometry，PSI)技术的基本原理是利用多景(一般要求大于 30 景)同一地区 SAR 影像，通过统计分析所有影像幅度信息，查找不受时间、空间基线去相干和大气效应影响的永久散射体。利用这些永久散射体的插值拟合曲面，计算出 DEM 误差、视线方向目标物体的偏移值和线性大气效应贡献值，达到估计并去除大气效应相位贡献值，提高变形监测精度的目的。

考虑到各种因素时，就差分干涉图来说，每个像元的干涉相位值 ϕ (未解缠)可以表示为：

$$
\begin{aligned}
\phi &= \phi_{\text{topo}} + \phi_{\text{def}} + \phi_{\text{atmos}} + \phi_{\text{noise}} \\
&= \phi_{\text{topo}} + \frac{4\pi}{\lambda}\Delta r + \phi_{\text{atmos}} + \phi_{\text{noise}}
\end{aligned}
\tag{5-19}
$$

其中，等式右边第一项是地物后向散射的差异引起的相位变化，如果两次成像时地物与电磁波的相互作用不变，这一项为零；第二项反映了传感器与地物之间距离的变化，检测地表形变的相位信号；第三项是大气效应的附加相位；最后一项是其他噪声引起的误差，如热噪声、斑点噪声和 DEM 的误差等。如上所述，第二项是需要提取出来的有用信号，第三项是必须求解出来并去除掉的，第四项则可作为微小项被忽略。

经过研究发现，尽管大气效应对每一景 SAR 影像表现了一种很强的去相干，但通过对长时间序列的多景 SAR 影像的综合分析，大气效应的影响可以被估计并去除。主要方法是：充分利用尽可能多的影像，提高对大气效应估计的准确性；在这些影像集中，选择那些受时间和空间去相干影响比较小的点状目标，作为相位稳定的散射体。通常这些点状目标小于图像分辨率像元，且不受基线距的限制，它们被称为 PS 点——永久散射体。识别它们的方法是根据对差分干涉影像的幅度稳定性的统计分析，计算幅度稳定系数（Amplitude Stability Index，ASI），再经过设置适当的阈值，达到选择符合要求的 PS 点目的。在由许多 PS 点组成的格网中，只要 PS 点的空间分布密度足够大（10 个点/平方公里），利用这些点的插值拟合曲面，就可以去除大气效应贡献值，即式（5-19）中等式右边的第三项。该技术的基本流程简述如下：

（1）每景影像根据主影像配准并生成参考 DEM

假设有同一地区同轨道号的 $N+1$ 景 SAR 影像，所有的 N 景影像都分别对同一景主影像配准，生成 N 幅干涉纹图。同时由短时间基线的干涉影像像对生成该地区的 DEM。DEM 也可以利用已有的数据。

（2）计算幅度稳定系数（ASI）

为了对不同影像的幅度值进行比较，各影像通过能量均衡化进行辐射校正。逐个像元地进行幅度值的分析，计算所谓的幅度稳定系数（ASI），即每个像元的幅度平均值和标准偏差的比值。这个统计量提供了关于每个采样单元分布重心的期望稳定性的重要的信息——幅度稳定性系数。通过设置阈值来筛选出由 PS 候选点（PS Candidate，PSC），这些点构成不规则格网，它们具有 PS 点的特征。

（3）生成 PSC 的不规则格网

利用幅度稳定系数，一些影像像元被挑选出来作为 PSC 点，并且对分散的 PSC 组成的格网进行相位解缠。对于重建和补偿大气效应贡献值而言，PSC 点的空间密度大于等于 $3\sim4$ 个点/平方公里就足够了。

（4）抑制大气效应的影响

估计并去除大气相位 $\Delta\alpha$：计算影像上大气效应的各个补偿值是 PSI 技术中最有创意的步骤。实际上，这个操作允许将地表形变对应的干涉相位分离出来，即式（5-19）中的第二项。从每个 PSC 点估计出来的大气相位项被重采样并用 Kriging 插值法对主影像规则格网滤波。该方法仅适用在 PSC 分布密度足够大的地区（$5\sim10\text{PSC/km}^2$）。

作为该步骤的结果，可以得到相对于所有数据集的干涉纹图的解缠相位值，精确估计的高程值和 PSC 的视线方位向（LOS）位移速度，这些结果是根据参考点的高程且假设参考点不移动的情况下计算得到。

在补偿了地形和移动相位差值的 PSC 格网图上，大气效应贡献值被估计出来。这个处理过程中的关键是 PSC 点的选择。如果 PSC 是太多的噪音或者从它们当中可提取的 PS 点很少，那么大气效应贡献值就不能被成功估计，即不能保证后续步骤的实施。

（5）识别 PS 点和生成平均偏移速度图

相对于参考主影像，每景 SAR 影像时间序列上的偏差值说明了每个 PS 点的 LOS 位置，每个 PS 点的单独测量精度范围通常为 1~3mm。地形和大气效应贡献值相位项的分离基于它们的特征，即地形相位贡献值是正比例于空间基线的，然而形变是在时间上相关的。这个步骤被应用在前面得到的不同干涉纹图(已经用大气效应贡献值补偿)上，所有的 PS 点被逐个像元地计算和识别出来。最终生成地表形变的平均偏移率图。

通过前面的技术分析，我们可以看到 PSI 技术与其他 InSAR 技术显著不同的特点，正因为它利用的是稳定的且小于像元尺寸的永久反射体，实现了大气效应贡献值的有效去除，才可能获得如此高精度的地表形变值。表 5-1 中，描述了与传统 D-InSAR 技术比较，PS 的主要优势及特点。

表 5-1

PS 与 D-InSAR 的比较列表

	比较参数	PS 技术	D-InSAR 技术
1	时间基线	无限制	非常小(<2 年)
2	空间基线	无限制	非常小(<200m)
3	大气效应	强烈抑制	无抑制
4	相干系数	>0.7 在单个像元上	>0.3 在数个相邻像元上
5	DEM 精度	100m	与空间基线有关
6	SAR 影像数目	>30	≥2

如今，水准测量、GPS 和 PSI 三种技术同时使用能够极大地提高地表变形的精度，减少制约因素的影响。同时在已建有角反射器的地区，角反射器也是一种可利用的消除制约因素的良好工具。通过综合运用多种有利工具，一定能够提高地表形变监测中的测量精度。

5.3.2 相干目标分析方法

相干目标(Coherent Target Analysis, CTA)方法是在永久散射体的思想体系下发展的一种新方法。针对传统 D-InSAR 中长时序干涉纹图中缺乏大面积连续高相干区域，而造成无明显干涉条纹、噪音多和相位解缠易引入低相干区域误差等一系列问题，把注意力缩小集中在高相干的目标点上，这样在整个长时间序列上能够搜索到受时间去相干影响小、相位稳定和时间上连续的相干目标。CTA 利用在长时间序列的稳定目标点集(CT points，CTs)上的相位值，分离出大气影响、噪声和 DEM 误差相位，从而获得形变相位。与经典的永久散射体技术比较而言，它的特点是在保持监测精度和相干目标识别密度的前提下，直接选用相位作为识别标准，简化了运算流程，是监测大面积、长时间序列地壳形变的一种可行的方法。

CTA 方法首先利用时间相干系数作为判别准则来识别在时间序列上的 CT 点。这些 CT 点是受误差影响小的点，假设各项误差的相位值小于 π，则相位可以很容易地通过相位梯度值被解缠。分离 CT 点上的各项误差相位项是根据它们不同的时间和空间特征实现。CT 点是基于最小分辨率像元的研究对象，即一个像元代表一个 CT 点。

图 5-7 显示了相干目标分析技术计算步骤，具体说明如下：

①利用唯一主影像配准所有从影像并生成干涉纹图集；

②干涉纹图集按照时间序列排列，并采样成时间序列上的同一大小像元（见图 5-5）；

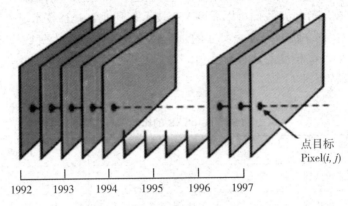

图 5-5　时间序列干涉纹图上的相干目标

③对每一个时间序列上的像元，利用迭代算法——时间序列最小二乘相位模糊度估算分离形变相位值、大气效应相位值、DEM 误差和噪声误差，同时利用时间相干系数判断是否是 CT 点（见图 5-6）；

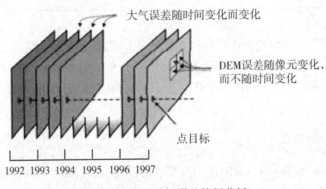

图 5-6　相干目标误差特征分析

④对干涉纹图集的残余相位进行低通滤波，去除噪声；

⑤重复步骤③和步骤④，直至满足收敛条件，退出迭代。

对生成的 CT 点集进行地理编码，并输出形变相位值、大气效应相位值、DEM 误差结果。

5.3.3　短基线集方法

短基线集（SBAS）技术继承了常规 D-InSAR 与 PSI 方法的优点，利用较短时空基线的影像对产生的干涉图提高相干性，下面对基于 SBAS 的地表沉降监测方法进行简要的介绍：

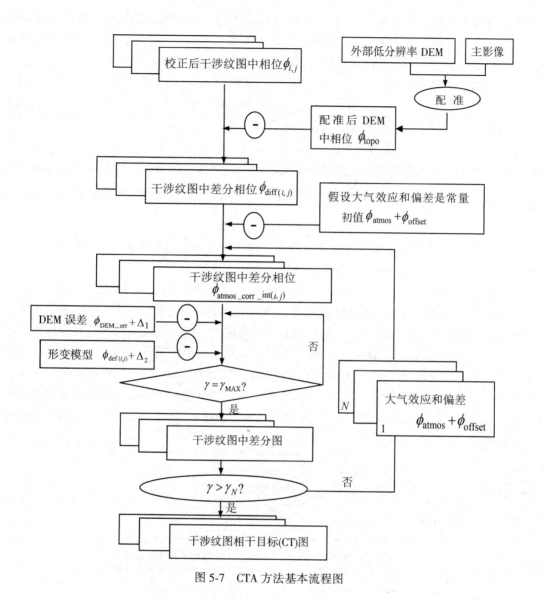

图 5-7　CTA 方法基本流程图

假设 t_0，…，t_N 时刻获取了覆盖同一区域 $N+1$ 幅 SAR 影像图，并且假设所有 SAR 影像已配准到同一坐标系下，从而可以得到 M 对时空基线均小于某一阈值的多视差分干涉对，且 M 满足以下条件：

$$\frac{N+1}{2} \le M \le N\left(\frac{N+1}{2}\right) \qquad (5\text{-}20)$$

假设从 t_A、t_B 两个时间获得的 SAR 图像产生第 j 幅干涉图，并假设 $t_B > t_A$，去除地形相位后，可建立未考虑大气相位、地形误差及失相关噪声等的简化模型，则干涉图在像元 x 处的干涉相位可表示为：

$$\delta\phi(x) = \phi(t_B,\ x) - \phi(t_A,\ x) \approx \frac{4\pi}{\lambda}\left[d(t_B,\ x) - d(t_A,\ x)\right] \qquad (5\text{-}21)$$

式中，λ 为雷达波长；$d(t_B,\ x)$ 和 $d(t_A,\ x)$ 分别为 t_A 和 t_B 时刻像元相对于初始时刻 t_0 的

LOS 方向地表形变，即有 $d(t_0, x) = 0$；假设相位 $\delta\phi(x)$ 为解缠后的相位，所有干涉图经过配准，并选取相同的解缠起始点(稳定点或者形变已知点)。该方法对干涉图进行逐像元的时间序列分析，因此，以下讨论均以某一像元为例来建立方程。

假设主影像时序集 $IE = (IE_1, \cdots, IE_M)$ 和从影像集 $IS = (IS_1, \cdots, IS_M)$，且满足：

$$IE_k > IS_k, \quad \forall k = 1, \cdots, M \tag{5-22}$$

则所有差分干涉图相位可以组成如下观测方程

$$\phi_k = \phi(t_{IE_k}) - \phi(t_{IS_k}), \quad \forall k = 1, \cdots, M \tag{5-23}$$

对所有干涉图，可将上式的线性模型表示为矩阵形式 $\delta\phi = A\phi$，其中 A 为 $M \times N$ 维矩阵。当 $M \geq N$ 时，则该矩阵秩为 N，对上式进行最小二乘法即可求解出 ϕ 的估计值 $\hat{\phi}$

$$\hat{\phi} = (A^TA)^{-1}A^T\delta\phi \tag{5-24}$$

通常为了减少基线去相干影响，会将干涉对进行分组，这样矩阵 A 的 M 值常小于 N 值时，相应法方程系数阵秩亏，可采用奇异值分解法求解。

采用较短基线(通常小于 200m)干涉纹图集可以降低几何去相干对它们的影响。此外，由于较大的高程模糊度也使得它们对 DEM 误差的敏感性降低。通过累积差分干涉纹图测量地壳形变，是该方法与永久散射体相干技术的共同点。但在去除大气效应时采用组合多景干涉纹图平均去除仍然带有不确定性，因此增加了该方法的复杂度。该方法的优点是可以测量非线性形变。SBAS 方法的数据处理技术流程见图 5-8。SBAS 技术应用于干涉测量中，可明显地减弱空间基线失相干的影响。利用奇异值分解(SVD)方法联合多个小基线集进行求解，可有效解决由于空间基线过长造成的时间不连续问题，从而提高监测的时间分辨率。

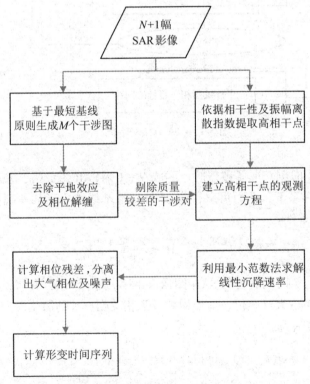

图 5-8 短基线集技术流程图

5.4 GBSAR 监测技术与应用

合成孔径雷达干涉(InSAR)技术的发展与应用已经有 20 多年的历史，包括数字地表模型和变形监测，但主要是利用星载 SAR 数据来实现的。与成熟的星载技术相比，地基雷达干涉测量的发展相对较晚，且主要应用于变形监测。尽管该技术起步晚，却由于其获取数据便捷、监测精度高以及监测距离远等优势，在滑坡监测、矿区沉降以及大型建筑安全监测方面得到广泛的应用。GBSAR(Ground Based SAR)是用于微变形监测的雷达成像系统。它主要包括能够接收和发射微波束的雷达传感器，以及重复采集数据时所需要的移动滑轨。地基 SAR 利用合成孔径技术，实现二维成像。获取影像沿方位向的分辨率取决于滑轨的长度：滑轨越长，方向分辨率越高。地基雷达系统主要由雷达天线、滑轨、电源以及用于图像采集和数据存储的计算机四部分组成，如图 5-9 所示。

GBSAR 是相干雷达系统，通过提取雷达信号中的相位值，进行干涉处理，最终获取监测区域的形变或地形信息。地基 SAR 系统对微小形变十分敏感，测程长(可达到几公里)以及二维成像能力使其具有其他测量手段无可比拟的技术优势。在过去几十年间，地基雷达干涉测量技术在许多领域得到了广泛的应用，如滑坡监测、大坝以及冰川监测。尽管 GBSAR 相对其他监测手段具有较大的技术潜力，但是准确的形变信息提取并非易事，其过程同样也面临许多技术问题，如大气扰动、时间去相关以及相位解缠等。事实上，为了从地基数据中正确地估算出形变值，需要充分地考虑其数据特点来进行准确的分析和处理。这部分主要从工作原理上介绍 GBSAR 的数据特点。

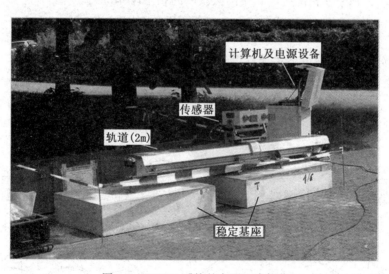

图 5-9 GBSAR 系统的主要组成部分

5.4.1 GBSAR 监测原理

GBSAR 可以利用雷达微波进行干涉测量，进而揭示出监测区域微小的形变信息。从其工作原理知，高精度的变形监测依赖的是高精度的相位信息。但是，微波从产生到传播再到接收返回，每个过程都伴随着各种误差存在。为了获取边坡或大型工程表面微小的形变，必须深入地研究地基雷达在变形监测中各种类型的误差，掌握它们的特性和规律，以达到抑制和消除的目的。

地基雷达主要是利用 SAR 复影像所提取的相位信息，来获取雷达与目标间距离的几何关系，通过两幅不同时刻影像相位做差分，进而得到形变相位，最终通过计算得到形变量，如图 5-10 所示。

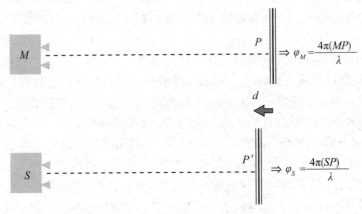

图 5-10   IBIS 干涉测量原理

若安置地基雷达于目标监测点 P 的正前方。如 P 点发生位移前，雷达传感器获取的相位值为 φ_M，假设 P 点发生了朝向雷达中心值为 d 的位移后，地基雷达再次获取形变后的相位值为 φ_S，则干涉相位可以利用两次获取的相位计算得到。

$$\Delta\varphi_{MS} = \varphi_S - \varphi_M = \frac{4\pi(SP' - MP)}{\lambda} = \frac{4\pi}{\lambda}d \tag{5-25}$$

则 P 点的位移值 d 能够通过下式计算得到：

$$d = \Delta\varphi_{MS}\frac{\lambda}{4\pi} \tag{5-26}$$

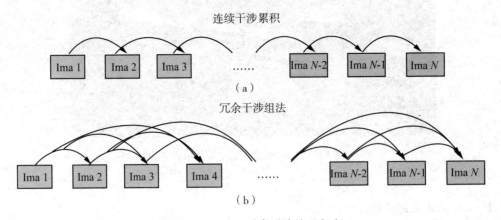

图 5-11   GBSAR 时序干涉处理方法

利用地基 SAR 进行变形监测一般是进行长时间连续观测，常用的时序干涉测量方法如图 5-11 所示，分为简单的连续干涉累积(图 5-11(a))和冗余干涉组法(图 5-11(b))。但是从干涉相位的角度来说，都是基于主辅两影像进行干涉处理的。因此，根据地基雷达差分干涉原理，可以建立每个主辅影像间的差分干涉相位模型，则干涉相位可表示为：

$$\Delta\varphi_{ms} = \varphi_s - \varphi_m = \varphi_{geom} + \varphi_{defo} + \varphi_{\Delta atmo\_ms} + \varphi_{noise} + 2k\pi \tag{5-27}$$

式中，$\Delta\varphi_{ms}$ 表示主影像 m 与辅影像 s 间的干涉相位；φ_{geom} 是由于设备移动或安置误差造成的几何关系不一致而产生的相位，若短时间连续监测时平台没有任何移动，则可忽略此项；φ_{defo} 表示主辅影像采样时刻间产生的形变相位；φ_{atmo} 为主要由大气折射造成的大气延迟相位，即大气相位；φ_{noise} 表示可能由内部系统或外部场景所产生的相位噪声；$2k$ 是相位解缠项，其中 k 为未知的整数，即相位模糊度。

从以上的差分干涉相位模型可以看出，地基 SAR 变形监测过程中主要受以下几种误差影响：

(1)多普勒质心差

雷达系统的相位稳定性受到多种因素影响，主要包括参考本振的稳定性、接收发射信号的天线与系统之间信号传输路径等。若雷达系统相位不稳定，将造成系统相位的失相干，引入相应误差。若两幅图像的多普勒质心频率存在差异，将会造成去相干，且频率的差异越大，所造成的去相干越明显。多普勒质心频率的波动加剧了相位的模糊度，并影响了影像的信噪比、参考函数或补偿因子的精确性，造成图像位置偏移，无法保证高质量的影像获取。同时，雷达设备的系统参数、信号发射天线的方位性图、波束脉冲所具有的重复频率等系统性指标参数均对该类误差存在影响。

雷达系统误差很大程度上受到 SAR 硬件系统影响。为减小该项误差的影响，应尽量选择同一雷达接收并采用相同基准处理后的 SAR 影像。GBSAR 系统的中心频率较为微小，且系统的频率通常较为稳定，偏移量在短期内数值较小，故短时间段内的测量可忽略系统频率所造成的误差影响。但是对于长时间或重复多次的监测，系统频率造成的偏移量将随着时间序列的递推而逐步放大，可采取选用稳定度高的频率合成器、运用多级校正的技术、对参考通道进行合理设置，或者选取中频接收机等措施，来确保系统相频特性的稳定与正常。

(2)噪声误差

GBSAR 的监测功能主要是通过相位差分完成。由于差分两相位存在一定的采样间隔，因此可能受雷达系统自身或场景影响产生噪声。根据噪声源不同，通常分为系统噪声与场景噪声两类。①系统噪声，也称为系统热噪声，是指雷达发射器在发射、接收电磁波以及记录、存储数据时产生的噪声，主要由接收增益因子以及天线特性等雷达系统特性决定；②场景噪声，也称为外部噪声，是指雷达天线从外部辐射源接收到的电磁波所形成的噪声。外部噪声通过降噪天线能够得到一定程度的抑制。这些噪声误差的存在，会降低雷达的监测精度，不仅在雷达天线设计中需要考虑降噪，在数据后处理中同样也需要通过各种处理方法达到噪声去除的目的以提高雷达信号的信噪比(SNR)。

对于 SAR 图像滤噪方法，近些年的研究大致可分为两类：成像前的多视处理技术和成像后的处理技术。第一类是根据斑点负指数分布的统计特征的多视处理。一般多视处理有两种：①分割合成孔径的多普勒带宽，分割的孔径分别成像(多视)，然后进行平均处理。经过多视处理的图像被称为多视图像。多视处理的前提是每一个子视图观测必须是相同的地物，几乎是同时且没有辐射失真。它们也应该使用相同的频率和极化方式。②在成像处理之后通过对给定空间的后向散射特性进行假设。最简单的假设是后向散射截面在给定像元附近是常数。在这种情况下，给定 L 个独立像元值，对这些像元的复值进行平均处理，将得到更加准确的像元值。

（3）几何关系不一致

设备在安装时或观测时引起的平台偏移将导致雷达轨道与视角的变动，SAR 复图像将在距离向和方位向发生错位、扭曲，复图像对之间的相干系数将减小，观测的精度将下降。对于连续、长时间的连续观测，平台的偏移量受到很大的影响。对于平台的偏移，可采用近距离照相测量的方法进行补偿，但该方法是通过在目标区域设置参考基准点来实现的，过程较为繁琐，不具普适性。

雷达平台偏移造成的误差改正可由图像的高精度配准完成。配准前对复图像或相位图中的信息进行统计，确定出主图像和辅图像，并在辅图像中选定大小不变的窗口，由特定的算法准则进行内插和移动处理，逐步完成主图像内对应点的搜索。对主、辅两幅图中相应点的坐标值进行记录，根据坐标差对复图像的像素进行插值，从而尽量保证主辅图像中同一位置的像素对应的地面点统一。也可利用特征点进行配准，但效果易受噪声干扰，安置角反射器生成特征点可以提高配准效果。配准时常选用的准则有：相关系数、干涉条纹、干涉图频谱，即可通过对相关系数、平均波动函数、信噪比等参数的评估来衡量复图像对的配准质量。

（4）大气扰动

观测环境的变化将影响 GBSAR 的观测精度。其中，大气扰动干扰为主要影响，该项误差的改正是数据处理中的重点和难点。大气对电磁波的传播路径有所影响，并干扰信号的正常传播。设某稳定体为研究对象时，其所处环境中的气象条件随时间推移持续变化，在 t_1 和 t_2 两个不同时刻的大气折射指数也存在差异，设分别对应的相位值之差为 $\Delta\varphi$，该值可表示为：

$$\Delta\varphi = \frac{4\pi R}{\lambda}(n(t_2) - n(t_1)) \tag{5-28}$$

大气扰动影响在小尺度空间上已存在，且具有随机性与多样性，无法用模型精确模拟。目前，对于该误差还没有完善的改正方案，依然沿用星载或机载 SAR 的相关理论。数据获取时，由大气环境的变化带来的误差影响可达厘米级。由现今的研究可知，GBSAR 系统观测中的大气扰动误差的改正思维主要基于两类数据：实测获取的气象元素和分布在外界的固定点信息。

基于温度、湿度、气压等实测气象元素的补偿法利用先验气象公式对折射率进行估算，构建出大气环境的变化实景，获取大气相位补偿值，完成真实相位值的提取。

当波长为 λ 时，距离雷达 R 处的目标点的回波相位表达式如下：

$$\varphi_{atmo} = f(R, \lambda, P_d, T, H) \tag{5-29}$$

式中，P_d 为干气压；温度 T、相对湿度 H 以及总气压 P 均可以从外界的气象站等方式获取。

由上式可看出，若要得到目标点精确的形变信息，必须能够准确地估算出大气相位并从干涉相位中予以去除，而获取目标点精确的大气相位实际上是非常困难的，通常是采用近似估计的方法，因此，对于 GBSAR 的大气相位校正常用大气参数法、固定点法。

（5）解缠等数据处理误差

GBSAR 技术在时间序列进行相位累加解算时，若环境变化较大，则残余相位将产生累积。随着时序的推移，可能出现缠绕，相位信息的可靠性受到影响。根据奈奎斯特采样定理，为避免相位缠绕，目标体在相邻两次观测内的最大位移量为：

$$\Delta R_{\max} = \pm \frac{\lambda}{4} \tag{5-30}$$

当观测条件较理想且位移无突变时，相邻两次观测位移差不超过 $\Delta R_{\max}$，则无相位缠绕，可直接由相位差获取雷达视线向的位移信息。若在长时间序列内持续进行观测，则相位值的大小受时间、空间和噪声等失相关误差的干扰较为明显，相位值可能表现出严重缠绕，解缠所用的算法若不够完善，则将引起不可小视的残余误差。

由于时间、空间和噪声去相关将对结果造成影响，所以在像素质量不佳、数量有限且稀疏的观测区内，相位解缠的精确进行难以得到实现。地基 SAR 数据处理过程中，也常借鉴星载 InSAR 的解缠理论有：枝切法、最小二乘法、网络费用流法等。

5.4.2 GBSAR 监测应用

相较于传统监测手段来说，GBSAR 数据具有遥测距离远、长时间连续工作且高精度地获取面状形变信息的优势，因此该技术被广泛地应用于大型工程或建筑的安全监测方面，如边坡监测、大坝监测、冰川监测等。本节监测应用中所利用的 GBSAR 系统 IBIS（Image By Interferometric Survey）为意大利 IDS 公司和佛罗伦萨大学经过 6 年技术合作研发而成的，该系统是一个集合步进频率连续波技术（SF-CW）、合成孔径雷达技术（SAR）和干涉测量技术的高新技术产品，主要应用于地变形监测和建筑物变形监测。IBIS 系统主要分为 IBIS-S 和 IBIS-L 两种型号。S 型主要用于对桥梁或高层建筑物的实时监测，强调的是对建筑主体表面某些形变点目标进行连续观测；L 型主要是对大坝、边坡、矿区及冰川等面状形变进行监测分析及预警。

1. 边坡监测

本例为利用 IBIS-L 监测意大利 Torgiovannetto 某边坡，边坡下有一小镇，该边坡已经过加固，用 IBIS-L 监测其加固后的变形情况（见图 5-12~图 5-14）。

图 5-12　位于意大利 Torgiovannetto 的某边坡

Thermal SNR Map

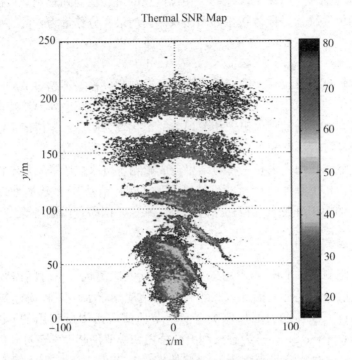

图 5-13　监测区域的反射情况

图 5-14　GBSAR 监测的现场示意图

　　图 5-15 为监测 72 小时内，该边坡的位移变化情况；图 5-16 为监测 144 小时内，边坡的位移变化情况。通过两幅图右侧的图例可以明显看出，边坡上部的两个区域变化比较明显。

　　如图 5-17 所示，IBIS-L 的监测结果可以与三维光学图像叠加，更直观地体现出边坡滑移的危险区域，其监测结果对边坡变形所造成的灾害事故能够提供准确的预警及评估。

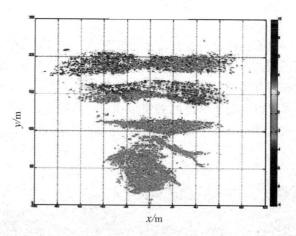

图 5-15 72 小时内该边坡的位移分布

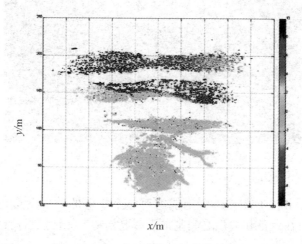

图 5-16 144 小时内该边坡的位移分布

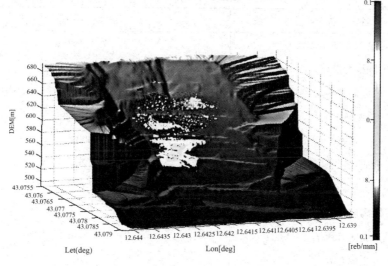

图 5-17 监测结果的三维叠加显示效果

2. 大坝监测

地基雷达监测系统能够提供监测区域面状的形变信息，因此能够一次完成对整个坝体的监测。在大坝监测领域内，该技术相较于传统的接触式监测手段，如光纤监测、垂线监测等，具有精度高、施测方便等无可比拟的技术优势。为确保获得良好的监测效果，首先要选取合适的架设位置使得设备能够监测到整个坝体。紫坪铺大坝坝高共156m，经过计算，IBIS-L架设的位置距离坝顶的距离为800m，并且和大坝底部基本处在同一个水平面上，如图5-18所示。

图5-18　IBIS-L架设位置

如图5-19所示，IBIS-L在该位置上能够对整个坝体的外形变形进行监测。IBIS-L架设在大坝的下游面，在设备和大坝之间基本没有遮挡物，保证设备所架设位置的稳定，这样就能够测得准确的结果。

表5-2　　　　　　　　　　　　　　　　IBIS-L参数设置

名　　称	数　　值
雷达至大坝坝体距离	550~780 m
频段与波长	Ku/1.78cm
最大监测距离	1.7km
总监测时间	15 hours
带宽	300M
合成孔径长度	2m
天线倾角	5°
距离向分辨率	0.5m
角度向分辨率	4.5mrad
影像总数	266

110

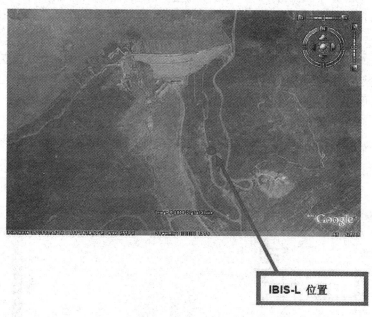

位置

图 5-19 IBIS-L 相对于大坝的位置

在图 5-20 中，大坝的每一个部分都显示得非常清楚。现将 GBSAR 得到的图和大坝照片进行比较。GBSAR 得到的最终结果是整个区域每个点的变形情况，这些点的变形量在位移图中予以显示。由于地基 SAR 所采取的是长时间的实时监测，在整个监测过程中，气温、湿度等的变化会对整个探测结果造成一定的影响，因为在不同的环境下电磁波的传播速度不同。为了能够得到最终的准确结果，需要在整个监测区域内选取若干稳定点，也就是整个坝体的基准点。通过这些基准点对最终结果进行校准。

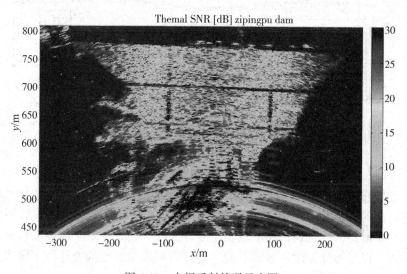

图 5-20 大坝反射情况示意图

通过区域位移分布图(见图 5-21)能够对整个区域的变形情况有一个宏观的掌握,此外还可以得到其中任意一个点的变形情况。每个点的变形量均在 1mm,变化量相对较小,在整个区域内可以任意选取一个点进行进一步观察,在点位移图(见图 5-22)中可以非常明显地看出每一个点在监测时间内的变形情况。通过上述的监测结果可基本判定大坝在整个监测时段内是非常稳定的,因此,在准确地进行气候的校准之后,GBSAR 能够很好地完成大坝的外形变形监测任务。

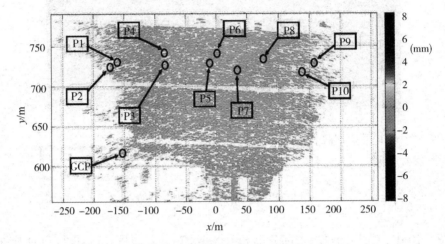

图 5-21　大坝各观测点对应的位移分布图

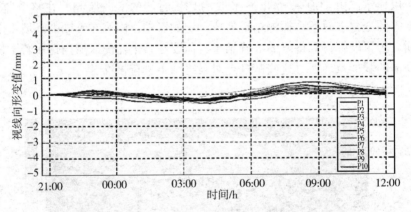

图 5-22　所选取监测点的点位移图

3. 冰川监测

近年来,使用 GBSAR 系统对冰川进行监测研究,参考一些文献可以看出这项技术对冰川变化的监测的潜力。GBSAR 系统在某些情况下,在对冰川进行连续监测期间,系统的采集时间对于冰川的变化速度相对较长。尽管大部分文献中对于冰川的监测应用是采用连续监测模式,但是对冰川的不连续监测,可以得到冰川高度的变化,不同采集活动可生成数字高程模型图。

图 5-23 是在意大利 Macugnaga 地区进行的一次雪崩监测,图 5-23(a)与图 5-23(b)分别为雪崩发生 30 分钟后和 9 小时后的位移变化。经过坐标转换处理后,将位移图投影在

了地形图上，其中的深色区域为位移量最大的区域，即为雪崩最严重的区域。还有一系列的应用与被雪覆盖的斜坡有关，其中雪水当量和雪崩探测仍处在初期研究阶段。Morrison 在 2007 年使用 GBSAR 系统对奥地利阿尔卑斯山脉的冰雪变化进行测量。Martinez-Vazquez 在 2005—2008 年，使用 LiSA 系统对冰雪覆盖区域进行监测，对获得的图像进行处理，依据从所有图像提取的数据和区域的特征对雪崩进行分类，提出雪崩分类算法，为商业滑雪胜地的雪崩风险评估提供了参考。

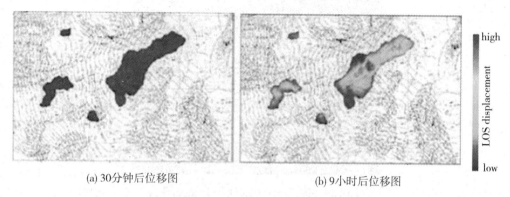

(a) 30分钟后位移图　　　　　　　(b) 9小时后位移图

图 5-23　Macugnaga 雪崩监测

5.5　工程应用

5.5.1　监测地区及数据概况

本节的监测实验影像是以某城市市区为中心，试验范围几乎覆盖整个市辖各区，图 5-24 为实验区对应的 SAR 幅度影像。监测区域植被覆盖大，地形复杂，包括山区、长江漫滩平原及水体等，数据采集密度小，时间跨度大，易受大气效应影响。实验数据的详细情况见表 5-3。

图 5-24　实验研究区域的 SAR 幅度

实验采用 2007—2011 年间日本 ALOS PALSAR 雷达卫星采集的 16 景升轨数据，观测模式为 FES/FBD，入射角 34.3°。采用的 DEM 数据为 SRTM3，精度优于 16m，满足实验所需。实验研究区域的 Google Earth 影像如图 5-25 所示。

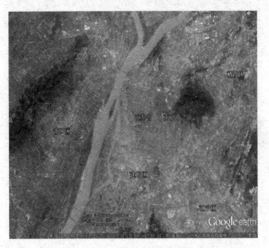

图 5-25　实验研究区域的 Google Earth 影像

表 5-3　　　　　　　　　　　　　　　ALOS SAR 影像数据参数

序号	Scene ID	影像获取时间	数据类型	垂直基线/m	轨道类型
1	ALPSRP056530630	2007-2-15	FBS	428.788	升轨
2	ALPSRP083370630	2007-8-18	FBD	780.188	升轨
3	ALPSRP090080630	2007-10-3	FBD	1009.7	升轨
4	ALPSRP103500630	2008-1-3	FBS	1353.2	升轨
5	ALPSRP123630630	2008-5-20	FBD	2334.42	升轨
6	ALPSRP130340630	2008-7-5	FBD	−434.317	升轨
7	ALPSRP137050630	2008-8-20	FBD	−2650.05	升轨
8	ALPSRP184020630	2009-7-8	FBD	−1034.5	升轨
9	ALPSRP190730630	2009-8-23	FBD	0	升轨
10	ALPSRP197440630	2009-10-8	FBD	328.96	升轨
11	ALPSRP210860630	2010-1-8	FBS	633.052	升轨
12	ALPSRP217570630	2010-2-23	FBS	1160.09	升轨
13	ALPSRP237700630	2010-7-11	FBD	1374.73	升轨
14	ALPSRP244410630	2010-8-26	FBD	1726.33	升轨
15	ALPSRP251120630	2010-10-11	FBD	2087.85	升轨
16	ALPSRP271250630	2011-2-26	FBS	2982.11	升轨

经过对各 SAR 影像进行空间及时间基线的分析与比较，采用以 2009 年 8 月 23 日获取的影像为主影像进行配准及干涉，从其余各数据以此景影像为参照得到的垂直基线数据可以看出，最短的垂直基线为 328.96m，最长则达到 2982.11m。因观测数据较少（不足 30 景），时间基线较长且时间跨度近 5 年，由 5.4 节 InSAR 处理新方法分析可得出，此类沉降监测易采用短基线集（SBAS）方法。依据短基线集技术原理，在进行差分干涉配对时进行了空间及时间基线的约束，最终得到了 94 组干涉对，详细的组合情况可以参见图 5-26。为了充分考虑时序上相位变化信息，采用了 3D 解缠方法即加入时序维进行空间时间三维解缠，SAR 影像的 Delaunay 3D 连接图见图 5-27。

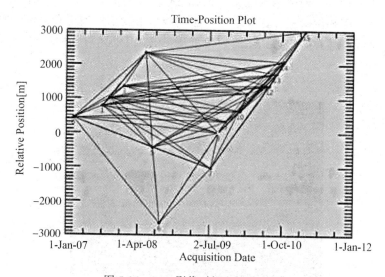

图 5-26　SAR 影像时间空间分布图

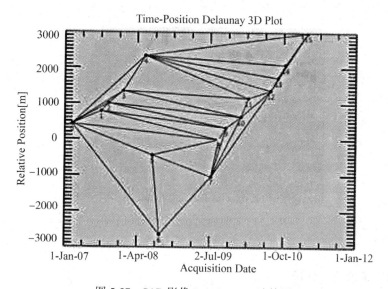

图 5-27　SAR 影像 Delaunay 3D 连接图

考虑到空间及时间基线较大的数据特点，通过对数据集中最大空间基线的干涉对对应的相干图(见图5-28)以及最大时间基线的干涉对对应的相干图(见图5-29)进行相干分析,可以看出相干像元分布基本覆盖该市市区,在两种极限情况下城区依旧表现出较高的相干性,但是水体和有植被的山区相干性较差,均无法达到高相干点的提取要求。数据处理过程中,为抑制相位噪声及大气相位带来的影响,选择相干阈值为0.35,小于该值的相干点认为失相干严重,不予采用。这里采用的参考DEM为SRTM3,其精度优于16m,满足去除地形相位的要求;解缠参考点依据以下原则进行选取:①高相干且无形变点或已知形变点;②远离形变区,由于SAR数据覆盖江北区域,为避免由于跨江造成的解缠误差,此处分别选取两处参考点:紫金山附近地质稳定点和老山附近地质稳定点(见图5-29)。经过配准后的干涉处理、去平地效应及解缠后进行结果查验时发现,存在严重的地形误差及因时间失相干引起相位误差,这些结果会影响线形形变信息的正确提取,因此需要从结果中予以去除。经过筛查后,得到结果较为准确的78组干涉对,然后进行后续的大气分离及形变反演。

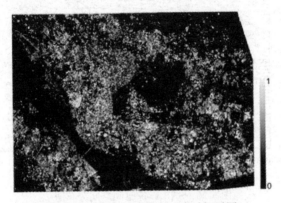

图5-28   最长空间基线干涉对相干图

图5-29   最长时间基线干涉对相干图

5.5.2   监测结果验证及分析

为了对SBAS技术应用于沉降监测中的有效性和实用性进行验证,采用某滩涂区作为验证区域,经过SBAS处理后,得到了该地区的地面沉降速率图,如图5-30所示,其中左图为影像覆盖整体区域的沉降速率,右图为研究区的放大图。从图中可看出该地区变形比较严重，大部分的位置都发生了或多或少的沉降，整体呈现出了自北向南的条带状分布特点，尤其是北部沉降更为显著。图 5-31 为水准测量得到的该地区沉降速率，从折线图可以看出沉降速率多数集中在 0~40mm/y，极少数达到了 50~100mm/y。但由于 SAR 获取的信息较为全面，可得到更多沉降细节，而实测值因数量有限，且分布较为稀疏，并不能完全与 SAR 测量成果一致。因此说明 SBAS 技术可以很好地获取地面沉降速率，并且可以更全面地对整体趋势进行把握和分析。

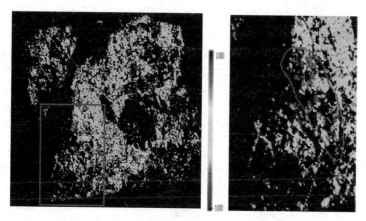

图 5-30　验证地区影像覆盖范围和沉降速率图

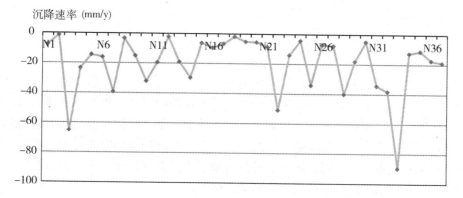

图 5-31　验证地区实测沉降速率

　　普遍的观点认为高精度水准测量应用于区域地面形变，所得到的成果精度相对较高，且所测的数据稳定性好。因此，为了验证 SBAS 监测成果的准确性，在研究地区选取 5 个监测点，将他们的水准测量结果与 SBAS 监测结果进行对比（见表 5-4、图 5-32）。由于所用的 InSAR 数据与实测的水准测量值并不是同周期的，所以结果可能不完全一致。但从图表中可看出，SBAS 监测值与水准测量值的吻合程度较高，精度可达到毫米级。若采取的水准测量值为真值，则 SBAS 的监测精度基本能够满足区域地面沉降监测要求。

　　结合研究区域的地质条件和城市化进展，可知导致地面沉降的因素主要有以下几点：

　　①自然因素。导致滩涂地区地面沉降的最主要自然因素是软土层的自重压密固结。验证地区位于我国长江河漫滩平原地带，土质为河漫滩相软土。土层含水量高，在自重应力的作用下，土体受到压缩，伴有部分水从土中排出，产生释水压密固结，从而发生沉降。

除此之外，导致沉降的其他自然因素还有地壳新构造运动以及海平面上升。

表 5-4   **InSAR 监测与水准测量值及误差**

点名	InSAR 监测值（mm/y）	水准测量值（mm/y）	误差（mm/y）
N1	−49.82	−50.87	1.05
N2	−27.51	−29.57	2.06
N3	−29.85	−32.10	2.25
N4	−6.69	−7.67	0.98
N5	−20.86	−19.10	−1.76

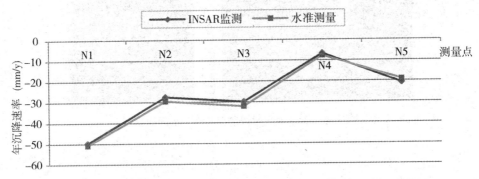

图 5-32   InSAR 监测与水准测量成果对比

②人为因素。近年来随着该地区经济的发展，人类活动日益频繁，由此导致滩涂区地面沉降日趋明显。对沉降影响较大的原因有：地面荷载的增加、地下工程施工以及地下水的开采。伴随城市化建设的发展，出现了大量新的建筑物，导致地面荷载引起的沉降效应逐渐明显。同时一些地下工程的施工引起地表下沉，加之地下构筑物对含水地层水体流通的影响，引起地面不均匀沉降。除此之外还有地下水的开采，使土体发生压缩变形，且含水系统的平衡状态遭到破坏，从而产生地面沉降。

第6章　光纤监测技术

6.1　概述

在实际工作中，有时不能或很难用以电为基础的传统传感器。例如，在某些化工生产过程控制系统中，不能用任何有可能产生电火花的仪表设备；而在弱电磁场的测量中，若用常规传感器，则微弱的电信号有可能被淹没在强电磁噪声中而无法测量。常规传感器的致命弱点是易受电磁干扰，在强电磁干扰的恶劣环境中，它根本无法正常工作。为解决此问题，人们早就在探索用光学敏感测量来取代机-电敏感测量。光纤和光通信技术的迅速发展，加速了这一探索的过程，在20世纪70年代中期出现了一种新型的传感器——光纤传感器。它是光纤与光学测量相结合的产物，对以电为基础的传统传感器进行了彻底的改革，它用光而不是用电来作为敏感信息的载体，用光纤而不用金属导线来传递敏感信息。因此，它同时具有光学测量和光纤传输的优点，即响应速度快、测量灵敏度高、精度高、电绝缘、安全防爆、抗电磁干扰等，是以电为基础的传统传感器无法比拟的，特别适用于高压大电流、强电磁干扰、易燃易爆等恶劣环境，能解决许多传统传感器无法解决的问题。

光纤传感包含对外界信号(被测量)的感知和传输两种功能。所谓感知是指外界信号按照其变化规律使光纤中传输的光波的物理特征参量，如强度(功率)、波长、频率、相位和偏振态等发生变化，测量光参量的变化即"感知"外界信号的变化，这种"感知"实质上是外界信号对光纤中传播的光波实时调制。所谓传输是指光纤将受到外界信号调制的光波传输到光探测器进行检测，将外界信号从光波中提取出来并按需要进行数据处理，也就是解调。因此，光纤传感技术包括调制与解调两方面的技术，即外界信号如何调制光纤中的光波参量的调制技术(或加载技术)及如何从被调制的光波中提取外界信号的解调技术(或检测技术)。

外界信号对传感光纤中光波参量进行调制的部位称为调制区，根据调制区与光纤的关系，可将调制分为两大类。一类为功能型调制，调制区位于光纤内，外界信号通过直接改变光纤的某些传输特征参量对光波实施调制。这类光纤传感器称为功能型(Functional Fiber, FF)或本征型光纤传感器，也称为内调制型传感器，光纤同具"传"和"感"两种功能。与光源耦合的发射光纤同与光探测器耦合的接收光纤为一根连续光纤，称为传感光纤。故功能型光纤传感器亦称全光纤型或传感型光纤传感器。另一类为非功能型调制，调制区在光纤之外，外界信号通过外加调制装置对进入光纤中的光波实施调制，这类光纤传感器称为非功能型(Non Functional Fiber, NFF)或非本征型光纤传感器，发射光纤与接收光纤仅起传输光波的作用，称为传光光纤，不具有连续性，故非功能型光纤传感器也称传光型光纤传感器或外调制光纤传感器。

光纤工作频带宽，动态范围大，适合于遥测遥控，是一种优良的低损耗传输线。在一定条件下，光纤特别容易接受被测物理量的加载，是一种优良的敏感元件。光纤本身不带电，体积小，质量轻，易弯曲，抗电磁干扰，抗辐射性能好，特别适合于易燃、易爆、空间受限制及强电磁干扰等恶劣环境下使用。光纤传感技术是衡量一个国家信息化程度的重要标志，已广泛用于军事、国防、航天航空、工矿企业、能源环保、工业控制、医药卫生、计量测试、建筑、家用电器等领域，已有的光纤传感技术有上百种，诸如温度、压力、流量、位移、振动、转动、弯曲、液位、速度、加速度、声场、电流、电压、磁场及辐射等物理量，都实现了不同性能的传感，并有着广阔的应用前景。

光纤光栅传感器是目前国内研究的热点之一，具有灵敏度高、易构成分布式结构等特点，在一根光纤内可实现多点测量。满足"智能结构"对传感器的要求，可对大型构件进行实时安全监测，也可以代替其他类型结构的光纤传感器，用于化学、压力和加速度传感中。随着实用、廉价的波长解调技术进一步发展完善，光纤光栅传感技术已经向成熟阶段接近，部分也已经商用化。列阵复用传感系统将单点光纤传感器阵列化，实现空间多点的同时或分时传感，也称为准分布式系统。目前，应用最为广泛的是光纤光栅阵列传感和基于干涉结构的阵列光纤传感系统，可以实现大范围、长距离多点传感，是大规模光纤传感的一个重要发展趋势。分布式光纤传感系统是根据沿线光波分布参量，同时获取在传感光纤区域内随时间和空间变化的被测量的分布信息，可以实现长距离、大范围的连续、长期传感。

6.2 光纤传感器介绍

6.2.1 光纤的基本结构

光纤有不同的结构形式，目前使用的光纤绝大多数采用由"纤芯"和"包层"两个同心圆组成的结构形式，呈同心圆柱形，如图 6-1 所示。常用石英系光纤的纤芯和包层均由高纯度石英玻璃和少量掺杂剂构成。掺杂剂用来使纤芯的折射率稍高于包层的折射率。涂覆层用来保护光纤免受机械损伤。按光纤横截面上折射率分布，光纤可分为突变型（阶跃型）光纤和渐变型光纤。前者的纤芯和包层折射率分布均为常数，而在其界面处发生折射率突变。后者的纤芯折射率沿径向由内向外逐渐变小，一般呈抛物线分布，包层折射率仍为常数。常用光纤几何特性参数表示光纤结构的几何特性，这些参数和标称尺寸在光纤通信的标准中均有明确规定。光纤是用高透明电介质材料拉制成的非常细（直径 125 ~ 200μm）的低损耗导光纤维，它不仅具有束缚和传输从红外到可见光区域的光的功能，而且也具有传感的功能。

按光纤材料组分不同可把光纤分为石英玻璃系光纤、多组分玻璃系光纤和塑料光纤等；按光纤横截面内折射率的径向分布不同，可把光纤分为阶跃型光纤和梯度型光纤；按其中传输的光的模数不同，则可把光纤分为多模光纤和单模光纤两种。除此之外，还有高双折射偏振保持光纤、低双折射光纤、单偏振光纤和专为传感器研制的功能光纤等。

目前，国内外生产的光纤绝大部分都是石英玻璃系光纤，是由沿纤芯和包层的径向具有给定折射率分布的玻璃预制棒熔融拉制而成。而硅玻璃预制棒是以纯 SiO_2 为基本材料，并掺入少量的掺杂物，用汽相合成玻璃法制成。掺杂的目的是使光纤折射率的分布发生变

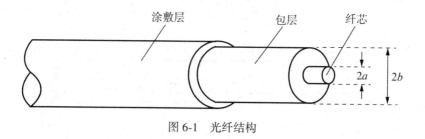

图 6-1 光纤结构

化使其能成为光波导，即纤芯折射率高，而包层折射率低。

6.2.2 光纤传输的基本原理

根据光纤的折射率分布，利用光传播的射线理论，不难解释光纤的传输原理。当光入射到两种媒质的界面时，则入射光的一部分被反射回来，而其余则进入到另一种媒质，即发生折射。由光的折射定律

$$n_1 \sin i_1 = n_2 \sin i_2 \tag{6-1}$$

可知，当光由折射率为 n_1 的光密媒质入射到折射率为 n_2 的光稀媒质，即 $n_1 > n_2$ 时，折射角 $i_1 < i_2$，折射光线偏离法线，i_2 随 i_1 增大；当 i_1 增大到某一 i_0 值时，折射线与界面法线成 90°；当 i_1 继续增大时，入射光线全部被反射回原介质（见图 6-2(a)），这就是全反射，因此 i_c 称为发生反射的临界角：

$$i_c = \arcsin \frac{n_2}{n_1} \tag{6-2}$$

这就是光纤传输的基础。

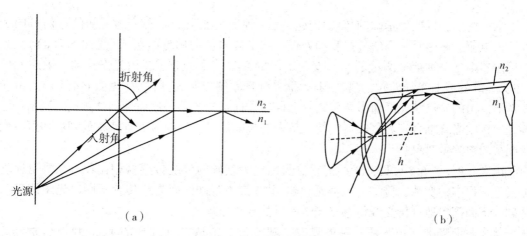

图 6-2 光纤传输原理简图

由式(6-1)和式(6-2)不难推导出，在光纤内的光在纤芯与包层之间的界面发生全反射的条件是光从空气入射到光纤时入射角 i 必须满足下列条件：

$$i < \arcsin \sqrt{n_1^2 - n_2^2} \tag{6-3}$$

在此圆锥角内入射的光都能在光纤内不断地反射（见图 6-2(b)），结果入射光从光纤

的一端传播到另一端。图 6-3 所示为常用通信光纤内子午光线的传播情况。

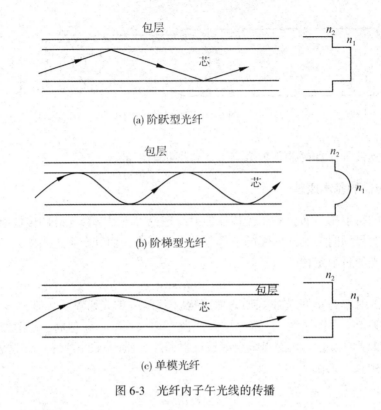

(a) 阶跃型光纤

(b) 阶梯型光纤

(c) 单模光纤

图 6-3　光纤内子午光线的传播

6.2.3　光纤传感的基本原理

众所周知，以电为基础的传统传感器是一种把被测量的状态变为可测的电信号的装置，由电流、敏感元件、信号接收和处理系统、传输信息用导线组成（见图 6-4(a)）。光纤传感器则是一种把被测量的状态变为可测的光学信号的装置，由光发送器、敏感元件（可为光纤的或非光纤的）、光接收器、信号处理系统以及光纤构成（见图 6-4(b)）。由光发送器发出的光经源光纤而引导至敏感元件，在这里光的某一性质受到被测量的调制；已调光经接收光纤耦合到光接收器，使光信号变成电信号，经信号处理系统处理后即可得到所期待的被测量对象。

由图 6-4、图 6-5 可见，光纤传感器与以电为基础的传统传感器相比较，在测量原理上发生了根本的变革，传统传感器是以机-电测量为基础，而光纤传感器则以光学测量为基础。下面简单地分析光纤传感器光学测量的基本原理。

从本质上来讲，光就是一种电磁波，其波长范围从极远红外的 1mm 到极远紫外的 10nm。电磁波的物理作用和生物学作用主要是由其中的电场所致。因此，在讨论光的敏感测量时，只需考虑光的电矢量 E 的振动，通常用下式表示：

$$E = A\sin(\omega t + \varphi) \tag{6-4}$$

式中，A 为电场 E 的振幅矢量；ω 为光波的振动频率；φ 为光相位；t 为光的传播时间。

由式(6-4)可见，只要使光的强度（$\propto |A|^2$）（成正比关系）、偏振态（矢量 A 的方向）、频率和相位等参量之一随被测量的状态变化而变，或者说受被测量调制，那么就有

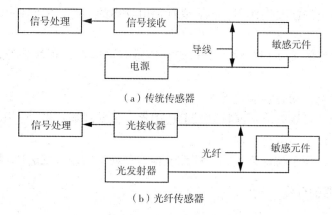

（a）传统传感器

（b）光纤传感器

图6-4 传统传感器与光纤传感器示意图

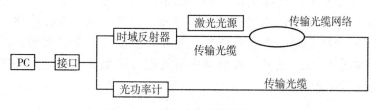

图6-5 光纤传感器监测系统组成

可能通过对光的强度调制、偏振调制、频率调制或相位调制等进行解调，获得所关心的被测量信息。

6.2.4 光纤传感器的特点

光纤传感器按照测量的空间分布情况，可以分为点式、准分布式和分布式三种。

光纤传感器技术作为一个系列，包括 SOFO、FBG 和 BOTDR 等若干种传感器，它们都具有各自不同的特性和适用范围，如表6-1所示。点式的 SOFO 分辨率高，但是受成本和信号传输的限制，布点数量有限，比较适用于隧道重点部位的裂缝监测；分布式的 BOTDR 虽然分辨率较低，但测量距离长、覆盖面积大，因而适用于大范围整体结构的应变(或温度)监测，如隧道衬砌表面变形监测；准分布式的 FBG 则是介于两者之间，其测量精度较高，可以将若干个 FBG 串联起来，比较适用于一些关键部位的应变监测，如锚杆拉压变形监测。

表6-1 光纤传感器技术性能指标

测量方式	传感器	物理量	线性响应	分辨率	测量范围($\mu\varepsilon$)	调制方法
点式	SOFO	位移	是	$2\mu m$	±10000	相位
准分布式	FBG	应变	是	$1\mu\varepsilon$	±5000	波长
分布式	BOTDR	应变/温度	否	$30\mu\varepsilon/℃$	±10000	强度

相较于传统工程结构安全检测技术，光纤传感器具有以下特点：

①高灵敏度，抗电磁干扰。由于光纤传感器检测系统很难受到外界场的干扰，且光信

号在传输中不会与电磁波发生作用，也不受任何电噪声的影响，因此在电力系统的检测中得到了广泛应用。

②光纤具有很好的柔性和韧性，所以光纤传感器可以根据现场检测需要做成不同的形状。

③测量的频带宽、动态响应范围大。

④可移植性强，可以制成不同物理量的传感器，包括声场、磁场、压力、温度、加速度、位移、液位、流量、电流、辐射等。

⑤可嵌入性强，便于与计算机和光纤系统相连，易于实现系统的遥测和控制。

6.2.5　光纤传感器的分类

在光纤传感技术领域里，可以利用的光学性质和光学现象很多，而且光纤传感器的应用领域极广，从最简单的产品统计到相当复杂的对被测对象的物理、化学或生物学参量进行连续的监测控制等都可采用光纤传感器。因此，虽然光纤传感器发展历史较短，但已出现了百余种不同的光纤传感器。光纤传感器的分类可根据光纤在其中的作用、光受被测量调制的形式或光纤传感器中对光信号的监测方法之不同来划分，归纳起来有下列几类(参见表 6-2)。

表 6-2　　　　　　　　　　　　　　　　　光纤传感器的分类

传感器	光学现象	被测量	光纤	分类	
干涉型	相位调制光纤传感器	干涉(磁致伸缩)	电流、磁场	SM、PM	a
		干涉(电致伸缩)	电场、电压	SM、PM	a
		Sagnac 效应	角速度	SM、PM	a
		光弹效应	振动、压力、加速度、位移	SM、PM	a
		干涉	温度	SM、PM	a
非干涉型	强度调制光纤传感器	遮光板遮断光路	温度、振动、压力、加速度、位移	MM	b
		半导体透射率的变化	温度	MM	b
		荧光辐射、黑体辐射	温度	MM	c
		光纤微弯损耗	振动、压力、加速度、位移	SM	b
		振动模或液晶的反射	振动、压力、位移	MM	b
		气体分子吸收	气体浓度	MM	b
		光纤漏泄模	液位	MM	c
	偏振调制光纤传感器	法拉第效应	电流、磁场	SM	b、a
		泡克尔斯效应	电场、电压	MM	b
		双折射变化	温度	SM	b
		光弹效应	振动、压力、加速度、位移	MM	b
	频率调制光纤传感器	多普勒效应	速度、流速、振动、加速度	MM	c
		受激拉曼散射	气体浓度	MM	b
		光致发光	温度	MM	b

注：MM——多模光纤；SM——单模光纤；PM——偏振保持光纤。

1. 根据光纤在传感器中的作用分类

根据光纤在传感器中的作用，可把光纤传感器分为功能型、非功能型和拾光型三大类（见图6-6）：

①功能型（全光纤型）光纤传感器。光纤在其中不仅是导光媒质，而且也是敏感元件；光是在光纤内受被测量调制。此类传感器的优点是结构紧凑、灵敏度高，但是需要采用特殊光纤和先进的检测技术，成本高，主要用于军事或其他特殊要求方面，其典型例子如光纤陀螺、光纤水听器等。

②非功能型（或称传光型、混合型）光纤传感器。光纤在其中仅起导光作用，光照在非光纤型敏感元件中受被测量调制。此类光纤传感器无需特殊光纤及其他特殊技术，比较容易实现，成本低，但灵敏度也较低，适用于对灵敏度要求不太高的工业方面。目前，已实用化或尚在研制中的光纤传感器，大多是非功能型的。

③拾光型光纤传感器。用光纤作为探头，接收由被测对象辐射的光或被其反射、散射的光。其典型例子如光纤激光多普勒速度计、辐射式光纤温度传感器等。

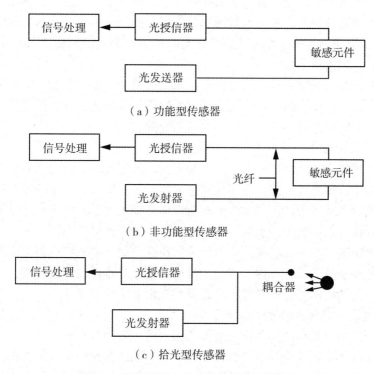

（a）功能型传感器

（b）非功能型传感器

（c）拾光型传感器

图6-6 根据光纤在传感器中的作用分类图

2. 根据光受被测对象调制形式不同分类

根据光受被测对象调制形式不同，光纤传感器可分为：

①强度调制型光纤传感器。这是一种利用被测对象的变化所引起的敏感元件的折射率、吸收或反射等的变化，而导致光强度随敏感参量变化来实现敏感测量的传感器。常见的有利用光纤的微弯损耗，各物质的吸收特性；振动膜或液晶的反射光强度的变化；物质因各种粒子射线或化学的、机械的激力而发光的现象以及物质的荧光辐射或光路的遮断等来构成压力、振动、温度、位移、气体等各种强度调制型光纤传感器。这类光纤传感器的

125

优点是结构简单，容易实现，成本低；缺点是受光源强度的起伏和连接器损耗变化等的影响较大。

②偏振调制光纤传感器。这是一种利用光的偏振态的变化来传递被测对象的信息的传感器，常见的有利用在磁场中的媒质内传播光的法拉第效应做成的电流、磁场传感器，利用在电场中的压电晶体内传播光的泡克尔斯效应的电场、电压传感器，利用物质的光弹效应构成的压力、振动或声传感器，以及利用光纤的双折射性构成的温度、压力、振动等传感器。这类传感器可免除光源强度变化的影响，因此灵敏度较高。

③频率调制光纤传感器。这是一种利用被测对象所引起的光频率的变化来监测被测对象的传感器。通常包括：利用运动物体的反射光和散射光的多普勒效应的光纤速度、流速、振动、压力、加速度传感器，利用物质受强光照射时的拉曼散射构成的测量气体浓度或监测大气污染的气体传感器，以及利用光致发光的温度传感器等。

④相位调制传感器。其基本原理是利用被测对象对敏感元件的作用，使敏感元件的折射率或传播常数发生变化，而导致光的相位变化，然后用干涉仪来检测这种相位变化而得到期待的被测对象的信息。通常有：利用光弹效应的声、压力或振动传感器；利用磁致伸缩效应的电流、磁场传感器；利用电致伸缩的电场、电压传感器以及利用萨格纳克效应的旋转角速度传感器(光纤陀螺)等，这类传感器的灵敏度很高。但由于其要用特殊光纤及高精度检测系统，因此成本也很高。

⑤波长调制光纤传感器。这是用波长变化来传递关于被测对象的信息的传感器，这类传感器的优点是能高精度、高分辨率地实现波长检测，可避免由寄生强度和寄生相位变化所引起的噪声。其问题是目前还没有适当的可调光源。

3. 根据光学信号检测方法分类

根据光纤传感器中对光学信号的检测方法不同，可把光纤传感器分为干涉型和非干涉型两大类。所谓干涉型光纤传感器是指在其中采用干涉仪来检测光学信号的传感器。由于通常只有相位调制光才用干涉仪的方法来检测，因此在表6-2所列诸种光纤传感器中，只有相位调制光纤传感器是属干涉型的，其余均为非干涉型光纤传感器。干涉型光纤传感器理论上具有高灵敏度、高精度的优点，但为了获得高灵敏度和高测量精度而必须采用高双折射偏振保持光纤及其他光纤元件，因此不仅成本高而且难以实现。所以，目前除了军用光纤传感器外，其他民用光纤传感器绝大部分都是用非干涉型的。

4. 根据光纤在光纤传感器中的作用分类

按光纤在光纤传感器中的作用可分为传感型和传光型两种类型：

①传感型光纤传感器的光纤不仅起传递光作用，同时又是光电敏感元件。由于外界环境对光纤自身的影响，待测量的物理量通过光纤作用于传感器上，使光波导的属性(光强、相位、偏振态、波长等)被调制。传感型光纤传感器又分为光强调制型、相位调制型、振态调制型和波长调制型等。

②传光型光纤传感器是将经过被测对象所调制的光信号输入光纤后，通过在输出端进行光信号处理而进行测量的，这类传感器带有另外的感光元件对待测物理量敏感，光纤仅作为传光元件，必须附加能够对光纤所传递的光进行调制的敏感元件才能组成传感元件。光纤传感器根据其测量范围还可分为点式光纤传感器、积分式光纤传感器、分布式光纤传感器三种。其中，分布式光纤传感器被用来检测大型结构的应变分布，可以快速无损测量结构的位移、内部或表面应力等重要参数。目前用于土木工程中的光纤传感器类型主要有

Math-Zender 干涉型光纤传感器，Fabry-pero 腔式光纤传感器，光纤布拉格光栅传感器等。

5. 按技术应用分类

①光强度调制型光纤传感器。光强调制是光纤传感技术中相对比较简单、用得最广泛的一种调制方法。其基本原理是利用外界信号(被测量)的扰动改变光纤中光(宽谱光或特定波长的光)的强度(即调制)，再通过测量输出光强的变化(解调)实现对外界信号的测量。

②相位调制型光纤传感器。光相位调制，是指外界信号(被测量)按照一定的规律使光纤中传播的光波相位发生相应的变化，光相位的变化量即反映被测外界量。光纤传感技术中使用的光相位调制大体有三种类型。第一类为功能型调制，外界信号通过光纤的力应变效应、热应变效应、弹光效应及热光效应使传感光纤的几何尺寸和折射率等参数发生变化，从而导致光纤中的光相位变化，以实现对光相位的调制。第二类为萨格奈克效应调制，外界信号(旋转)不改变光纤本身的参数，而是通过旋转惯性场中的环形光纤，使其中相向传播的两光束产生相应的光程差，以实现对光相位的调制。第三类为非功能型调制，即在传感光纤之外通过改变进入光纤的光波程差实现对光纤中光相位的调制。

③偏振调制型光纤传感器。偏振调制，是指外界信号(被测量)通过一定的方式使光纤中光波的偏振面发生规律性偏转(旋光)或产生双折射，从而导致光的偏振特性变化，通过检测光偏振态的变化即可测出外界被测量。

④波长调制型光纤传感器。外界信号(被测量)通过选频、滤波等方式改变光纤中传输光的波长，测量波长变化即可检测到被测量，这类调制方式称为光波长调制。目前用于光波长调制的方法主要是光学选频和滤波。传统的光波长调制方法主要有 F-P 干涉式滤光、里奥特偏振双折射滤光及各种位移式光谱选择等外调制技术。近 20 多年来，尤其近几年迅速发展起来的光纤光栅滤光技术为功能型光波长调制技术开辟了新的前景。

⑤频率调制型光纤传感器。光频率调制，是指外界信号(被测量)对光纤中传输的光波频率进行调制，频率偏移即反映被测量。目前使用较多的调制方法为多普勒法，即外界信号通过多普勒效应对接收光纤中的光波频率实施调制，是一种非功能型调制。

6.2.6 光纤传感器的应用领域

如前所述，光纤传感器具有响应速度快、灵敏度高、测量精度高、电绝缘、抗电磁干扰、安全防爆、耐化学腐蚀等以电为基础的传统传感器无法比拟的优点。因此，它能解决许多传统传感器无法解决的问题。例如，在电力工业中，利用传统传感器是无法测量高压输电线的温度以及电机转子、电压器内的温度分布的。但是由于光纤传感器的高度绝缘性及体积小等特点，使得过去无法完成的工作得以实现。又如，过去人们根本无法直接测量人类血管内的血流速度及血压等，但是光纤传感器的出现，使得对血管内的血流速度和血压的测量变为现实，这将为医生们提供直接可靠的诊断依据。

光纤传感器由于其自身的先进性，使得其在国防建设、电力工业、机械工业、钢铁工业、石油化学工业、交通运输、医疗卫生等各方面有着广阔的应用前景，其主要应用领域如表 6-3 所示。因此，光纤传感器受到政府部门、军界、实业界以及科学界的高度重视与大力支持，从而得到迅速发展。如今光纤传感器能够满足某些特殊应用需求，且已步入传感器市场。

表 6-3 光纤传感器的主要应用领域

应用领域	目的	用光纤传感器测量的参量
国防	战术、战略武器制导	角速度
	航空飞行器惯性导航	角速度
	潜艇的探知	磁场、声
	核防护	各种粒子射线剂量
电力	电力测量	电压、电流
	机器运转状态监控	电场/电压、磁场/电流、温度、振动、位移
	输电线的监测	温度、雷击的检知
	火力发电厂	蒸汽的流量、温度及压力、排气成分等
	核能发电厂	温度、各种粒子射线剂量
机械工业	工程、产品管理	形状、尺寸、位置、表面光洁度、探伤等
	动作过程控制	速度、加速度、旋转角、位移等
	过程量的测量	温度、流速
钢铁工业		炉体温度、钢水温度、连续浇铸的温度分布
石油化学工业	过程量的测量	温度、压力、流速、流量、液位等
	环境监测	易燃易爆有毒气体、油漏
交通运输		速度、角速度、位置、坛力、液位、温度
医疗卫生		温度、血压、血流速、血氧饱和度、血中 pH 值等

6.3 分布式光纤监测系统

分布式光纤监测技术主要应用于地质和岩土工程如隧道、桩基、基坑和滑坡等的稳定和健康监测。比如在钢筋混凝土、地质体中植入实时监测的神经系统，对其进行动态监测，随时监控它们各个部位的应力和应变状态，保证各类工程的安全运行。其应用前景广阔，同时也将补充和变革我国现有的地质和岩土工程的监测技术系统。

6.3.1 总体结构

分布式光纤传感器是利用光纤背向散射光所携带的信号，对光纤沿线的设施进行监测的一种传感器。可以监测温度、位移、应变、裂纹和渗漏等影响工程安全的因子。传输过程中，光纤本身既是传感介质，又是传输介质，可在光纤的整个长度上，对沿线分布的因子进行连续、实时监测，同时可获得被测量的空间位置。分布式光纤传感系统由测控装置、软件系统、相关光纤传感器及其布置方式共同组成。

分布式光纤监测系统由智能测控装置(Micro-Controller Unit，MCU)、光纤接收模块和光纤发送模块、电源模块、存储模块、通信模块、人机交互模块、传感器模块和通道模块共同组成，如图 6-7 所示。

监测时，智能测控装置 MCU 会根据内部设置好的采样时间，分别对光纤应变、裂纹、温度、渗漏和位移传感器采集到的信号进行遥测。当中心站通过以太网向 MCU 发

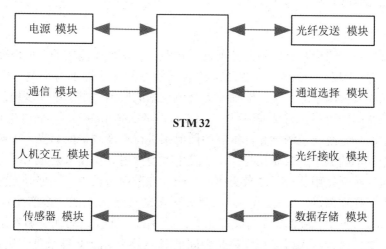

图 6-7 光纤监测系统图

出遥测指令的时候，MCU可以通过通用分组无线服务技术(General Packet Radio Service，GPRS)的无线网络将采集数据发送给监控中心。监测系统软件流程图如图6-8所示，当数据采集传输至上位机后，上位机进行分析处理数据，为工程安全施工运营提供保障。对于各个参数的遥测采用轮训的方式逐个测量，当某一监测数据超过阈值，报警模块则会启动报警。

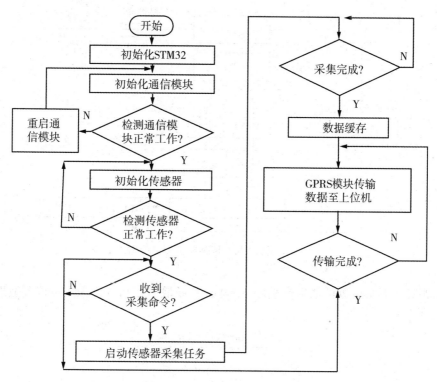

图 6-8 监测系统软件流程图

6.3.2 监测系统介绍

1. 温度监测系统

在安全监控中，温度是重要的监控项目。它不仅表明被监测体的温度值变化，而且对被监测体的渗漏(大坝)、位移、应变和裂纹数据监测的准确性都有影响。因此，对温度的监测必须隔绝其他因素的干扰，准确地为其他数据的监测提供基准温度值。

基于拉曼背向散射和光时域反射(Optical Time Domain Reflectometer, OTDR)设计的分布式光纤温度监测系统，是依靠光纤本身的散射来进行温度测量的。当一束脉冲光进入光纤后，会与光纤中的分子、杂质相互作用，发生拉曼散射。拉曼散射是由于光纤分子的热振动和光子间的相互作用，进行能量交换产生的。在散射过程中，一部分光能转换成为热振动，会产生斯托克斯光(Stokes 光)，一部分热振动转化为光能，会产生反斯托克斯光(Anti-Stokes 光)。其中，Stokes 光与温度无关，而 Anti-Stokes 光的强度随着温度的变化而变化。监测系统通过测量入射光和反射光之间的时间差来标定光纤长度，定位监测位置。同时，通过测量和分析拉曼散射中的 Anti-Stokes 光的频率差计算被监测点的温度。

该系统由测温主机、测温多模光纤构成，如图 6-9 所示。脉冲发生器发出的脉冲光经过波分复用(Wavelength Division Multiplexing, WDM)，耦合进入光纤；产生的散射光经过WDM 后滤出 Stokes 和 Anti-Stokes 光；被雪崩光电二极管(Avalanche Photo-Diode, APD)探测到后，再将光信号转换为电压信号，经过放大处理后，双通道数据采集卡将采集到的电压信号经 A/D 转换后传送给 MCU，进而发送至计算机供工作人员查看。

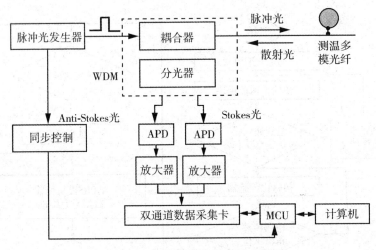

图 6-9 光纤温度传感器监测系统图

考虑距离入射端 L 处的散射光强度，Stokes 拉曼散射光和 Anti-Stokes 拉曼散射光的光功率可分别表示为：

$$P_S(L) = \frac{C\Gamma_{S,M}\exp(-(a_S + a_o)L)}{1 - \exp\left(-\dfrac{\Delta E}{kT}\right)} \tag{6-5}$$

$$P_{AS}(L) = \frac{C\Gamma_{AS,M}\exp(-(a_{AS}+a_o)L)\exp\left(-\dfrac{\Delta E}{kT}\right)}{1-\exp\left(-\dfrac{\Delta E}{kT}\right)} \tag{6-6}$$

以 Anti-Stokes 光为感光曲线, Stokes 光为参考信道, 用 Stokes 光去解调 Anti-Stokes 光曲线, 两通道之间的光功率之比为:

$$\gamma(T,L) = \frac{P_S(L)}{P_{AS}(L)} = \frac{C_{AS}\Gamma_{AS}R_{AS}(T)\exp[(a_S-a_{AS})L]}{C_S\Gamma_S R_S(T)} \tag{6-7}$$

温度为 T_1 时光纤沿线光功率之比为:

$$\gamma(T_1,L) = \frac{P_S(L)}{P_{AS}(L)} = \frac{C_{AS}\Gamma_{AS}R_{AS}(T_1)\exp[(a_S-a_{AS})L]}{C_S\Gamma_S R_S(T_1)} \tag{6-8}$$

利用 T_1 来解调任意温度下的测量值 T, 则

$$T = \frac{h\Delta v T_1}{h\Delta v - kT_1\ln\left[\dfrac{\gamma(T)}{\gamma(T_1)}\right]} \tag{6-9}$$

采用 OTDR 技术来确定光纤上的空间位置信息, 如果从光脉冲进入光纤时开始计时, 设光纤上某点产生的背向散射光返回到探测器所需的时间为 t, 则 t 与该散射点到入射端的距离 L 满足以下关系:

$$2L = v \times t \tag{6-10}$$

式中, v 为光在光纤中的传播速度。因此, 由式(6-10)可得数据采集卡采集到的数据在光纤上的具体位置。

2. 渗漏监测系统

大坝中渗漏的监测是依据检测大坝温度的变化来判断是否出现渗漏, 并判断渗漏发生的空间位置。渗漏的水流与光纤接触时, 会出现热传递, 使得渗漏部位与非渗漏部位的温度产生差异。渗漏水流的流速越大, 温度差异就越大。因此需要两条光纤测量温度, 一条所测温度值作为基准温度值, 另一条光纤监测渗漏温度变化。因此要求保护基准光纤温度值不被渗流干扰。

使用人为加热法增加温度差异时需注意, 一般光纤布设都在狭小的空间内, 人为加热光纤虽然会增加温度差异, 同时会对光纤渗漏传感器温度值产生影响, 并且使用此加热法不能实时监测渗漏情况。因此, 在布设时光纤渗漏传感器应紧贴大坝心墙, 以监测渗漏情况。光纤温度传感器外敷设防水材料, 不贴心墙, 只测大坝心墙空间温度, 为光纤渗漏传感器测量温度提供基准。当监测出有温度差异时, 再次使用加热法精确测量渗漏点。这样既可实时监测渗漏点, 又可精确检测。同时, 也可根据光纤中温度变化的距离、温度突变的时间计算出渗漏的流速。

3. 位移监测系统

光纤位移传感器通过内部敏感元件来检测位移, 但是此方法结构设计复杂、量程小、布设困难、无法直接获得位移数据。光纤位移传感器通过结构分布式应变积分获得结构位移, 测量误差大。而目前, 基于光纤光栅定位的 OTDR 位移传感器具有位移数据无需积分、量程大、结构简单、易于布设等特点。

光纤光栅后向反射光与后向布里渊散射光方向相同, 光功率差异大等特性, 通过

OTDR 实现光栅定位。因此，光栅位置点将有一个对应的反射事件。当出现位移变动时，会引起光时域谱上 2 个光栅反射事件的空间位移发生相对变化，从而实现位移的测量。具体做法是在分布式传感光纤上串接 2 个光纤光栅作为位置指示器，当 2 个光栅之间的位移发生变化时，即可测得位移的变化。

光纤最大的应变量大约是 10000ue，超过光纤的极限应变后光纤将会断裂损坏，按照应变位移理论，位移传感器量程与结构的受载长度相关，如下式所示：

$$D = \frac{(P_2' - P_1') - (P_2 - P_1)}{n} = \varepsilon_{max} L_0 \tag{6-11}$$

式中，D 为位移传感器的量程；L_0 为受载长度；n 为光纤受载段数；P_1'、P_2'、P_1、P_2 为光纤上的空间位置。位移传感器的位移灵敏度系数为：

$$K_D = \frac{(P_2' - P_1') - (P_2 - P_1)}{\Delta L_0} \tag{6-12}$$

式中，K_D 为位移传感器的应变灵敏度系数；ΔL_0 为受载结构位移。由式（6-11）、式（6-12）可知，如果结构位移一定时，可以通过增大受载光纤段数来增大光栅间距，实现灵敏度系数的提高。

4. 应变监测系统

分布式光纤应变监测系统在应用中利用 WDM 将许多不同中心波长 FBG 串联于一根光纤中，构成应变传感网络。使用基于光纤光栅（Fiber Bragg Grating, FBG）技术的光纤应变传感器，可埋设于大坝坝体、心墙或坝基内部，对大坝内部水平、垂直方向上的应变进行实时监测。当入射光进入光纤时，布拉格光栅 FBG 会反射特定波长的光，该波长满足的条件如下：

$$\lambda_A = 2 n_R \Lambda \tag{6-13}$$

式中，λ_A 为反射光的中心波长；n_R 为光纤的有效折射率；Λ 为 FBG 的栅距。当光栅受到拉伸或者受热时，λ_A 增大；当光栅压缩或者遇冷时，λ_A 减少。λ_A 随温度和应变的变化而变化，如下所示：

$$\frac{\Delta \lambda_A}{\lambda_{A_0}} = (1 - p^R)\Delta\varepsilon + (\alpha + \zeta)\Delta T \tag{6-14}$$

式中，$\Delta \lambda_A$ 为中心波长的变化量；λ_{A_0} 为不受外力条件下温度为 0℃时，该光栅的初始中心波长；$\Delta\varepsilon$ 和 ΔT 分别为光栅受到的应变和温度的变化量；α、ζ 和 p^R 分别为光纤的热膨胀系数、热光系数和光弹系数。式（6-14）可改写为：

$$\Delta\lambda_A = \Delta\lambda_{A, \tau} + \Delta\lambda_{A, T} = C_\tau \lambda_{A_0}\Delta\varepsilon + C_T \lambda_{A_0}\Delta T \tag{6-15}$$

$$C_\tau = 1 - p^R \tag{6-16}$$

$$C_T = \alpha + \zeta \tag{6-17}$$

C_τ 和 C_T 分别为 $0.78 \times 10^{-6} \mu\varepsilon^{-1}$ 和 $6.67 \times 10^{-6} ℃^{-1}$。为了准确测量物体的应变，FBG 需要进行温度补偿。如果在同温度场内再增设一个不受外力作用的光纤光栅，并测量其温度相应 $\Delta\lambda_{A, T}$，则真正的应变可以修正为：

$$\varepsilon = \frac{\Delta\lambda_A - \Delta\lambda_{A, T}}{C_\tau \lambda_{A_0}} \tag{6-18}$$

5. 裂缝监测系统

大坝体积巨大，出现裂纹的几率大、延伸范围广、时间不确定。使用基于瑞利散射的光纤裂纹传感器可实时、连续监测裂纹情况。当大坝出现裂纹时，埋入其中的光纤会在裂缝上下两面生成两个弯曲，从而引起光信号出现局部高损耗，如图6-10所示。利用OTDR探测光损耗的位置，可推知在相应位置是否存在裂纹。据此，无论大坝中何处出现裂纹，只要与埋入的光纤斜交即可被感知。如果两根成一定夹角的光纤穿过裂纹，则还可监控裂纹的宽度和发展趋势。

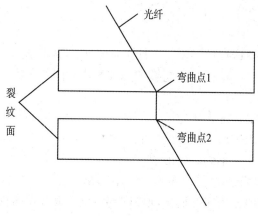

图 6-10　裂纹检测示意图

根据光纤后向瑞利散射光衰减规律，可推知相应的大坝坝体裂纹方程为：

$$P_R(c_o^n) = P_{in}\tau v_g a_s S\beta_s \mathrm{e}^{-2(a_1 Z + A_o + \sum\limits_1^n A(C_k))/2} \tag{6-19}$$

$$\beta_s = \frac{3(N_a^2)}{8n_1^2} \tag{6-20}$$

式中，$P_R(c_o^n)$ 为光脉冲在裂纹点 C_k 光波出射端形成的瑞利散射光反向传播至光纤开始端的功率；τ 为注入光脉冲的宽度；v_g 为光脉冲在光纤中传播的群速度。a_s 为瑞利散射损耗系数；S 为后向散射因子；a_i 为光纤吸收和散射衰减系数；A_o 为非裂纹引致的弯曲、光路耦合以及其他外界因素共同引起的光损耗；$\sum A(c_k)$ 为多级裂纹点 C_1，…，C_k 引起的弯曲总损耗，若只有一处裂纹则单独代入公式计算；N_a、n_1 分别为光纤的数值孔径、光纤纤芯的群折射率。

6.4　工程应用

6.4.1　结构工程监测

钢筋混凝土是目前应用非常广泛的材料，将光纤材料直接埋入混凝土结构内或粘贴在表面，是光纤监测的主要应用形式，可以检测热应力和固化、挠度、弯曲、应力和应变等。混凝土在凝固时由于水化作用会在内部产生一个温度梯度，如果其冷却过程不均匀，热应力会使结构产生裂缝。采用光纤传感器埋入混凝土可以监测其内部温度变化，从而控制冷却速度。

混凝土构件的长期挠度和弯曲是人们感兴趣的一个力学问题，为此已研制出能测量结

133

构弯曲和挠度的微弯应变光纤传感器，采用一根光纤连接整个结构不同位置上的传感器进行同时监测，每个传感器的位置通过 OTDR 来识别。光纤传感器还能探测混凝土结构内部损伤。在正常荷载作用下，由于钢筋阻止干化收缩或温度引起的体积变化都会引起裂缝，裂缝的出现和发展可以通过埋入的光纤中光传播的强度变化而测得。

下面就 DTS 光纤分布式温度监测系统在碾压混凝土坝的应用进行说明，传统监测手段一般采用分散型点式的铜电阻式温度计（热电偶）监测，存在的主要问题如下：

①施工干扰大，不利于大场面工作；

②获得信息偏少；

③每支温度计仅反映该点的温度，不能形成准确的温度场；

④受电阻值的影响，如钻孔时将电缆皮钻破时或时间长久后，电阻值受影响，从而影响温度测量值及今后的自动化测量。

DTS 分布式光纤测温系统优势如下：

①施工干扰小，可用于后期的渗流监测、分析；

②可监测温度的变化及不同方向的温度分布；

③每 25cm 长度为 1 个温度感应单元，可不间断、多点连续测量；

④坝体内部布置光缆，可实时监测坝体内部温度，并预测可能出现的最高温度，实时了解坝体混凝土温度控制措施效果；

⑤光纤具有抗拉、抗压性能，可单、双端测量。

⑥DTS 分布式温度传感技术是以光时域反射原理为基础，通过主机中的高功率的激光发射器向所连接的探测光缆发送激光脉冲，同时对后向散射光中的拉曼散射光（Raman）进行采集、分析，从而解决分布式温度传感方案。DTS 基本原理如图 6-11 所示。

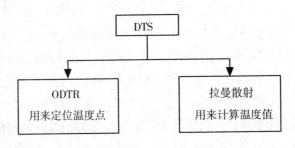

图 6-11　DTS 基本技术原理图

乐昌峡水利枢纽工程采用碾压混凝土重力坝，总库容 3.74 亿 m³，电站装机 132 MW。碾压混凝土大坝温度控制对裂缝的预防起着举足轻重的作用。乐昌峡水利枢纽工程安全监测系统的有关设计文件中，用于温度监测的内部观测仪器都属于点式仪器，只能监测混凝土内部某个特定点处的温度，不能进行空间连续观测，通过插值计算可得到混凝土坝体内部温度场。

2010 年 4~7 月对乐昌峡水利枢纽碾压混凝土坝进行了温度监测，获得了以下信息：

①检测到了碾压混凝土坝的温度分布规律，对今后认识碾压混凝土坝的运行规律具有较大意义；

②通过施工期监测，在施工过程中对指导土建施工起到重要作用；

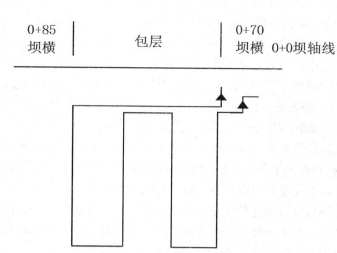

| 0+85 坝横 | 包层 | 0+70 坝横 0+0坝轴线 |

图 6-12　116 高程 0+070～0+085 测温光纤埋设图

③DTS 系统灵敏度高，性能可满足工程要求，可广泛应用于坝体温度场、坝前水温、抗渗体渗漏定位、接缝止水损坏定位等监测；

④DTS 系统可以精确量测光程沿线各点的温度，信息密度大，运行稳定可靠，施工埋设简单，费用低廉，是一种理想的场信息监测产品。

6.4.2　海底管道监测

由于海底管道工作环境条件恶劣，在铺设和运行期间很可能因腐蚀、波流、外物撞击等作用而发生破坏。对于海上油气运输的海底管道破坏不仅会影响正常生产，而且原油外泄还将污染海洋环境，造成重大的经济损失和不良的社会影响，这促使人们寻找防止海底管道破坏的有效方法。分布式光纤传感技术对海底管道应变进行实时监测，系统具有预警功能，能够对海底管道整个运行期间的安全状况进行实时监测，在海底管道面临危险时发出警报，确保海底管道安全运行。

利用分布式光纤传感技术对海底管道进行监测时，既可以基于光时域也可以基于光频域，其中基于光时域的分布式光纤传感技术研究较多，技术相对比较成熟。光时域反射是指当光源发出的光沿着光纤向前运行时，会连续产生后向散射光，后向散射光在向后运行过程中其光功率随运行距离增长按一定规律衰减。在假设光速不变情况下，后向散射光运行距离与时间成正比，根据光探测器探测到的后向散射光功率以及到达探测器的时间就可以推断出光纤上任一点产生的后向散射光初始光功率。在后向散射光中包括瑞利散射光、拉曼散射光和布里渊散射光三种，其中拉曼和布里渊后向散射光存在频移现象，即后向散射光频率与原入射光频率间存在偏移。后向散射光功率、频移随光纤的应变、温度变化而变化，它们之间的关系如下：

$$\begin{cases} \dfrac{Wp_B}{p_B}(z) = C_{pX}\Delta X_{(z)} + C_{pT}\Delta T_{(z)} \\ Wf_B(z) = C_{pX}\Delta X_{(z)} + C_{fT}\Delta T_{(z)} \end{cases} \tag{6-21}$$

式中，$\Delta X_{(z)}$、$\Delta T_{(z)}$ 为距光入射端为 z 处的应变和温度变化；C_{fX}、C_{fT}、C_{pX}、C_{pT} 分别为对应

于光纤后向散射光频移和功率的应变和温度变化系数；$Wp_{B(z)}$、$Wf_{B(z)}$ 为应变和温度变化引起的距光入射端为 z 处的后向散射光功率和频移；p_B 为入射光功率。

单个分布式光纤传感器的最大传感长度仅为几十公里。采用多个分布式光纤传感器串联方法，利用波分复用技术可以实现对几百公里长距离海底管道的监测任务。将波长为 $1.5\mu m$ 和 $1.3\mu m$ 的光耦合进监测光纤，其中波长 $1.5\mu m$ 的光被用作传感光，用于测量应变信息；波长 $1.3\mu m$ 的光用于传送数据信息，这样利用一根传感光纤就可以将串联的各分布式光纤传感器采集到的数据信息传送到陆上或海洋平台上的终端进行处理，分布式光纤传感器内部的光信号采集系统采集由内部光源系统发出的泵浦光沿光纤前行过程中产生的后向散射光（包括布里渊散射、瑞利散射和拉曼散射三部分），其中布里渊散射光的频移和光功率含有光纤的应变和温度信息。将布里渊散射光与其他散射光分离开，并由其包含的光频移和光功率信息求得光纤应变和温度信息。为了得到应变和温度的绝对值，在分布式光纤传感器内设一参考光纤，提供在零应力、参考温度下布里渊散射光频移和光功率参考信号。串联分布式光纤传感系统如图 6-13 所示。

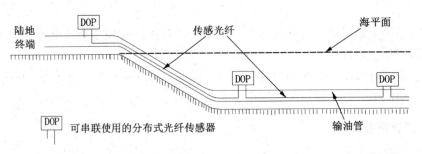

图 6-13　串联分布式光纤监测系统

海底管道通常有两种，一种是单层管海底管道，一种是双层管海底管道。在我国，单层管海底管道多为带混凝土配重层的海底管道，对该种管道，可以采用预留孔道法，在管道预制期间在混凝土配重层中预埋小钢管以留出光纤埋设孔道，在海上施工过程中将光纤埋进预留的孔道。另外也可以采用通信光缆敷设中使用的气吹技术，利用气吹法埋设光纤，一次气吹光纤距离可达 1km。为了提高监测系统的可靠性，沿管道横截面圆周均匀埋设四条光纤，如图 6-14 所示。

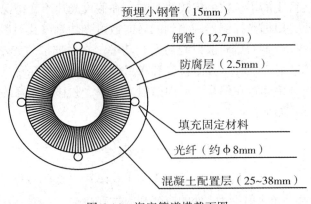

图 6-14　海底管道横截面图

利用光纤传感技术对海底管道进行健康监测是在当前对影响海底管道失效的各种因素尚未完全认识或尚无法完全控制的情况下，通过对结构状态参量进行监测来保证海底管道服役期间安全的一种行之有效的方法。它不仅可以监测海底管道的安全，而且还可以节省对海底管道定期检测所需的大量人力、财力，另外监测得到的大量信息还为研究海洋环境作用下海底管道性能以及海底管道合理设计提供宝贵的资料和依据。串联分布式光纤监测系统不仅可以用于海底管道，还可以用于陆上管道、桥梁、铁轨、大坝等结构物的健康监测中，具有广阔的应用前景。

6.4.3 滑坡体监测

我国是一个滑坡体分布广泛的国家，频繁的滑坡灾害直接影响和威胁人们的生命财产安全。目前已有的常规的监测技术，很难满足远距离大面积监测，因而无法对滑坡体进行有效的监测。而由于光纤传感器体积小、质量轻、不导电、反应快、抗腐蚀等诸多优良特性，因此它具有广阔的工程监测前景。

分布式光纤感测技术(DFOS)，就是利用光纤几何上的一维特性，光纤沿其分布路径感知和传输周围被测参量(主要是温度和应变)，获得其空间分布状况及随时间的变化。将 DFOS 技术应用于滑坡监测，即通过将分布式感测光纤沿坡体走向，采用直埋和定点相结合的方式开槽植入感测光纤；沿坡体纵向，在不同高程设置光纤综合监测孔，将分布式感测光纤粘贴于测斜管外壁和直埋于测斜孔内，同时在孔内布设 FBG 准分布式传感器，形成传感检测网络。这样可以实时地感知滑坡变形发展，有助于滑坡预警和演变研究。下面以马家沟 I 号滑坡为例，简要介绍基于 DFOS 技术的分布式光纤传感器的布设方式及分析变形监测结果。

马家沟 I 号滑坡地处宜昌市秭归县归州镇彭家坡村，位于长江三峡库区长江支流吒溪河的左岸(见图 6-15)。滑坡体总体呈舌形展布，主滑方向 290°，纵向长度 537.9m，后缘高程 280m，剪出口高程 135m，整体坡度为 15°。坡前后缘宽度分别为 150m、210m，滑坡堆积体最大厚度 17.5m，最小厚度 8.9m，平均厚度 13.2m。滑坡体面积约 $9.68×10^4m^2$，总体积约为 $127.8×10^4m^3$。滑坡体主要由结构松散，透水性强的残坡积物组成。下伏基岩

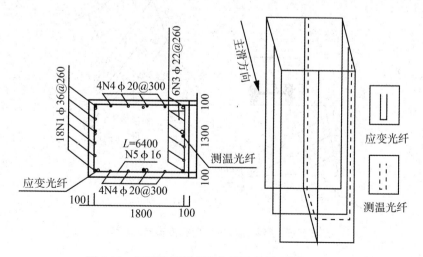

图 6-15　光纤传感器布设位置示意图(单位：mm)

主要以石英砂岩和细砂岩为主，夹有少量粉砂质泥岩和泥岩。

在坡体高程约200m处，利用中国地质大学（武汉）的两根试验抗滑桩Pile1和Pile2安装了分布式感测光纤，桩的具体位置如图6-15所示。桩的截面尺寸为1.5m×2.0m，桩长40m，钢筋笼尺寸为1.3m×1.8m。采用人工绑扎的方式将应变感测光缆绑扎在钢筋笼的主筋上（呈U字形对称布置于钢筋笼角点和中部的主筋上），采用布里渊光时域反射（BOTDR）技术监测滑坡变形过程中桩体的内力分布及变化，进而计算滑坡推力和滑坡的变形特征等参量。同时，沿桩身分别布设2根温度感测光缆，联合BOTDR和拉曼光时域反射（ROTDR）技术监测桩体温度，分析地温场的变化和作光纤应变温度补偿。感测光纤在桩内的布设方式详见图6-16和图6-17。

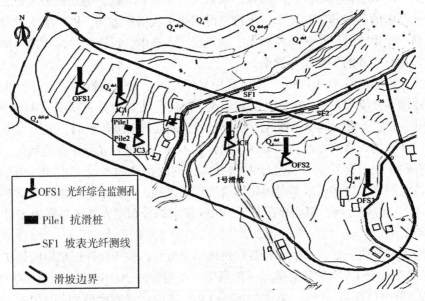

图 6-16 抗滑桩内光纤布设示意图（单位：mm）

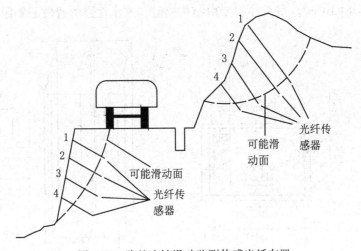

图 6-17 路基边坡滑动监测传感光纤布置

138

由沟槽植入式光纤的监测结果可知，分布式光纤感测技术具有很好地识别和定位滑坡变形异常点位置的能力，可以准确地测量坡体局部异常变形值。对马家沟滑坡光纤监测系统进行完善，可以建立预警体系。同时需要融合抗滑桩、钻孔光纤监测数据、钻孔测斜数据、沟槽光纤变形、水位、渗压、温度数据，探索滑坡演化多场灾变信息识别模式和滑坡演化状态辨识。

第7章　自动化监测技术

7.1　引言

随着经济的发展和国计民生需求的增强，国家对大型水利工程、地下工程的投资不断扩大，大型工程如大坝、大桥、地铁等一系列工程不断开工和陆续建成。这些大型工程在为经济、社会发展带来巨大效益和价值的同时，也存在着极大的安全隐患和风险。工程的安全性直接影响着设计效益的发挥，也关系着人民群众的生命财产安全、社会经济建设和生态环境等。大型工程在自身荷载和外部荷载、环境(洪水、地震)等复杂、多变、不可预见的综合因素下，工程安全监测成为工程施工期、运营期安全评估的重要手段。

传统的安全监测主要是采用原型观测和人工巡检的方式，即将部分观测仪器埋设于建筑物原型中进行温度、渗流、应力应变状态的监测，并配合人工观测工程的外部变形、裂缝、挠度等方式，对工程安全性态的特征量进行现场测量。但随着现代工程规模的扩大，观测环境较为恶劣和监测设备应用条件较为复杂等原因，传统人工观测和半自动化的模式远远不能满足安全监测的要求。一方面，传统的人工监测方法所采用的仪器设备精度一般较低，且由于监测人员的素质差异，监测数据的人为误差难以避免。另一方面，对于有一定规模的工程，测点多，分布广，人工监测的劳动强度相当大，尤其是在工程特殊时期需要加密测次时，外业施测困难，存在观测周期长、误差大、同步性差的问题，无法实现实时在线监测，更无法反映工程的安全监测指标的实时性和时效性。

随着自动化技术的发展和自动化仪器设备的研制，采用自动化的数据采集、传输和处理技术，以及时、完整地获得工程的安全监测数据和掌握工程的运行性状。实施自动化监测，具有以下突出的优点：①采用高精度、高可靠性的数字化智能仪器仪表，测量精度大大提高；②能胜任多测点、密测次观测；③降低工作强度，节约人力，减少人为误差，并能在恶劣环境下连续工作；④能把成百上千的测点连接成网，能够采集在时间、空间上更为连续的信息，并把数据采集、记录、检验、传输、分析及报警灯环节联结成一个紧凑的历时较短的实时在线监测过程。

国内外大量工程实践表明，实现全自动、全天候的自动化监测是确保工程安全监测有效性的重要手段，其精度高、速度快、省工、省力、省时，且可任意加密测次，能提高监测的速度和效率。自动化监测是大型工程安全监测总的发展趋势，它能弥补人工测量的不足，及时、迅速、准确地提供工程的运行数据，有助于及时、迅速地了解和判断工程的工作性态。

7.2 自动化监测系统

7.2.1 自动化监测系统的分类

自动化监测系统是综合利用传感器技术、通信技术、计算机应用技术等，对工程的关键监测项目实现自动化的数据采集、传输、存储、处理和应用。自动化安全监测系统按采集方式可以分为三类：集中式、分布式和混合式。这三种采集方式都基于先进的科学成果之上，都有各自的技术特点和应用范围，都能满足工程建设的不同需求，并且都在工程中得到了成功的应用。

1. 集中式自动化监测系统

集中式自动化监测系统一般由传感器、采集装置和计算机系统组成。根据在工程关键部位布设的各类型传感器，在工程现场优先布置采集装置，利用电缆将传感器与采集装置直接相连，传感器信号通过采集装置转换成数字信号并传输至监控中心的计算机系统进行数据存储、处理和管理，其结构图如图 7-1 所示。集中式自动化监测系统适合于仪器测点数量在一二百点以内，且仪器布置相对集中的规模较小的工程，信号传输的距离不远，对中小工程不失为一种经济适用的系统。

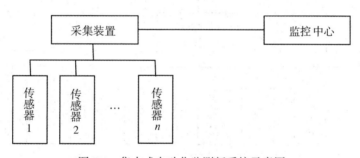

图 7-1 集中式自动化监测新系统示意图

在国内安全监测自动化直到 20 世纪 90 年代初仍停留在集中式自动化监测系统的阶段，效果不理想，不能满足安全监测自动化的需求，甚至成了管理部门的负担。一般而言，安全监测自动化系统具有规模大、分布广、测点多、传感器种类多的特点，且工作环境非常恶劣，常年处于潮湿、高低温、强电磁场和雷电干扰的环境。因此，需要建设功能强、可靠性高、稳定性好、抗干扰能力强的自动化监测系统。

2. 分布式自动化监测系统

随着微电子技术、计算机技术和通信技术的发展，20 世纪 80 年代中期，国外研制了一种新型的分布式自动化监测系统，如加拿大俾省水电局的 CHANDRA 系统、美国 SINCO 公司的 IDA 系统以及美国的基美星自动化系统公司开发的 Geomation System 等。分布式的系统结构更加可靠，系统组态更为灵活，运行效能更高。由于其性能优越，满足安全监测自动化的要求，很快就取代了集中式系统成为监测自动化的主流。

分布式自动化监测系统是将采集装置分散布置在靠近仪器的地方，系统的主要配置包括：传感器、数据采集单元(MCU)、计算机工作组、信息管理软件及通信网络五大部分，系统的结构示意图如图 7-2 所示。分布式监测自动化系统中，传感器安装在监测部位，MCU 对传感器进行数据采集，数据采集单元 MCU 接收采集计算机的指令，定时或随机将传感器转换成频率、电流、电阻比、电阻值等电量自动采集并存储，采集计算机依据传感器的性能参数将测得的电量计算为相应的位移、渗流量、水位高程及应力、应变、温度等，并加以存储和判断。MCU 可完成所辖控制区域的控制测量、A/D 转换、数据暂存和数据传输等功能。由于数字信号的远距离传输较之模拟信号相对简单，因此，可根据仪器的布置情况，灵活地分散布设在靠近仪器的地方，缩短了模拟信号传输的距离，降低了系统防外界干扰的技术难度。每个 MCU 均可根据设定的命令执行测量和暂存数据，因此系统的故障所造成的数据丢失相对减少。

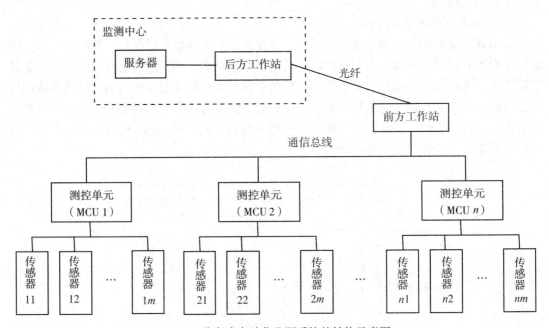

图 7-2　分布式自动化监测系统的结构示意图

分布式自动化监测系统能适应多种类型的传感器，且具有如下突出优点：高可靠性；工作速度快（各部分独立工作）；系统模块化明确；设计、开发、维护简便；扩充性强、适应大系统的逐步实施；与传感器相互无影响，对传感器选择余地大。另外，分布式数据采集系统彻底克服了集中式的不足，中央控制装置和总线发生故障后，各测控装置（MCU）仍可自动进行巡测并存储数据，系统的数据采集工作不会停止，观测资料不会中断。从总体发展趋势上看，随着电子技术的进一步发展，分布式自动化监测系统明显优于其他两种系统而获得了更多的应用。

3. 混合式自动化监测系统

混合式自动化监测系统是介于集中式和分布式之间的一种采集方式，具有分布式系统的外在形式，而数据采集则采用集中式的方式，系统的结构示意图如图 7-3 所示。1989年，国内第一套混合式自动化监测系统由原南京自动化研究所研制成功，系统中布设在传感器附近的遥控转换箱类似于 MCU，其结构较 MCU 简单，可以汇集其周围的仪器的模拟信号，但不具备 MCU 的 A/D 转换和数据暂存等功能。因此，在解决了模拟信号的长距离传输问题后，混合式自动化监测系统利用分散布设于仪器附近的遥控转换箱将仪器的模拟信号汇集于一条总线，传输到监控中心进行集中测量和 A/D 转换，然后将数字信号传输至计算机存储。由于该类系统仅需一套测量控制装置，又具有分散布置汇集大量传感器的灵活性和可扩展性，在微电子技术发展水平不高的 20 世纪 80 年代是具有高性价比的自动化监测系统，在新丰江、凤滩、富春江、三门峡等多个工程中得到了广泛的应用。对于一般的大中型工程，混合式自动化监测系统是一种经济适用的自动化监测系统。

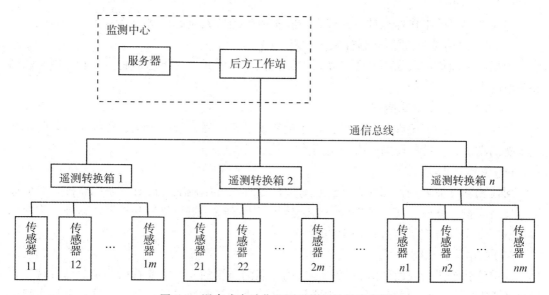

图 7-3　混合式自动化监测系统的结构示意图

综上所述，集中式、分布式和混合式的自动化监测系统都是基于先进的科技成果，都能满足工程监测的不同需要，但三种系统具有各自的技术特点和应用范围。在满足工程监测需求的前提下，选择何种方式的监测系统的主要衡量指标就是性价比。但从总的发展趋势来看，随着大规模集成电路，尤其是各种专用集成电路的成熟和规模化生产，MCU 的成本逐渐降低的同时，性能进一步得到提升，分布式自动化监测系统将会得到更为广泛的应用。

7.2.2　自动化监测系统的设计

1. 自动化监测系统设计的一般规定

自动化监测系统主要包括数据采集的自动化、数据传输的自动化、数据管理的自动化和数据分析的自动化，即实现从数据采集到资料分析全过程的自动化。因此，自动化监测系统设计应以工程安全监测为目的，遵循"实用、可靠、先进、经济"的原则，满足工程现代化管理的需求。接入自动化监测系统的仪器，其技术指标应满足国家计量法的要求，能够连续、准确、可靠地工作，在使用寿命期能适应工作环境，主要性能满足技术规范要求，输入输出信号标准应开发，宜定期进行检查和校验。系统设计的一般规定包含以下几个方面：

（1）数据采集功能

能自动采集各类传感器的输出信号，并把模拟信号转换为数字信号。数据采集能适应应答式和自报式两种方式，能按设计的方式自动进行定时测量，能接收命令进行选点、巡回检测和定时检测。

（2）掉电保护功能

现场的数据采集装置应有存储器和掉电保护模块，能暂存已经采集的数据，并在掉电情况下不丢失数据。系统应设有备用电源，在断电的情况下，系统应能自动切换，并继续工作一段时间，具体持续工作时间应根据工程的具体要求确定，一般应在3天以上。

（3）自检功能

对仪器自身的工作性态进行检查，对发生故障的仪器应能自动报警。

（4）现场网络数据通信和远程通信功能

现场数据通信一般采用电缆、光纤和无线传输等形式，对于远程通信一般采用互联网和微波的方式。

（5）防雷和抗干扰功能

为保证系统的安全和正常运行，防止遭受雷击和外界因素的干扰，系统应具备防雷和抗干扰的功能，系统的防雷一般应进行专门的设计。

（6）数据管理功能

对监测数据应采用数据库技术进行有效的管理，并编制响应的管理系统软件，对监测数据实行查询、修改、统计等操作，对数据异常及故障能进行显示和报警。另外，为保证数据的安全，系统应具有数据备份功能。

（7）数据分析功能

对监测数据进行及时的分析处理是自动化监测系统的一个重要特征，是及时发现工程隐患的重要手段。一般的数据分析主要是判断数据的正常或异常特征，并根据其异常特征作进一步的分析。

2. 自动化监测系统设计的原则

自动化监测系统设计的原则是按照工程建设的进展全面规划，分项目、分阶段地逐步实施，尽早发挥各单项自动化系统的作用。对有条件的项目，应实施施工期和首次蓄水期的自动化监测。系统应选用技术先进、稳定性好、抗干扰能力强的自动化监测系统的仪器和设备。系统应具有使用灵活、维护方便、功能及扩充性强的特点。自动化监测项目的选择，以工程结构安全监测为主要目的，分清主次，使系统既经济合理又能满足安全监测的需要。系统的设计原则主要包含以下几个方面：

①先进性。系统需在了解国内外发展动态，吸收其经验和成果的基础上进行方案设计，使系统的技术性能和水平具有明显的先进性。

②可靠性。系统运行安全可靠，性能稳定，可以在恶劣的环境下长期工作。

③通用性。在进行系统设计时，应充分考虑其应用对象的共性，使系统具有较强的通用性。

④适应性。根据工程所处的环境条件、结构和运行工况的不同，在设计自动化监测系统时应有较强的针对性，重点监测项目和重要测点应优先纳入系统中。

⑤相容性。系统应能兼容不同类型的传感器，能够测量多种参数。

⑥协调性。各个监测项目应相互协调和同步，以便相互校核和补充。

⑦可扩展性。系统的设计容量要足够大，满足系统今后升级的可扩充性需要。

⑧经济性。系统的造价经济合理，采用性价比高的仪器设备。

⑨准确性。系统的测量数据应准确，精度满足相关规范的要求，在更换零部件时不影响数据的连续性。

⑩可维护性。系统的使用操作简单，要求维护检修方便。

3. 自动化监测系统设计的内容

（1）可行性研究阶段的系统设计

可行性研究阶段应论证设置自动化监测系统的必要性，需要设置自动化监测系统时，应进行系统的规划设计，主要内容包括：

①初步确定纳入自动化监测的项目、监测方式、测点数量以及监测仪器设备的布设方案；

②初步确定监测仪器的技术指标和要求；

③基本确定数据采集装置的布设、通信方式及网络结构设计，提供供电方式。

（2）招标阶段的系统设计

招标阶段进行自动化安全监测系统的总体设计，应包括下列主要内容：

①确定自动化监测系统的功能及性能和验收标准；

②确定纳入自动化的监测项目、监测方式、测点数量以及监测仪器设备的布置方案；

③确定监测仪器的技术指标和要求；

④确定数据采集装置的布设、通信方式及网络结构设计；

⑤确定电源、过电保护和接地技术及设备防护措施；

⑥确定系统设备配置方案；

⑦根据工程的安全级别，结合工程的实际需求，基本确定软件的配置；

⑧提出系统运行方式要求。

（3）施工阶段的系统设计

施工阶段自动化安全监测系统的设计应包括下列主要内容：

①监测仪器设备的布置及施工图设计；

②配套土建工程及防雷工程施工设计；

③提出施工技术要求；

④确定系统运行方式的要求。

7.2.3 自动化监测系统的数据采集单元

数据采集单元（Data Acquisition Unit，DAU），或称为外围测量单元（PMU），亦称为测量控制单元（MCU），是自动化监测系统中的主要组成部分。数据采集单元的主要功能就是将各监测项目的传感器纳入数据采集装置，用于对各种传感器进行数据采集和存储，并与中央控制部分连接通信和数据传输，实现对大坝的变形、渗流/渗压、温度、应力/应变水位等项目进行自动实时监测。

1. 数据采集单元的构成

数据采集单元由智能数据采集模块、不间断电源、通信模块、防潮加热器和多功能分线排等部分组成，这些部件安装在一个密封箱内。数据采集单元的外观如图 7-4 所示，其组成如图 7-5 所示。

数据采集单元的工作模式可以采用中央控制方式（应答式）或自动控制方式（自报式）。中央控制方式（应答式）由后方监控管理中心监控主机（工控）或联网计算机命令所有 DAU

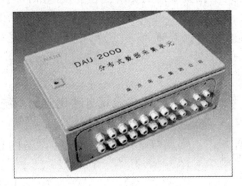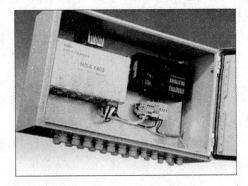

图 7-4　数据采集单元外观图

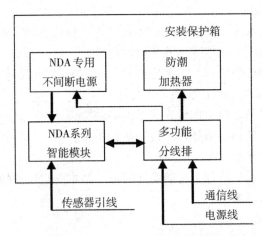

图 7-5　数据采集单元(DAU)的组成框图

同时巡测或指定单台单点测量(选测)，测量完毕将数据存于计算机中；自动控制方式(自报式)由各台 DAU 自动按设定时间进行巡测、储存，并将所测数据送到后方监控管理中心的监控主机。DAU 监测数据的采集方式可以采用常规巡测、检查巡测、定时巡测、常规选测、检查选测等。

2. 数据采集单元的功能

数据采集单元一般应具有的功能如下：

①数据采集智能模块应可采集各种类型的工程安全监测仪器，如差动电阻式、电感式、电容式、振弦式、电位器式等。

②模拟输出模块，应具有控制功能，如基于时间和测量参数可控制以下对象：继电器、警报器、电磁阀、电阻负载等。

③电源管理功能，包括供电电源转换、电源调节、电源控制，具有电池供电功能，可在脱机情况下根据系统的设定自动采集和存储，蓄电池供电时间可达 7 天。

④具有掉电保护和时钟功能，能按任意设定的时间自动启动进行单检、巡测、选测和暂存数据。

⑤可接收监控主机的命令设定、修改时钟和测控参数。

⑥具有同监控主机进行通信的功能，可实现常规巡测、检测巡测、定时巡测、常规选

测、检测选测、人工测量。

⑦可接入便携式仪表实施现场测量，可用监控主机、便携式计算机从 DAU 中获取全部测量数据。

⑧具有防雷、抗干扰功能。

⑨能防尘、防腐蚀，适用于恶劣温湿度环境。

⑩具有自检、自诊断功能，能自动检查各部位运行状态，将故障信息传输到管理计算机，以便用户维修。

3. DAU 的相关设备要求

（1）机箱

数据采集单元应采用密封机箱，结构牢固，有适当刚度自支持，易于维修和更换内部元器件。机箱应能适应水利工程使用环境。机箱的电磁屏蔽特性应能保证系统正常工作和不影响本工程其他设备的正常工作。

（2）电源

目前，DAU 电源一般采用交流浮充或太阳能板浮充，蓄电池供电方式。此种供电方式能在民用电电压变化范围达±20%的恶劣供电情况下，保证 DAU 设备的测量、采集和通信正常工作。DAU 电源在民用电因故掉电时，能保证 DAU 设备供电不中断并持续工作，确保民用电掉电 7 天内测量数据的连续性。DAU 电源应具有较强的抗雷电干扰和防浪涌能力，并避免或减小来自电源线路的干扰，保证设备用电的安全性和可靠性。

（3）通信方式

数据采集单元(DAU)与计算机之间建立一个一点对多点或多点总线式的双向数据通信系统，并可根据现场环境情况和用户要求选择有线、无线或光纤通信等多种通信方法来实现的直接接口能力。

4. 数据采集智能模块

数据采集智能模块是数据采集单元的关键部分，智能模块通常由微控制器电路、实时时钟电路、通信接口电路、数据存储器、传感器信号调理电路、传感器激励信号发生电路、防雷击电路及电源管理电路组成，其组成框图如图 7-6 所示。

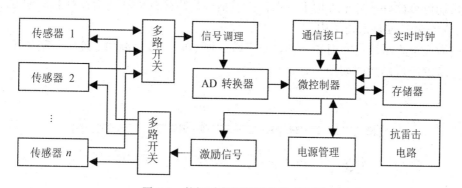

图 7-6 数据采集智能模块组成框图

模块以微控制器为核心，扩展日历实时时钟电路，定时测量时间、测量周期均由时钟电路产生。时钟电路自带电池，保证模块掉电后时钟仍然走时正确。用于工程参数监测的传感器一般为无源传感器，通常需要施加具有一定能量的直流或交流激励信号。因此，不同模块根据不同类型的传感器产生恒电压源、恒电流源、正弦波或脉冲信号作为传感器的激励信号。信号调理电路将传感器的信号经过放大、滤波、检波等处理后转换为适合于模数转换器输入的标准电压信号，模数转换器再将此信号转换成数字量输入微控制器进行处理。另外，一个模块含有多个通道可接入多个传感器，模块内通过多路开关来选择不同通道进行测量。

由于每个模块都带有微控制器(单片机或 DSP 处理器)，因此可以方便地实现故障自诊断。自诊断内容包括对数据存储器、程序存储器、中央处理器、实时时钟电路、供电状况、电池电压、测量电路以及某些传感器线路的状态进行自检查。另外，由于工程安全监测系统要求能够抗雷击、停电不间断工作，因此在 NDA 智能模块中包括电源线、通信线、传感器接线的所有外接引线入口都采取了抗雷击措施，并且设计了专用的电源管理电路。

7.3 自动化监测方法

7.3.1 变形监测

变形监测的一般项目主要包括：水平位移监测、垂直位移监测、挠度监测、倾斜监测、裂缝监测、静力水准监测等，这些监测项目可通过激光准直测量系统、正倒垂测量系统、引张线测量系统等进行监测。

1. 激光准直测量系统

激光准直测量系统(包括大气激光准直和真空激光准直)是用激光束作为测量的基准线。激光具有良好的方向性、单色性和较长的相干距离，采用经准直的激光束作为测量的基准线，可以实现较长距离的工作。但激光束在大气中传输时会发生漂移、抖动和偏折，影响大气激光准直观测的精度。真空激光准直系统是基于人为创造的真空环境中自动完成测量任务，大大减小了长距离监测过程中由于温度梯度、气压梯度、大气折光等因素对监测造成的漂移、抖动和偏折等影响。随着 CCD 技术的发展，激光监测的精度和速度大幅度提高。由于真空激光准直测量系统能够实现水平和垂直位移同步自动监测，具有测量精度高、长期可靠性好、易于维护等特点，是目前较为理想的大坝变形监测的一种方法。

(1)真空激光准直系统结构

真空激光准直系统由发射端、抽真空系统、测点箱、接收端和上位机采集系统五部分组成，系统的组成结构图如图 7-7 所示。

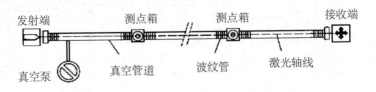

图 7-7　真空激光准直系统

①发射端。发射端为系统提供一个可以锁定的激光点光源，主要由发射端控制器、激光光源、激光器支架等组成。

②抽真空系统。抽真空系统为激光束的传输提供一个压强小于40Pa的真空环境,主要由真空控制柜、真空泵、真空电磁阀、循环水泵、水箱、真空仪表、真空管道等组成。真空控制柜是以可编程控制器为核心,结合真空计、温度计、遥控器及常规低压电气元件等组成的智能型真空控制系统。

③测点箱。测点箱是用于安放测点波带板及波带板起落装置的设备,主要由波带板及支架、抬降控制器、电源电缆、通信电缆等部分组成。测点箱接收终端控制器的通信控制命令,完成波带板的抬起、落下等功能。测点箱的大小应考虑能使自控起落的波带板装置放入,并沿着轴线方向的箱壁上各开一个通光洞,大于波带板直径,使激光束能通过。

④接收端。接收端(含CCD坐标仪)是系统的主要测控设备,能够提供对各个测点波带板的起落控制,监测激光发射设备和光斑探测设备的变位,以确定准直线的平面坐标。接收端主要由CCD坐标仪、波带板起落控制电路和工业控制计算机组成。

CCD坐标仪主要由成像屏和CCD成像系统两部分组成。成像屏是经过特殊工艺制造的光学元件,主要功能是将激光束经波带板后形成的衍射图像形成一个清晰的光斑。CCD成像系统是将成像屏上的光斑转化为相应的视频信号,输出到计算机,测量位移的最小读数可达0.01mm,测量精度可达0.1mm。

(2)系统测量原理

真空激光准直系统采用激光器发出一束激光,穿过与大坝待测部位固结在一起的波带板(菲涅耳透镜),在接收端的成像屏上形成一个衍射光斑。利用CCD坐标仪测出光斑在成像屏上的位移变化,即可求得大坝待测部位相对于激光轴线的位移变化。其工作原理见图7-8。

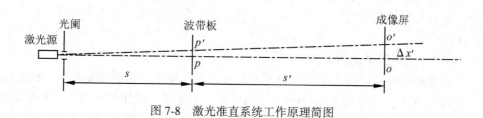

图7-8　激光准直系统工作原理简图

设波带板距光阑为S,即波带板的物距为S;成像屏距波带板为S',即经波带板成像的像距为S';成像屏至光阑的距离为L,$L=S+S'$,即系统的准直距离为L;波带板的焦距应满足波带板的成像公式:

$$\frac{1}{f} = \frac{1}{S} + \frac{1}{S'}$$ (7-1)

则通过小孔光阑的激光束经波带板会聚,将在成像屏上形成一个清晰的衍射光斑。

CCD坐标仪由CCD传感器获得测点成像光斑的坐标值,坐标仪内配置有先进的图像处理软件,使得在极短的时间内能处理多幅图像,得到多幅图像的光斑中心位置。为测得测点的绝对变形值,应设置可靠的基准点。水平位移监测一般设置倒垂线作为基准,垂直位移监测一般采用布设在倒垂空内的双金属标作为基准。

(3)系统的优点和存在的问题

①系统的优点:系统各测点设备均布设在真空管道内,因此具有以下明显的优点:

第一，封闭性。与其他的监测方法相比，真空激光准直系统的整个光路在真空中传播，是唯一不受大气湍流、温度梯度、挂露结冰以及雨雪扬尘等气候因素影响的方法，只要达到一定的真空度，即可解决折光差的问题。

第二，高精度。基于系统的封闭性和现代光电检测设备 CCD 技术的采用，克服了以往采用的光电管扫描的激光像点因光斑弱和工程的振动而发生抖动的探测问题，其精度可达 $1×10^{-7}～2×10^{-7}$。

第三，稳定性。基于系统光路的封闭性和合理的系统设计，可以使光学和机械系统全部封闭在真空环境中，不会受到潮湿、霉菌和尘埃等外部因素的影响，最大限度地克服自然条件和人为的干扰，可以达到长期稳定运行的效果。

②系统存在的问题：

第一，激光束的漂移问题。由于激光器在工作一定时间后会产生热变形，使得激光光束的端点位移发生漂移，导致端点的绝对位移产生误差，严重情况下，会对整个系统的测量精度产生很大的影响。

第二，系统应用的通用性问题。真空激光准直系统是基于测点通视的观测技术，一般仅应用于通视条件好的直线坝，安装在直线坝的坝顶或廊道内，而对于存在曲面的观测条件如拱坝、曲线坝则难以应用该系统。

2. 正倒垂测量系统

正倒垂测量系统是变形监测自动化的主要手段之一，是一种结构简单，测量准确并能够自动化测量的仪表范例。正倒垂测量系统的垂线坐标仪从接触式发展到非接触式，非接触式坐标仪从步进马达光电跟踪式发展到国际上近年来发展起来的 CCD 式和感应式垂线坐标仪。随着传感技术进步而发展起来的 CCD 式和感应式垂线坐标仪，有技术先进、结构简单、成本低、防水性能优越等一系列显著特点，是适合在环境较恶劣的工程中运用的一种产品。

(1)正倒垂线观测系统的原理

正倒垂观测系统是进行水平位移观测的有效手段，水平位移主要是测定工程在沿其轴线方向(纵向)和垂直于轴线方向(横向)上的变形。正垂线一般用于观测大坝坝体的挠度。倒垂线一般用于观测大坝坝基的挠度、近坝区岩体水平位移，作为正垂线或其他位移观测方法的基准。正倒垂观测系统的原理是根据一个坐标已知的基岩点，通过垂线传递坐标。如果待测工程部位发生变形，垂线坐标仪的位置随之发生改变，最后导致垂线坐标仪变形前后的两次读数出现偏差，通过观测读数可以得出待测工程部位的变形量。

(2)正倒垂线观测系统的结构

正倒垂一般包括正垂装置、倒垂装置、正倒垂装置和垂线坐标仪。

①正垂装置。正垂通过上部垂线固定块固定，垂线下部悬挂一重锤使其处于拉紧状态，通过竖井或钻孔直接垂到坝体的基点。重锤置于阻尼箱内，以抑制垂线的摆动。阻尼箱一般是一个油桶。正垂装置的结构示意图如图 7-9 所示，垂线上部固定端的安装示意图如图 7-10 所示，垂线下部的安装示意图如图 7-11 所示。

②倒垂装置。将倒垂下端固定在基岩深处的孔底锚块上，上段与浮筒相连，在浮力作用下，沿铅直方向被拉紧并保持静止。在各测点布置观测墩，安放垂线坐标仪进行观测，即可测得各点对于基岩深度的绝对位移量。倒垂具有相当高的精度且稳固可靠。倒垂装置结构示意图如图 7-12 所示，倒垂锚固端和浮筒安装示意图如图 7-13 所示。

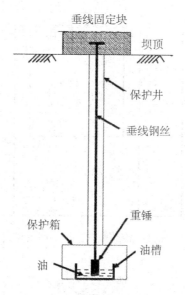

图 7-9 正垂装置结构示意图

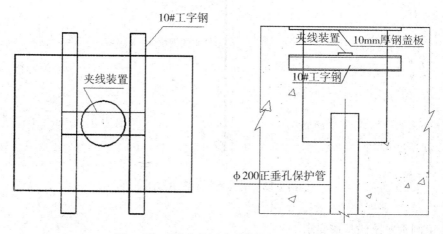

图 7-10 垂线上部固定端俯视图和剖面图

③正倒垂装置。正垂、倒垂一般配合使用，目的是减少倒垂垂线的长度。将正垂装置与倒垂装置紧邻布设，当通过垂线坐标仪测得倒垂所在的位移变化后，认为紧邻的正垂发生同样的位移变化，把对于基准锚固点的位移变化量传递到正垂观测墩上，再根据安装在正垂观测墩上的垂线坐标仪测读数据的变化，通过叠加手段，确定正垂悬挂点对于基准锚固点的位移变化。如图 7-15 所示。

④垂线坐标仪。CCD 双向垂线坐标仪采用光电感应原理非接触的测量方式。正交的两组平行光源分别发射出一束平行光束，将正倒垂装置的钢丝投影至光电耦合期间 CCD 的光敏像素阵面上。CCD 将与把投影在像素阵面上阴影位置有关的光强信号转换成电荷输出，经信号处理即可得到垂线相对于坐标仪位置的坐标值。测出不同时间的坐标值变化，即获得了坐标仪相对于垂线的 X 向或 Y 向的位移变化。双向垂线坐标仪如图 7-16 所示。

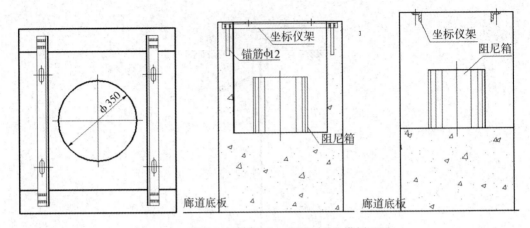

图 7-11　垂线下部俯视图、纵剖面图和横剖面图

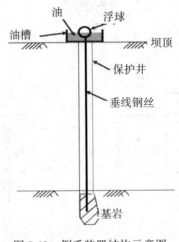

图 7-12　倒垂装置结构示意图

（3）正倒垂系统的具体要求

①应根据垂线长度，合理确定正垂的重锤重量和倒垂的浮子浮力。重锤的重量按下式计算确定：

$$W > 20 \times (1 + 0.02L) \tag{7-2}$$

式中，W 为重锤的重量（kg）；L 为测线的长度（m）。

浮子的浮力一般按下式确定：

$$P > 20 \times (1 + 0.01L) \tag{7-3}$$

式中，P 为浮子的浮力（N）；L 为测线的长度（m）。

②垂线宜采用直径为 φ0.8~φ1.2mm 的不锈钢丝或因瓦丝。

③单段垂线长度不宜大于 50m。

④测站应采用有强制对中装置的观测墩。

⑤垂线观测可采用光学垂线坐标仪或 CCD 垂线坐标仪，测回较差不应超过 0.2mm。

⑥埋设正倒垂线前，首先要在大坝的观测部位钻孔，垂线装置对钻孔的铅直度要求较

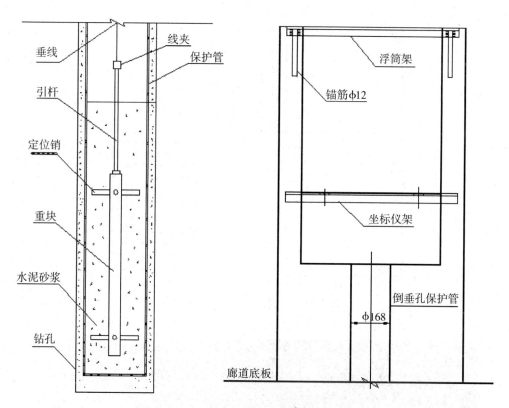

图 7-13　倒垂锚固端和浮筒安装示意图

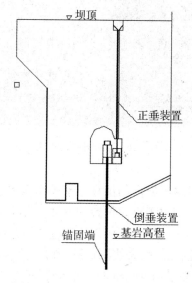

图 7-14　正倒垂装置结构示意图

高，要求钻孔的铅直度偏差控制在 0.1% 内，钻孔质量的好坏直接影响垂线设置的成败。

3. 引张线测量系统

引张线测量系统是在两个固定的测量基点之间拉一根钢丝使之引张为一条直线，用来

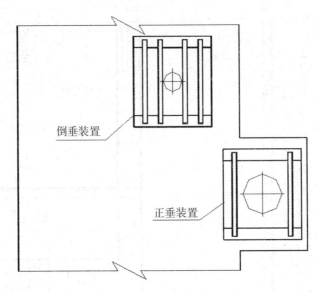

图 7-15　正倒垂装置安装俯视图

标注：倒垂装置、正垂装置

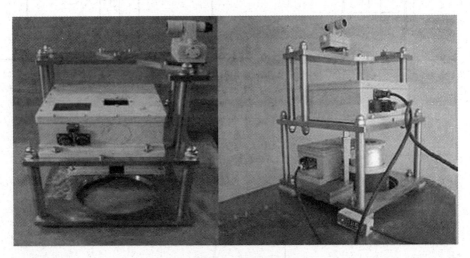

图 7-16　双向垂线坐标仪

测点垂直于此线方向上各测点水平方向的位移。钢丝作为水平方向变形测量的基准，采用手动或自动的设备来读取测点相对于钢丝位置的变动。引张线观测是从 20 世纪 50 年代的读数显微镜的光学仪器发展到 20 世纪 80 年代的电容式引张线仪，再发展到最新的采用线阵 CCD 传感器，实现了自动读数。引张线测量系统的特点是成本低、精度高（人工读数精度 0.2~0.3mm，自动读数精度优于 0.1mm），受外界环境的影响较小，维护较为简单，应用较为普遍。

（1）引张线测量系统的组成

引张线测量系统通常是由固定端点（锚固板）、测点箱（引张线坐标仪）、引张线（不锈钢丝或铟钢丝）、保护管（不锈钢管）和张紧端点（重锤和滑轮组）等部分组成，系统的组成示意图如图 7-17 所示。

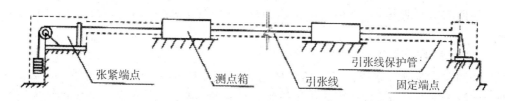

图 7-17　引张线测量系统的组成

对于较长的引张线测量系统，为了克服引张线的金属线体自身重力产生的挠度，通常需要使用浮托装置，或采用新型材料以减少金属线体的垂径。因此，对于基于浮托装置的引张线测量系统还需要配备水箱和浮船，其系统的组成可参见图 7-18。

（2）基于浮托装置的双向引张线测量系统

双向引张线观测是在原有引张线测量系统的基础上，利用连通管等液面原理，使线体时刻处于平衡状态，从而形成有浮托的双向引张线测量系统。双向引张线测量系统既能实现水平方向的位移观测，又能实现垂直方向的位移观测，提高了观测的效率。双向引张线装置由端点位置、测点装置（引张线坐标仪）、测线、保护管及液面恒定系统等部件组成，双向引张线装置结构示意图如图 7-18 所示。

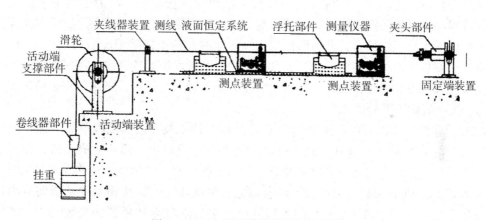

图 7-18　双向引张线装置结构示意图

测线为高强度不锈钢丝，通过端点装置，安装在坝两端相对稳定的基准点（该点的绝对位置由垂线装置及仪器测得），一段加紧固定，一段呈自由状态，由滚轮导向挂重加力，保证线体张力恒定且不受气温变化的影响。

测点装置包含可测垂直、水平双向位移的自动测量仪器、人工比测尺及浮托部件。测线由于受自重的影响，钢丝呈悬链状，必须在各测点利用容器及小船托起，并保证小船可以无约束地移动。

液面恒定系统是利用加筋塑胶管连通各测点的容器，并采取相关措施保证各测点测线的高程恒定。

基于浮托装置的引张线测量系统的缺点是浮子本身的自由浮动需要人工维护来保证。为防止引张线处于非直线非自由的黏滞或受阻状态，测回间应在若干部位轻微拨动测线，待其静止后再观测下一测回。实践证明，有浮托引张线拨动前后往往存在误差，若测线受阻，其测值的差值则更大。严格地说，基于浮托装置的引张线测量系统不是完全的自动化观测。

（3）无浮托引张线测量系统

早期的引张线测量系统，其金属线体通常采用冷拉不锈钢丝，其比重为 $7.8g/cm^3$。即使用重锤把钢丝拉得很紧，但是由于受钢丝自重的影响，仍将形成一条悬链线，使钢丝中部形成弧垂。悬链线垂径计算公式如下：

$$y = \left(\frac{qL}{2M} - \frac{h}{L} \right) x - \frac{q}{2M} x^2 \tag{7-4}$$

式中，y 为计算点处的悬链线垂径(m)；x 为计算点与左端点间距(m)；M 为加力重锤重量(kg)；q 为引张线的线密度(kg/m)；L 为两端点间距离(m)；h 为两端点间高差(m)。

当引张线长度较长时将会产生较大的弧垂，将直接导致测点无法布置在同一水平面上。通常会采用浮托装置来减小弧垂，但这种方式需要在观测测回间人工干预，是不完全的自动化观测。因此，近年来，研制一种质轻、高强的线体材料，使引张线在距离 500m、最大弧垂控制在 0.5m 以内，就可以直接采用无浮托的引张线测量方式。

CZY 无浮托引张线测量系统的线体采用 DRRP 复合材料，具有质轻、高强、高模、低膨胀等特性。其直径选用 1mm，断裂拉力大于 200kg，线体密度为 1.18g/m。对线体施加 77kg 拉力，对于长度小于 500m 的直线型大坝可以方便布置，取消了用不锈钢丝作为引张线体时必须采用的浮托装置。系统两端点采用轮式定位卡，以减小定位卡对线体的阻力，使引张线保持恒定拉力，并能保证引张线工作时在自由伸缩情况下的端点定位精度，以及保证换线后前后位置不变。此外，系统采用引张线保护管、测端装置保护箱，保护管和测点装置及端点装置为密封式连接，使引张线系统防风、防尘、防水、防小动物等。

（4）CCD 引张线坐标仪

CCD 引张线坐标仪的核心元件是 CCD 传感器，被安装在金属测线的另一侧，金属测线直径所对应的图像会在 CCD 光敏阵列面中间部分形成暗带，两侧形成亮带，亮带是传感器有光的部分，这个部分对应的脉冲是正常输出的。当被测物体的位移发生变化时，被测对象的暗带在 CCD 传感器上的投影也会随之发生变化，CCD 传递给单片机的输出信号也会发生变化。CCD 引张线坐标仪的工作过程，首先是 CCD 传感器的光敏元受光的激发将光信号转化为电信号，并在外部驱动脉冲的作用下输出。在控制电路的作用下，将 CCD 输出信号进行二值化处理，单片机将二值化的数据存入片内的数据存储器。根据数据处理算法判断 CCD 测量范围内的线径情况，并将处理结果进行显示或存储。上位机通过 RS485 总线与引张线坐标仪进行通信，完成对仪器的功能操作，如数据读取、时钟设置、定时测量设置、定时测量数据读取、内存清空等操作。CCD 坐标仪的系统结构图如图 7-19 所示。

引张线观测系统可以在工程待测部位发生位移后短时间内获取引张线位移记录，测得各测点的位移值，从而得到工程的各个待测部位的位移变化，可为研究工程的位移变化规律以及评定工程的安全性和修复性及时、准确地提供基础性技术数据。

4. 静力水准测量系统

静力水准观测系统是利用相连接的容器中液体具有相同势能的水平原理，测量和监测参考点彼此之间的垂直高度的差异和变化量，因其具有很高的测量精度而得以在工程测量

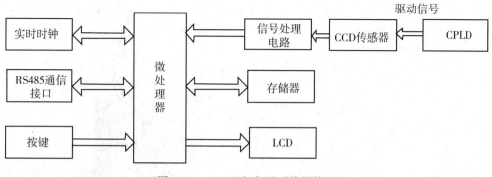

图 7-19　CCD 坐标仪的系统结构图

领域获得广泛的应用。

(1)静力水准测量系统的工作原理

静力水准测量是利用连通器的原理，通过连通管将多支监测点的钵体连接在一起，基准点布设在一个可以忽略其自身沉降、垂直位移相对恒定的固定点处，其他监测点布设于高程大致相同的不同位置。安装完成并贮满适应的液体，其主要成分通常为水、酒精、乙二醇、缓蚀剂及多种表面活性剂的玻璃水，防冻、防霉、抗静电、易流动。通过液体自流使全部钵体的液面始终保持在同一水平。当某个监测点相对于基准点发生沉降时，将引起该测点液面的上升或下降。通过测量液位的变化，了解被测点相对于基准点的沉降变形，最后由沉降公式计算出监测点的实际沉降量。静力水准测量系统的工作原理图如图 7-20所示。

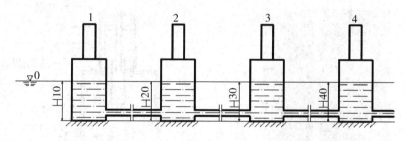

图 7-20　静力水准测量系统的工作原理图

(2)静力水准仪的分类和结构

目前，静力水准仪主要有电容感应式、差动变压器位移传感器式、步进马达式、振弦式和 CCD 传感器式等几类。

①电容感应式静力水准仪由主体容器、连通管、电容传感器等部分组成。当仪器主体安装位置发生地面沉降时，主体容器发生液面变化，液面高度的变化使浮子的屏蔽管仪器主体上的电容传感器的可变电容发生变化，引起电容值的变化，从而导致输出电量的变化。根据输出电量的变化，来推导液面相对于主体的沉降量。电容感应式静力水准仪测量精度较高，但是易受测量环境条件的影响。电容感应式静力水准仪结构图如图 7-21 所示。

②差动变压器位移传感器式静力水准仪主要是利用电磁感应中的互感现象，将被测位

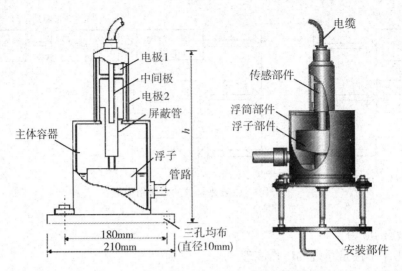

图 7-21　电容感应式静力水准仪结构图

移量转换成线圈互感的变化。由于常采用两个次级线圈组成差动式，故又称差动变压器式传感器。当液面发生变化使骨架内的铁芯移动，由于电磁感应的原理，在两个副边线圈上分别感应出交流电压，经过检波和差动边路，产生差动直流电压输出，此电压与铁芯的位置呈线性关系，从而测出液面的变化。一般而言，差动变压器位移传感器式静力水准仪的测量范围较小(±1~±10mm)。差动变压器式静力水准仪结构图如图 7-22 所示。

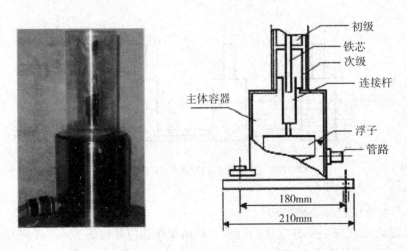

图 7-22　差动变压器式静力水准仪结构图

　　③步进马达式静力水准仪由步进电机、光电探头、测量电弧等组成，其工作过程是由步进电机驱动光电探头，探头中的光照准器先后对准基准杆和垂线钢丝，然后返回原点。在此过程中，测量电路记录探头前进及返回基准点和垂线钢丝的脉冲数，经过计算得到位移量。由于步进马达式传感器的机械部件较多，易出现故障，其长期稳定性也不易保证。
　　④振弦式静力水准仪的位移传感器包括一根与弹簧串联的钢弦和滑动轴。钢弦的一端

固定，另一端则固定在测量元件上。当液位发生变化时，使滑动轴移动，轴的移动改变了弹簧和振弦的张力，钢弦张力的变化引起固定频率的变化，从而测得位移变化量。钢弦式位移传感器的缺点是难以保证仪器的长期稳定性。振弦式静力水准仪结构图如图7-23所示。

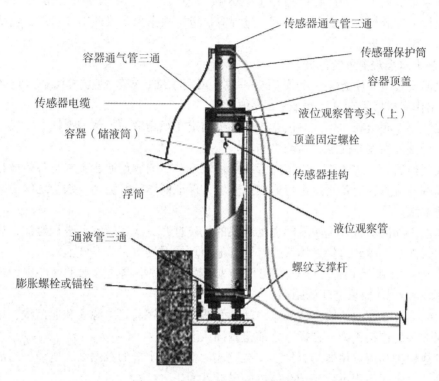

图7-23　振弦式静力水准仪结构图

⑤CCD传感器式静力水准仪由钵体、容器浮子单元、智能型CCD传感器、传感器外罩四部分组成，结构示意图如图7-24所示。其中，智能型CCD传感器由平行光源和CCD光接收器两部分组成。

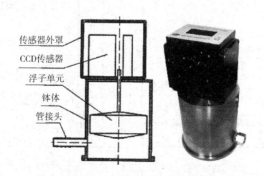

图7-24　CCD传感器式静力水准仪结构图

每个钵体传感器的核心是CCD部件。每个钵体由220V的交流电源供电，输出的信号为电荷耦合期间传感器输出的数字信号以及由温度传感器输出的经过数模转换后的数字信号，这些输出信号经过 RS485 接口 4 芯双绞通信线与数据采集仪连接。数据采集仪具有始终发出采集脉冲、数据存储等功能。每个钵体传感器都有写在其内部单片机上的一个固定的地址编码，数据采集仪根据设置，按一定的时钟脉冲分别对不同地址的钵体采集数据。数据采集仪还可以和计算机通过 RS485 接口连接，计算机安装专用软件可以实现对数据采集仪上的数据进行读取，也可通过计算机设置数据采集仪的工作状态，包括采集模式、采集频率、数据格式等。

（3）静力水准观测系统的安装

①墩面安装时应注意每个测墩高程一致，可用水准仪或其他方式找平，允许高差为 ±5mm，制作完成后用水平尺找平平面。

②安装仪器底板和钵体。将仪器钵体底板固定在观测墩的不锈钢螺杆上，然后安装钵体主体，调整好高度并固定，粗调水平。

③安装连通管。按各测点之间的管线路径长度顺序铺放连通管，并与各钵体相连，注意管理埋顺并拉直，避免管道走弯道或上下坡，保证液体顺畅流动。水管之间必须连接紧固，以防漏水。

④加液。加液前将首尾两端静力水准仪的气口打开，从首端测点进行灌注，使液体顺序流入后续测点。灌注适量液体后，打开其他测点的通气口，排净气泡。

⑤安装 CCD 单元。安装浮子、测针和 CCD 模块，并根据内置水平气泡进行精平，调节光源模块和 CCD 模块之间的距离。

⑥安装电源线和通信线。按测点之间的管线路径顺序铺好电源线和通信线，接线过程中要确保线头的连接正确，在通电之前检查确认无误。

⑦管线保护和测点仪器的保护。安装完成后将静力水准的数据线、电缆、通液管利用保护管保护，走线高程不得高于钵体内的最低液面。

静力水准观测系统的安装示意图如图 7-25 所示。

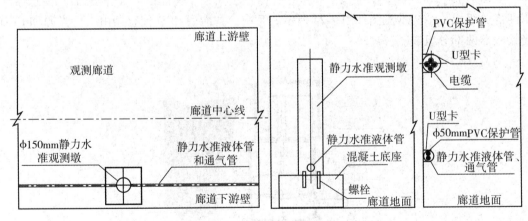

图 7-25　静力水准观测系统的安装示意图

（4）静力水准观测系统的高程传递

高程传递是指在某些特定的条件下，不能通视或无法利用常规水准测量方法直接测出高差很大、水平距离却很短的两点之间的高差，如大坝不同高程的廊道由于高差很大，采用连通器的全程连接将因承受的压差导致静力水准仪不能正常工作。若分段安装，对于互通连接的分段静力水准观测能够测量其绝对位移，其他部分只能量测绝对位移。因此，需要解决不同高程廊道的高程联系。通常采用双金属标介入静力水准观测的高程传递体系，实现高程的精准传递。

双金属标是利用铝的膨胀系数是钢的两倍这一物理特性，以固定点为参考点的长度测量装置。同心的保护管与钢管之间、钢管与铝管之间预留的空隙保证了钢、铝管的伸长、缩短不受影响。在重力的作用下，埋设在基岩中的管底形成固定点。由于不受其他外力的影响，温度是引起钢管和铝管长度变化的唯一因素。测定轴线方向的变形量，即可求出温度改正量，从而扣除温度变化对于变形测量的影响。通过在不同高程的廊道中分别安装双金属标，即可求出不同高程平面的绝对位移量。通过对埋设在基岩中的双金属标的绝对位移量，进而计算上层廊道的绝对位移量，从而实现不同高程廊道的静力水准观测的精密高程传递。

5. 裂缝监测自动化

在混凝土结构中，裂缝的产生和扩展将直接破坏结构的完整性，引起结构应力的急剧变化，造成混凝土结构的断裂或垮塌。因此，对裂缝的监测是混凝土结构健康状况评估的重要手段之一，如何快速、准确地检测出裂缝的发展状态极为重要。测缝计用于监测混凝土工程的接缝和位移，适用于长期埋设在混凝土内部或结构表面，测量结构物伸缩缝（或裂缝）的开合度。常用的测缝计按传感器类型的不同可分为差阻式测缝计、电容式测缝计、电位器式测缝计、差动变压器式测缝计和振弦式测缝计，其中振弦式测缝计在大坝等混凝土工程中应用较为广泛。

（1）振弦式测缝计的测量原理

振弦式测缝计安装在待测缝隙的两端，当缝隙的开合度发生变化时将通过仪器端块引起仪器内钢弦变形，使钢弦发生应力变化，从而改变钢弦的振动频率。测量时利用电磁线圈激拨钢弦并测量其振动频率，频率信号经电缆传输至频率读数装置或数据采集系统，再经换算即可得到被测结构的待测伸缩缝或裂缝相对位移的变化量。同时，由测缝计中的热敏电阻可以同步测出埋设点的温度值，用以改正因温度变化造成的位移量。

（2）振弦式测缝计的结构

振弦式测缝计主要由振弦式敏感部件、拉杆及激振拾振电磁线圈等组成，根据应用需求有埋入式和表面式两种基本结构。埋入式测缝计外部由保护管、滑动套管和凸缘盘构成，其结构示意图如图 7-26 所示。表面式测缝计的两端采用带固定螺栓的万向节，以便与两端的定位装置连接，其安装示意图如图 7-27 所示。

（3）振弦式测缝计的安装

①埋入式测缝计安装。

埋入式测缝计可监测混凝土内部结构缝的状态，需在先浇混凝土部位中预埋附件，待后浇混凝土块达到安装高程时再安装测缝计。同时将套筒及连接座旋上，套筒内应填塞棉纱，以免被混凝土堵塞。用以监测混凝土内部结构缝的埋入式测缝计的安装示意图如图 7-28 所示。

对于混凝土与岩体的接缝，埋入式测缝计的安装则相对简单。首先在测点处岩体中打孔，孔径应大于 9cm，深度为 50cm，在孔内填入一半以上的膨胀水泥砂浆，将套筒或带

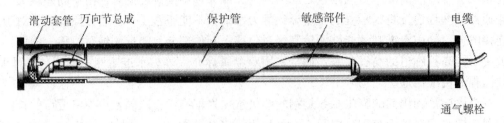

图 7-26　埋入式测缝计结构示意图

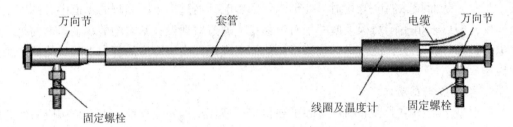

图 7-27　表面式测缝计结构示意图

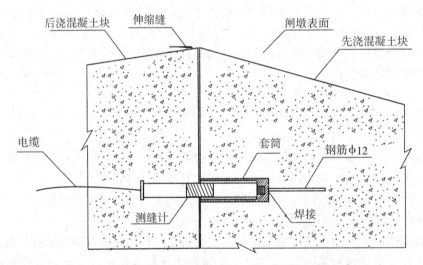

图 7-28　混凝土内部结构缝的埋入式测缝计的安装示意图

有加长杆的套筒挤入孔中，使套筒口与孔口齐平；将套筒填满棉纱，螺纹口涂上黄油或机油，旋上筒盖；混凝土浇至高出仪器埋设位置 20cm 时，挖去捣实的混凝土，打开套筒盖，取出填塞物，旋上测缝计，回填混凝土。用以监测混凝土与岩体的接缝的埋入式测缝计安装示意图如图 7-29 所示。

②表面式测缝计安装。

对于混凝土的工程结构，先利用带有万向节和固定螺栓的测缝计在缝隙两侧测点安装孔，钻孔孔径应大于 20mm，深度大于 5cm。将带有螺纹的锚杆与固定螺栓连接。孔内填入膨胀水泥砂浆，将毛管压入孔内，调整其位置和高度，同时检测测缝计初始读数，使之达到

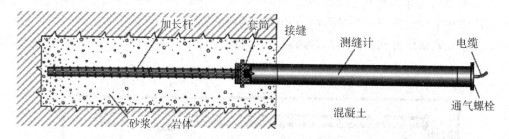

图 7-29　埋入式测缝计安装示意图

合适位置，拧紧螺栓并精确定位，再根据需要安装测缝计的保护罩。用来监测混凝土结构的单向表面式测缝计的安装示意图见图 7-30，双向表面式测缝计的安装示意图见图 7-31。

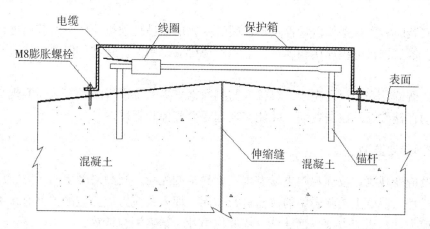

图 7-30　单向表面式测缝计安装示意图

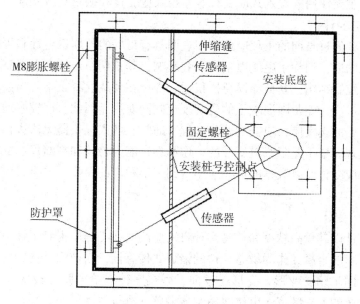

图 7-31　双向表面式测缝计安装示意图

163

对于钢结构接缝，可采用焊接的方式进行安装。将两个镀锌定位块安装在钢结构表面上，定位块在定位时先用一个带万向节和固定螺栓的测缝计进行预安装，调整好位置后先点焊，检测并确认位置和预拉值均合适后，再将定位块与钢结构焊牢，其安装示意图如图7-32所示。

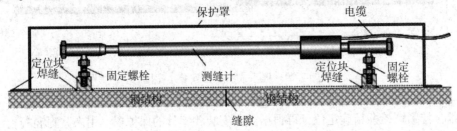

图 7-32　钢结构接缝安装示意图

仪器安装时需要根据仪器量程及现场裂缝变化情况进行预拉处理，安装后进行仪器编号的登记，最后进行电缆焊接和固定，电缆的埋设应采用保护管进行保护，并避开交流电电缆。

振弦式测缝计安装埋设完毕，可接入监测数据采集系统进行测量，从而实现自动定时监测，自动存储数据及数据处理，并能实现远距离监控和管理。

7.3.2　应力应变监测

应力及应变观测比位移观测更易发现工程异常的先兆。观测混凝土的应力、应变状态大多是通过埋入混凝土及基岩中的仪器进行监测。埋入式应力应变监测仪器有多种，如应变计、无应力计、压应力计、钢筋计、锚杆应力计、锚索测力计等。

1. 应变计

目前，国内主要使用的埋入式应变计有差阻式应变计和振弦式应变计。

（1）差阻式应变计

差阻式应变计经过长期的工程应用实践表明具有良好的长期稳定性和可靠性，特别是采用新的五芯测法后，消除了电缆电阻的不利影响，其长期稳定性大大提高。差阻式应变计采用封闭的波纹管结构，其低弹模特性很适合埋设在现浇混凝土中，当混凝土终凝冰开始具备强度时，应变计能跟随混凝土的凝结硬化共同变形。因此，能较好地获得混凝土从初期具备强度开始的真实应力应变的变化过程。通常，埋入式仪器无法进行维护，仪器测值的误差不易发现。鉴于差阻式应变计的工作原理，能为检验和判断仪器的测值误差提供可能，使差阻式应变计监测数据的可靠应用得到一定程度的保障。差阻式应变计的结构示意图见图7-33。

（2）振弦式应变计

振弦式应变计以其较高精度和较易实现自动监测而在工程中得到了认可和应用。振弦式应变计是以拉紧的金属弦作为敏感元件的谐振式传感器，当被测结构物内部的应力发生变化时，应变计同步感受变形，变形通过前、后端座传递给振弦，转变成振弦应力的变化，从而改变振弦的振动频率，电磁线圈激振振弦并测量振动频率，频率信号经电缆传输至读数装置，即可测出被测结构物内部的应变量。振弦式应变计的结构示意图见图7-34。

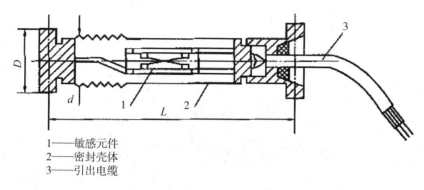

1——敏感元件
2——密封壳体
3——引出电缆

图 7-33　差阻式应变计结构示意图

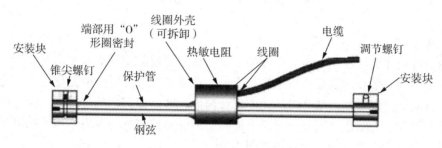

图 7-34　振弦式应变计结构示意图

振弦式应变计的工作原理和结构特点决定其比较适合监测工程结构物表面的应力应变，而不太适应于混凝土埋入式环境。由于混凝土内的恶劣的湿度环境，振弦式应变计要保证其必要的轴向伸缩性，传感器外壳采用 O 形圈防水。在混凝土中的渗透水压长期作用下，仪器腔体难免有潮气侵入，位于空腔内的高碳素钢丝极易受潮生锈，仪器钢弦一旦生锈，传感器的稳定性即告丧失。由于要维持一定的防潮性能，仪器外壳与密封圈不得不结合较紧，因此振弦式应变计的弹模远大于差阻式应变计。也就是说，采用振弦式应变计无法获得从混凝土浇注之初开始的真实应力应变过程。

（3）应变计组的安装方式

由于埋入式仪器埋入后无法维修更换，仪器的埋设方法对仪器的测量精度和可靠性影响很大，因此合理地选择埋入式仪器的类型和正确的安装方法是确保埋入式仪器设备获得良好的埋设质量、可靠的观测数据和长期稳定运行的基本保证。

自开展原型观测以来，应变计组的安装一直采用三维坐标方式，这种安装方式布置直观、灵活，其数量、位置和方向可根据需要任意调整。采用这种方式安装的应变计组，组内仪器的可适应性高，仪器组内可有冗余，当组内仪器有损坏时，可以相互替补，即使不能及时替补，仍可按减项后的状况使用。三维坐标方式的应变计组可进行应变平衡检验和误差处理。为了避免常规安装方法中支座支杆的应变计远端电缆的影响，可采用反向接头，使仪器电缆在支座支杆的近端引出，即可避免电缆在仪器远端因坠重和混凝土施工造成的移位，更好地确保仪器间的相互位置，其安装示意图见图 7-35。

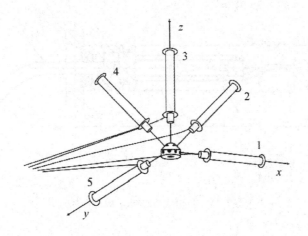

图 7-35　应变计组反接安装示意图

2. 无应力计

无应力计是监测混凝土无应力变形的仪器，通过对混凝土无应力变形的监测，可以了解混凝土随龄期的增长，混凝土自生体积变形、湿度变形等随时间的变化过程。无应力应变监测是将应变计埋设在一端开口的无应力计筒内，并确保筒内的混凝土与筒外的混凝土一致，且处于无应力状态。因此，无应力计筒必须能隔离筒外的应力作用，同时不受筒内壁的侧限约束。无应力计安装示意图见图 7-36。

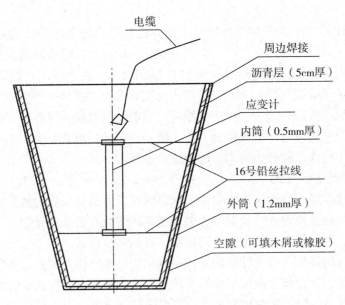

图 7-36　无应力计安装示意图

图 7-36 中的筒体在多向可均匀自由变形，不致产生约束应力，较长的筒体和稍低的应变计可远离应力种种区域，1.2mm 厚的外筒可确保施工安装不易受损变形，空隙填充的木屑或橡胶可保证无应力计在任何方向的自由变形，内涂 5cm 的沥青层可防止筒体内

外水分的交换。

3. 钢筋计

钢筋计用来监测混凝土结构中钢筋应力、锚杆的锚固力、拉拔力等，加装配套附件可组成锚杆测力计、基岩应力计等测量应力的仪器，并可同步测量埋设点的温度。主要应用于基坑、桥梁、公路、建筑、水电水利、石油化工、隧道、地铁等。

（1）钢筋计结构

钢筋计一般由应变针、线圈、应变钢体、热敏电阻等部分组成，仪器结构示意图见图7-37。

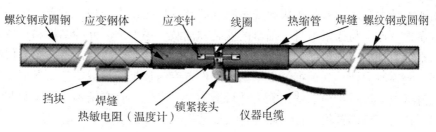

图 7-37　钢筋计结构示意图

（2）钢筋计的安装

钢筋计拉杆与主筋连接的方式主要有对焊、绑焊和绑扎。

①钢筋计对焊。

将被测的钢筋在钢筋计安装位置断开，把钢筋计串联连接在被测钢筋中，对安装杆焊接在主筋上，钢筋计对焊安装示意图见图7-38。焊接时要用潮湿的毛巾包住焊缝与钢筋计安装杆、钢筋计，并在焊接的过程中不断地往毛巾上冲水降温，直至焊接结束。

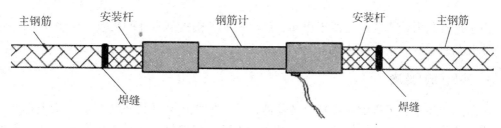

图 7-38　钢筋计对焊安装示意图

②钢筋计绑焊。

绑焊是将钢筋计并联在主筋上的一种安装方法，多用于小直径的钢筋计测量大直径主筋的受力。安装时将钢筋计与安装杆连接后，按图7-39把安装杆焊接在主筋上，焊接时需用与对接焊同样的方法冷水冷却。

在水工钢筋混凝土结构中常布设较多的钢筋计测量钢筋受力情况，钢筋应力是通过周围混凝土传递的，因而混凝土应力的大小及变化过程是衡量工程安全与否的关键指标，所以在布设钢筋计的同时应在周边混凝土内布设应变计。

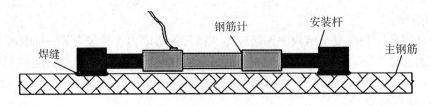

图 7-39　钢筋计绑焊安装示意图

4. 锚索测力计

锚索测力计主要用于监测预应力锚索的加载及其后的预应力松弛过程。锚索测力计能否正常可靠地工作，与锚索本身、锚具的安装和加载、锚索测力计的结构和支撑方式密切相关。锚索测力计的安装要尽量保证仪器设备始终处于轴心受压状态，减少因偏心受压带来的不利。应在测力计承载钢桶的上下面分别设置专门加工的承载垫板，保证其有足够的厚度和光滑度。为进一步消除锚索测力计可能的偏心受压，宜在结构物垫座和测力计承载垫块之间设置一个钢制腰板。锚索测力计的安装示意图见图 7-40。

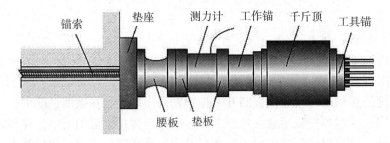

图 7-40　锚索测力计安装示意图

由于锚索测力计安装后不便于更换，为尽量避免锚索测力计的失效，应将其中的各支传感器的参数设置成一致或接近。

7.3.3　渗压(流)监测

渗压监测是水利工程的一项重要的监测内容。实现渗压监测的渗压计主要有差阻式、压阻式、电感式、电容式、振弦式等，是用于测量工程内部、基础的孔隙水压力或渗透压力的传感器，并可同步测量埋设点的温度。振弦式渗压计是利用水压导致仪器内钢弦应变变化，从而导致固有频率变化的原理进行测量的。由于振弦式仪器在国内外使用较多、产品较为成熟，且振弦式渗压计由于传输的频率信号抗干扰能力强、性能稳定，因此得到了广泛的应用。

1. 振弦式渗压计的组成

振弦式渗压计由透水体、感应膜、钢弦、激励与接收线圈、避雷器、温度计、电磁圈密封壳体等组成，其结构示意图如图 7-41 所示。渗压计内部的热敏电阻可用来测量渗压计安装部位的温度。

2. 振弦式渗压计的安装埋设

振弦式渗压计可安装在工程体内部、基础部位或测压管内。在安装前应取下仪器端部

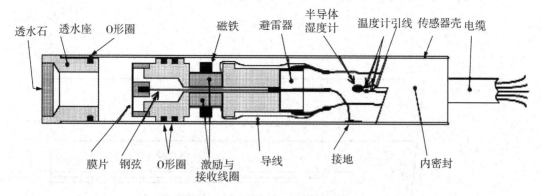

图 7-41　振弦式渗压计结构示意图

（顶部标注从左到右、从上到下）透水石　透水座　O形圈　磁铁　避雷器　半导体湿度计　温度计引线　传感器壳　电缆

（底部标注从左到右）膜片　钢弦　O形圈　激励与接收线圈　导线　接地　内密封

的透水石，在钢膜片上涂一层黄油或凡士林以防生锈，并将渗压计在水中浸泡 2 小时以上，使其达到饱和状态。在测头上包上装有干净中粗砂的砂袋，使仪器进水口畅通，防止泥浆进入渗压计内部。渗压计安装前应读取初始读数，安装后按照标书规定的频率测读。渗压计在基础部位的安装埋设方法见图 7-42，安装在表面测压管内以监测水位的安装方法见图 7-43。

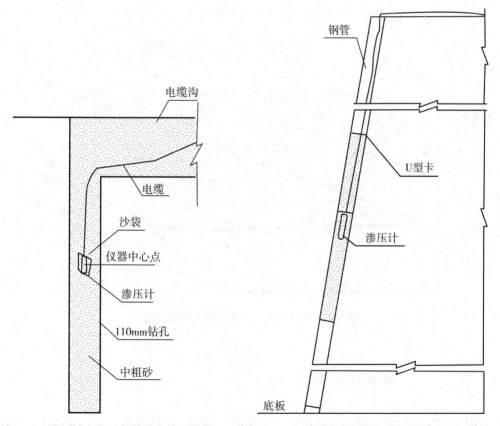

图 7-42　渗压计在基础部位的安装埋设图　　　　图 7-43　渗压计安装在表面测压管内的安装图

渗压计在工程内部安装的示意图见图 7-44，在土工膜下的安装示意图见图 7-45。

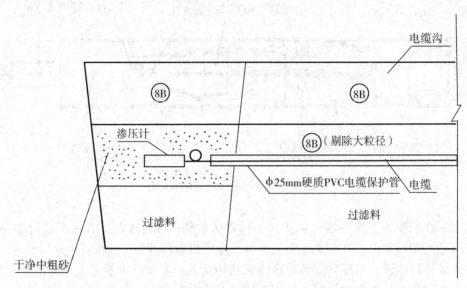

图 7-44　渗压计在工程内部的安装示意图

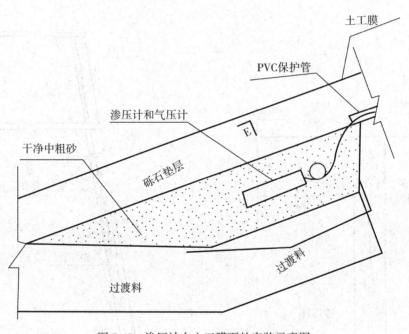

图 7-45　渗压计在土工膜下的安装示意图

7.4　自动化监测系统应用实例

三峡工程是举世瞩目的大型水利枢纽，坝高、体大、结构复杂，其监测系统具有监测范围分布广、监测项目多、仪器设备数量大、自动化程度高、技术复杂等特点。本节以三峡大坝为例，结合大坝安全自动化监测系统的设计原则，重点介绍和分析安全监测系统的实施和运行情况，主要包括变形监测、应力应变监测、渗流渗压监测等。

7.4.1 三峡大坝安全监测的目的和原则

1. 安全监测的目的

以监测三峡大坝各建筑物在施工期、分期蓄水期和运行期的工作状态和安全状况为主要目的，通过对各类建筑物整体性状全过程持续的监测，及时对建筑物的稳定性、安全度做出评价。此外，通过建筑物在各阶段的运用及安全监测提供的有效数据，可以检验设计方案的正确性，检验施工质量是否满足设计要求，达到设计与施工动态结合不断优化的目的。

2. 安全监测的原则

三峡工程安全监测设计原则为"突出重点，兼顾全面，统一规划，分期实施"。其主要含义包括：①目的明确，内容齐全；②突出重点，兼顾全面；③性能可靠，操作简便；④一项为主，互相补充；⑤统一规划，分期实施；⑥同步施工，按时运行，适时采集，及时分析，巡视检查与仪表监测并重等。

7.4.2 三峡大坝自动化监测系统

1. 系统结构

三峡水利枢纽的 5 个安全监测自动化子系统包括船闸数据采集站 MS1、左岸厂房及大坝采集站 MS2、右岸厂房及大坝采集站 MS3、大坝激光准直变形自动测量系统 MS4、三峡船闸高边坡表面变形自动测量系统 MS5。

根据安全监测自动化技术的发展水平及三峡安全监测测点的分布特点，系统网络结构及配置主要基于可靠性和先进性进行设计。针对三峡水利枢纽安全监测系统特点，结合计算机网络技术的发展现状，并考虑分期实施的要求，安全监测自动化系统网络总体分成两层：监测中心至采集站层和采集站至 DAU（数据采集站）层。为便于安全监测自动化系统的分阶段实施，采集站与相关的 DAU 组成相互独立的网络系统。监测中心与每个采集站进行网络互联，形成覆盖整个三峡坝区的安全监测自动化网络系统。三峡安全监测自动化系统采用分布式网络结构的数据采集系统，系统结构如图 7-46 所示。

2. 监测项目与设备

三峡大坝的安全监测系统的监测项目主要包括变形监测、渗流渗压监测和应力应变监测，各监测项目的测点分布多、分布面广、传感器种类多，有关变形、渗流及应力应变的测点近 10000 个，其中通过安装传感器可以实现自动化监测的传感器有 6000 余个。截至 2011 年年底，接入自动化监测系统的测点有两千多个。测点广泛分布在混凝土大坝、船闸及高边坡、沥青混凝土墙心土石坝、地下电站、河床电站及垂直升船机等不同类型的建筑物。主要的自动化监测项目和设备有：

①变形监测，包括垂线坐标仪、引张线仪、静力水准仪、伸缩仪、测缝计、裂缝计、多点位移计、滑动测微计、倾角计、电磁式沉降仪。

②应力应变监测，包括应变计、压应力计、弦式应力计、钢筋计、钢板计、锚杆应力计、锚索测力计、温度计和土压力计。

③渗流渗压监测，包括渗压计和量水堰。

171

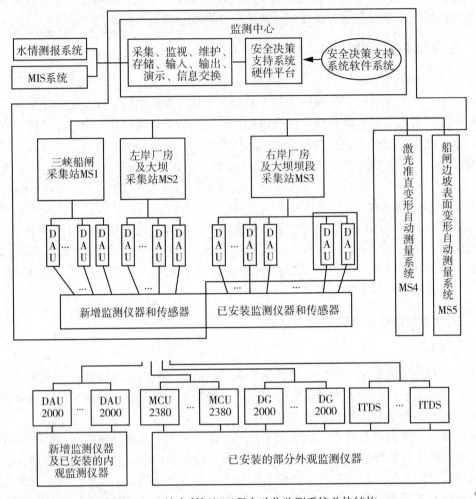

图 7-46　三峡水利枢纽工程自动化监测系统总体结构

3. 变形监测

大坝的变形监测量测设施包括左、右岸非溢流坝段，左、右岸厂房坝段和溢流坝段的水工建筑物及其基础的水平、垂直位移、建筑物挠度及其基础转动量测设施。变形监测应建立统一而稳定的基准，并使变形监测项目的分布尽可能延伸到每个坝段，以便从宏观上把握大坝的整体运行性态，同时选择一些关键和重要监测部位进行重点监测。根据坝基地质条件和坝体结构的综合比较结果，三峡大坝变形监测共选择 4 个部位为大坝关键监测部位，11 个监测部位为重要监测部位。监测项目涵盖水平位移、垂直位移、坝体挠度和基础转动，监测设施采用引张线、真空管道激光位移测量系统、正倒垂装置、伸缩仪、静力水准系统、多点位移计等。

(1)水平位移监测

水平位移监测主要应用引张线、真空管道激光位移监测系统进行测量。各条引张线、真空激光位移测量系统端点，以倒垂线为工作基点，或以与倒垂线相连的正垂线为工作基点(当引张线端点距垂线较远时，布置伸缩仪连接)。各条引张线通过处，每坝段设 1 个测点，且各坝段上、中、下 3 层测点应尽可能布置在一个横断面上。

①引张线监测系统。对于两岸岸坡(坝高小于135 m)坝段，引张线按坝顶和基础两层布设；对于河床(坝高大于135m)坝段，引张线分坝顶、坝腰、基础3层布设。基础水平位移监测共布置6条引张线，分别布置在左岸非溢流坝段高程105 m上游基础廊道、左厂房1~5号坝段高程95 m下游基础廊道、左厂房岸坡坝段高程73 m排水洞、左厂房9号至右厂房21号坝段高程49 m上游基础廊道内。其中，左厂房9号至右厂房21号坝段高程49 m上游基础廊道全长约1100 m，连续布置3条引张线；大坝中部水平位移监测共布置3条引张线，分别布置在左厂房5~14号坝段高程94 m排水廊道、左厂房14号至纵向围堰坝段高程116.5 m泄洪深孔弧门间操作廊道、纵向围堰至右厂房26号坝段高程94 m廊道内；坝顶水平位移监测共布置6条引张线，布置在高程175.4m坝顶观测廊道内，监测范围覆盖了除左岸8号非溢流坝段和临时船闸坝段外的全部坝段。其中临时船闸3号坝段至右岸非溢流6号坝段坝顶观测廊道全长2005m，连续布置5条引张线。

②真空激光位移测量系统。在三峡大坝的坝顶和基础各布置一套真空激光位移测量系统。基础真空激光位移测量系统布置在左厂房9号至右厂房21号坝段高程49 m上游基础廊道内，全长1100m，设测点53个。坝顶真空激光位移测量系统布置在临时船闸3号坝段至右岸非溢流6号坝段坝顶观测廊道内，全长2005m，设测点99个。

(2)垂直位移监测

垂直位移监测主要应用静力水准和真空激光位移测量系统进行量测。静力水准点布置在基础廊道内，共布置了4条测线，分别位于左厂房1~6号坝段高程94 m基础廊道、左厂房1号坝段至右厂房21号坝段(经左、右厂房坝段和泄洪坝段)高程49 m上游基础(或接近基础)廊道、左导墙坝段至纵向坝段高程45m(47 m)下游廊道、右厂房21~26号坝段高程94 m廊道内，范围覆盖了大部分坝段。静力水准测线经过处每坝段布设1个测点。

此外，在升船机的船厢室段塔柱顶部机房底板(高层196m，即承重塔柱顶部)高程层面纵横梁上，布设了以10个监测垂直位移的JSY-ID型数字遥测静力水准仪测点组成的静力水准闭合回路环线，以监测该部位的形变量。

(3)关键和重要断面监测

关键和重要断面的变形监测的布置主要包括：布设正、倒垂线以监测基础位移和坝体的挠度变化；在基础横向廊道布置3~4台静力水准仪测点测量基础的转动；在坝踵、坝趾处各布设1支基岩变形计，在上、下游基础廊道各布置1支多点位移计，测量坝基岩体的垂直变形。

(4)裂缝监测

大坝在施工过程中采用分块浇筑，因此接缝的灌浆层能否胶合大坝传递荷载，以及大坝运行后坝段间能否永久密合，是大坝施工期和运行期要特别关注的问题。通过布设的测缝计能观测接缝开合度和坝体温度，其监测结果对大坝施工、接缝灌浆、了解大坝整体性，都起着非常重要的作用。采用加拿大Roctest公司的JM-E型埋入式测缝计，用以监测大坝收缩缝的张开度。

4. 应力应变监测

左厂14号坝段坝体应力应变监测主要采用五向应变计组及无应力计，在坝段共布置了11组五向应变计组(每组5支)，15支无应力计。在坝踵、坝趾各布置2组应变计组和2支无应力计。坝踵仪器分别设在距上游坝面1.8 m和2 m，高程分别为27 m和32.1 m处；坝趾仪器设在距上游坝面116 m，高程分别为22 m和32.1 m处。在坝体内部布置7

组应变计组和 7 支无应力计，分别设在距上游坝面 17.5 m、33 m、37 m、53 m、73 m、77 m 和 93 m、高程 32.1 m 处。在压力钢管旁布置 4 支无应力计，分别设在距上游坝面 101.3 m、82.4 m、58.8 m 和 16.80 m，对应高程分别为 50.4 m、65.6 m、94.9 m 和 107.4 m 处。仪器分布图如图 7-47 所示。

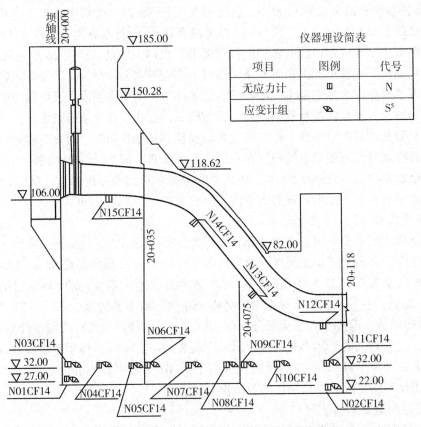

仪器埋设简表

项目	图例	代号
无应力计	⊞	N
应变计组	▱	S⁵

图 7-47　左厂 14 号坝段坝体应力应变监测布置

三峡水电站压力管道由上水平段、上弯段、坝下游面斜直段、下弯段及下水平段组成。在每个被测断面的顶部、两侧、底部分别布设 1 支钢板计，三个监测断面共计 12 支。三峡大坝左厂房坝段的引水压力钢管监测采用的是加拿大 Roctest 公司生产的 SM-2W 型钢板计。19# 机组上共布置 144 支应力应变监测仪器来监测基础岩体变形、接缝开合度、蜗壳应力及其周围的混凝土和钢筋应力等。其中，蜗壳表面共布置钢板应力计 30 支，按 2 支一组分布于 5 个监测断面上，分别监测蜗壳钢板水流向和环向应力。

第8章 监测资料整编与预处理

在安全监测中,为保障监视建(构)筑物安全运营,充分发挥工程效益,除了进行现场观测取得第一手资料外,还必须对资料进行整理分析。通过监测资料的整理分析,能更好地评价监测建(构)筑物的实际性态,找出潜在问题,确保结构物运行安全。监测资料的整理分析工作主要包括两个方面内容:资料整编和资料分析。资料分析包括资料初步分析、资料预处理和综合分析与安全评价。本章主要阐述资料整编、资料初步分析、资料预处理以及现代安全监测信息系统。

8.1 监测资料整编

监测资料整编通常是在对日常监测资料已有计算、校核甚至分析的基础上,定期(1~5年)将监测的各种原始数据和有关文字、图表(含图片、影像)等材料作审查、考证,综合整理成系统化、图表化的监测成果,并汇编刊印成册(有条件时还制成软盘、光盘)的工作。监测资料整编的目的是便于应用分析,向需用单位提供资料和归档保存。

按一般规定,监测资料的整编可分为三部分内容:平时资料整理与定期资料整理,整编资料刊印。

8.1.1 平时资料整理

平时资料整理工作的主要内容包括:

①适时检查各观测项目原始观测数据和巡视检查记录的正确性、准确性和完整性。如有漏测、误读(记)或异常,应及时补(复)测、确认或更正。

②及时进行各观测物理量的计(换)算,填写数据记录表格。

③随时点绘观测物理量过程线图,考察和判断测值的变化趋势。如有异常,应及时分析原因,并备忘文字说明。原因不详或影响工程安全时,应及时上报主管部门。

④随时整理巡视检查记录(含摄像资料),补充或修正有关监测系统及观测设施的变动或检验、校(引)测情况以及各种考证图、表等,确保资料的衔接与连续性。

8.1.2 定期资料整理

定期资料整理工作的主要内容包括:

(1)汇集工程的基本概况,包括工程水文特征、地基特征和处理方式、结构物形式和尺寸、工程建设过程中一些可能影响安全的事件(如设计修改、施工事故、补强加固等)。

(2)监测系统布置方式、各项考证资料以及各次巡检资料和有关报告、文件等资料的汇集。包括监测点基本资料表和工作基点考证表,对平时监测数据记录表的检查情况等。表8-1为水平位移观测工作基点考证表。

表 8-1

水平位移观测工作基点考证表

编号	型式规格	埋设日期			埋设位置		基础情况	测定日期			高程(m)	备注
		年	月	日	X(m)	Y(m)		年	月	日		

（3）变形量的统计汇总。在平时资料整理基础上，对整编时段内的各项观测物理量按时序进行列表统计汇总和校对，形成统计表。如表 8-2 为水平位移量统计表。此时如发现可疑数据，一般不宜删改，应加注说明，提醒读者注意。

表 8-2

水平位移量统计表

观测日期		历时	测点编号及其累积水平位移量					
月	日	天	P_1	P_2		…		P_n
…								
本年总量								
本年内特征值统计		最大值	测点号	日期	最小值	测点号	日期	水平位移量较差
备注		水平位移正负号规定：向下游、向左岸为正；反之为负。本年总量为代数和。						

（4）绘制能表示各观测物理量在时间和空间上的分布特征图，以及有关因素的相关关系图。如图 8-1 所示为某测点的水平位移测值过程线。

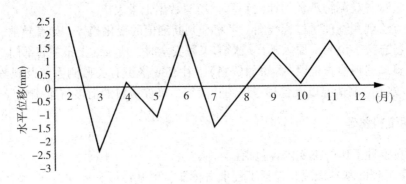

图 8-1　水平位移测值过程线

（5）分析各观测物理量的变化规律及其对工程安全的影响，并对影响工程安全的问题提出运行和处理意见。

（6）对上述资料进行全面复核、汇编，并附以整编说明后，准备刊印成册，建档保存。采用计算机数据库系统进行资料存储和整编者，整编软件应具有数据录入、修改、查询以及整编图、表的输出打印等功能，还应拷贝软盘备份。

8.1.3　整编资料刊印

整编资料刊印的编排顺序为：封面→目录→整编说明→工程概况→考证资料→巡视检查资料→观测资料→分析成果→封底。

封面内容应包括：工程名称、整编时段、卷册名称与编号、整编单位、刊印日期等。目录应清晰明了，让读者从目录上就能基本了解该册资料的基本内容。整编说明应包括：本时段内的工程变化和运行概况，巡视检查和观测工作概况，资料的可信程度；观测设备的维修、检验、校测及更新改造情况，监测中发现的问题及其分析、处理情况（含有关报告、文件的引述），对工程管理运行的建议以及整编工作的组织、人员等。

观测资料内容和编排顺序一般可根据本工程的实有观测项目编印，每一项目中，统计表在前，整编图在后。资料分析成果主要是整编单位对本时段内各观测资料进行的常规性简单分析结果，包括分析内容和方法，得出的图、表和简要结论及建议。委托其他单位所作的专门研究和分析、论证，仅简要引用其中已被采纳的、与工程安全监测和运行管理有关的内容及建议，并注明出处备查。

封底起到保护整编成果的作用，也是每册整编资料结束的标志。

整编资料在交印前需经整编单位技术主管全面审查，审查工作的主要内容包括：

（1）完整性审查：整编资料的内容、项目、测次等是否齐全，各类图表的内容、规格、符号、单位、标注方式和编排顺序是否符合规定要求等。

（2）连续性审查：各项观测资料整编的时间与前次整编是否衔接，整编图所选工程部位、测点及坐标系统等与历次整编是否一致。

（3）合理性审查：各观测物理量的计（换）算和统计是否正确、合理，特征值数据有无遗漏、谬误，有关图件是否准确、清晰，以及工程性态变化是否符合一般规律等。

（4）整编说明的审查：整编说明是否符合有关规定内容，尤其注重工程存在的问题、分析意见和处理措施等是否正确，以及需要说明的其他事项有无疏漏等。

正式刊印的整编资料应体例统一，图表完整，线条清晰，装帧美观，查阅方便。一般不应有印刷错误。如发现印刷错误，必须补印勘误表装于印册目录后。

8.2　监测资料初步分析

8.2.1　概述

20世纪30—50年代，观测资料分析工作全部用人工进行。20世纪60年代以来，逐步采用电子计算机辅助进行。20世纪80年代初期，工业发达国家如美国、日本、意大利等已实现观测数据处理自动化。意大利在20世纪70年代末80年代初即已采用建模分析方法并实现了混凝土坝的在线安全控制，处于领先地位。中国在20世纪五六十年代即已进行资料分析工作，主要用人工计算和点图。70年代后期，开始应用电子计算机，80年代中期主要用计算机辅助进行资料分析，并已开始研制安全监测专家系统。

监测资料初步分析的主要内容有监测资料的检核和变形分析，其重点是判识监测资料中有无异常观测值。但在有特定需要或上级主管部门要求时，如工程出现异常和险情时，工程竣工验收和安全鉴定时，需对监测资料进行较为详细的初步分析，以便查找安全隐患和原因，分析变化规律和趋势，预测未来安全状态，为工程决策提供技术支持。监测资料分析成果作为安全预报、安全评估、施工或运行反馈、技术决策的基本依据。

监测资料的初步分析按期限分，一般可分为定期分析和不定期分析。

1. 定期分析

(1)施工期资料分析

计算分析建筑物在施工期取得的观测资料，可为施工决策提供必要的依据。例如，为了安全施工，水中填土坝的填土速度控制和混凝土坝浇筑时的混凝土温度控制等，都需要有关观测成果作依据。施工期资料分析也为施工质量的评估和工程运用的可能性提出论证。

(2)运营初期资料分析

运营初期是指从工程开始运用起，到验收合格为止的阶段。在此期间各项监测工作都需加强，并应及时计算分析观测资料，以查明建筑物承受实际荷载作用时的工作状态，保证建筑物的安全。观测资料的分析成果，除作为运营初期安全控制依据外，还为工程验收及长期运用提供重要资料。

(3)运行期资料分析

运行期是指建筑物验收合格后，正式交付使用后的阶段。此阶段应定期进行资料分析(例如大坝等水工建筑物每5年一次)，分析成果作为长期安全运行的科学依据，用以判断建筑物性态是否正常，评估其安全程度，制订维修加固方案，更新改造安全监测系统。运行期资料分析是定期进行建筑物安全鉴定的必要资料。

2. 不定期分析

在有特殊需要时才专门进行的分析称为不定期分析。如遭遇洪水、地震后，建筑物发生了异常变化，甚至局部遭受破坏，就要进行不定期分析，据以判断建筑物的安全程度，并为制订修复加固方案提供科学依据。

8.2.2 监测资料的检核

变形监测数据处理，除了和常规测量有相同的平差计算外，还必须进行观测资料的整理和分析，并且对变形体的变形情况作短期的预测。在变形监测中，观测的错误是不允许的，系统误差可通过一定的观测程序得到消除或减弱。如果在监测数据中存在错误或系统误差，就会对后续变形分析、变形解释及变形预测带来困难，甚至得出错误结论。所以，监测数据的检核可以保证获得的监测数据只包含有用的变形值和偶然误差，然后再通过寻找一种有效的变形观测数据分析方法将变形值和偶然误差分离出来，能够对变形体作出较好的几何分析和物理解释。

监测资料检核的方法很多，要依据实际观测情况而定。一般来说，任一观测元素(如高差、方向值、偏离值、倾斜值等)在野外观测中均具有本身的观测检核方法，如限差所规定的水准测量线路的闭合差、两次读数之差等，这部分内容可参考有关的规范要求。除此之外，监测资料检核还需在室内进行以下内容的检核：

①校核各项原始记录，检查各次变形值的计算是否有误。可通过不同方法的验算，不

同人员的重复计算来消除监测资料中可能带有的错误。

②原始资料的统计分析，可采用统计方法进行粗差检验。

③原始实测值的逻辑分析。在工程建(构)筑物的变形监测数据分析时，通常根据监测点的内在物理意义来分析原始实测值的可靠性。一般进行两种分析：一致性分析和相关性分析。

一致性分析根据时间的关联性来分析连续积累的资料，从变化趋势上推测它是否具有一致性，即分析任一测点的本次原始实测值与前一次(或前几次)原始实测值的变化关系。另外，还要分析该效应量(本次实测值)与某相应原因量之间的关系和以前测次的情况是否一致。一致性分析的主要手段是绘制时间–效应量的过程线图和原因–效应量的相关图。

相关性分析是从空间的关联性出发来检查一些有内在物理联系的效应量之间的相关性，即将某点本测次某一效应量的原始实测值与邻近部位(条件基本一致)各测点的本测次同类效应量或有关效应量的相应原始实测值进行比较，视其是否符合它们之间应有的力学关系。如图 8-2 所示的垂线测量，对建筑物不同高度处进行挠度观测，挠度值为 S_i，对应的测点为 P_i。由于各监测点布设在同一建筑物上，在相类似的因素作用下，各测点所测的挠度值之间存在较密切的空间统计相关性。

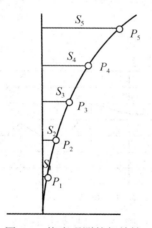

图 8-2　挠度观测的相关性

在逻辑分析中，若新测值无论展绘于过程线图或相关图上，展绘点与趋势线延长段之间的偏距(参见图 8-3)都超过以往实测值展绘点与趋势线间偏距的平均值时，则有两种可能性，一种是该测次测值存在着较大的误差，另一种是险情的萌芽，这两种可能性都必须引起警惕。在对新测次的实测值进行检查(如读数、记录、量测仪表设备和监测系统工作是否正常)后，如无量测错误，则应接纳此实测值，放入监测资料库，但应对此测值引起警惕。

8.2.3　变形分析

变形分析主要包括两方面内容：第一是对建筑物变形进行几何分析，即对建筑物的空间变化给出几何描述；第二是对建筑物变形进行物理解释。几何分析的成果是建筑物运营状态正确性判断的基础。常用的变形分析方法有作图分析、统计分析、对比分析和建模分析。

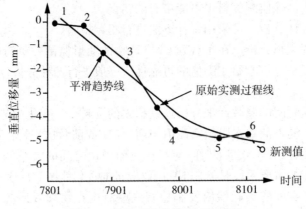

图 8-3　某测点垂直位移过程线图

1. 作图分析

　①通过绘制各观测物理量的过程线及特征原因量下的效应量过程线图，考察效应量随时间的变化规律和趋势，常用的是将观测资料按时间顺序绘制成过程线，如图 8-4、图 8-5 所示。通过观测物理量的过程线，分析其变化规律，并将其与水位、温度等过程线对比，研究相互影响关系。

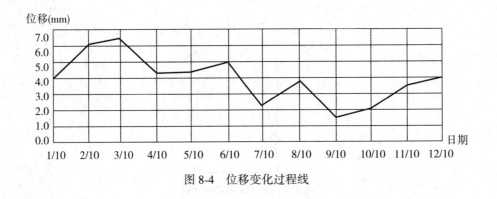

图 8-4　位移变化过程线

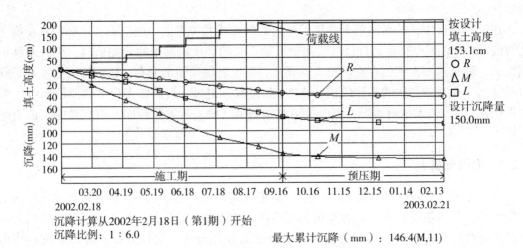

图 8-5　多测点测值过程线

②通过绘制各效应量的平面或剖面分布图(见图8-6),以考察效应量随空间的分布情况和特点。

③通过绘制各效应量与原因量的相关图,以考察效应量的主要影响因素及其相关程度和变化规律。这种方法简便、直观,特别适用于初步分析阶段。

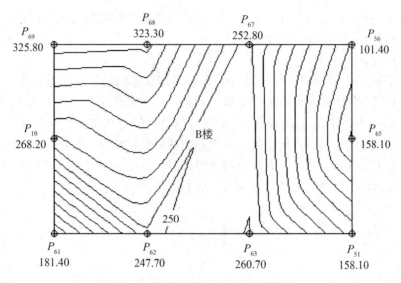

图8-6　某高层建筑基础沉降分布图

2. 统计分析

对各观测物理量历年的最大和最小值(含出现时间)、变幅、周期、年平均值及年变化率等进行统计、分析,以考察各观测量之间在数量变化方面是否具有一致性、合理性,以及它们的重现性和稳定性等。这种方法具有定量的概念,使分析成果更具实用性。

3. 对比分析

比较各次巡视检查资料,定性考察建筑物外观异常现象的部位、变化规律和发展趋势;比较同类效应量观测值的变化规律或发展趋势是否具有一致性和合理性;将监测成果与理论计算或模型试验成果相比较,观察其规律和趋势是否有一致性、合理性,并与工程的某些技术警戒值相比较,以判断工程的工作状态是否异常。

4. 建模分析

采用系统识别方法处理观测资料,建立数学模型,用以分离影响因素,研究观测物理量变化规律,进行实测值预报和实现安全控制。常用数学模型有三种:①统计模型:主要以逐步回归计算方法处理实测资料建立的模型;②确定性模型:主要以有限元计算和最小二乘法处理实测资料建立的模型;③混合模型:包括一部分用于观测物理量(如温度)的统计模型和一部分用于观测物理量(如变形)的确定性模型。这种方法能够定量分析,是长期观测资料进行系统分析的主要方法。

8.3　监测数据的预处理

监测数据的预处理主要包括:监测物理量的转换、监测数据的粗差检查以及系统误差的检验等。关于监测物理量的转换主要是将监测到的电信号转换为需要的位移、压力等物理量，这与所采用的测量仪器密切相关，读者可根据实际情况查阅有关资料。本节主要介绍粗差和系统误差的检验方法。

8.3.1 粗差检验

对于任何一个监测系统，其观测数据中或多或少会存在粗差，在变形分析的开始有必要先对观测数据进行预处理，将粗差剔除。

1. 莱依达准则

莱依达准则，即 3σ 准则。在测量中，若已采用措施消除系统误差，或已将其减至微小量，测量数据中只含有随机误差，且服从正态分布，则可认为残差 v_i 是以 0.9973 的概率出现在 $\pm 3\sigma$ 范围之内；而出现在 $\pm 3\sigma$ 以外的概率仅为 0.0027，相当微小，可以认为是不可能事件，这就有理由判定它是含有粗差的观测值。如图 8-7 所示，当 $|v_i| > 3\sigma$ 时，可将该观测值予以剔除。其中，观测数据的中误差，既可以用观测值序列本身直接进行估计，也可以根据长期观测的统计结果确定，或取经验数值。

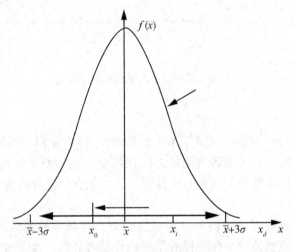

图 8-7　正态分布图

对于观测数据序列 $\{x_1, x_2, \cdots, x_N\}$，描述该序列数据的变化特征为

$$d_j = 2x_j - (x_{j+1} + x_{j-1}) \quad (j = 2, 3, \cdots, N-1) \tag{8-1}$$

这样，由 N 个观测数据可得 $N-2$ 个 d_j。这时，由 d_j 值可计算序列数据变化的统计均值 $\overline{d}$ 和均方差 $\hat{\sigma}$：

$$\overline{d} = \sum_{j=2}^{N-1} \frac{d_j}{N-2} \tag{8-2}$$

$$\hat{\sigma}_d = \sqrt{\sum_{j=2}^{N-1} \frac{(d_j - \overline{d})^2}{N-3}} \tag{8-3}$$

则 d_j 残差的绝对值与均方差的比值

$$q_j = \frac{|d_j - \bar{d}|}{\hat{\sigma}_d} \tag{8-4}$$

若 $q_j > 3$ 时，则认为 x_j 是奇异值，应予以舍弃。

2. 统计检验法

根据弹性力学理论，当相同材料的建筑物在相同的荷载作用下，如果其结构条件、材料性质及地基性质不变，则其变形量应相同。根据以上事实，可取历年同一季节、相同荷载的观测值作为同一母体的子样。假设以前的测值子样为：$\{y'_1, y'_2, y'_3, \cdots, y'_{n-1}\}$，本次测值为 y'_n，则可求得样本的均值和方差为：

$$\bar{Y} = \frac{\sum y'_i}{n-1} \quad (i=1, 2, 3, \cdots, n-1) \tag{8-5}$$

$$S = \sqrt{\frac{\sum (y'_i - \bar{Y})^2}{n-1}} \quad (i=1, 2, 3, \cdots, n-1) \tag{8-6}$$

当 $|y'_n - \bar{Y}| < KS$ 时，则认为测值无粗差，否则认为测值异常。

3. 关联分析法

在变形监测中，建筑物的水平位移、竖直位移等一般在同一部位都布有多个测点，这些测点由于其所在的地质条件、荷载条件等都十分相近，其位移变化趋势、位移量也有十分密切的联系。因此，可以利用这种相关性来相互检核监测数据是否异常。

监测数据的相关性检验，可借用回归分析的方法。假设有测点 A 与 B，其观测值分别为 y_A 与 y_B，且它们的关系可用下列多项式数学模型描述：

$$y_A = a_0 + a_1 y_B + a_2 y_B^2 + \varepsilon \tag{8-7}$$

式中，a_0、a_1、a_2 为系数；ε 为随机误差。

为估计上式中的系数 a_0、a_1、a_2，可用最小二乘法求得其估值，并可求出回归中误差 S 为：

$$S = \sqrt{\frac{\sum \varepsilon_i^2}{n-3}} \quad (i=1, 2, 3, \cdots, n) \tag{8-8}$$

式中，n 为子样个数。

利用该回归方程，就可以根据相邻测点的变形值，预计该相关测点的变形值，从而检核监测数据。在实际检验中，如异常测点的若干个关联测点在时间、方向等方面都发现类似的异常情况，则认为测值异常是由结构变化引起的，否则认为异常是由监测因素引起的。

8.3.2 系统误差检验

在监测数据中，除了存在偶然误差和可能含有粗差外，还有可能存在系统误差。在有些情况下，观测值误差中的系统误差占有相当大的比例，对这些系统误差若不加恰当的处理，势必要影响监测成果的质量，对建筑物的安全评判也将产生不利的影响。

系统误差产生的原因主要有监测仪器老化、基准点的蠕变等，它虽对结构的安全不产生影响，但对资料分析结果有一定的影响。目前，系统误差的检验方法主要有：U 检验法、均方连差检验法和 t 检验法等，下面就这些方法予以简要介绍。

1. U 检验法

将测值序列，特别是建筑物发生较大事件、监测系统更新改造或出现故障等作为分界点，将测值序列分为两组或若干组，并设 $Y_1 \sim N(\mu_1,\ \sigma_1^2)$，$Y_2 \sim N(\mu_2,\ \sigma_2^2)$，选择统计量：

$$U = \frac{Y_1 - Y_2}{\sqrt{\dfrac{S_1^2}{n_1} + \dfrac{S_2^2}{n_2}}} \tag{8-9}$$

式中，Y_1、Y_2 为两组样本的平均值；n_1、n_2 为两组样本的子样数；S_1、S_2 为两组样本的方差。

当 $|U| > U_{\alpha/2}$，则存在系统误差。否则，不存在系统误差。若观测资料存在系统误差，则在资料分析时，应设法消除系统误差的影响。

该方法适用于测值系列较长，且建筑物的时效变形已基本收敛的情况。因为，在时效变形显著时，时效变形和系统误差将难以分辨。

2. 均方连差检验法

设某母体中抽取子样 x_1，x_2，$\cdots$，x_n，则 $\dfrac{1}{n-1}\sum\limits_{i=1}^{n-1}(x_{i+1}-x_i)^2$ 称为均方连差，可用来作为统计量。若母体为 $N(\xi,\ \sigma)$，则

$$d_i = (x_{i+1} - x_i) \sim N(0,\ \sqrt{2}\sigma) \tag{8-10}$$

$$E\left(\frac{d_i^2}{2\sigma^2}\right) = 1, \qquad E(d_i^2) = 2\sigma^2 \tag{8-11}$$

若令

$$q^2 = \frac{1}{2(n-1)}\sum_{i=1}^{n-1}(x_{i+1}-x_i)^2 = \frac{1}{2(n-1)}\sum_{i=1}^{n-1}d_i^2$$

则

$$E(q^2) = \frac{1}{2(n-1)}\sum_{i=1}^{n-1}E(d_i^2) = \sigma^2$$

所以 q^2 为 σ^2 的无偏估计量，而 $\hat{\sigma}^2$ 是 σ^2 的无偏估计量，则作出统计量：

$$r = \frac{q^2}{\hat{\sigma}^2} \tag{8-12}$$

式中，$\hat{\sigma}^2$ 是观测值方差 σ^2 的无偏估计量。

如果在观测过程中，母体均值逐渐移动(有系统误差)而保持其方差 σ^2 不变，则 $\hat{\sigma}^2$ 会受到此移动的影响而变得过大，但 q^2 只包含先后连续两观测值之差，上述移动的影响会得到部分消除，所以 q^2 受移动的影响比 $\hat{\sigma}^2$ 受到的影响小。进行检验时，利用观测值算出 r 值，若 r 值过小，则认为母体均值的逐渐移动是显著的。

由于当 $n>20$ 时，r 近似正态 $N(1,\ \sigma_r)$，亦即 $\dfrac{r-1}{\sigma_r} \sim N(0,\ 1)$。此外，$\sigma_r^2 = \dfrac{1}{n+1}$，所以在检验中，原假设 $H_0: r=1$，备选假设 $H_0: r<1$，则拒绝域为 $r<r'_\alpha$。当 $n>20$ 时，拒绝域为：

$$\frac{r-1}{\sqrt{n+1}} < u'_\alpha \qquad (8\text{-}13)$$

式中，u'_α 为 $N(0, 1)$ 分布的左尾分位值。

利用均方连差检验系统误差时，可根据回归模型求得的改正数 v_i 进行检验，但由于各个 v_i 的方差 σ_{vi} 均不等，它服从

$$v_i \sim N(0, \sigma_{Vi})$$

在使用均方连差检验时，必须把它标准化，即

$$\frac{v_i}{\sigma\sqrt{1-h_{ii}}} \sim N(0, 1) \qquad (8\text{-}14)$$

大子样时（$n>20$），$\hat{\sigma}$ 为 σ 的无偏估值，以 $\hat{\sigma}$ 代替 σ，则上式可看作近似正态分布，再构成均方连差统计量，实施系统误差检验。

3. t 检验法

当测量次数较少时，按 t 分布的实际误差分布范围来判别系统误差较合理。其特点是先剔除一个可疑的观测值，然后按 t 分布检验被剔除后的测量是否含有系统误差。设不包含可疑观测值 x_d 在内，计算均值 $\bar{x}$ 和每次观测值的标准差 $\hat{\sigma}$，则当 $|x_d - \bar{x}| > k(\alpha, n) \cdot \hat{\sigma}_i$ 时，剔除坏值 x_d。其中，

$$\bar{x} = \frac{1}{n-1}\sum_{i\neq d} x_i$$

$$\hat{\sigma}_i^2 = \frac{1}{n-2}\sum_{i\neq d}(x - \widetilde{X})^2$$

$$k(\alpha, n) = t_\alpha(n-2)\left(\frac{n}{n-1}\right)^2$$

式中，$t_\alpha(n-2)$ 为 t 分布的置信系数，见表8-3。

表8-3   **t 检验 $k(\alpha, n)$ 数值表**

n \ α	0.01	0.05	n \ α	0.01	0.05	n \ α	0.01	0.05	n \ α	0.01	0.05
4	11.46	4.97	11	3.41	2.37	18	3.01	2.18	25	2.86	2.11
5	6.53	3.56	12	3.31	2.33	191	3.00	2.17	26	2.85	2.10
6	5.04	3.04	13	3.23	2.29	20	2.95	2.16	27	2.84	2.10
7	4.36	2.78	14	3.17	2.26	21	2.93	2.15	28	2.83	2.09
8	3.96	2.62	15	3.12	2.24	22	2.91	2.14	29	2.82	2.09
9	3.71	2.51	16	3.08	2.22	23	2.90	2.13	30	2.81	2.08
10	3.54	2.43	17	3.04	2.20	24	2.88	2.12	31	2.80	2.07

8.4 安全监测信息管理系统

8.4.1 监测数据管理与数据库管理系统

监测数据管理方式可分为人工管理和计算机管理。

人工管理是指采用人工量测效应量，每个测次采集到的原始资料，按规定格式记录在一定的记簿中，对这些观测值在资料处理时经可靠性检验后按时序制表或点绘过程线图与相关图，再依靠监测人员的经验和直觉来进行原因量与效应量的相关分析和对过程线进行观察，据此作出判断，最后整理归档。

由于安全监测资料需要保存的时间长、数据量大且使用频繁，采用上述的人工管理方式不仅难度大，而且容易出错。随着现代卫星测量技术、计算机技术的发展，安全监测的自动化已成为现实，为了满足现代监测自动化和实时监测分析预报的要求，监测数据管理方式已变成计算机管理。计算机管理就是利用数据库技术将采集的观测值储存起来，同时利用相关计算机软件进行检验、处理、分析、预报、判断，最后输出结果。目前计算机管理方式已从最初简单的数据管理演变成安全监测信息管理系统。安全监测信息管理系统的核心是数据库管理系统。

数据库管理系统是用户的应用程序和数据库中数据连接的一个接口。数据库管理系统包括描述数据库、建立数据库、使用数据库，对数据库进行维护的语言，系统运行、控制程序对数据库的运行进行管理和调度，以及对数据库生成、原始装入、统计、维护、故障排除等一系列的服务程序。

利用数据库管理系统技术建立的安全监测信息管理系统，由资料处理和资料解释两个既有继承关系，又有一定独立性的子系统组成，并有与资料库结合的成套应用软件系统。如图 8-8 所示为安全监测信息管理系统的逻辑结构，图 8-9 是资料库管理流程。一般而言，数据库管理系统具有以下功能：

①各种监测资料以及有关文件资料的存储、更新、增删、更改、检索和管理；

②监测资料的处理；

③监测资料的解释。

目前，我国不少单位已开始安全监测信息管理系统的开发工作。对系统的要求有以下两个方面：

①系统功能全面，运行可靠，使用简便，易于维护，有利于高效率地进行安全监测工作。

②要求使用合理的机型和软、硬件配置，便于推广、扩展，在将来必要时，可与自动采集系统连接，实现联机实时的安全监测。

8.4.2 安全监测信息管理系统实例分析

随着大型工程越来越多，安全监测信息管理系统也层出不穷，而且各有特色，但是它们仍然具有共同点，因此，本节以边坡监测信息管理系统为例，分析安全监测信息管理系统的开发过程。

边坡监测信息管理系统的主要功能是整理、分析及处理边坡监测数据，因此，根据边

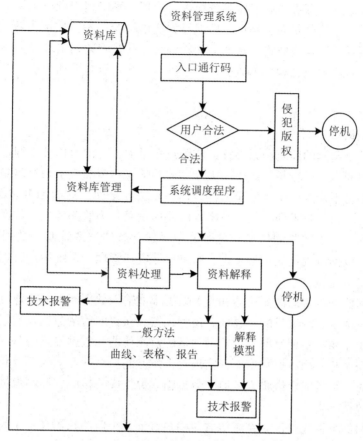

图 8-8 安全监测信息管理系统逻辑结构

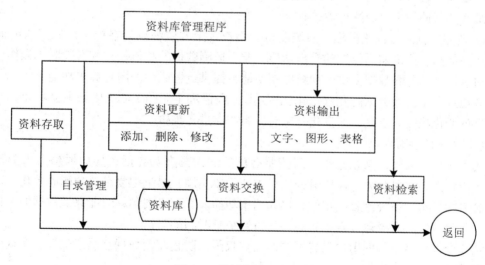

图 8-9 资料库管理流程图

187

坡系统监测工程的特点，系统设计思路如下：将边坡监测的多项监测资料通过多种手段输入系统数据库，通过计算机实施对监测资料进行管理，系统利用可视化技术实现对监测数据的查询和显示，方便监测人员操作，根据过程线模块绘制不同监测内容监测量的时间-过程曲线图，直观地反映边坡物理量的变化趋势，并在监测数据出现异常时进行预警。系统应能很方便地对监测信息和监测数据进行管理、指导安全施工和为边坡稳定性评价提供依据。

1. 系统需求分析

（1）系统总体需求

边坡工程安全监测的监测项目多样，监测点数量大，且由于边坡工程自身的特殊性和复杂性，监测时间一般都较长，产生了大量的监测信息。依靠人工来对监测信息和数据进行分析计算处理已不能满足工程安全监测及时、快速、全面、准确和可靠等方面的要求。由于计算机硬件、软件技术和可视化技术等的快速发展，为监测信息和数据的科学管理提供了新的理论基础。边坡监测信息管理系统主要建立集边坡系统监测数据采集、数据管理、数据维护、数据可视化显示和查询、监测仪器资料管理和系统用户管理于一体的多功能系统。总体要求如下：

①实现不同监测项目的监测仪器和监测数据都能输入数据库，并能通过系统程序实现对它们的管理。由于监测项目的多样性，监测仪器和获得的监测数据在数据格式上存在较大的差异。系统需要在整理目前常用监测项目的监测仪器和数据格式的基础上，建立通用的监测仪器数据库和监测数据数据库，实现对常用监测项目的监测仪器及获得的数据进行统一管理。同时，系统能提供将人工监测数据输入数据库的接口、监测数据修改、监测数据查询和监测数据导出。

②实现资料的可视化查询。系统能方便用户查询某个监测仪器在一个时间点或时间段内的监测数据，并对监测数据绘制直观的过程线。

a. 监测仪器的可视化查询。由于边坡监测项目的多样性，监测仪器的种类和监测仪器的数量都比较多而且杂，需对监测仪器进行集中统一的管理，并编号入库，方便监测工程人员在实际使用中对监测仪器的管理。

b. 监测数据的可视化操作。系统能显示用户选定的监测仪器在一个时间点或时间段内的监测数据，提供监测数据的导出功能，便于监测数据的脱机操作和其他联机操作。同时，对选取出的监测数据提供过程线绘制功能，提供过程线图的图片导出功能。

③通过设定监测数据的允许变化范围（即上限值和下限值）实现预测预警功能。当监测数据的变化幅度大于允许的变化范围时，系统应进行预警。

（2）系统性能需求

①系统界面友好，操作简单。系统要有良好的人机交互界面，界面风格力求简洁明了，突出重点，化繁为简。操作流程应尽可能简单实用，尽量把复杂的功能简单化。

②系统稳定。系统具有一定的容错和纠错功能。系统出现问题时能保证数据的无损。

③系统效率。系统运行效率较高，尽量避免长时间的等待。

④安全性。对不同的用户设置不同的操作权限，防止监测数据被恶意破坏，实现对监测数据的备份和恢复操作。

⑤一定的吞吐量。系统应具有较强的信息处理能力。

⑥可扩展性。系统在设计时，应长远地考虑到给其他可能添加的功能模块留着接口，

方便扩展。

2. 系统总体设计

系统设计应遵循先进性、实用性、可扩展性、开放性、可靠性、可维护性等原则和目标。为实现系统的易扩展和方便维护，需要把系统划分成若干个符合一定要求且相互独立的模块。根据系统的模块划分原则，系统由系统登录、用户管理、数据采集、数据管理、绘制过程线、传感器设置和系统设置 7 大功能模块共同实现，每个模块进行一系列相互关联的功能。系统功能结构图如图 8-10 所示。

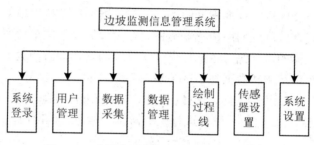

图 8-10　边坡监测信息管理功能模块结构图

（1）系统登录及用户管理

为了系统的安全，满足不同用户的使用需要，防止监测数据被恶意破坏，系统在启动后首先进入用户的登录界面。为方便监测工程人员和一般适用人员对监测数据的查看，系统对用户设置了不同的权限，即管理员和普通用户。管理员适合监测工程人员使用，能使用系统的全部功能，并能实现对用户的信息、传感器信息和监测数据信息进行更改；普通用户只能使用系统限定的功能。

当成功登录系统后，每个用户能更改自己的用户密码。当拥有管理员权限的用户进入系统后，可对系统所有用户信息进行管理，包括添加用户、删除用户、修改用户名和用户密码等。

（2）数据采集

数据采集模块主要实现监测信息和监测数据的入库操作。监测数据的来源主要有两种，一种为通过自动化监测仪器进行自动化采集所得，另一种为人工监测采集所得或系统外的监测数据。自动化采集时，通过自动化监测仪器自动接收监测数据到数据库系统中，当外界原因造成采集到的监测数据不能自动传送到自动监测预警中心时，可采用离线采集方式对监测数据进行采集；人工监测采集和有系统外来数据时，先将已有数据进行预处理成满足系统要求的固定表格格式，然后采用数据导入功能，将数据逐条导入到数据库中，从而实现自动化监测数据、人工监测数据和系统外监测数据综合入库分析，为边坡的分析提供充足的依据。

进行自动化监测仪器自动化采集时，其采集流程如下：

①自动化监测仪器按照设定的时间间隔采集数据；

②将采集到的监测数据进行封装，经过数据传送单元，采用 GPRS 数据传输或串口通信数据传输等方式将数据包传送到自动监测预警中心；

③监测预警中心接收到数据包后，对数据包进行解析，将解析出的监测项目数据存入

数据库中；

④自动化采集一般为自动进行，有时因其他外界原因造成采集到的监测数据不能自动传送到自动监测预警中心时，可采用离线采集方式，即手动触发现场自动化监测仪器进行自动采集，处理流程和上述一样。

（3）数据管理

监测数据入库后，可对已有数据进行管理。监测数据的管理主要为对数据库内的数据进行查询、删除、导出等操作。

监测数据管理实现的流程如下：

①在查询条件选择区进行选择查询的条件、在仪器类型下拉菜单罗列的系统中已有的传感器类型中选择查询监测仪器的传感器类型、在设计编号下拉菜单罗列的已选监测仪器类型下的所有监测仪器的设计编号中选择设计编号，调整查询监测数据的起始时间和终止时间，进行查询，查询结果在数据显示区中显示。

②查询显示后，可在操作工具区选择，对选中数据进行删除、全部删除和查询结果，数据可以以 Excel 格式导出，便于数据进行脱机操作和其他联机操作。

（4）绘制过程线

为直观地展示用户查询到的监测信息，需要将查询结构进行可视化显示。绘制监测数据的时间-测量值过程变化曲线能方便用户对查询结果进行直观的了解，也能掌握数据的变化量和变化趋势，为出现异常信息时的预测预警提供依据。

绘制过程线功能实现的流程如下：

①先进行监测数据的查询，操作流程和数据管理中的数据查询一样；

②选择查询的结果数据可能有多个数据项，选择要参与绘制图标的数据项。

③选择绘制图线，则选择查询到的监测数据及数据项显示在图线数据表格中，同时将监测数据的数据项以图形化的形式绘制在图像输出中。

④当需要对监测数据的多个数据项或不同监测数据的同一数据项显示在一张图像中时，先显示一个数据项，再选择其他数据项，选择加入图线，即将后来选择的数据项绘制成过程线添加到已有的图像中。

⑤图像绘制完成后，可实现对已绘制图表进行编辑；对图表的标题内容及格式和图标的边界进行设置；对图例的标题、文字的内容和格式进行设置，对图例的摆放位置进行设置；对图表的坐标轴进行设置等。

⑥对图表进行编辑完成后，可实现对已绘制和编辑好的图像进行导出和打印。

（5）传感器设置

边坡工程安全监测的监测项目和监测方式多样，涉及的传感器数据也较多，需对传感器进行统一的管理。传感器设置模块主要实现传感器的添加，对传感器资料的修改和查看。

传感器设置的实现流程如下：

①系统开始使用时，需对边坡监测工程中实际使用的传感器进行一一统计入库。可以通过点击工具栏的添加，逐条进行添加，也可以通过操作工具栏中的导入已按照固定格式录入传感器资料的表格进行批量添加。填写完成后的传感器资料可以以 Excel 表格的形式导出，以便后续查阅、资料备份及其他相关研究。

②当入库的传感器多于一个时，可以通过工具栏实现对单个传感器进行选中，也可以

直接通过右侧的传感器资料汇总表格直接选中。

③选中一个传感器资料后，可以通过工具栏和传感器资料编辑实现对传感器的删除、传感器资料的修改等操作。如根据现场实际情况调整允许传感器监测的物理量的上限值和下限值，当监测物理量大于设定的上限值或小于设定的下限值时，将启动预警功能。

（6）系统设置

系统设置模块主要应用于自动化监测时，确定自动化监测仪器和监测预警中心的数据传输方式。在系统开始运行之前，需根据监测工程中的实际使用情况进行数据传输方式选择，然后对选择的数据传输方式相关参数进行设置。如用 GPRS 网络作为数据传输时，将要设置不同监测仪器使用的移动终端号码，当用串口/RS485 进行数据传输时，需要设置数据交换时的串口号和波特率等。

对出现监测的物理量超出设定的允许物理量范围时，设定监测报警时电脑发出的声音。

3. 系统数据库设计

在信息管理系统开发设计中，数据库的设计是至关重要的，这将严重影响到后续的数据存储、分析和运用。数据库的设计中应确保数据的稳定性和准确性。在设计数据库的过程中，一个重要的步骤就是构建一个系统逻辑模型。先初步设计一个系统数据库，再根据系统的需求和工程的实际情况不断地进行修改，不断地完善设计的数据库。

系统数据库的设计应包含系统所需的所有原始数据和分析数据，同时系统中所有的事物都最好只表达一次以达到节约数据库的存储空间、达到降低成本、提高数据访问效率和避免部分数据修改后造成"脏数据"产生的目的。系统对数据库中的数据操作比较频繁，要求系统有较快的响应速度以提高系统性能。

4. 系统安全设计

监测数据作为边坡监测信息管理系统的基础，保证数据的安全是非常重要。安全合理的管理以获取的监测数据是此系统设计的重点工作之一。

（1）系统硬件保护

边坡信息管理系统中主要涉及的系统硬件为监测预警中心的客户端主机、网络设备、服务器和监测现场的监测仪器、监测数据采集模块和采集箱等。系统硬件保护主要是保护这些设备不被火灾、洪水、地震等自然灾害、被盗、使用人员误操作和其他人为、非人为破坏。保护的主要措施为在监测预警中心为监测主机采用不间断电源（Uninterruptible Power System/Uninterruptible Power Supply，UPS）提供电源、相关设备请专人看管并定期进行维护，监测主机禁止非工程人员使用，并做好使用登记。在监测现场，做好监测仪器、监测数据采集模块、采集箱及监测线缆的保护工作，如采用浇筑混凝土匣子保护监测数据采集箱，用水泥将监测线缆埋于坡面里等。

（2）系统安全防护

现在大部分计算机都是通过公共计算机网络实现数据交换，所以系统安全防护的重点工作之一是确保计算机网络通信的安全。网络通信的安全防护是系统安全防护的主要工作。要做到不随意用监测主机做浏览互联网和其他不相关事情，做到专机专用，通过系统身份验证、防火墙、数据加密等技术增加系统的安全性。

（3）数据备份与数据恢复

数据处理和访问软件平台故障、操作系统设计漏洞、系统硬件故障、人为不正当操作、网络恶意破坏和网络供电故障等都可能造成数据的永远丢失，所以时常对数据进行备份是十分重要且不可缺少的。常用数据备份方法有在本机进行复制备份、采用移动盘或者光盘备份和网络备份等。

8.4.3 总结

安全监测信息管理系统的开发，能有效地管理监测数据和信息，对监测数据进行实时采集、处理、整编、分析，能提高工作效率。安全监测信息管理系统的应用，为工程竣工验收提供了重要的数据依据，为工程运行提供了实时的安全保障。

安全监测信息管理系统实现了数据的及时、准确处理，确保了数据和处理结果的可靠性。该系统具有数据录入、浏览、查询、可视化、统计、分析、输出等功能，可以处理由各种仪器获得的数据，数据管理科学，使用方便，操作简洁，容错能力强。这种专业型信息管理系统是大型结构安全管理的必备系统，将有助于实现高水平、高效能的结构物运行安全管理。

第9章 安全监测数学模型

9.1 概述

　　安全监测工作是保证工程安全的重要手段，通过有效的安全监测工作，可以掌握和预测被监测目标的状态，及时发现可能存在的安全问题，验证和提高设计、施工水平，指导运行调度和维护抢险。安全监测工作贯穿于工程的设计、施工、运行管理整个过程，监测资料的分析与反馈是其中重要的工作内容之一，通常可以分为定性分析和定量分析两部分。定性分析通常包括对监测资料中具有代表性的观测信息进行初步整理和基本特征值统计，多期监测值对比分析，绘制观测值的变化曲线和相应的图表等，这些分析还远远不能满足安全监测分析工作的要求，因为这些图表只能用于对被监测体的状态初步定性识别，而对于其产生的变形值是否异常，变形与各种作用因素之间有何关系，预报未来变形值的大小和判断其安全的情况等问题都不可能确切地解答。因此，还必须从力学、数学等方面进行定量分析，更深入地揭示监测资料所包含的信息，描述其内在规律，并进行预测、评判和反演。其中数学模型法在水利工程、岩土工程等众多工程实践中得到了广泛应用（《土石坝安全监测资料整编规程》（DL/T 5256—2010））。

　　工程安全监测的项目内容众多，包括工作条件监测、变形监测、应力变力监测、渗压渗流及地下水监测、声学测量、视频监测等。其中变形监测具有能直接反映被监测体状态且测量精度高、测量方便等优势，已成为安全监测与分析的重点，也是本章探讨的重点。安全监测模型的种类有很多，按照建模的数学方法进行分类，可以分为统计分析模型、灰色系统模型、时间序列模型、神经网络模型等。不同的数学方法中又可以进一步细分为不同的种类，例如统计分析模型又包括多元回归模型、逐步回归模型、主成分回归模型等；灰色系统模型包括 GM（1，1）模型、GM（1，N）模型等；神经网络模型有 BP 模型、GRNN模型等。根据实际情况和分析目标的不同，适用的模型往往各不相同，通常可根据分析目的和资料的完备性进行选择，或采用多种模型进行对比。本章将分别对这些数学模型进行阐述与分析。

9.2 统计分析模型

　　通常被监测体的监测量和引起变化的因子之间的关系极为复杂，难以直接确定下来，特别是各作用因素对监测量变化的影响很难用一个确定的数学表达式来描述。但是，从数理统计的理论出发，对监测量与各种作用因素的关系进行大量的试验和观测后，仍然有可能寻找出它们之间的内在规律性。这种处理监测资料的方法称为回归分析法，建立起来的数学模型称为统计分析模型。回归分析法是数理统计中处理存在着相互关系的变量和因变量之间关系的一种有效方法，它也是目前水体工程、岩土工程等安全监测资料分析中应用最广泛的方法之一。

在监测工作中，可以通过回归分析，判断某种监测项的观测值序列与其他若干监测项相应的观测值序列间是否存在相关关系，对存在的关系给出关系表达式，并检验关系式的可信度，分析因变量和各自变量之间的影响程度，并将回归分析结果结合一定的物理力学知识，判断监测量变化规律是否正常。传统的统计分析模型有一元线性回归模型、多元线性回归模型、逐步回归分析模型等。

9.2.1 一元线性回归模型

一元线性回归模型是统计回归分析中最简单的模型，它主要处理两个变量之间的统计关系。假设随机变量 y 和自变量 x 之间存在某种相关关系，则一元线性回归分析的数学模型可以表达如下：

$$y = \alpha_0 + \alpha_1 x + \varepsilon \tag{9-1}$$

式中，a_0、a_1 为待定的回归系数；x 为作用因子；y 为监测值；$\varepsilon \sim N(0, \sigma^2)$。

对应自变量 x 的某一确定值 x_i，因变量 y 有一个数学期望 $E(y \mid x_i)$，由于期望是以 x_i 为条件的，因此称为条件数学期望。当 y 与 x 呈线性关系时，数学期望为：

$$E(y \mid x_i) = \alpha_0 + \alpha_1 x \tag{9-2}$$

式(9-1)的等式两边都有随机变量，它表示了 y 的各种可能取值；而式(9-2)是函数式，它表达了数学期望 $E(y \mid x_i)$ 与自变量之间的函数关系。这种表达因变量母体的数学期望和自变量之间的关系式称为理论回归方程。而实际上根据监测样本建立的都是经验回归方程，可以表达如下：

$$\hat{y} = \hat{a}_0 + \hat{a}_1 x_1 \tag{9-3}$$

式中，$\hat{y}$，$\hat{a}_0$，$\hat{a}_1$ 分别是对数学期望 $E(y \mid x_i)$ 和回归系数 a_0，a_1 的估计，可以称它们为经验回归值和经验回归系数。由于监测资料分析中应用的主要是经验回归方程，因此通常可以省略"经验"二字，直接将式(9-3)称为回归方程。

9.2.2 多元线性回归模型

在实际工作中，被监测体的监测量变化往往是由多种作用因素的影响而产生的综合反映。例如，对于某水工程建筑物的沉降而言，不仅与建筑物的重量有关，而且与基础的处理、岩土的力学特性、地表水的渗漏作用、地下水的活动特性等多种因素密切相关。因此，通常采用多元线性回归模型进行分析，主要用于处理多个变量之间的统计关系。多元线性回归分析的数学模型可表达如下：

$$y = \alpha_0 + \alpha_1 x_1 + \alpha_2 x_2 + \cdots + \alpha_k x_k + \varepsilon \tag{9-4}$$

式中，a_0，a_1，$\cdots$，a_k 为待确定的回归系数；x_1，x_2，$\cdots$，x_k 为作用因子；y 为监测值；$\varepsilon \sim N(0, \sigma^2)$。

经过 n 次观测（$n \geq k$），根据最小二乘原理，利用间接平差的方法列出方程式，并按如下方式求出待定系数：

$$NA + W = 0 \tag{9-5}$$

$$A = -\frac{W}{N} \tag{9-6}$$

$$F = \frac{\Delta Q_2}{\dfrac{Q_2'}{n-k}}$$

(9-18)

式中，n 为观测次数；k 为回归方程的因子个数。上式在零假设 $H_0: a_k = 0$ 下是自由度为 $(1, n-k)$ 的 F 变量。根据此自由度和选择的置信水平 α，可在 F 分布表中查得对应的 F_α 之值。如果由式（9-18）计算出的 $F > F_\alpha$，那么在所选择的置信水平 α 下，H_0 假设不可信，表明 x_k 因子回归效果显著，应予接纳入回归方程中。

如果对已经初步建立的回归方程各个因子都按照上述方法逐个地进行检验，那么各因子的显著性就可以得到判断。把作用甚微的因子剔去，而保留效果显著的因子，使建立的最终回归方程达到最优，这就是逐步回归分析。

3. 逐步回归的计算步骤

（1）首先根据经验或对监测值与外界作用因子间的初步分析，确定回归方程的初选模型及各个因子（包括初选因子和备选因子）。

（2）经回归计算建立回归方程，在此方程中找出系数 $|\hat{a}_i|$ 为最小者，并将其剔除出回归方程后，重新进行回归计算，建立新的回归方程。

（3）计算上一次回归方程的残差平方和 Q_2 和新的回归方程之残差平方和 Q_2'，求出两者的差值 $\Delta Q_2 = Q_2 - Q_2'$，组成式（9-18）的统计检验量 F，并进行 F 检验。若检验表明该因子作用不显著，则正式剔除出回归方程，否则仍应将之保留在方程内。然后，再对第二个系数 $|\hat{a}_i|$ 较小的因子进行显著性检验，直到全部因子检验结束为止。逐步回归中，每剔除一个因子后均必须重新建立回归方程。

（4）进行全部因子显著性检验后，应对最后所建立的回归方程作回归效果显著性的检验。如果效果不太理想，则可把备选因子或另一些未被考虑的因子逐个加入此方程中，并对新加入的因子逐个地进行显著性检验，直到回归方程中各因子作用都显著，而且回归效果也很理想，就可以得到最优回归方程。

4. 回归因子的初选

回归分析中所选的因子必须与变量密切相关，这样的回归方程才是有效的。因此，对确定的回归问题，首要之事是必须清楚地了解监测值与可能起作用的因子之间的关系，并初步地找出它们之间通常存在的函数关系形式。把这些因子有目的地选入回归方程中，才能使回归方程顺利而迅速地建立起来。下面以变形监测为例进行说明：

（1）初选因子的确定，通常可以借助于各种图表的分析进行。变形监测资料初步整理中，通常要绘制出各种观测量的变化过程线及图表，利用这些图表可以直观地分析各观测量与变形值的相关特性。

（2）初选因子的确定，除了需要借助于图表外，还需要凭经验和假设来选择一些因子。例如，坝体水平位移除了与库水位有关外，还应考虑是否与库水位的二次方、三次方甚至更高次方有关。

（3）物体的变形是受到应力作用后产生的，所以回归模型的初选因子也可由初步分析产生变形的各种因素而确定。例如，大坝位移的回归模型就可对作用在坝体上的荷载来分析。影响大坝变形的因素主要考虑为上、下游水位，温度变化对坝体的影响以及混凝土和坝基岩体的时效变形作用。

(4)此外，还可以由较完整的结构应力分析确定初选因子。例如，通过结构应力分析，可知库水深对重力坝水平位移的影响通常与水深的一次、二次、三次方的因子有关。在回归分析中，可选 H、H^2、H^3 作为回归模型的水位作用因子。

通过以上各种途径确定初选因子，就可以进行逐步回归建模。例如，对于大坝水平位移的逐步回归模型，通常选择如下形式：

$$y = a_0 + \sum_{i=1}^{4} a_i H^i + \sum_{j=1}^{m} b_j T_j + c_1 \theta + c_2 \ln\theta \qquad (9\text{-}19)$$

式中，H^i 为水位；T_j 为温度计读数；$\theta = \dfrac{t_i}{100}$ 为时效因子；t_i 为观测时刻距初始时刻的天数；y 为位移量。

如果坝体上温度测点极少，并且没有水温的实测资料，估计到大坝运行数年后，坝体内温度的变化与大气温度密切相关，而大气温度又与一年所处的季节有直接联系，可以选一年 365 天为周期的项作为回归因子，得到以下回归模型：

$$y = a_0 + \sum_{i=1}^{4} a_i H^i + b_1 \sin G + b_2 \cos G + b_3 \sin^2 G + b_4 \sin G \cos G + c_1 \theta + c_2 \ln\theta \quad (9\text{-}20)$$

式中，H^i 为水位；$G = \dfrac{2\pi t_i}{365}$；$\theta = \dfrac{t_i}{100}$ 为时效因子；t_i 为观测时刻距初始时刻的天数；y 为位移量。

9.2.4 算例分析

统计分析模型目前在水体工程、岩土工程等安全监测资料分析中应用广泛，是最主要的分析方法之一。本节以大坝变形监测为例进行说明，利用某大坝某坝段引张线监测点的水平位移实测值序列来建立监测模型，观测数据共 153 期，影响大坝变形的主要因素包括水位、温度、时效等。根据上一小节的分析，对于大坝水平位移的逐步回归模型，如果坝体上温度测点极少，并且没有水温的实测资料，考虑到坝体内温度的变化与大气温度密切相关，而大气温度又与一年所处的季节有直接联系，可以选一年 365 天为周期的项作为回归因子，通常可选择如式(9-20)所示的回归模型。

首先按照影响因子对边坡变形作用的显著程度，从大到小依次逐个引入回归方程。当引入的因子由于后续因子的引入而变得不显著时，则将其剔除出回归方程，每一次引入回归因子后都要进行统计检验以保证回归方程中只包括显著因子。按此方法进行逐步回归分析(显著水平 α 取 0.05)，可得到回归方程如下：

$$y = 2110.5641 - 43.8624H + 0.2981H^2 - 0.0008H^3 + 2.8124\sin G$$
$$- 2.0145\cos G - 0.3011\ln\theta \qquad (9\text{-}21)$$

可以看出，最终入选回归方程的影响因子分别为水位因子 3 个、温度因子 2 个、时效因子 1 个。经计算，模型的复相关系数 R 为 0.935，标准差为 1.061，其拟合结果如图 9-1 所示。从逐步回归分析原理和模型结构可以看出，该位移 y 与水位、温度、时效的关系都很密切。可以根据拟合结果了解位移与主要作用因素的关系，并进一步掌握其规律，预测未来的位移。

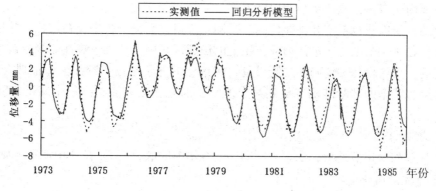

9.3 灰色系统模型

安全监测模型的建立既要依靠实际监测获得的资料信息，又要以所研究对象的物理力学机理为基础。然而在工程实践中，计算方法、材料性质、监测误差等诸多方面均存在理论不够完善、认识不够明确的情况。20世纪80年代，我国原华中理工大学邓聚龙教授提出了灰色系统理论，它是用来解决信息不完备系统的数学方法。该理论把控制论的观点和方法延伸到复杂的大系统中，将自动控制与运筹学的数学方法相结合，用独树一帜的方法和手段，研究了广泛存在于客观世界中具有灰色性的问题。经过多年的发展与应用，灰色系统理论有了飞速的发展，已在社会系统、经济系统、生态系统、水利水文、岩土工程和灾害预测等领域得到了广泛应用，具有广阔的发展前景。

9.3.1 灰色系统理论的基本概念

1. 灰色系统基本原理

灰色系统中所谓的"灰"是相对"黑""白"而言的。"黑"表示信息缺乏，"白"表示信息充分，当信息不完全、不充分时，则可以用"灰"来表示。与上述概念相对应，信息未知的系统称为黑色系统，信息完全明确的系统称为白色系统，而信息不完全的系统称为灰色系统。信息不完全一般指：①系统因素不完全明确；②因素关系不完全清楚；③系统结构不完全知道；④系统的作用原理不完全明了。

由灰色系统的信息不完全特点可派生出灰色系统理论的两个基本原理：信息不完全原理和过程非唯一原理。信息不完全原理是"少"与"多"的辩证统一，是"局部"与"整体"之间的相对转化。过程非唯一原理是由于灰色系统理论的研究对象信息不完全，准则具有多重性，从前因到后果，往往是"多对多"映射，因而表现为过程非唯一性，具体表现在解的非唯一，辨识参数非唯一，模型非唯一，决策方法、结果非唯一等方面。

2. 灰数、灰元、灰关系

灰数、灰元、灰关系是灰色现象的特征，是灰色系统的标志。灰数是指信息不完全的数，即只知大概范围而不知其确切值的数，所以灰数不是一个数，而是一个数集，记为$\otimes$；灰元是指信息不完全的元素；灰关系是指信息不完全的关系。

研究灰色系统的关键在于如何处理灰元；如何使系统淡化或白化，即从结构上、模型上、关系上由灰变白，或使系统的白度增加。灰色系统理论认为，由灰变白不是绝对的，而是相对的，所以灰色系统允许在建模、预测、决策、数据分析中存在灰数，并把预测和决策目标定在某一范围的灰平面内或灰靶上的满意区域内。这种思想在监测分析中是符合实际情况的，无论目前多精确的观测设备、多细致的分析手段，都无法保证拟合的规律、预测的结果、状态的判断准确定量到某个值上，因此往往只能给出一个满足实际要求的区域。

3. 灰数的白化值

所谓灰数的白化值是指，令 a 为区间，a_i 为 a 中的数，若 $\otimes$ 在 a 中取值，则称 a_i 为 $\otimes$ 的一个可能的白化值。

4. 灰色系统数据的生成

将原始数据列 x 中的数据 $x(k)$，$x = \{x(k) \mid k = 1, 2, \cdots, n\}$ 按某种要求作数据处理，称为数据生成，例如建模生成与关联生成。

5. 累加生成与累减生成

累加生成与累减生成是灰色系统理论与方法中占据特殊地位的两种数据生成方法，常用于建模，也称建模生成。

累加生成(Accumulated Generating Operation，AGO)，即对原始数据列中各时刻的数据依次累加，从而形成新的序列。

设原始数列为

$$x^{(0)} = \{x^{(0)}(k) \mid k = 1, 2, \cdots, n\} \tag{9-22}$$

对 $x^{(0)}$ 作一次累加生成(1-AGO)

$$x^{(1)}(k) = \sum_{i=1}^{k} x^{(0)}(i) \tag{9-23}$$

即得到一次累加生成序列

$$x^{(1)}(k) = \{x^{(1)}(k) \mid k = 1, 2, \cdots, n\} \tag{9-24}$$

若对 $x^{(0)}$ 作 m 次累加生成(记作 m -AGO)，则有

$$x^{(m)}(k) = \sum_{i=1}^{k} x^{(m-1)}(i) \tag{9-25}$$

累减生成(Inverse Accumulated Generating Operation，IAGO)是 AGO 的逆运算，即对生成序列的前后两数据进行差值运算。

$$\begin{cases} x^{(m-1)}(k) = x^{(m)}(k) - x^{(m)}(k-1) \\ \cdots \\ x^{(0)}(k) = x^{(1)}(k) - x^{(1)}(k-1) \end{cases} \tag{9-26}$$

m -AGO 和 m -IAGO 的关系是

$$x^{(0)} \xleftarrow[m-\text{IAGO}]{m-AGO} x^{(m)} \tag{9-27}$$

9.3.2 GM(1, 1)模型

灰色模型是与灰微分方程对应的，灰色系统理论通过对一般微分方程的剖析以及对序列的灰导数的定义，可利用离散数据序列建立近似的微分方程模型。设非负离散数列为

$x^{(0)} = \{x^{(0)}(1), x^{(0)}(2), \cdots, x^{(0)}(n)\}$ ，n 为序列长度。对 $x^{(0)}$ 进行一次累加生成，即可得到一个生成序列：$x^{(1)} = \{x^{(1)}(1), x^{(1)}(2), \cdots, x^{(1)}(n)\}$ 。

对此生成序列建立一阶微分方程，记为 GM(1,1)：

$$\frac{\mathrm{d}x^{(1)}}{\mathrm{d}t} + \otimes ax^{(1)} = \otimes u \tag{9-28}$$

式中，$\otimes a$ 和 $\otimes u$ 是灰参数，其白化值为 $\hat{a} = [a \quad u]^{\mathrm{T}}$，用最小二乘法求解，得

$$\hat{a}(a \quad u)^{\mathrm{T}} = (\boldsymbol{B}^{\mathrm{T}} \boldsymbol{-} \boldsymbol{B})^{-1} \boldsymbol{B}^{\mathrm{T}} y_N \tag{9-29}$$

式中，

$$\boldsymbol{B} = \begin{bmatrix} -\dfrac{1}{2}(x^{(1)}(2) + x^{(1)}(1)) & 1 \\ -\dfrac{1}{2}(x^{(1)}(3) + x^{(1)}(2)) & 1 \\ \vdots & \vdots \\ -\dfrac{1}{2}(x^{(1)}(n) + x^{(1)}(n-1)) & 1 \end{bmatrix}, \qquad \boldsymbol{y}_N = \begin{bmatrix} x^{(0)}(2) \\ x^{(0)}(3) \\ \vdots \\ x^{(0)}(n) \end{bmatrix}$$

因此可以获得方程的灰色求解，即得到了 GM(1,1) 模型的参数。对应的时间响应函数为：

$$\hat{x}_1^{(1)}(k+1) = \left(x^{(1)}(0) - \frac{u}{a}\right)\mathrm{e}^{-ak} + \frac{u}{a}, \quad k = 1, 2, \cdots, n \tag{9-30}$$

取 $x^{(1)}(0) = x^{(0)}(1)$ ，则最终时间响应函数为：

$$\hat{x}_1^{(1)}(k+1) = \left(x^{(0)}(1) - \frac{u}{a}\right)\mathrm{e}^{-ak} + \frac{u}{a}, \quad k = 1, 2, \cdots, n \tag{9-31}$$

对 $\hat{x}^{(1)}(k+1)$ 作累减生成(IAGO)，可得还原数据：

$$\hat{x}_1^{(1)}(k+1) = \hat{x}_1(k+1) - \hat{x}_1^{(1)}(k)$$

或

$$\hat{x}^{(0)}(k+1) = (1 - \mathrm{e}^a)\left(x^{(0)}(1) - \frac{u}{a}\right)\mathrm{e}^{-ak} \tag{9-32}$$

式(9-31)、式(9-32)即为灰色预测的两个基本模型。当 $k < n$ 时，称 $\hat{x}^{(0)}(k)$ 为模型模拟值；当 $k = n$ 时，称 $\hat{x}^{(0)}(k)$ 为模型滤波值；当 $k = n$ 时，称 $\hat{x}^{(0)}(k)$ 为模型预测值。

GM(1,1) 模型对应的是 1 个变量的 1 阶灰微分方程，它是单序列建模，只用到系统的行为序列，没有外作用序列。在模型中，称参数 a 为 GM(1,l) 模型的发展系数，它反映了 $\hat{x}^{(1)}$ 及 $\hat{x}^{(0)}$ 的发展态势。u 为灰色作用量，是从背景值挖掘出来的数据，它反映数据变化的关系，其确切内涵是灰的，灰色作用量的存在是区别灰色建模与一般输入输出建模(黑箱建模)的分水岭。

对于灰色模型，有三种方式检验、判断模型的精度，即评定模型的拟合程，分别为：残差大小检验、关联度检验和后验差检验三种。其中，残差大小检验是对模型值和实际值的误差进行逐点检验；关联度检验是通过考察模型值与建模序列曲线的相似程度进行检验；后验差检验则是对残差分布的统计特性进行检验，它由后验差比值 C 和小误差概率 P 共同描述。灰色模型的精度通常用后验差方法检验，具体方法如下：

设原始序列为 $x^{(0)}(k) = [x^{(0)}(1), x^{(0)}(2), \cdots, x^{(0)}(n)]$ ，由 GM(1,1) 模型

得到拟合值序列为：$\hat{x}^{(0)} = \{ \hat{x}^{(0)}(1), \hat{x}^{(0)}(2), \cdots, \hat{x}^{(0)}(n) \}$，则可按下式计算残差为：

$$e(k) = x^{(0)}(k) - \hat{x}^{(0)}(k), \qquad k = 1, 2, \cdots, n \qquad (9\text{-}33)$$

记原始数列 $x^{(0)}$ 及残差数列 e 的方差分别为 S_1^2, S_2^2，则

$$S_1^2 = \frac{1}{n} \sum_{k=1}^{n} (x^{(0)}(k) - \bar{x}^{(0)})^2 \qquad (9\text{-}34)$$

$$S_2^2 = \frac{1}{n} \sum_{k=1}^{n} (e(k) - \bar{e})^2 \qquad (9\text{-}35)$$

式中，$\bar{x}^{(0)} = \frac{1}{n} \sum_{k=1}^{n} x^{(0)}(k)$，$\bar{e} = \frac{1}{n} \sum_{k=1}^{n} e(k)$。然后，可按式(9-36)、式(9-37)计算后验差比值 C 和小误差概率 P：

$$C = \frac{S_2}{S_1} \qquad (9\text{-}36)$$

$$P = \{ |e(k)| < 0.6745 S_1 \} \qquad (9\text{-}37)$$

如表 9-1 所示，根据 C, P 取值可以判断模型精度等级，其中模型精度等级为 C 和 P 值所在级别的较大值。

表 9-1 模型精度等级

模型精度等级	P	C
1 级(好)	$0.95 \leqslant P$	$C \leqslant 0.35$
2 级(合格)	$0.80 \leqslant P < 0.95$	$0.35 < C \leqslant 0.5$
3 级(勉强)	$0.70 \leqslant P < 0.80$	$0.5 < C \leqslant 0.65$
4 级(不合格)	$P < 0.70$	$0.65 < C$

9.3.3 GM(1, N)模型

在灰色系统理论中，由 GM(1, N)模型描述的系统状态方程，提供了系统主行为与其他行为因子之间的不确定性关联的描述方法，它根据系统因子之间发展态势的相似性，来进行系统主行为与其他行为因子的动态关联分析。

GM(1, N)是一阶的 N 个变量的微分方程型模型，令 $x_1^{(0)}$ 为系统主行为因子，$x_i^{(0)}$ ($i=2,3, \cdots, N$)为行为因子，则

$$x_1^{(0)} = (x_1^{(0)}(1), x_1^{(0)}(2), \cdots, x_1^{(0)}(n)) \qquad (9\text{-}38)$$

$$x_i^{(0)} = (x_i^{(0)}(1), x_i^{(0)}(2), \cdots, x_i^{(0)}(n)) \qquad (9\text{-}39)$$

式中，n 是数据序列的长度，记 $x_i^{(0)}$ 是 $x_i^{(0)}$ ($i=1, 2, \cdots, N$)的一阶累加生成序列，则 GM(1, N)白化形式的微分方程为：

$$\frac{dx_1^{(1)}}{dt} + a x_1^{(1)} = b_1 x_2^{(1)} + b_2 x_3^{(1)} + \cdots + b_{N-1} x_N^{(1)} \qquad (9\text{-}40)$$

将上式离散化，且取 $x_i^{(1)}$ 的背景值后，便可构成下面的矩阵形式：

$$\begin{bmatrix} x_i^{(0)}(2) \\ x_i^{(0)}(3) \\ \vdots \\ x_i^{(0)}(n) \end{bmatrix} = a\begin{bmatrix} -z_1^{(1)}(2) \\ -z_1^{(1)}(3) \\ \vdots \\ -z_1^{(1)}(n) \end{bmatrix} + b_1\begin{bmatrix} x_2^{(1)}(2) \\ x_2^{(1)}(3) \\ \vdots \\ x_2^{(1)}(n) \end{bmatrix} + \cdots + b_{N-1}\begin{bmatrix} x_N^{(1)}(2) \\ x_N^{(1)}(3) \\ \vdots \\ x_N^{(1)}(n) \end{bmatrix} \tag{9-41}$$

式中，$z_1^{(1)}(k) = \dfrac{1}{2}\left[x_1^{(1)}(k) + x_1^{(1)}(k-1)\right]$，$k = 2, 3, \cdots, n$。

令

$$\underset{(n-1)\times1}{\boldsymbol{y}_N} = \begin{bmatrix} x_1^{(0)}(2) \\ x_1^{(0)}(3) \\ \vdots \\ x_1^{(0)}(n) \end{bmatrix}, \qquad \underset{(n-1)\times N}{\boldsymbol{B}_N} = \begin{bmatrix} -z_1^{(1)}(2) & x_2^{(1)}(2) & \cdots & x_N^{(1)}(2) \\ -z_1^{(1)}(3) & x_2^{(1)}(3) & \cdots & x_N^{(1)}(3) \\ \vdots & \vdots & & \vdots \\ -z_1^{(1)}(n) & x_2^{(1)}(n) & \cdots & x_N^{(1)}(n) \end{bmatrix} \tag{9-42}$$

$$\underset{N\times1}{\hat{\boldsymbol{a}}} = \begin{bmatrix} a & b_1 & b_2 & \cdots & b_{N-1} \end{bmatrix}^{\mathrm{T}}$$

则式(9-41)可写成下面的形式：

$$\boldsymbol{y}_N = \boldsymbol{B}\hat{a} \tag{9-43}$$

由最小二乘法，可求得参数 $\hat{a}$ 的计算式为：

$$\hat{a} = (\boldsymbol{B}^{\mathrm{T}}\boldsymbol{B})^{-1}\boldsymbol{B}^{\mathrm{T}}\boldsymbol{Y}_N \tag{9-44}$$

将求得的参数值 $\hat{a}$ 代入式(8-33)，解此微分方程，可求得响应函数为：

$$\hat{x}_1^{(1)}(k+1) = \left[x^{(1)}(1) - \frac{b_1}{a}x_2^{(1)}(k+1) - \cdots - \frac{b_{N-1}}{a}x_N^{(1)}(k+1)\right]\mathrm{e}^{-ak} + \frac{b_1}{a}x_2^{(1)}(k+1) +$$

$$\frac{b_2}{a}k_3^{(1)}(k+1) + \cdots + \frac{b_{N-1}}{a}x_N^{(1)}(k+1) \tag{9-45}$$

由式(9-45)，可以根据 k 时刻的已知值 $x_2^{(1)}(k+1)$，$x_3^{(1)}(k+1)$，$\cdots$，$x_N^{(1)}(k+1)$ 来预报同一时刻的 $\hat{x}_1^{(1)}(k+1)$，并求其还原值：

$$\hat{x}_1^{(1)}(k+1) = \hat{x}_1^{(1)}(k+1) - \hat{x}_1^{(1)}(k) \tag{9-46}$$

9.3.4　算例分析

灰色系统模型不需要大量观测数据，且对观测数据的分布没有特殊的要求，因此在实际工作中应用广泛。本节以某市地铁隧道运营期沉降监测为例进行说明。在沉降观测过程中，引起地铁隧道沉降的因素众多，且彼此之间的关系难以确定，根据 9.3.1 节的分析，灰色模型理论正好可以满足这种需求，可建立 GM(1, 1)灰色模型来对地铁轨行区的沉降变形进行预测。监测点位于断面周围，每个断面布设 5 个监测棱镜，选择某一监测点的监测数据进行分析，按基本等时间间隔选取 18 期数据进行分析。9.3.2 节中式(9-31)、式(9-32)为灰色预测的两个基本模型。利用 GM(1, 1)模型对前 14 期数据进行拟合分析，然后利用后 4 期数据进行预测检验。按式(9-29)求解式中发展系数 a 和灰色作用量 u，代入式(9-30)求得 GM(1, 1)模型的时间响应函数：

$$\hat{x}_1^{(1)}(k+1) = 15.478\mathrm{e}^{0.1044k} - 15.478, \qquad k = 1, 2, \cdots, n \tag{9-47}$$

按式(9-32)对 $\hat{x}^{(1)}(k+1)$ 作累减生成(IAGO)，可得还原数据，即拟合模型为：

$$\hat{x}^{(0)}(k+1) = (1 - e^{-0.1044}) \cdot 15.478e^{0.1044k} , \quad k = 1, 2, \cdots, n \qquad (9\text{-}48)$$

采用后验差方法对模型进行检验，按式(9-36)、式(9-37)进行计算，可求得后验差比值 C 为 0.3199 和小误差概率 P 为 1，其拟合结果如图 9-2 所示。从拟合曲线可以看出，随着累计沉降量不断增大，拟合效果明显变差，拟合精度会不断降低，仅利用传统的 GM(1, 1)灰色模型不适用于长期预测，需要对模型进行改进。

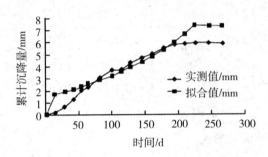

图 9-2 沉降实测序列与 GM(1, 1)模型拟合曲线

9.4 时间序列模型

无论是按时间序列排列的观测数据还是按空间位置顺序排列的观测数据，数据之间或多或少存在统计自相关现象。然而长期以来，安全监测数据分析与处理的方法往往假设观测数据是统计上独立或互不相关的，如回归分析法等。这类统计方法是一种静态的数据处理方法，从严格意义上说，它不能直接应用于所考虑的数据是统计相关的情况。

20 世纪 20 年代后期，时间序列分析方法开始引起了广泛关注，它是根据系统观测得到的时间序列数据，通过曲线拟合和参数估计来建立数学模型的理论和方法，是系统辨识与系统分析的重要方法之一。时间序列分析的特点在于：逐次的观测值通常是不独立的，且分析必须考虑到观测资料的时间顺序，当逐次观测值相关时，未来数值可以由过去的观测资料来预测，可以利用观测数据之间的自相关性建立相应的数学模型来描述客观现象的动态特征。

9.4.1 ARMA 模型

ARMA 模型的全称是自回归滑动平均模型(Auto-Regressive Moving Average Model, ARMA)，它是目前最常用的拟合平稳序列的模型。其基本思想是：对于平稳、正态、零均值的时间序列 $\{x_t\}$，若 x_t 的取值不仅与其前 n 步的各个取值 x_{t-1}，x_{t-2}，$\cdots$，x_{t-n} 有关，而且还与前 m 步的各个干扰 a_{t-1}，a_{t-2}，$\cdots$，a_{t-m} 有关(n，$m=1, 2, \cdots$)，则按多元线性回归的思想，可得到一般的 ARMA 模型：

$$x_t = \varphi_1 x_{t-1} + \varphi_2 x_{t-2} + \cdots + \varphi_n x_{t-n} - \theta_1 a_{t-1} - \theta_2 a_{t-2} - \cdots - \theta_m a_{t-m} + a_t \qquad (9\text{-}49)$$
$$a_t \sim N(0, \sigma_0^2)$$

式中，φ_i（$i = 1, 2, \cdots, n$）称为自回归（Auto-Regressive）参数；θ_j（$j = 1, 2, \cdots, m$）称为滑动平均（Moving Average）参数；$\{a_t\}$ 为白噪声序列。式（9-49）称为 x_t 的自回归滑动平均模型，记为 ARMA（n，m）模型。

该模型有几种特殊情况，当 $\theta_j = 0$ 时，模型（9-49）变为：

$$x_t = \varphi_1 x_{t-1} + \varphi_2 x_{t-2} + \cdots + \varphi_n x_{t-n} + a_t \tag{9-50}$$

式（9-50）称为 n 阶自回归模型，记为 AR（n）。

当 $\varphi_i = 0$ 时，式（9-46）变为：

$$x_t = a_t - \theta_1 a_{t-1} - \theta_2 a_{t-2} - \cdots - \theta_m a_{t-m} \tag{9-51}$$

式（9-51）称为 m 阶滑动平均模型，记为 MA（m）。

ARMA（n，m）模型是时间序列分析中最具代表性的一类线性模型。它与回归模型的根本区别就在于：回归模型可以描述随机变量与其他变量之间的相关关系，但是对于一组随机观测数据 x_1，x_2，$\cdots$，即一个时间序列 $\{x_t\}$，回归模型却不能描述其内部的相关关系；实际上，某些随机过程与另一些变量取值之间的随机关系往往无法用任何函数关系式来描述。这时，需要采用这个随机过程本身的观测数据之间的依赖关系来揭示这个随机过程的规律性。x_t 和 x_{t-1}，x_{t-2}，$\cdots$，同属于时间序列 $\{x_t\}$，是序列中不同时刻的随机变量，彼此相互关联，带有记忆性和继续性，是一种动态数据模型。

例如，一元线性回归模型 $y_t = bx_t + \varepsilon_t$，$\varepsilon_t \sim N(0, \sigma^2)$，表达了在相同的 t 时一个随机变量 y_t 与另一变量 x_t 之间的相关关系，不能涉及它们在不同时刻的关系。而一阶自回归模型 $x_t = \varphi_1 x_{t-1} + a_t$，$a_t \sim N(0, \sigma_0^2)$ 则表达了在不同 t 时一个随机过程本身观测数据之间的关系，即表达了时间序列 $\{x_t\}$ 内部的相关关系。因而，一元线性回归模型乃至多元线性回归模型只是一个静态模型，它是对随机变量的静态描述。但是，一阶自回归却能表示不同时刻同一随机过程内部的相关性。因而，AR（1）模型乃至所有的时间序列模型是动态模型，是对随机过程的动态描述。

从系统分析的角度，建立 ARMA 模型所用的时间序列 $\{x_t\}$，可视为某一系统的输出，对式（9-49）引进线性后移算子 B：$B^k x_t = x_{t-k}$，$B^k a_t = a_{t-k}$；并令 $\varphi(B) = 1 - \varphi_1 B - \varphi_2 B^2 - \cdots - \varphi_n B^n$，$\theta(B) = 1 - \theta_1 B - \theta_2 B^2 - \cdots - \theta_m B^m$，则有

$$x_t = \frac{\theta(B)}{\varphi(B)} a_t \tag{9-52}$$

显然，若视 a_t 是输入，x_t 是输出，则式（9-52）的 ARMA 模型描述了一个传递函数为 $\dfrac{\theta(B)}{\varphi(B)}$ 的系统。由于 ARMA 模型只是基于 $\{x_t\}$ 建立起来的模型，因此不论系统的输入是否可观测，它都没有利用系统输入的任何信息，而总是将白噪声 $\{a_t\}$ 视为输入。

9.4.2　ARMA 模型建立的一般步骤

ARMA 模型建立的一般步骤如图 9-3 所示，具体包括以下四个阶段：

（1）建模的准备阶段。初始数据的获取要求数据能准确真实地反映建模系统的行为状态，对数据首先要进行分析和检验，这主要包括粗差（奇异点）剔除和数据补损，对 Box 法还需进行正态性、平稳性和零均值性的检验，对不符合平稳化要求的序列要进行数据的预处理，处理方法主要有差分处理和提取趋势项两种，而采用 DDS 法对数据的平稳化处

理则可灵活进行。

（2）模型的结构选择与调整。Box 法运用自相关分析法来判定模型的类别、阶次，DDS 法则先用统一的模型结构 ARMA($2n$, $2n-1$)进行处理。

（3）模型参数估计。模型结构确定后，就要选取适当的方法按照一定的原则进行参数估计，从而得到一个完整的时序模型。

（4）但是所建模型是否就是最佳模型呢？这就需要进行模型的适用性检验，以便最终确定序列的合适模型。对不适用的模型，则需返回进行模型结构的调整，经过反复的估计与调整过程，最终得到适用模型。

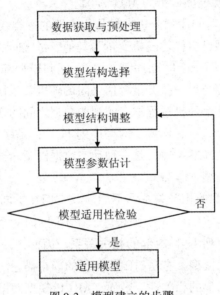

图 9-3　模型建立的步骤

9.4.3　ARMA 的 Box 建模方法

Box 法又称为 Box-Jenkins 或 B-J 法。该方法从统计学的角度出发，不论是模型形式和阶数的判断，还是模型参数的初步估计和精确估计，都离不开相关函数，常用的函数有自相关函数、偏相关函数、逆函数、格林函数、功率谱函数等。如上一节所示，该方法的建模过程主要包括数据检验与预处理、模型识别、模型参数估计、模型检验和模型预测等步骤。

1. ARMA 模型识别

模型识别是时间序列建模的第一个阶段，也是 Box 建模法的关键。Box 法通常以自相关分析为基础来识别模型并确定模型阶数，即对时间序列求其本期与不同滞后期的一系列自相关函数和偏相关函数，以此来识别时间序列的特性。其中，自相关函数和偏相关函数的定义如下：

一个平稳、正态、零均值的随机过程 $\{x_t\}$ 的自协方差函数为：

$$R_k = E(x_t x_{t-k}) \quad (k = 1, 2, \cdots, n) \quad (9-53)$$

当 $k = 0$ 时，得到 $\{x_t\}$ 的方差函数 σ_x^2 ：

$$\sigma_x^2 = R_0 = E(x_t^2) \tag{9-54}$$

则自相关函数定义为：

$$\rho_k = \frac{R_k}{R_0} \tag{9-55}$$

显然，$0 \leqslant \rho_k \leqslant 1$。

自相关函数提供了时间序列及其构成的重要信息，即自相关函数对 MA 模型具有截尾性，而对 AR 模型则不具备截尾性。

已知 $\{x_t\}$ 为一平稳时间序列，若能选择适当的 k 个系数 φ_{k1}，φ_{k2}，$\cdots$，φ_{kk}，可将 x_t 表示为 x_{t-i} 的线性组合：

$$x_t = \sum_{i=1}^{k} \varphi_{ki} x_{t-i} \tag{9-56}$$

当这种表示的误差方差

$$J = E\left[\left(x_t - \sum_{i=1}^{k} \varphi_{ki} x_{t-i} \right)^2 \right] \tag{9-57}$$

为极小时，则定义最后一个系数 φ_{kk} 为偏自相关函数（系数）。φ_{ki} 的第一个下标 k 表示能满足定义的系数共有 k 个，第二个下标 i 表示是这 k 个系数中的第 i 个。

可以证明偏自相关函数对 AR 模型具有截尾性，而对 MA 模型具有拖尾性。表 9-2 列出了初步识别平稳时间序列模型类型的依据。

表 9-2 模型识别

类别 \ 模型	AR(n)	MA(m)	ARMA(n,m)
模型方程	$\varphi(B)x_t = a_t$	$x_t = \theta(B)a_t$	$\varphi(B)x_t = \theta(B)a_t$
自相关函数	拖尾	截尾	拖尾
偏相关函数	截尾	拖尾	拖尾

在实际中，所获得的观测数据只是一个有限长度为 N 的样本值，可以计算出样本自相关函数 $\hat{\rho}_k$ 和样本偏相关函数 $\hat{\varphi}_{kk}$，它们可由下面的计算公式得到：

设有限长度的样本值为 $\{x_t\}$（$t = 1, 2, \cdots, N$），其自协方差函数的估计值 $\hat{R}_k$ 和 $\hat{R}_0$ 的计算公式为：

$$\hat{R}_k = \frac{1}{N-k} \sum_{i=k+1}^{n} x_t x_{t-k}, \quad k = 0, 1, 2, \cdots, N-1 \tag{9-58}$$

或

$$\hat{R}_k = \frac{1}{N} \sum_{i=k+1}^{n} x_t x_{t-k}, \quad k = 0, 1, 2, \cdots, N-1 \tag{9-59}$$

$$\sigma_x^2 = \hat{R}_0 = \frac{1}{N} \sum_{i=1}^{n} x_t^2 \tag{9-60}$$

于是

$$\hat{\rho}_k = \hat{R}_k / \hat{R}_0, \quad k = 0, 1, 2, \cdots, N-1 \tag{9-61}$$

式(9-58)与式(9-59)只是在分母上略有不同，但是，理论上可以证明由式(9-59)确定的 $\hat{R}_k$ 具有一系列的优点，它可构成非负定列，它是 R_k 的渐近无偏估计，且具有相容性、渐近正态分布等特点。而由式(9-58)确定的 $\hat{R}_k$，仅仅只是 R_k 的无偏估计。当然，当 $N \to \infty$ 时，这两者是一致的。

根据偏自相关函数的定义，将式(9-57)分别对 φ_{ki}（$i = 1$，2，$\cdots$，k）求偏导数，并令其等于 0，可得到

$$\rho_i - \sum_{j=1}^{k} \varphi_{kj} \rho_{j-i} = 0 \tag{9-62}$$

在式(9-62)中，分别取 $i = 1$，2，$\cdots$，k，共可得到 k 个关于 φ_{kj} 的线性方程。考虑到 $\rho_i = \rho_{-i}$ 的性质，将这些方程整理并写成矩阵形式为：

$$\begin{pmatrix} \rho_0 & \rho_1 & \cdots & \rho_{k-1} \\ \rho_1 & \rho_0 & \cdots & \rho_{k-2} \\ \vdots & \vdots & \ddots & \vdots \\ \rho_{k-1} & \rho_{k-2} & \cdots & \rho_0 \end{pmatrix} \begin{pmatrix} \varphi_{k1} \\ \varphi_{k2} \\ \vdots \\ \varphi_{kk} \end{pmatrix} = \begin{pmatrix} \rho_1 \\ \rho_2 \\ \vdots \\ \rho_k \end{pmatrix} \tag{9-63}$$

利用式(9-63)可解得所有系数 φ_{k1}，φ_{k2}，$\cdots$，φ_{kk-1} 和偏自相关函数 φ_{kk}。偏自相关函数对 AR 模型的截尾特性可用来判断是否可对给定时序 $\{x_t\}$ 拟合 AR 模型，并确定 AR 模型的阶数。例如，可按式(9-63)从 $k = 1$ 开始求 φ_{11}，然后令 $k = 2$ 求 φ_{21}，φ_{22}，令 $k = 3$ 求 φ_{31}，φ_{32}，φ_{33}，直至出现 $\varphi_{kk} \approx 0$ 时，就认为 $\{x_t\}$ 为 AR 序列，AR 模型的阶数为 $k - 1$，AR($k-1$)模型的参数为 $\varphi_i = \varphi_{(k-1)i}$（$i = 1$，$2$，$\cdots$，$k - 1$）。当然，如同对 MA 模型的截尾特性一样，只能通过 $\hat{\rho}_k$ 来计算估值 $\hat{\varphi}_{kk}$，因此利用 $\hat{\varphi}_{kk}$ 来判断也不一定准确。

样本自相关函数 $\hat{\rho}_k$ 和样本偏相关函数 $\hat{\varphi}_{kk}$ 是 ρ_k 和 φ_{kk} 的估计值，可以根据 $\{\hat{\rho}_k\}$ 和 $\{\hat{\varphi}_{kk}\}$ 的渐近分布来进行模型阶数的判断：

(1)设 $\{x_t\}$ 是正态的零均值平稳 MA(m)序列，则对于充分大的 N，$\hat{\rho}_k$ 的分布渐近于正态分布 $N\left(0, \left(\dfrac{1}{\sqrt{N}}\right)^2\right)$，于是有：

$$p\left\{ |\hat{\rho}_k| \leqslant \frac{1}{\sqrt{N}} \right\} \approx 68.3\% \tag{9-64}$$

$$p\left\{ |\hat{\rho}_k| \leqslant \frac{2}{\sqrt{N}} \right\} \approx 95.4\% \tag{9-65}$$

$$p\left\{ \left| \hat{\rho}_k \leqslant \frac{3}{\sqrt{N}} \right| \right\} \approx 99.7\% \tag{9-66}$$

于是，$\hat{\rho}_k$ 的截尾性判断如下：首先计算 $\hat{\rho}_1$，$\cdots$，$\hat{\rho}_M$（一般 $M < \dfrac{N}{4}$，常取 $M = \dfrac{N}{10}$ 左右），因为 m 的值未知，故令 m 从小到大取值，分别检验 $\hat{\rho}_{m+1}$，$\hat{\rho}_{m+2}$，$\cdots$，$\hat{\rho}_M$ 满足

$$|\hat{\rho}_k| \leqslant \frac{1}{\sqrt{N}} \quad \text{或} \quad |\hat{\rho}_k| \leqslant \frac{2}{\sqrt{N}} \tag{9-67}$$

的比例是否占总个数 M 的 68.3% 或 95.4%。第一个满足上述条件的 m 就是 $\hat{\rho}_k$ 的截尾处，

即 MA(m)模型的阶数。

（2）设 $\{x_t\}$ 是正态的零均值平稳 AR(n)序列，则对于充分大的 N，$\hat{\varphi}_{kk}$ 的分布也渐近于正态分布 $N\left(0, \left(\dfrac{1}{\sqrt{N}}\right)^2\right)$，所以，可类似于步骤(1)对 $\hat{\varphi}_{kk}$ 的截尾性进行判断。

（3）若 $\{\hat{\rho}_k\}$ 和 $\{\hat{\varphi}_{kk}\}$ 均不截尾，但收敛于零的速度较快，则 $\{x_t\}$ 可能是 ARMA(n，m)序列，此时阶数 n 和 m 较难于确定，一般采用由低阶向高阶逐个试探的方法，如取 （ n，m ）为(1，1)，(1，2)，(2，1)，…直到经检验认为模型合适为止。

由相关分析识别出模型类型后，若是 AR(n)或 MA(m)模型，此时模型阶数 n 或 m 已经确定，则可以直接运用时间序列分析中的参数估计方法求出模型参数。但若是 ARMA（ n，m)模型，此时模型阶数 n，m 未定，只能从 $n=1$，$m=1$ 开始采用某一参数估计方法对 $\{x_t\}$ 拟合 ARMA(n，m)，进行模型适用性检验，如果检验通过，则确定 ARMA(n，m)为适用模型。否则，令 $n=n+1$ 或 $m=m+1$ 继续拟合，直至搜索到适用模型为止。n，m 的搜索方案如图 9-4 所示。

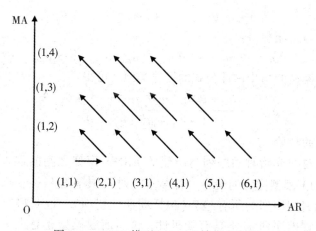

图 9-4　ARMA 模型(n，m)搜索方案图

2. ARMA 模型参数的初步估计

在经过模型识别并确定模型阶数的前提下，可以利用时间序列的自相关系数对模型参数进行初步估计。具体实现过程如下：

（1）p 阶自回归模型参数的初步估计

p 阶自回归模型 AR(p)的公式为：

$$x_t = \varphi_1 x_{t-1} + \varphi_2 x_{t-2} + \cdots + \varphi_p x_{t-p} + a_t \tag{9-68}$$

对于 $k=1$，2，…，p，方程式(9-68)两边同乘 $x_{t\,k}$，可得

$$x_t \cdot x_{t-k} = \varphi_1 x_{t-1} \cdot x_{t-k} + \varphi_2 x_{t-2} \cdot x_{t-k} + \cdots + \varphi_p x_{t-p} \cdot x_{t-k} + a_t \cdot x_{t-k}$$

$$E(x_t \cdot x_{t-k}) = \varphi_1 E(x_{t-1} \cdot x_{t-k}) + \varphi_2 E(x_{t-2} \cdot x_{t-k}) + \cdots + \varphi_p E(x_{t-p} \cdot x_{t-k}) + 0$$

即

$$R_k = \varphi_1 R_{k-1} + \varphi_2 R_{k-2} + \cdots + \varphi_p R_{p-k}$$

故

$$\begin{cases} R_1 = \varphi_1 + \varphi_2 R_1 + \cdots + \varphi_p R_{p-1} \\ R_2 = \varphi_1 R_1 + \varphi_2 + \cdots + \varphi_p R_{p-2} \\ \qquad \cdots \\ R_p = \varphi_1 R_{p-1} + \varphi_2 R_{p-2} + \cdots + \varphi_p \end{cases} \tag{9-69a}$$

或

$$\begin{cases} \rho_1 = \varphi_1 R_{p-1} + \varphi_2 R_{p-2} + \cdots + \varphi_{p-1} \\ \rho_2 = \varphi_1 \rho_1 + \varphi_2 \rho_0 + \cdots + \varphi_p \rho_{p-2} \\ \qquad \cdots \\ \rho_p = \varphi_1 \rho_{p-1} + \varphi_2 \rho_{p-2} + \cdots + \varphi_p \rho_0 \end{cases} \tag{9-69b}$$

这就是著名的 Yule-Walker 方程。根据式(9-69)可求得 φ_1，φ_2，…，φ_p。

（2）q 阶移动平均模型 MA(q)参数的初步估计

q 阶移动平均模型 MA(q)的公式为；

$$x_t = a_t - \theta_1 a_{t-1} - \theta_2 a_{t-2} - \cdots - \theta_q a_{t-q} \tag{9-70}$$

对于时滞 $t - k$，

$$x_{t-k} = a_{t-k} - \theta_1 a_{t-k-1} - \theta_2 a_{t-k-2} - \cdots - \theta_q a_{t-k-q} \tag{9-71}$$

式(9-70)与式(9-71)式相乘得：

$$x_t \cdot x_{t-k} = (a_t - \theta_1 a_{t-1} - \theta_2 a_{t-2} - \cdots - \theta_q a_{t-q})(a_{t-k} - \theta_1 a_{t-k-1} - \theta_2 a_{t-k-2} - \cdots - \theta_q a_{t-k-q}) \tag{9-72}$$

与 p 阶自回归模型的初步估计公式的推导类似，可得：

$$\rho_k = \frac{-\theta_k + \theta_1 \theta_{k+1} + \theta_2 \theta_{k+2} + \cdots + \theta_{q-k} \theta_q}{1 + \theta_1^2 + \theta_2^2 + \cdots + \theta_q^2} \tag{9-73}$$

3. ARMA 模型的检验

通常，可以通过对原始时间序列与所建的 ARMA 模型之间的误差序列 a_t 进行检验，来实现对所建 ARMA 模型优劣的检验。若误差序列 a_t 具有随机性，这就意味着所建立的模型已包含了原始时间序列的所有趋势(包括周期性变动)，说明将所建立的模型应用于预测是合适的；若误差序列 a_t 不具有随机性，说明所建模型还有进一步改进的余地，应重新建模。

误差序列的这种随机性可以利用自相关分析图来判断。这种方法比较简便直观，但检验精度不太理想。博克斯和皮尔斯于 1970 年提出了一种简单且精度较高的模型检验法，这种方法称为博克斯-皮尔斯 Q 统计量法。Q 统计量可按下式计算：

$$Q = n \sum_{k=1}^{m} \rho_k^2 \tag{9-74}$$

式中，m 为 ARMA 模型中所含的最大的时滞；n 为时间序列的观测值的个数。

对于给定的置信概率 $1 - \alpha$，可查 χ^2 分布表中自由度为 m 的 χ^2 值 $\chi_\alpha^2(m)$，将 Q 与 $\chi_\alpha^2(m)$ 比较。若 $Q \leqslant \chi_\alpha^2(m)$，则判定所选用的 ARMA 模型是合适的，可以用于预测；若 $Q > \chi_\alpha^2(m)$，则判定所选用的 ARMA 模型不适用于预测的时间序列数据，应进一步改进模型。

9.5　神经网络模型

20 世纪 40 年代初，心理学家 W. McCulloch 和数学家 W. Pitts 从数理逻辑的角度提出了神经元和神经网络最早的模型 MP 模型，学术界从而开始了关于人工神经网络的研究。人工神经网络(Artificial Neural Network，ANN)是由大量简单的高度互联的处理元素(神经元)所组成的复杂网络计算机系统，是基于模仿大脑神经网络结构和功能而建立的一种信息处理系统。从某种意义上讲，人工神经网络是对生物神经网络(biological neural network，BNN)的一种极其简单的抽象。经过几十年的发展，尽管人工神经网络的能力远远不及人脑那样强大，但已经具有一些与人脑相类似的特点，其在信息的分布式存储、数据的并行处理以及利用外界环境中的信息进行学习的能力等方面都与人脑相似。而在安全监测工作中，由于人工神经网络具有自学习、自组织、自适应性等优势，因此能够在输入因子与输出因子的数学关系不明确的情况下，对监测数据进行分析，并具有很好的容错性，有着十分广泛的应用前景。

9.5.1 神经网络基本原理

1. 神经元

人工神经网络的信息处理是由神经元之间的相互作用来实现，并以大规模并行分布进行。信息的存储体现在网络中神经元互联分布形式上，网络的学习和识别取决于神经元之间权重的动态变化过程。每个神经元向邻近的其他神经元发送抑制或激励信号，整个网络的信息处理通过全部神经元间的相互作用完成。

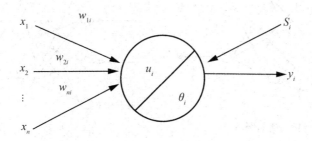

图 9-5　神经元处理单元结构

图 9-5 为神经元处理单元的基本结构，它是人工神经网络的基本组成单元，也称为节点。神经元一般是多输入、单输出的非线性元件。在图 9-5 中，x_j 为神经元的输入信号，u_i 为神经元的内部状态，w_{ij} 为 x_j 对 u_i 的连接权值，θ_i 为阈值，S_i 为内部状态的反馈信息，y_i 为网络输出信号。上述神经元模型可以用数学表达式来描述：

$$\begin{cases} \sigma_i = \sum_{j=1}^{n} w_{ij}x_j + S_i - \theta_i \\ u_i = f(\sigma_i) \\ y_i = g(u_i) \end{cases} \tag{9-75}$$

式(9-75)表明，σ_i 是输入信号加权、内部状态的反馈信号和阈值的代数和，亦称为第 i 个神经元的净输入；$f(\cdot)$ 为神经元的活化规则(激励函数)；$g(\cdot)$ 为神经元的输出规则(转换函数)。在简化情况下，神经元不存在内部状态，此时 $y_i = f(\sigma_i)$。

2. 神经网络的激励函数

激励函数又称转移函数或传输函数，它描述了生物神经元的转移特性，可以用特定的

211

激励函数满足神经元要解决的特定问题，常用的激励函数有：①线性函数：即函数的输出等于输入，或者再乘以一个比例系数 k。②阈值型函数：又称硬极限函数或阶跃函数，即当函数的自变量小于 0 时，函数的输出为 0；当函数的自变量大于或等于 0 时，函数的输出为 1。③Sigmoid 函数(S 形函数)：该激励函数的输入量在 $(-\infty, +\infty)$ 之间取值，输出值则在 $(0, 1)$ 之间取值，其函数表达式为：

$$f(x) = \frac{1}{1 + e^{-\lambda x}} \tag{9-76}$$

其中，λ 为常数。

S 形函数反映了神经元的饱和特性，在有限范围内有抑制噪声的作用。由于其连续可导，调节曲线的参数可以得到类似阈值函数的功能，所以该函数的应用比较广泛。

3. 神经网络的拓扑结构

决定神经网络信息处理性能的三大要素分别为神经元的信息处理特性、神经网络的拓扑结构、神经网络的学习方式。其中，神经网络的拓扑结构规定并制约着神经网络的性质及信息处理能力的大小，因此，其在整个神经网络设计过程中有着举足轻重的地位。根据网络连接方式的不同，可以将人工神经网络模型分为以下四种类型：

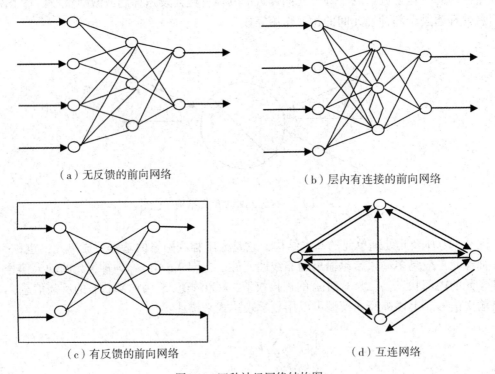

（a）无反馈的前向网络　　　　　　（b）层内有连接的前向网络

（c）有反馈的前向网络　　　　　　（d）互连网络

图 9-6　四种神经网络结构图

①无反馈的前向网络。该类型比较简单，神经元分为输入层、中间层(也称隐含层)和输出层三部分进行分层排列，每一层的神经元只接受来自前一层神经元的输入，后面的层对前面的层没有反馈。如感知器网络和 BP 神经网络都属于前向网络，其结构图如图 9-6(a)所示。

②层内互连的前向网络。网络与第一种类型的基本结构类似，但在同一层内的神经元

之间有相互连接。通过如此设计,可以实现同层神经元之间的横向抑制或兴奋机制,这样可以限制每层内同时动作的神经元数,其结构图如图9-6(b)所示。

③有反馈的前向网络。网络仍有输入层、隐含层和输出层三部分组成,但输出层对输入层有信息反馈,这种网络适用于存储某种模式序列。如神经认知机和回归 BP 网络都属于这种类型,其结构图如图9-6(c)所示。

④互连网络。这种网络结构中的任意两个神经元之间都可能存在连接,信号在神经元之间反复往返传递,网络始终处于一种不断改变的动态过程中,最终可能达到稳定、周期性振动或混沌等平衡状态。如 Hopfield 网络和 Boltzmann 机均属于这种类型,其结构图如图9-6(d)所示。

9.5.2 BP 神经网络

BP 神经网络(Back-Propagation Neural Network)是神经网络中应用最广泛的一类模型,由美国加利福尼亚州的 Rumelhart、McCkekkand 等人于 1986 年提出。它是一种采用误差反向传播算法训练(简称 BP 算法)的多层前向神经网络,本质上是一种输入到输出的非线性映射。BP 网络的计算关键在于通过反向传播来不断调整网络的权值和阈值,使得网络的误差平方和最小。

标准的 BP 神经网络模型由三个层次组成,包括输入层、隐含层和输出层。上下层之间实现全连接,而同层神经元之间无连接,如图9-7所示。当一对学习样本提供给网络后,激活值从输入层经隐含层向输出层传递,在输出层的各神经元获得网络的最终响应。另一方面,根据实际输出与理想输出之间差值最小化的原则,将误差从输出层反向经过隐含层传回输入层,从而逐层调整各连接权值。

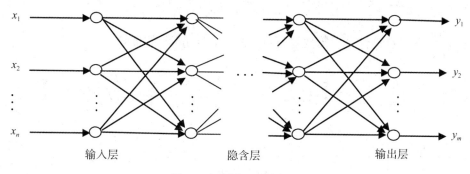

图 9-7 BP 神经网络结构

设输入层神经元以 i 编号,隐含层神经元以 j 编号,输出层神经元以 k 编号。设有 $X = (x_1, x_2, \cdots, x_n)$ 表示神经元的输入,w_{ij} 表示输入层到隐含层的连接权,w_{jk} 表示隐含层到输出层的连接权,则隐含层第 j 个神经元的输入为:

$$\text{net}_j = \sum_{i=1}^{n} w_{ji} x_i - \theta_j \tag{9-77}$$

进而第 j 个神经元的输出为:

$$o_j = f(\text{net}_j) \tag{9-78}$$

输出层第 k 个神经元的输入为:

$$\text{net}_k = \sum_{i=1}^{j} w_{kj} o_j - \theta_k \tag{9-79}$$

其相应的输出为:

$$o_k = f(\text{net}_k) \tag{9-80}$$

BP 网络学习过程中的误差反向传播过程是通过选择一个目标函数最小化来完成的,而目标函数一般为实际输出与理想输出之间的误差平方和,可以利用梯度下降法推导出计算公式。

设第 k 个输出神经元的理想输出为 t_{pk},而实际输出为 o_{pk},则所求系统平方误差为:

$$E = \frac{1}{2p} \sum_p \sum_k (t_{pk} - o_{pk})^2 \tag{9-81}$$

式中,p 表示学习样本数;E 表示目标函数。

顾及表示形式的简洁,省略下标 p,式(9-76)可改写为:

$$E = \frac{1}{2} \sum_k (t_k - o_k)^2 \tag{9-82}$$

根据梯度下降法,权值(包含阈值)的增量 Δw_{kj} 应与梯度 $\dfrac{\partial E}{\partial w_{kj}}$ 成正比,即

$$\Delta w_{kj} = -\eta \frac{\partial E}{\partial w_{kj}} \tag{9-83}$$

则输出层到隐含层权值修正公式为:

$$\Delta w_{kj} = \eta(t_k - o_k) o_k (1 - o_k) o_j = \eta \delta_k o_j \tag{9-84}$$

隐含层到输入层权值修正公式为:

$$\Delta w_{ji} = -\eta \frac{\partial E}{\partial w_{ji}} = -\eta \frac{\partial E}{\partial o_j} \frac{\partial o_j}{\partial \text{net}_j} \frac{\partial \text{net}_j}{\partial w_{ji}} = -\eta \frac{\partial E}{\partial o_j} o_j (1 - o_j) x_i \tag{9-85}$$

由于 $\dfrac{\partial E}{\partial o_j}$ 无法直接计算,需要进行进一步 $\Delta w_{ji} = \eta \delta_j x_i$ 的推导:

$$\frac{\partial E}{\partial o_j} = \sum_k \frac{\partial E}{\partial \text{net}_k} \frac{\partial \text{net}_k}{\partial o_j} = \sum_k \left(\frac{\partial E}{\partial \text{net}_k} \right) \left(\frac{\partial \left(\sum_j w_{kj} o_j \right)}{\partial o_j} \right) = \sum_k \left(\frac{\partial E}{\partial \text{net}_k} \right) w_{kj} = -\sum_k \delta_k w_{kj} \tag{9-86}$$

把式(9-86)代入式(9-85)可得

$$\Delta w_{ji} = \eta \delta_j x_i \tag{9-87}$$

其中,η 为学习速率;$\delta_k = (t_k - o_k) o_k (1 - o_k)$;$\delta_j = o_j (1 - o_j) \sum_k \delta_k w_{kj}$。

从上述推导过程可知,如果要求出隐含层的输出误差 δ_j,必须先已知输出层的误差 δ_k,换而言之,在学习过程中需要首先求得输出层到隐含层的权值修正值,然后再求出隐含层到输出层的权值修正值,因此把这一过程称为误差反向传播过程。

9.5.3 广义回归神经网络

广义回归神经网络(General Regression Neural Network),简称 GRNN 模型,是由 Specht 等人于 1991 年提出的一种有导师学习的神经网络,是径向基神经网络的一种变化形式。该模型建立在非线性回归分析的基础上,以样本数据为后验条件,依据概率最大原

则计算网络输出，具有很强的非线性映射能力和学习速度。

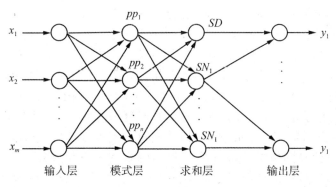

图 9-8　广义回归神经网络结构图

广义回归神经网络采用如图 9-8 所示的拓扑结构，分为四层：输入层、模式层、求和层和输出层。设输入变量为 $\boldsymbol{X} = [x_1, x_2, \cdots, x_m]^{\mathrm{T}}$，对应的输出变量为 $\boldsymbol{Y} = [y_1, y_2, \cdots, y_l]^{\mathrm{T}}$，输入向量的维数 m 即为输入层中神经元的数目，而输出向量的维数 l 则为输出层中的神经元数目。模式层的各神经元分别对应所有的学习样本，神经元的数目则等于学习样本的数目，记为 n，其工作是进行加权。采用欧氏距离，则该层每个神经元的传递函数为：

$$pp_i = \exp\left[-\frac{(\boldsymbol{X} - \boldsymbol{X}_i)^{\mathrm{T}}(\boldsymbol{X} - \boldsymbol{X}_i)}{2\sigma^2}\right] \quad (i = 1, 2, \cdots, n) \tag{9-88}$$

其中，$\boldsymbol{X}$ 就是网络的输入变量；而 $\boldsymbol{X}_i$ 是第 i 个神经元对应的学习样本。因此，模式层第 i 个神经元的输出，是网络的输入变量 $\boldsymbol{X}$ 与第 i 个神经元对应的学习样本 $\boldsymbol{X}_i$ 之间欧氏距离的指数形式。求和层可以采用两种类型的神经元进行求和：一种是简单求和，一种是加权求和。简单求和部分是对所有模式层神经元的输出进行算术求和，其与模式层各神经元的连接权值为 1，故传递函数为：

$$SD = \sum_{i=1}^{n} pp_i \tag{9-89}$$

求和层的加权求和部分是对所有神经元的输出进行加权求和，模式层中第 i 个神经元与加权求和部分第 j 个神经元的连接权值是学习样本中第 i 个输出样本 Y_i 中的第 j 个观测值 y_{ij}，即其传递函数为：

$$SN_j = \sum_{i=1}^{n} y_{ij} pp_i \quad (j = 1, 2, \cdots, l) \tag{9-90}$$

网络计算的最后一步是给出输出层各单元值，即计算出 $\boldsymbol{Y} = [y_1, y_2, \cdots, y_l]^{\mathrm{T}}$，也就是将求和层中加权求和部分的输出与简单求和部分的输出相除，即

$$y_j = \frac{SN_j}{SD} \quad (j = 1, 2, \cdots, l) \tag{9-91}$$

从上述计算过程可以看出，GRNN 模型在训练学习过程中只有一个参数 σ 需要调整。当训练样本确定时，各神经元之间的权值也就随之确定，要调节的只是平滑参数 σ。而 BP 模型在训练中需要不断调整网络的阈值与权值，以期获得较好的收敛效果，这是两类模型的不同点之一，从计算角度来看，GRNN 模型计算相对快捷。

9.5.4 小波神经网络

小波分析(Wavelet Analysis)是 20 世纪 80 年代中期发展起来的一门数学理论和方法，由法国科学家 Grossman 和 Morlet 等人在进行地震信号分析时提出，是时间–频率分析领域的一种新技术。由于小波变换能够反映信号的时频局部特性和聚焦特性，而神经网络在信号处理方面具有自学习、自适应、鲁棒性、容错性等能力。如何把两者的优势结合起来是人们一直关注的问题。1992 年，法国著名的信息科学研究机构的 Zhang Qinghua 等人提出了小波神经网络，它是基于小波变换而构成的神经网络模型，即用非线性小波基代替通常的神经元非线性激励函数(如 Sigmoid 函数)，通过仿射变换建立起小波变换与网络系数之间的连接。小波神经网络把小波变换与神经网络理论有机地结合起来，充分继承了两者的优点：它不仅避免了神经网络结构设计的盲目性和局部最优等非线性优化问题，大大简化了训练，而且具有较强的函数学习能力和推广能力。近几年来，国内外学者围绕小波神经网络展开了大量研究，其中小波与前馈神经网络的结合是小波神经网络的主要研究方向。

1. 小波神经网络的结构形式

根据小波分析理论与神经网络结合的特点，小波神经网络可以分为以下两类：

(1)松散式结合

小波分析和神经网络的松散式结合，也称为辅助式结合，即将小波分析作为神经网络的前置预处理手段，对输入特征向量进行预处理。小波和神经网络的松散式结合又可以分为两种方式：一种是将输入信号进行一次小波变换，在小波域进行必要的信号处理，然后再把信号进行逆变换处理，最后将处理后的信号作为神经网络的输入，其结构如图 9-9(a)所示。此过程相当于利用小波变换对信号进行分析，然后利用小波逆变换对信号进行重建；另一种结合方式是将输入信号进行小波变换，然后把变换后的小波域信号直接作为神经网络的输入，因为经过小波变换已经把一个混频信号分解为若干个互不重叠的频带中的信号，相当于对原始信号进行了滤波或者检波。这时将其作为神经网络的输入也可以取得较好的效果，其结构如图 9-9(b)所示。

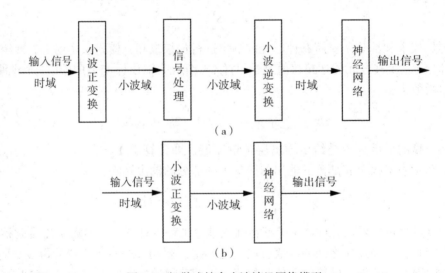

图 9-9　松散式结合小波神经网络模型

（2）紧密式结合

小波分析和神经网络的紧密式结合，也称为嵌套式结合，其基本思想是：采用小波函数代替传统神经网络隐含层激励函数，同时将相应输入层到隐含层的权值和隐含层阈值分别由小波基函数的尺度参数和平移参数所代替。这是目前广泛采用的一种结构形式，其结构如图 9-10 所示。

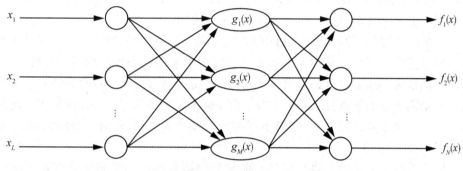

图 9-10　紧密式结合小波神经网络模型

2. 小波神经网络的分类

根据分类标准的不同，可以对小波神经网络进行不同的分类。按照网络激活函数和学习参数的不同，可以将图 9-10 所示的小波神经网络结构分为 3 种形式：

（1）连续参数的小波神经网络

它来源于连续小波变换的定义，Zhang Qinghua 首次提出的小波网络模型就属于此类型，其特点是基函数的定位不局限于有限离散值，冗余度高，展开式不唯一，无法固定小波参数与函数之间的对应关系。这种网络可以指导网络的初始化和参数选取，使网络具有较简单的拓扑结构和较快的收敛速度。该神经网络的输出可表示为：

$$f_k(x) = \sum_{j=1}^{M} \omega_{jk} g_j(x) = \sum_{j=1}^{M} \omega_{jk} g\left(\frac{\sum_{i=1}^{L} \omega_{ij} x_i b_j}{a_j} \right) \quad (k = 1, \ 2, \ \cdots, \ N) \tag{9-92}$$

其中，$g_j = g\left(\dfrac{x - b_j}{a_j} \right)$ 为小波函数；a_j，b_j 分别为该小波基函数的尺度参数和平移参数。

（2）基于框架的小波神经网络

它来源于离散仿射小波变换的反演方程，其理论基础为小波框架。这种网络的可调参数只有权值，且与输出呈线性关系，可通过最小二乘或其他优化方法修正权值。该模型的特点为物理概念清楚、可调参数少、简单易行。此时网络的输出可表示为：

$$f_k(x) = \sum_{j=1}^{M} \omega_{jk} g_j(x) = \sum_{j=1}^{M} \omega_{jk} g\left(\sum_{i=1}^{L} \omega_{ij} a_0^{-m_j} x - n_j b_0 \right) \quad (k = 1, \ 2, \ \cdots, \ N) \tag{9-93}$$

其中，a_0 和 b_0 分别为基函数伸缩和平移的基本单位。

（3）基于多分辨分析的正交小波网络

基函数为 $L^2(R)$ 中的正交小波函数基，主要理论依据为 Mallat 的多分辨分析和 Daubechies 的紧支撑正交小波。这种网络的最显著特点是隐含层节点有小波函数节点（ψ 节点）和尺度函数节点（φ 节点）组成。当尺度足够大时，忽略小波细节分量，网络输出可以以任意精度逼近，但是正交基构造即网络学习算法较复杂，网络抗干扰能力较差。其学习算法是由 Moody 于 1989 年提出的，该算法给出了网络输出在不同尺度上逼近的递推方法，具体过程可以描述为：

$$f_{M-N}(x) = \sum_{k=1}^{n_M} a_{Mk} \varphi_{Mk}(x) + \sum_{m=1}^{N} \sum_{k_m=1}^{2^{m-1}n_M} d_{mk_m} \psi_{mk_m}(x) \tag{9-94}$$

式中，M 为函数逼近的最粗尺度（即最小分辨率）；n_M 为由给定的逼近误差自适应确定的尺度函数 φ 的个数；$f_{M-N}(x)$ 为在 2^{M-N} 分辨率上对函数的逼近。

通常，按照小波基在网络中作用的不同，还可以将小波神经网络分为：激活函数型小波网络和权重型小波网络。其中第一种类型的网络中采用小波函数代替了传统的 Sigmoid 函数，激活函数为小波函数集，即用小波元代替了原来神经元的非线性特性；而第二种类型的网络中采用小波函数集充当若干组权重值，输入信号是信号与小波的内积。此外，还可以是上述两种类型的综合，如选取不同的小波基在网络中分别充当激活函数和权重函数。

而按照小波的维数不同，也可以将小波神经网络分为：一维小波网络和多维小波网络。其中，一维小波网络建立在 $L^2(R)$ 域中一维小波变换基础上，理论研究比较成熟，应用也比较多；多维小波网络在一维小波的基础上利用直积定义多维母波，或者利用张量积构造多维正交多分辨率分析，并在此基础上可构造多维小波网络。多维小波一般具有方向性，但是神经网络应用中对小波的方向性并没有要求，因此可用一个各向同性的函数通过平移和伸缩产生多维小波框架。

9.5.5 算例分析

工程建设的复杂性很难用一种固定的数学模型进行描述，在大坝的实际运行管理阶段，影响大坝形变的因素众多，建设初期建立的数学模型往往难以对大坝运行后的情况做出准确的预测。根据上一节的分析，当不需要给出监测值与作用因子之间的明确关系表达式，或者在具体工程中难以获得理想的关系式时，可以考虑采用神经网络模型。本节选取某大坝监测点安全运营阶段的累积沉降数据进行分析，由于小波神经网络通过小波分析和人工神经网络的结合，加快了神经网络的收敛速度，节省了得到最优解的计算时间。因此，可将两者结合为工程监控进行预测预报。

按照 9.5.4 节介绍的方法建立模型，在网络的建立过程中选择 Morlet 小波函数作为隐含层激励函数，具体如下：

$$f(x) = \cos(5x) \, \mathrm{e}^{\frac{x^2}{2}} \tag{9-95}$$

采用常用的三层网络结构，隐含层节点数的确定是整个网络构建的关键问题，根据隐节点个数对网络整体输出的贡献率来确定其数量。当隐节点个数的增加对网络整体输出的影响小于某个值时，认为隐节点数已经足够对大坝监测数据进行描述，即达到网络的最优结构。采用目标函数的二阶梯度信息代替一阶梯度下降算法，并结合间接平差理论对网络进行训练，提高网络的收敛速度。

观测点在某大坝运营期间共有 37 期数据，其沉降过程曲线如图 9-11 所示。将 37 期观测数据分为两部分，前 30 期数据作为训练样本对网络参数进行训练，后 7 期数据作为检验样本，对沉降预测结果进行分析。

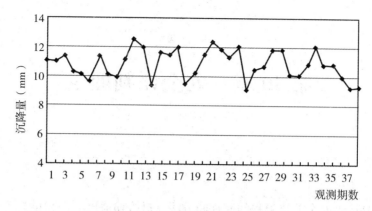

图 9-11　大坝运营期间某观测点沉降过程曲线

经过实验，计算得出网络隐节点个数为 7，增长因子为 1.4，初始步长为 0.5 时，网络最优。分别采用小波神经网络和 BP 神经网络模型进行预测，预测结果如图 9-12 所示。从图中可以看出，采用小波神经网络模型的预测结果更接近于实测值，定量统计预测误差，可以发现采用小波神经网络模型的最大误差为 0.671mm，平均误差为 0.356mm，优于 BP 神经网络模型。

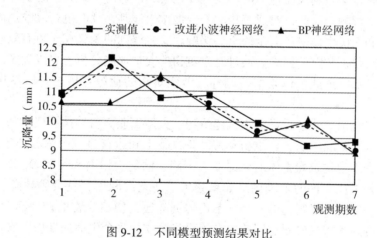

图 9-12　不同模型预测结果对比

第10章 安全评判理论

10.1 概述

安全评判是运用安全系统工程的原理和方法,对拟建或已有工程可能存在的危险性及可能产生的后果进行综合评判和预测,并根据可能导致的事故风险大小提出相应的安全对策措施,以达到工程项目安全的目的。在安全监测中,安全评判应贯穿于工程的设计、建设和运行整个生命周期各个阶段。对工程进行安全评判,既是政府安全监督管理的需要,也是运营单位搞好安全维护工作的重要保证。

10.1.1 安全评判的意义

建筑物的安全关系到人民生命财产安全和社会和谐稳定,对我国经济、社会建设和人民生活有着重要影响。因此,对建筑物的安全性做出评判,及时进行除险加固,是关系到国民经济发展和人民生命财产安全的重要课题。安全评判的意义在于可有效地预防事故的发生,减少人员伤害和财产损失。通过对建筑物的安全评判分析,可以确定建筑物的工作性态,生产管理部门据此可以采取控制和调节建筑物的荷载等措施,保障建筑物的安全运营。

长久以来,我国兴建了大量的水工建筑物、大型工业厂房和高层建筑物。由于工程地质、外界条件等因素的影响,建筑物及其设备在施工和运营过程中都会产生一定的变形。这种变形常常表现为建筑物整体或局部发生沉陷、倾斜、扭曲和裂缝等。通过安全评判,可以确定变形是否在允许的范围内。如果超出了一定的限度,就会影响建筑物的正常使用,严重的还可能危及建筑物的安全。不均匀沉降还会使建筑物的构件断裂或墙面开裂,使地下建筑物的防水措施失效。因此,在工程建筑物的整个生命周期中,安全评判对于确定建筑物的安全状态具有重要的作用。

安全评判是安全管理的一个必要组成部分,有助于政府安全监督管理部门对建筑物的安全管理实行宏观控制。安全评判是预测、预防事故的重要手段。

安全评判分为安全预评判、安全验收评判、安全现状评判和专项评判。安全预评判,能提高工程建筑物设计的质量和安全可靠程度,可以减少项目建成后由于安全要求引起的调整和返工建设;安全验收评判,是根据国家有关技术标准、规范对建筑物进行的符合性评判,可将潜在的事故隐患在设施开工运行前消除,能提高安全达标水平;安全现状评判,通过对建筑物的安全状态作出评判,使运营单位不仅了解建筑物的沉降变形等可能存在的危险,而且明确其改进方向,同时也为管理监督部门了解运营单位安全运营现状、实施宏观调控打下了基础;专项评判,可为运营单位和政府管理监督部门的管理决策提供科学依据。

10.1.2 安全评判体系

建筑物安全评判通常由一定的评判环节组成。下面以大坝安全评价体系为例，具体说明安全评判体系的内容。大坝安全评判体系由日常巡检、仪器监测、年度检查、特别检查和安全鉴定等环节构成，须遵照有效规范订立的项目、方法和频次，及时进行相关的检查、记录和整理分析。

必须严格按照规定的频次和时间进行全面系统、连续的观测，各种相互联系的观测项目应配合进行，保证观测成果的真实性和准确性。应当掌握特征测值和有代表性的测值，用以研究工程运行状况是否正常，了解工程重要部位和薄弱环节的变化情况。对观测记录的数据应及时整理分析，绘制图表，并做好观测资料的整编工作。如果发现观测对象的变化不符合规律或有突变，则应进行复测，并根据复测结果分析原因、进行检查、研究处理对策。所有检查都应认真进行，详细记载。发现问题应暂时保持现场，迅速研究处理。如情况严重则应采取紧急措施，并及时报告上级主管部门善后。

1. 日常巡检

根据工程情况和特点制定切实可行的日常巡检制度，具体规定检查时间、部位、内容和要求，确定日常巡检路线和检查程序。日常巡检制度应张贴在醒目位置，巡检工作由责任心强、有经验的监测或工程运行人员负责实施，并及时上报巡检结果及相关病害。巡检主要依靠巡查员的视觉和触觉查找问题，也可适当采用锤、钎、钢尺、放大镜、望远镜、量杯、石蕊纸、回弹仪、照相机、录像机、闭路电视等工具，必要时可进行潜水观察。

2. 仪器监测

记录频次较高、部位较多、数据量较大、参数变化细微以及结构内部的变化等，需要用仪器进行监测。现代的仪器监测系统主要由传感器、变送器、信号匹配分配装置、采集记录和分析设备(计算机)、遥测远传遥控设施(网络服务器和上位机)等构成。现场运行人员主要负责监测结果的定时分析预警和数据备份、监测系统的日常维护等工作。

3. 年度检查

在每年汛期、枯水期、冰冻期及蚁害显著时期等，按规定的检查项目，由管理单位负责组织比较全面或专门的检查。在巡视检查的基础上，结合前两个环节发现的问题，确定是否需要进行原型的现场勘察、检测，是否需要进行抽样实验等更为深入的工作。其中，现场检测主要采用无损探测方法，包括高压探地雷达、电磁剖面仪、电阻率成像仪、红外温度探测仪、超声检测仪、水声探测仪、水下电视探测仪、潜水器和潜水船等。

4. 特别检查

当遭遇特大洪水、强烈地震、重大事故等严重影响安全运用的特殊情况时，主管部门应及时组织特别检查。一般应组织人员和设备对可能出现的险情进行现场检查，并按大坝安全鉴定的相关资料要求实施现场勘测、原型试验、抽样检测等作业，并结合巡检及监测结果进行病害分析，获得初步结论。

5. 大坝安全鉴定

大坝运行达到规范确定的年限或者实施了特别检查后，都应对水库枢纽的主要建筑物(大坝、泄洪及输水设施、运行监测所需的房院等)进行系统全面的安全鉴定，以期掌握工程的安全现状，确定相应的运行调度措施，分析工程病害和隐患的类型、部位以及严重程度，为针对性地除险加固提供决策依据。

10.1.3 安全评判的原则

安全评判是判断建筑物工作性态是否合理、运营是否安全的重要手段。安全评判工作以国家有关安全的方针、政策和法律、法规、标准为依据，运用定量和定性的方法对工程建筑物的工作性态、存在的有害因素进行识别、分析和评价，提出预防、控制和治理对策措施，为工程建筑物减少事故发生的风险，为管理单位进行建筑物安全监督管理提供科学依据。

安全评判是关系到被评判工程建筑物是否符合国家规定的安全标准，能否保证其正常运营的关键性工作。在安全评判工作中必须自始至终遵循科学性、公正性、合法性和针对性原则。

1. 科学性

安全评判涉及范围广，影响因素复杂多变。安全预评判，在实现工程项目的本质安全上有预测、预防性；安全现状评判，在整个工程项目上具有全面的现实性；验收安全评判，在工程项目的可行性上具有较强的客观性；专项安全评判，在技术上具有较高的针对性。为保证安全评判能准确地反映被评判项目的客观实际和结论的正确性，在开展安全评判的全过程中，必须依据科学的方法和程序，以严谨的科学态度全面、准确、客观地进行工作，提出科学的对策措施，得出科学的结论。每个环节都必须用科学的方法和可靠的数据，按科学的工作程序一丝不苟地完成各项工作，努力在最大程度上保证评判结论的正确性和对策措施的合理性、可行性和可靠性。

2. 公正性

评判结论是评判项目的决策依据、设计依据和安全运行依据，也是监督管理部门在进行安全监督管理的执法依据。因此，对于安全评判的每一项工作都要做到客观和公正，既要防止受评判人员主观因素的影响，又要排除外界因素的干扰，避免出现不合理、不公正的情况。要依据有关标准法规和技术的可行性提出明确的要求和建议。评判结论和建议不能模棱两可、含糊其辞。

3. 合法性

执行安全评判工作必须严格遵守国家和地方颁布的有关安全的方针、政策、法规和标准等；在评判过程中主动接受国家安全监督管理部门的指导、监督和检查，力争为项目决策、设计和安全运行提出符合政策、法规、标准要求的评判结论和建议，为安全生产监督管理提供科学依据。

4. 针对性

进行安全评判时，首先应针对被评判项目的实际情况和特征，收集有关资料，对工程进行全面分析；其次要对众多的危险、有害因素及单元进行筛选，对主要的危险、有害因素及重要单元应进行有针对性的重点评判，并辅以重大事故后果和典型案例进行分析、评判；由于各类评判方法都有特定的适用范围和使用条件，要有针对性地选用评判方法；最后要从实际的经济、技术条件出发，提出有针对性、操作性强的对策措施，对被评判项目作出客观、公正的评判结论。

10.1.4 安全评判方法

综合评判是指当一个复杂的系统同时受多种因素影响时，依据多个相关指标对系统进行评价。在工程建筑物安全监测中,建筑物的空间位置、内部形态受到内部应力、温度或其他地质变化等外部环境多种因素的影响,通过对工程建筑物观测到的多种监测信息进行综合评判分析,能够得到科学合理的结论,反馈给监督管理部门,从而保障工程建筑物的安全运行。

常见的安全评判方法有层次分析法、风险分析法和模糊分析法。由于各种分析评判方法原理不同、适用范围不同,所以针对具体问题要选择合理的评判方法。层次分析法通过分层确定权重,减少了传统主观定权存在的偏差,不仅可以用于纵向比较,还可用于横向比较,便于找出薄弱环节,为评价对象的工作性态提供依据。但通过加权平均、分层综合后,指标值被弱化。模糊分析法可以将不完全信息、不确定信息转化为模糊概念,使定性问题定量化,提高评估的准确性和可信度。但是这种方法往往只考虑了主观因素的作用,忽略了次要因素,使评价结果不够全面,而且评价的主观性较明显。风险分析的目的在于评价工程建筑物的安全或系统可靠性是否可以被接受,或在失事概率和失事后果两者之间选择风险的方案,建立经济投入、系统安全与系统破坏可能带来的人员及经济损失之间的关系。风险分析主要包括两个相互联系的部分:风险计算和风险评价。

由于大坝观测资料多,处理和分析工作量大,且受到各种条件限制,管理单位的技术人员很难进行及时处理,从而不能将分析成果及时用于监控工程建筑物的安全运行,也就不能及时发现隐患,以致延误了时机,造成不必要的损失。随着计算机技术的飞速发展,安全评判专家系统的研究取得了巨大的进步。专家系统可以实时监测和馈控工程建筑物安全运行的状况,为工程管理部门对工程安全状况作出及时而准确的评判和决策提供可靠的依据,以充分发挥工程的效益。

10.2 层次分析法

层次分析法(Analytic Hierarchy Process,AHP)是美国著名运筹学家、匹兹堡大学汤姆斯·萨蒂(Thomes L. Saaty)教授于 20 世纪 70 年代初提出的一种层次权重决策分析方法。该方法是将与决策有关的因素按支配关系分组形成有序的递阶层次结构,如目标、准则、指标等层次,通过两两比较的方式确定层次中各因素的相对重要性,从而为分析、决策提供定量的依据。层次分析法使问题的分析过程大为简化,具有简洁性、系统性和可靠性等优点。

10.2.1 基本知识

1. 数学模型

假设有 n 个物体 A_1,A_2,$\cdots$,A_n,它们的重量分别记为 w_1,w_2,$\cdots$,w_n。现将每个物体的重量两两进行比较,若以矩阵表示各物体的这种相互重量关系,则有

$$A = (\delta_{ij})_{n \times n} = \begin{pmatrix} \delta_{11} & \delta_{12} & \cdots & \delta_{1n} \\ \delta_{21} & \delta_{22} & \cdots & \delta_{2n} \\ \vdots & \vdots & \ddots & \vdots \\ \delta_{n1} & \delta_{n2} & \cdots & \delta_{nn} \end{pmatrix} = \begin{pmatrix} w_1/w_1 & w_1/w_2 & \cdots & w_1/w_n \\ w_2/w_1 & w_2/w_2 & \cdots & w_2/w_n \\ \vdots & \vdots & \ddots & \vdots \\ w_n/w_1 & w_n/w_2 & \cdots & w_n/w_n \end{pmatrix} \quad (10\text{-}1)$$

式中,A 为判断矩阵。显然,$\delta_{ij} = 1/\delta_{ji}$,$\delta_{ii} = 1$,$\delta_{ij} = \delta_{ik}/\delta_{jk}$,$i$,$j$,$k = 1$,$2$,$\cdots$,$n$。

若取重量向量 $\boldsymbol{W} = (w_1, w_2, \cdots, w_n)^\mathrm{T}$，用其右乘判断矩阵 $\boldsymbol{A}$，结果为

$$\boldsymbol{AW} = \begin{pmatrix} w_1/w_1 & w_1/w_2 & \cdots & w_1/w_n \\ w_2/w_1 & w_2/w_2 & \cdots & w_2/w_n \\ \vdots & \vdots & \ddots & \vdots \\ w_n/w_1 & w_n/w_2 & \cdots & w_n/w_n \end{pmatrix} \begin{pmatrix} w_1 \\ w_2 \\ \vdots \\ w_n \end{pmatrix} = \begin{pmatrix} nw_1 \\ nw_2 \\ \vdots \\ nw_n \end{pmatrix} = n\boldsymbol{W} \qquad (10\text{-}2)$$

由上式可知，重量向量 $\boldsymbol{W}$ 是判断矩阵 $\boldsymbol{A}$ 对应于 n 的特征向量。根据线性代数知识，n 是 $\boldsymbol{A}$ 的唯一非零最大特征根。

因此，若有一组物体，需要知道它们的重量，而又没有称量仪器，则可以通过两两比较其相互重量，得出每对物体重量比的判断，从而构成判断矩阵，然后通过求解判断矩阵的最大特征值和它所对应的特征向量，就可以得出这一组物体的相对重量。将这一思路应用在实际工作中，对于一些无法测量的因素，只要引入合理的标度，就可以用该方法度量各因素之间的相对重要性，从而为有关决策提供依据。

2. 判断矩阵

任何系统分析，都以一定的信息为基础，层次分析法的信息基础主要是人们对于每一层次中各因素相对重要性给出定性的判断。通过引入合适的标度用数值将这些定性判断定量描述，得到的判断矩阵是进一步分析的基础。

（1）判断矩阵的标度及其含义

判断矩阵表示针对上一层次的某因素，本层次与之相关的因素之间相对重要性的比较。假设 A 层因素中 A_k 与下一层次 B 中的 B_1，B_2，$\cdots$，B_n 有联系，则将构造的判断矩阵以表格形式表示为：

A_k	B_1	B_2	$\cdots$	B_n
B_1	δ_{11}	δ_{12}	$\cdots$	δ_{1n}
B_2	δ_{21}	δ_{22}	$\cdots$	δ_{2n}
$\vdots$	$\vdots$	$\vdots$	$\ddots$	$\vdots$
B_n	δ_{n1}	δ_{n2}	$\cdots$	δ_{nn}

在层次分析法中，一系列成对因素的相对重要性比较为定性比较。为了使其定量化，形成上述数值判断矩阵，必须引入合适的标度值对各种相对重要性的关系进行度量。如表 10-1 所示为使定性评价转换为定量评价的 1~9 标度方法。

如果需要用比标度 1~9 更大的数，可以用层次分析法将因素进一步分解聚类，在比较因素前先比较这些类，这样就可使所比较的因素间值的差别落在 1~9 标度范围内。

（2）判断矩阵的相关计算

1）特征向量和最大特征值的计算

判断矩阵是定量的描述，求解判断矩阵不需要太高的精度。下面给出两种计算方法及其过程。

标 度	含 义
1	表示两个因素相比，具有同样的重要性
3	表示两个因素相比，一个因素比另一个因素稍微重要
5	表示两个因素相比，一个因素比另一个因素明显重要
7	表示两个因素相比，一个因素比另一个因素强烈重要
9	表示两个因素相比，一个因素比另一个因素极端重要
2，4，6，8	介于以上两相邻判断的中值
倒数	指标 B_i 与 B_j 相比得判断 λ_{ij}，则 B_j 与 B_i 比较得判断 $\lambda_{ji} = 1/\lambda_{ij}$

①乘积方根法(几何平均值法)：构造矩阵 A；按行将各元素连乘并开 n 次方，即求各行元素的几何平均值：

$$b_i = \Big(\sum_{j=1}^{n}\delta_{ij}\Big)^{\frac{1}{n}}，i = 1，2，\cdots，n \tag{10-3}$$

将 b_i $(i = 1，2，\cdots，n)$ 归一化，即求得最大特征值所对应的特征向量：

$$w_j = \frac{b_j}{\sum\limits_{k=1}^{n} b_k}，j = 1，2，\cdots，n \tag{10-4}$$

由 $\boldsymbol{W} = (w_1，w_2，\cdots，w_n)^{\mathrm{T}}$，则判断矩阵 A 的最大特征值 $\lambda_{\max}$ 满足：$AW = \lambda_{\max}\boldsymbol{W}$，即

$$\sum_{j=1}^{n}\delta_{ij}w_j = \lambda_{\max}w_j，j = 1，2，\cdots，n \tag{10-5}$$

计算判断矩阵的最大特征值 $\lambda_{\max}$。

$$\lambda_{\max} = \frac{1}{n}\sum_{i=1}^{n}\frac{\sum\limits_{j=1}^{n}\delta_{ij}w_j}{w_i} \tag{10-6}$$

②和法：构造矩阵 A；将判断矩阵 A 按列做归一化处理，得矩阵 $\boldsymbol{Q} = (q_{ij})_{n\times n}$，其中

$$q_{ij} = \frac{\delta_{ij}}{\sum\limits_{k=1}^{n}\delta_{kj}}，i，j = 1，2，\cdots，n \tag{10-7}$$

将矩阵 $\boldsymbol{Q}$ 按行相加得向量 $\boldsymbol{c} = (c_1，c_2，\cdots，c_n)^{\mathrm{T}}$，其中

$$c_i = \sum_{j=1}^{n}q_{ij}，i = 1，2，\cdots，n \tag{10-8}$$

将 $\boldsymbol{c} = (c_1，c_2，\cdots，c_n)^{\mathrm{T}}$ 归一化，即求得最大特征值所对应的特征向量：

$$w_j = \frac{c_j}{\sum\limits_{k=1}^{n}c_k}，j = 1，2，\cdots，n \tag{10-9}$$

按式(10-6)计算判断矩阵的最大特征值 $\lambda_{\max}$。

2)判断矩阵的调整

若判断矩阵不满足一致性条件，必须对判断矩阵进行重新赋值。一般采用如下方法：

①利用矩阵的行变换把判断矩阵中的第 n 列元素变成 1，即

$$A = (\delta_{ij})_{n \times n} = \begin{pmatrix} \delta_{11} & \delta_{12} & \cdots & \delta_{1n} \\ \delta_{21} & \delta_{22} & \cdots & \delta_{2n} \\ \vdots & \vdots & \ddots & \vdots \\ \delta_{n1} & \delta_{n2} & \cdots & \delta_{nn} \end{pmatrix} \rightarrow \begin{pmatrix} \beta_{11} & \beta_{12} & \cdots & 1 \\ \beta_{21} & \beta_{22} & \cdots & 1 \\ \vdots & \vdots & \ddots & \vdots \\ \beta_{n1} & \beta_{n2} & \cdots & 1 \end{pmatrix} = B = (\beta_{ij})_{n \times n} \quad (10\text{-}10)$$

若 $\delta_{ij} \approx \delta_{ik}/\delta_{jk}$，则矩阵 B 各列的元素彼此相近，即 $\beta_{ik} = \beta_{jk}$。

②观察矩阵 B 各列的数据是否相近，若某列中有数据互不相近，则可重新考虑判断矩阵 A 中相应元素的赋值，从多方面进行推敲，适当修正，从而使之相近。

③若 B 各列在某一行上的元素都出现偏大或偏小的情况，则可修正矩阵 A 相应行的最后一列元素的赋值。

10.2.2　层次分析法结构模型

利用层次分析法分析问题，首先要把问题条理化和层次化，构造一个层次分析结构的模型，该模型即为层次分析法的分析模型。

1. 科研课题选择分析模型

一个具体的科研课题的选择，需要考虑很多选择因素。

①实用价值：科研课题具有的经济价值和社会价值，或完成后预期的经济效益和社会效益。

②科学意义：科研课题本身的理论价值以及对某个科学技术领域的推动作用，关系到科研成果的贡献大小、人才培养和科研单位水平的提高。

③优势发挥：选择科研课题要将经济建设的需要与发挥本单位学科及专业人才优势结合起来考虑。

④难易程度：科研课题因自身的科学储备、成熟程度以及科研单位人力、设备等条件的限制所决定的成功可能性及难易程度。

⑤研究周期：科研课题预计花费的时间。

⑥财政支持：科研课题研究所需要的经费、设备，以及经费来源等情况。

以上因素都共同体现了科研贡献大小、人才培养以及科研课题的可行性等方面，最终体现了科研更好地为经济建设服务的根本目标。因此，可以构造出关于选择科研课题的层次分析模型，如图 10-1 所示。

2. 层次分析模型结构

层次分析模型结构是一个多级递阶结构，通常由最高层、中间层和最低层组成。最高层表示解决问题的目的，即层次分析要达到的总目标；中间层表示采取某种措施、政策、方案等来实现预定总目标所涉及的中间环节，可以分为策略层、约束层和准则层等；最低层表示选用解决问题的各种措施、政策、方案等。

在层次分析模型中，用作用线标明上一层次因素同下一层次因素之间的联系。根据各层次因素之间的不同联系，可以将层次分析模型分成不同的层次关系和不同的结构类型。若某个层次中的某个因素与下一层次所有因素均有联系，则称这个因素与下一层次存在着完全层次关系；若某个因素仅与下一层中的部分因素有着联系，则称为不完全层次关系；

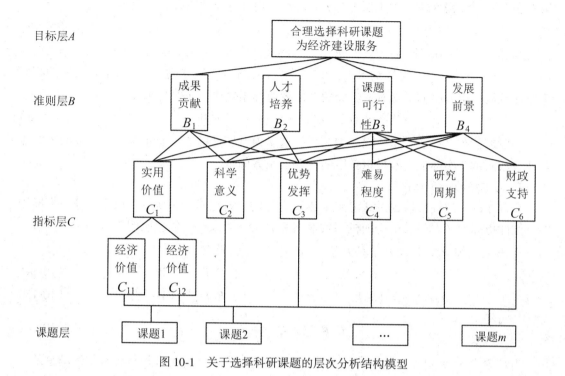

目标层A

合理选择科研课题
为经济建设服务

准则层B

成果
贡献
B_1

人才
培养
B_2

课题
可行
性B_3

发展
前景
B_4

指标层C

实用
价值
C_1

科学
意义
C_2

优势
发挥
C_3

难易
程度
C_4

研究
周期
C_5

财政
支持
C_6

经济
价值
C_{11}

经济
价值
C_{12}

课题层

课题1

课题2

...

课题m

图 10-1　关于选择科研课题的层次分析结构模型

若上一层各个因素都各自有独立的、完全不同的下级因素，则称为完全独立的结构；若上一层各个因素不是都各自有独立的、完全不同的下级因素，则称为非完全独立的结构。层次之间可以建立子层次，子层次从属于主层次中某个因素，该因素与下一层次的因素有联系，但不形成独立层次。

综上，层次分析模型结构是一个多级递阶结构。通过对问题的系统分析，分别建立研究目标集、影响因素集、衡量标准集和备选对象集，并将其作为多级递阶结构中的一个层次；研究上、下相邻两层各个因素之间的关系，并用作用线标明这些联系，从而构造出层次分析的结构模型。

10.2.3 层次排序

1. 层次单排序

以层次结构图为基础，分别构造各层次元素相对于上层次某个因素的判断矩阵，计算出判断矩阵的最大特征值及其对应的特征向量。判断矩阵的特征向量是各个层次的各个因素对上一层次某因素的相对重要程度，即层次单排序值。

2. 层次总排序

层次单排序值是各层次中各个因素相对于上一层次中某因素的相对重要性系数。在层次单排序的基础上，需要计算出各层次的总排序值，即要计算方案层各方案相对目标层总目标的重要性系数。

总排序系数是自上而下、将单层重要性系数进行合成而求得的。

假设已计算出第 $k-1$ 层上 n_{k-1} 个元素相对于总目标的重要性系数向量：

$$W^{(k-1)} = (w_1^{(k-1)},\ w_2^{(k-1)},\ \cdots,\ w_{n_{k-1}}^{(k-1)})^{\mathrm{T}} \tag{10-11}$$

第 k 层上 n_k 个元素对第 $k-1$ 层上第 j 个元素的相对重要性系数向量设为

$$\boldsymbol{p}_j^{(k)} = (p_{1j}^{(k)}, p_{2j}^{(k)}, \cdots, p_{n_kj}^{(k)})^T \tag{10-12}$$

其中，不受元素 j 支配的元素的相对重要性系数为零。令 $\boldsymbol{p}^{(k)} = (p_1^k, p_2^k, \cdots, p_{n_{k-1}}^k)^T$，此为 $n_k \times n_{k-1}$ 的矩阵，表示 k 层上元素对 $k-1$ 层上各元素的相对重要性系数。第 k 层上元素对总目标的合成重要性系数向量 $\boldsymbol{W}^{(k)}$ 为

$$\boldsymbol{W}^{(k)} = (w_1^k, w_2^k, \cdots, w_{n_k}^k)^T = p^k \boldsymbol{W}^{(k-1)} \tag{10-13}$$

一般地，$\boldsymbol{W}^{(k)} = \boldsymbol{p}^{(k)} \boldsymbol{p}^{(k-1)} \cdots \boldsymbol{W}^{(2)}$。这里 $\boldsymbol{W}^{(2)}$ 是第二层上元素对总目标的相对重要性系数向量，实际上它就是单排序的重要性系数向量。

3. 总排序的一致性检验

总排序的一致性检验也是从上到下逐层进行的。若已求得以 $k-1$ 层上元素 j 为准则的一致性指标 $C.I._j^{(k)}$、平均随机一致性指标 $R.I._j^{(k)}$ 以及一致性比例 $C.R._j^{(k)}$，$j = 1$，2，$\cdots$，n_{k-1}，则 k 层综合指标 $C.I.^{(k)}$、$R.I.^{(k)}$、$C.R.^{(k)}$ 应为

$$C.I.^{(k)} = (C.I._1^{(k)}, C.I._2^{(k)}, \cdots, C.I._{n_{k-1}}^{(k)}) \boldsymbol{W}^{(k-1)} \tag{10-14}$$

$$R.I.^{(k)} = (R.I._1^{(k)}, R.I._2^{(k)}, \cdots, R.I._{n_{k-1}}^{(k)}) \boldsymbol{W}^{(k-1)} \tag{10-15}$$

$$C.R.^{(k)} = \frac{C.I.^{(k)}}{R.I.^{(k)}} \tag{10-16}$$

当 $C.R.^{(k)} < 0.1$ 时，认为递阶层次结构在 k 层水平以上的所有判断具有整体满意的一致性。

一般地，如果已知 A 层 n 个因素的排序系数（相对重要程度）$\boldsymbol{W} = (w_1, w_2, \cdots, w_n)^T$，若 B 层次某些因素对于上层次 A 的某个因素 A_j 单排序的一致性指标为 $C.I._j$，相应的平均随机一致性指标为 $R.I._j$，则 B 层次总排序随机一致性比率为

$$C.R. = \frac{\sum\limits_{j=1}^{n} w_j C.I._j}{\sum\limits_{j=1}^{n} w_j R.I._j} \tag{10-17}$$

10.2.4 层次分析法评判决策

1. 层次分析法分析过程

层次分析法从本质上讲是一种思维方式，是一个将思维数学化的过程。采用层次分析法对系统进行分析的思路如下：

①将问题层次化。根据问题的性质和总目标，将问题分解为不同的基本组成因素，并按照因素间的相互影响以及隶属关系，将因素按不同层次聚集组合，形成一个多层次的分析结构模型，由高层次到低层次。由此，将系统分析归结为最低层相对于最高层的综合相对重要性系数的确定，即相对优劣次序的排序问题。

②计算层次总排序系数。依次由上而下计算方案层相对于目标层的重要性系数或相对优劣次序的排序值，其方法是用下一层各个因素的相对重要性系数与上一层次因素本身的重要性系数进行加权综合。在实际计算中，可先计算指标层相对总目标层的相对重要性系数（权重系数），然后计算方案层相对指标层的相对重要性系数，最后综合计算方案层相对于最高层的相对重要性系数（相对优劣次序的排序值）。

③根据各个方案、措施相对于总目标的优劣次序，进行问题分析、方案选择、资源分配等评价决策工作。

2. 层次分析法基本步骤

①分析系统中各因素之间的关系，建立系统的递阶层次结构；

②对同一层次的各元素关于上一层次中某一准则的重要性进行两两比较，构造判断矩阵；

③由判断矩阵计算层次单排序重要性系数，并进行一致性检验；

④对层次单排序重要性系数进行综合，计算层次总排序重要性系数，并进行层次总排序一致性检验；

⑤按层次总排序重要性系数对评价系统的方案进行排序。

10.3 风险分析法

建筑物的风险分析是评价和改进建筑物安全度的有效工具，它能结合工程判断深入地研究建筑物的弱点或缺陷，提高对失事原因和后果的认识，为决策提供依据。

从系统工程的角度出发，风险分析的目的在于评价现行系统的安全或系统可靠性是否可以被接受，或在系统失事概率和失事后果两者之间选择风险的方案，建立经济投入、系统安全与系统破坏可能引起的人员及经济损失之间的关系。风险分析主要包括两个相互联系的部分，即风险计算和风险评价。其中，风险计算着眼于定量地描述事件的成因和发生的概率、处于风险中的人口分布、相应于不同强度时的后果等；风险评价则是要解决"怎样才算安全"的问题，为决策者提出建议。图 10-2 显示了某个风险产生的一般过程，风险分析就是要确定这一过程发生的可能性及其造成的后果。一般工程的风险分析定义如式（10-18）所示。

$$R = P_f \times C_f^n \tag{10-18}$$

式中，R 为风险；P_f 为破坏概率；C_f 为失事后的损失；n 为指数，一般情况下取 1。

图 10-2 风险产生的一般过程

10.3.1 风险分析的框架结构

风险分析的目的包括以下两个方面：①评价现有建筑物的安全度或系统可靠性是否可以接受；②在系统失事概率或失事后果两者之间选择一种控制风险的方案。风险分析包括风险识别、风险设计、风险评价和风险转移四个环节，其过程是一个周而复始的分析过程。风险分析的框架结构如图 10-3 所示。

1. 风险识别

风险识别是对建筑物可能出现的各种破坏模式进行鉴别，包括模式的起因和后果两部

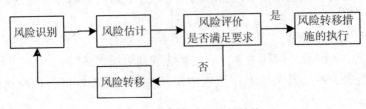

图 10-3　风险分析的框架结构

分。风险识别可通过初步风险分析确定事故链，事故树或故障树，后果分析三个步骤来实现，最后在所有的失事模式中筛选出主要的失事模式。

2. 风险估计

风险估计是确定风险发生的概率及其造成的损失大小(经济损失、生命损失、环境损害等)，风险估计的量化是通过破坏概率与破坏后果相乘来实现的。

3. 风险评价

风险评价是通过比较风险估计结果与各种指标(如业主要求、社会的"可接受"风险水平等)，确定是否需要进行风险转移。风险评价基于风险决策理论，风险决策理论方法主要包括风险校核分析法、风险经济分析法及允许风险分析法三种方法。

4. 风险转移

风险转移即拟定降低风险的措施。往往通过减小与失事路径有关的概率和后果来实现。

5. 风险转移措施的执行

一般由分析者在完成上述步骤后提出若干可行的风险处理方案，由决策者决定采取哪种方案。

10.3.2　定性风险分析法

定性分析是指利用归纳、演绎、分析、综合等逻辑方法，进行事物的性质及属性研究。定性风险分析法主要是依据研究者的知识、经验、系统环境、政策法规走向以及特殊实例等非量化资料，对系统风险状况做出判断，主要用于风险可测度很小的风险主体。通过定性风险分析可便捷地对资源、危险性、脆弱性等进行系统估计，并对现有的工程防范措施进行评价。常用的定性方法包括专家经验法、层次分析法(定性定量分析均可)、矩阵分析法以及情境分析法等。

10.3.3　定量风险分析法

定量分析是运用数量方法和计算工具研究事物的数量特征、数量关系和变化等。风险定量分析法是在定性分析的逻辑基础上，借助数学工具研究风险主体中的数量特征关系和变化，确定其风险率(或可靠指标)。常用的定量分析方法如下：

1. 数理统计分析法

(1)极值统计法

极值的通俗概念为稀有、重大，是指在人类经验范围内极少出现或发生的事件。如自然界的千年不遇的洪水、地震等，这些事件常常打破自然界的相对平衡状态，对人类生活及环境带来重大影响。极值统计法主要是处理一定容量样本的最大值和最小值,可能的最大值与最小值组成它们各自的母体,因此这些值可用具有各自概率分布的随机变量来模拟。

（2）数据统计分析法

描述统计和推论统计是风险分析和不确定性分析的常用工具,数据统计是可靠度和风险分析中信息很重要的来源。精确的和相关的数据参数是保证风险分析结果可靠的前提条件,对工程领域的定量风险分析更是如此。经典统计方法给出了求解均值和方差的方法,该方法得到的结论是不确定性信息的实用源头,特别对研究者能够形成关于期望值理论的一个正确的理解。假设检验、置信区间分析、变异性分析、曲线拟合、抽样分析、相关性分析、回归分析等均是常用的统计方法。在大坝的可靠度和风险分析中,荷载及抗力因素多以统计分布函数进行描述,参数的分布函数可通过诸多方法来估计。

2. 基于可靠度的风险分析法

概率论与数理统计是研究大坝可靠度及风险率的最为有力的工具。常用的基于可靠度的风险率估计方法有重现期法、直接积分法、一次二阶矩法(FOSM)及其改进算法、点估计法、响应面(RSM)法、优化法、随机有限元法(TSFEM)等。

3. 模拟风险分析法

在风险分析中,有时风险因子间存在着比较复杂的影响机制,不易正确估计和确定其分布线型与参数,不易集中考虑各随机变量的相关性,对此采用模拟风险分析法是一种非常有效的方法。模拟是对一个系统、一个方案、一个问题用数学模型进行试验,了解其未来可能发生的变化,求其发展变化规律。模拟分为确定型模拟和概率型模拟两类。两者的显著区别在于模型的内在因素是否确定,前者是确定的,后者是不确定的,后者适用于风险分析。概率型模拟的方法很多,最常用的为蒙特卡罗模拟法(Monte Carlo,MC)。蒙特卡罗法又称统计试验法或随机模拟法,是一种通过对随机变量的统计试验、随机模拟求解数学和工程技术问题近似解的数学方法。该方法的特点是用数学方法在计算机上模拟实际概率过程,然后加以统计处理。其理论基础是概率统计,基本手段是随机抽样。

4. 模糊风险分析法

模糊分析法是将风险分析中的模糊语言变量用隶属度函数量化。由于在具体项目或事件风险评价指标体系中存在着许多难以精确描述的指标,可以采用模糊综合评价法进行综合评价,即通过确定风险模糊综合评价指标集给出风险综合评价的等级集。主要步骤包括确定评价指标体系中各指标权重、模糊矩阵的统计确定、模糊综合评价和计算出风险的最终综合价值。

5. 最大熵法

最大熵法的基础是信息熵。信息的均值定义为信息熵,它是对整个范围内随机变量不确定性的量度。信息熵的出发点是将获得的信息作为消除不确定性的测度,而不确定性可用概率分布函数描述,这就将信息熵和广泛应用的概率论方法相联系。又因风险估计实质上就是求风险因素的概率分布,因而可以将信息熵、风险估计和概率论方法有机地联系起来,建立最大熵风险估计模型。先验信息(已知数据)构成求极值问题的约束条件,最大熵准则得到随机变量的概率分布。此外,灰色系统理论、贝叶斯理论、人工神经网络及遗传算法等都可以应用于风险定量分析。

10.3.4　总结

风险分析的目的在于评价现有建筑物的安全度或系统可靠性是否可以被接受或在系统失事概率和失事后果两者之间选择一种控制风险的方案。风险分析包括风险评估和风险决策两部分内容。

建筑物风险评估主要是进行建筑物失效概率和失事后果的估算。进行建筑物失效概率计算的前提是进行建筑物的不确定性分析，找出主要的失事模式。失事后果的估算也就是研究建筑物失事所带来的人员伤亡和经济损失的严重程度。同样，损失评估也是建立在不确定性分析的基础上的。因此，建筑物风险评估能够全面地考虑建筑物在建设和使用过程中所遇到的各种不安全因素，能够更科学、更合理地衡量建筑物的安全度。

建筑物风险决策是在风险评估的基础上进行的。风险决策不仅能够优化方案，同时也先定了损失的范围。风险决策将不确定性分析引入了决策过程，有别于确定性决策方法。该方法的原则是以最小的风险代价获取最佳效益。风险代价泛指各种开支、损失等，而最佳效益不仅仅指经济效益，如"运行状况达到最好水平"也是一种最佳效益。风险决策的目的之一是干预风险。干预风险的手段是多种多样的，但总体上分为工程措施与非工程措施两大类。与传统的决策方法相比较，建筑物风险决策能够全面地考虑灾害后果。此外，风险决策通过对经济损失、生命损失设定限值，防止了设计过程中设计值出现过大或过小的不合理现象。

风险分析法在评价和改进建筑物安全度方面有着不可替代的作用。随着我国国民经济的飞速发展和公众意识的不断增强，对建筑物安全可靠的要求和标准会更高。因此，建筑物风险分析在对建筑物的监测、评价和提高安全性方面的工作中将起到越来越重要的作用。

10.4　模糊分析法

在经典的评价决策模型中，各种数据和信息都被假定为绝对精确，目标和约束也都假定被严格地定义，并有良好的数学表示。因而理论上存在着一个分明的解空间，能寻找到其中的最优解。但是，在安全监控问题的分析处理中，存在着大量具有不确定性和模糊性的分析及评判关系，通常很难构建严格的函数关系模型来解决这些不确定关系的监控问题，这给分析与评判工作带来一定的难度。例如，混凝土大坝的位移是各种荷载集共同作用在坝体上的综合反映。但荷载集，如温度、上下游水位、混凝土的徐变、坝体的结构及其完好情况和基础条件等大量作用因素与坝体位移的关系到底如何，很难逐一表达。坝体位移与各作用因素之间存在的因果关系具有较大程度的模糊性。在这类问题的分析中，采用模糊分析法进行安全评判具有较好的应用价值。

模糊分析法是建立在模糊集合论基础上的一种预测和评价方法。在技术预测方法中，权重是一个经常遇到的系数，通常为一个模糊数，很难加以精确地划定，因此需用模糊分析的方法确定权重。模糊集合论将通常集合论里元素对于集合是否属于的关系，推广为每个元素按一定程度属于一个集合的关系，该程度通过特征函数来表征。通过利用模糊集合描述模糊概念和现象，从而解决一般集合论不能解决的问题。模糊综合评判就是以模糊数学为基础，应用模糊关系合成原理，将一些边界不清、不易定量的因素定量化，进行综合评判的一种方法。

10.4.1 模糊聚类分析

1. 聚类方法

模糊聚类分析法通常可归为两种：一是基于模糊相似关系的聚类分析；二是具有模糊等价关系的聚类分析。

在研究模糊聚类分析时，为了将所研究的样本合理分类，通常需要将样本所属的各种性质数量化。经数量化后的样本属性，称为样本的指标。例如，混凝土大坝位移，与库水位的一次、二次……有关，则水位的一次、二次……就可以看作大坝位移样本的一些指标。其他如温度、时效等，都可看作位移样本的指标。经数量化后，可使样本的每一个属性均能用一维实数空间来描述，样本的多个属性就构成相应的多维空间。

设待分析样本的集合为

$$X = \{x_1, \ x_2, \ \cdots, \ x_n\} \tag{10-19}$$

分析样本 X，根据属性，设有共同所有的 m 个指标，则对于其中任一个样本 x_i，可表示为

$$x_i = \{x_{i1}, \ x_{i2}, \ \cdots, \ x_{ik}, \ \cdots, \ x_{im}\} \tag{10-20}$$

式中，x_{ik} 表示第 i 个样本的第 k 个指标。

为了研究和确定各样本间的相似程度，通常可计算它们间的相似系数 r_{ij}，由 r_{ij} 构成关系矩阵 $\boldsymbol{R}$ 来表达。

建立的关系矩阵 $\boldsymbol{R}$ 通常不满足传递性，不能完整地体现出模糊等价关系，难以在模糊聚类分析中直接应用。因此，需要进一步将 $\boldsymbol{R}$ 改造成模糊等价矩阵 $\boldsymbol{R}^*$。通常采用合成运算规则对 $\boldsymbol{R}$ 求传递闭包的方法实现，即

$$\boldsymbol{R} \rightarrow \boldsymbol{R}^2 \rightarrow \boldsymbol{R}^4 \rightarrow \cdots \rightarrow \boldsymbol{R}^{2k} = \boldsymbol{R}^* \tag{10-21}$$

其中，$k - 1 < \lg 2^n \leq k$，n 为集合 X 中的样本数。

由模糊等价矩阵 $\boldsymbol{R}^*$，对于任意的 $\lambda \in [0, 1]$ 所得的截矩阵 $\boldsymbol{R}_\lambda^*$，也是模糊等价的。即对于有限论域上的模糊等价关系确定后，由任意指定的 $\lambda \in [0, 1]$，可以得到一个对应的等价关系集合，即可以得到一个以 λ 为标准的分类。

在样本数及指标很多的情况下，由关系矩阵 $\boldsymbol{R}$ 改造成等价矩阵 $\boldsymbol{R}^*$ 的工作量巨大，需要多次寻找极值和自乘来完成。因此，研究直接由模糊相似关系矩阵进行聚类的方法在实际应用中有重要意义。基于模糊相似关系的聚类分析方法，可以采用编网法和最大树等方法进行。

2. 聚类中心的确定

在设定了类别数后，各类别聚类中心如何合理地确定是模糊聚类分析必须解决的问题。从模糊聚类的最基本原则出发，任一样本均以一定的隶属度 W_{ki}，从属于某一类别 L_j，且

$$\left. \begin{array}{l} 0 < W_{ki} \leq 1 \\ \displaystyle\sum_{k=1}^{c} W_{ki} = 1 \\ \displaystyle\sum_{i=1}^{n} W_{ki} > 0 \end{array} \right\} \tag{10-22}$$

式中，c 为分类数；n 为样本数。

此外，若隶属度矩阵 $\boldsymbol{W}_{ki}$ 确定后，可求得相应于各类别的模糊子集 $\boldsymbol{A}_k$。所以，有

$$\boldsymbol{A}_k = \sum_{i=1}^{n} \frac{\boldsymbol{W}_{ki}}{x_i}, \quad k = 1, 2, \cdots, c \tag{10-23}$$

在聚类分析中，可以有各种定义的分类，并可获得相应的隶属度矩阵。但是，在众多的分类中必定存在一种使同类间的相似程度最高而与异类相似程度最低的分类方法。在模糊聚类分析中，若 B 为确定的各指标间的各个聚类中心，该分类为最优分类。可以采用如下一种标准衡量，即满足使同一类的所有样本到各个核心样本距离的和为最小，即

$$f(W, B) = \sum_{k=1}^{c} \sum_{i=1}^{n} W_{kj} \parallel x_{ij} - B_{kj} \parallel \Rightarrow \min \tag{10-24}$$

式中，c 为分类数；n 为样本数；j 为指标变量（$j = 1, 2, \cdots, m$）；m 为指标数。

在 $B_{kj} \neq x_{ij}$ 的条件下，可以用简单的迭代方法求出各聚类中心的近似值，即

$$B_{kj} = \frac{\sum\limits_{i=1}^{n} (W_{kj}) \cdot x_i}{\sum\limits_{i=1}^{n} W_{kj}} \tag{10-25}$$

其中，隶属度系数 W_{kj} 可以多种方法初步选定。例如，以计算而得的相关系数 r_{ij} 近似代替，也可由公式计算，即

$$W_{ki} = \frac{1}{\sum\limits_{p=1}^{c} \left(\dfrac{\parallel x_{ij} - B_{kj} \parallel}{\parallel x_{ij} - B_{pj} \parallel} \right)^{\frac{2}{S-1}}} \tag{10-26}$$

式中，S 为正整数，当距离标准定义为 $\parallel x_{ij} - B_{kj} \parallel$ 时，可取 $S = 3$ 计算。

10.4.2　模糊综合评判

模糊综合评判是应用模糊变换原理，考虑与被评判目标相关的因子，从而建立一个科学合理的综合评判体系。首先按一定的数学方法对每一个评判因子进行度量，再利用数学模型将度量结果进行综合。例如，首先用层次分析法确定各个因素在评判中所占的权重，然后利用模糊变换和模糊关系方程进行模糊综合评价。

多层次模糊综合评判的基本原理为模糊变换。设给定两个有限论域

$$U = \{u_1, u_2, \cdots, u_n\}, \qquad V = \{v_1, v_2, \cdots, v_m\} \tag{10-27}$$

式中，U 为因素集；V 为评语集。

因素与结果之间的关系可看作为一种模糊关系，表达式为 $R(U_i, V_j) = r_{ij}$，即

$$\begin{pmatrix} u_1 \\ u_2 \\ \vdots \\ u_n \end{pmatrix} \begin{pmatrix} r_{11} & r_{12} & \cdots & r_{1m} \\ r_{21} & r_{22} & \cdots & r_{2m} \\ \vdots & \vdots & \ddots & \vdots \\ r_{n1} & r_{n2} & \cdots & r_{nm} \end{pmatrix} = \begin{pmatrix} v_1 \\ v_2 \\ \vdots \\ v_m \end{pmatrix} \tag{10-28}$$

R、U、V 构成模糊评价空间。在该模糊评价体系中，最重要的是如何构建模糊关系矩阵。若 A 是 U 上的模糊子集，B 是 V 上的模糊子集，模糊变换可以表示为

$$A \circ \boldsymbol{R} = B \tag{10-29}$$

其中，"∘" 为模糊算子，$\boldsymbol{R}$ 为评判矩阵，A 可表示为

$$A = P_1 U_1 + P_2 U_2 + \cdots P_n U_n = (a_1,\ a_2,\ \cdots,\ a_n) \qquad (10\text{-}30)$$

同理，B 可表示为 $B = (b_1,\ b_2,\ \cdots,\ b_m)$。

模糊评价的结果 B 表示在评语集内各种可能的大小，通常选取最大的 b_i 相对应的评价结果集中的 V_i 作为评判结果而输出。

在复杂问题的评判中，利用单一的模型不足以有效解决问题。应考虑将各种因素按照某种属性分类，每一类均为低一级的模糊综合评判子集，形成多层次的模糊综合评判体系，如图 10-4 所示。该多层次模糊综合评判体系使各种微小因素的作用在复杂问题的处理中都能得到充分的反映，不会因作用因素太多而使各 P_i 很小，导致单个因素在评价中的贡献十分微弱。

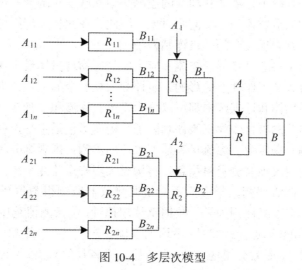

图 10-4　多层次模型

10.4.3　大坝安全多层次模糊综合评判

1. 大坝安全多层次模糊综合评判体系

大坝安全监测系统提供大坝安全评判的原始数据，每个正常工作的监测仪器所得到的监测数据都是在特定位置反映坝体不同响应量的数值体现，都应作为安全评判的影响因子。但是，由于监测仪器的运行状态存在差异，从而不同仪器对评判结果的影响也存在差异。

大坝安全多层次模糊综合评判方法包括监测仪器运行状态评判和各层次的大坝安全评判两个方面。由大坝安全监测系统得到的原始数据可以整理成反映大坝各种性质的效应量，用于大坝的安全层次分析，同时也可以评判监测仪器的运行状态。正确评判仪器的运行状态对于评判大坝安全状态至关重要。仪器运行状态评判结果不仅影响由仪器本身提供给效应量分析的数据可信程度，也影响大坝安全评判各层次评判因子的权重，作为理论权重的一种调整从而影响评判结果。大坝安全多层次模糊综合评判体系如图 10-5 所示。

2. 评判因子集的建立

评判仪器运行情况的因子有很多，可以归纳为仪器布置的设计合理性、仪器的工作环境、仪器的设计精度、测值的可靠性、测值的长期稳定性和有效测次 6 个方面。用 $U_{仪器}$ 表示为

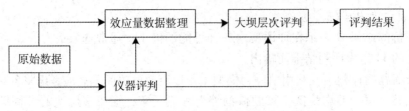

图 10-5　大坝安全多层次模糊综合评判体系

$$U_{仪器} = \{u_{布置}，u_{环境}，u_{精度}，u_{可靠性}，u_{稳定性}，u_{有效测次}\} \tag{10-31}$$

　　在实际安全监测系统中，坝体和坝基的监测是相互联系、融为一体的，而近坝区的监测中多以坝肩和潜在的滑坡体为主要监测对象。因此，在此将大坝结构体的安全状态和近坝区安全状态作为评判大坝安全的一级评判因子。

　　大坝的工作性态主要通过变形、渗流、应力应变等物理量体现，这些物理量的变化综合反映了各种因素对大坝工作性态的影响，是评判大坝安全的主要依据。因此，监测较为全面的大坝在大坝结构体和近坝区中都可以分为变形、渗流和内观 3 个二级评判因子。将二级评判因子的具体监测项目作为三级评判因子，则变形包括水平位移、垂直位移和位移体倾斜；渗流的观测有扬压力、渗流量和地下水位的监测；内观则分为温度、裂缝和应力应变。为了更好地利用大坝监测资料信息，将构成大坝安全监测系统的各项监测仪器都作为相应监测项目下的四级评判因子。为了衡量监测仪器所测得数据反映出的大坝安全程度，监测仪器下设 4 个五级评判因子：数据整体规律性(包括测值范围、变化幅度、大坝整体运行规律等)、相邻测点的规律性(不均匀沉陷、突变等)、复相关系数(统计学中可以用来检验回归效果)、时效分量的变化(趋于稳定或者收敛)。以上评判因子构成评判大坝安全的各级评判因子，如图 10-6 所示。

　　3. 评语集的建立

　　(1)监测仪器工作状态评语。根据监测仪器工作状态的好坏，将仪器评语集分为 5 个等级，表示为

$$V_{仪器} = \{很好，好，一般，不好，很不好\}$$

　　(2)大坝安全状态评语。根据不同的标准和方法，大坝安全综合评判论域的划分也不同。从实践经验和习惯出发，将大坝工作综合状态的安全程度共分为 5 个等级，即评语集为

$$V_{坝} = \{很安全，安全，较安全，不安全，很不安全\}$$

　　4. 评判因子权重

　　$U_{仪器}$ 中选择的 6 个评判因子是从 6 个角度对监测仪器的验证，因此它们具有相同的权重，即 $U_{仪器} = \left(\dfrac{1}{6}，\dfrac{1}{6}，\dfrac{1}{6}，\dfrac{1}{6}，\dfrac{1}{6}，\dfrac{1}{6}\right)$。

　　大坝评判各层次权重的确定如下：

　　①五级评判因子是从 4 个方面以不同角度对安全进行的评判，故它们也具有相同的权重，即 $W_5 = \left(\dfrac{1}{4}，\dfrac{1}{4}，\dfrac{1}{4}，\dfrac{1}{4}\right)$。

　　②因监测仪器本身的局限性，使得四级评判因子的权重不同。由同一监测项目下所有

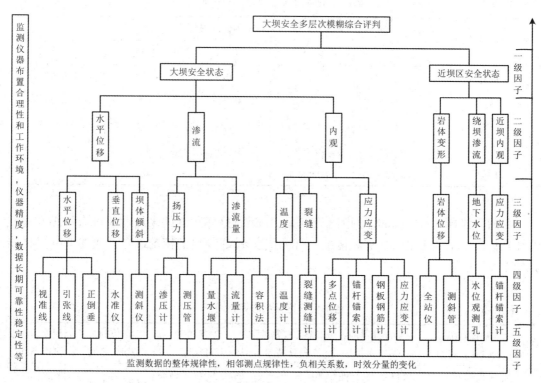

图 10-6　大坝安全多层次模糊综合评判因子层次关系

表示仪器运行状态的评语得分构成监测仪器得分向量 $(S_{仪器1}, S_{仪器2}, \cdots, S_{仪器k})$，其中 k 为监测同一项目的不同监测仪器类型的个数。经归一化，得到所需权重矩阵 W_4。

③三级及以上评判因子都是表征大坝安全的不同划分形式，因此根据坝型并结合大坝实际运行的条件会体现出不同的权重。首先确定初始权重 $W_初$，根据层次分析法中 $1\sim9$ 标度方法确定判断矩阵，见 10.2.1 节表 10-1。为全面描述评判因子，权重应体现该因子下所有监测仪器的运行状况，从而得到该级第 h 个评判因子的仪器整体运行评语得分

$$S_{仪器i,\,h} = \sum_{j=1}^{n} S_{仪器i+1,\,j} w_{i+1,\,j} \tag{10-32}$$

式中，$S_{仪器i+1,\,j}$ 为该评判因子下的次级评判因子仪器整体运行得分；$w_{i+1,\,j}$ 为该评判因子下的次级评判因子的权重；n 为组成该评判因子的所有次级评判因子个数（$i=1,2,3$），且当 $i=3$ 时，$S_{仪器i+1,\,j}$ 为 $S_{仪器j}$。原始权重值需要经过监测仪器运行状况的调整，此过程可用两者的乘积表示：$W'_i = (w_{初i,\,1}S_{仪器i,\,1}, w_{初i,\,2}S_{仪器i,\,2}, \cdots, w_{初i,\,h}S_{仪器i,\,h}, \cdots, w_{初i,\,m}S_{仪器i,\,m})$，其中 m 为该级评判因子的个数，经归一化，得到该级评判因子的最终权重向量 W_i。

5. 评价矩阵

由于监测仪器的运行状态很难定量化，难以得到切实可行的隶属函数，因此由专家评估其安全等级得到隶属各评语的隶属度。将评判仪器工作好坏情况在区间 $[0, 1]$ 离散表示：$C_{仪器得分} = (0, 0.25, 0.5, 0.75, 1)$，得分值越大表示运行状态越好；而评判仪器工作状态的隶属度函数就可简单地用不同评语得分下的隶属度向量表示，见表 10-2。

表 10-2　　　　　　　　　　　　　监测仪器运行状态评语得分隶属度

评语	不同得分的隶属度				
	0	0.25	0.5	0.75	1
很好	0	0	0	0.33	0.67
好	0	0	0.25	0.5	0.25
一般	0	0.25	0.5	0.25	0
不好	0.25	0.5	0.25	0	0
很不好	0.67	0.33	0	0	0

目前，仪器运行状态的评判因子集 $U_{仪器}$ 中运行好坏程度的隶属度还没有详细和完整的评判标准，结合大量工程实际情况，可采用表 10-3 列出的标准确定评判矩阵。具体步骤如下：

表 10-3　　　　　　　　　　　　　　监测仪器运行状态评判因子

评语	监测仪器布置的设计合理性	监测仪器的运行条件	监测仪器的设计精度	测值的可靠性	测值的长期稳定性	测值的有效测次率(%)
很好	监测布局设计很合理，监测仪器能全面涉及整个坝体，重点部位精度超过规范	仪器运行条件优越，监测设施能很好地维护，周围环境良好	超过规范精度，监测性能良好	监测方法准确，抗干扰性强，数据处理及时	仪器基本无故障，过程线规律明显，平稳光滑	> 90
好	监测布局设计范围合理，重点部位的监测仪器满足规范要求	仪器运行条件良好，监测设施能经常维护，周围环境良好	超过规范精度，监测性能一般	监测方法正确，受外界影响较小，数据处理及时	仪器故障少，过程线规律明显，略有突变	> 80~90
一般	监测布局的设计能正确反映监测目的，重点部位埋设监测仪器	仪器运行条件一般，周围环境一般，仪器能定期维护	达到规范精度，监测性能一般	监测方法正确，数据受外界影响不大	仪器故障少，过程线能反映大坝运行状况	> 70~80
不好	监测布局涉及范围不全面，只在重点部位埋设监测仪器	仪器运行条件差，周围环境恶劣，维护设施少	精度勉强达到规范精度，监测性能差	监测方法落后，数据处理落后	仪器平均工作时间不长，过程线规律不明显，突变量较大	> 60~70
很不好	监测布局设计极不合理，监测范围很不全面，重点部位无监测仪器	仪器运行条件很差，周围环境恶劣，无维护设施	仪器埋设时间较早，设计精度达不到要求	监测方法不正确，易受外界影响	仪器经常故障，数据缺失严重，过程线杂乱无章，突变量大	≤ 60

238

①根据仪器的实际运行情况得到评判仪器运行好坏的 6 个因子的不同评语得分隶属度向量 $p_{因子}$。

②得到每个评判因子评语得分隶属度向量后，由表征仪器运行的 6 个方面的向量组成评判矩阵：$M_{仪器} = (p_{布置}, p_{环境}, p_{精度}, p_{可靠性}, p_{稳定性}, p_{有效测次})^T$。

③运用模糊评判原理，得到仪器整体运行的评语得分隶属度向量为：$p_{仪器} = W_{仪器得分}$ $\circ M_{仪器}$，其中 $W_{仪器得分}$ 为仪器评判因子的权重向量。

④得到仪器整体运行的评语得分隶属度后，根据离散的评语得分，可以由 $S_{仪器} = C_{仪器得分} \circ p_{仪器}^T$ 计算得到监测仪器总的运行评语得分。

在大坝安全多层次模糊评判中，上级评判矩阵均由次级评判因子提供。因此，合理得到五级评判因子的安全隶属度是整个评判过程的关键。依据大坝安全评语隶属关系，由专家评估得到各评判因子的评语得分隶属度向量，组成评判矩阵。由 $p_i = W_{i+1} \circ M_{i+1}$ 得到上级评判向量，其中 p_i 是第 i 层大坝安全的评语得分隶属度向量，W_{i+1} 是第 $i + 1$ 层评判矩阵。大坝不同评语得分的隶属度见表 10-4，大坝评判因子见表 10-5。

表 10-4　　　　　　　　　　　　大坝评语得分隶属度

评语	不同得分的隶属度				
	−2	−1	0	1	2
很安全	0	0	0	0.33	0.67
安全	0.25	0	0.25	0.5	0.25
较安全	0	0.25	0.5	0.25	0
不安全	0.25	0.5	0.25	0	0
很不安全	0.67	0.33	0	0	0

表 10-5　　　　　　　　　　　　大坝评判因子

评语	数据整体规律性	相邻测点规律性	复相关系数	时效分量变化
很安全	全部数据在安全范围内无突变，波动幅度满足要求，整体能很好地符合大坝工作规律	相邻测点规律一致性好，符合空间规律，无不均匀突变现象	> 0.9	随时间减小
安全	数据的范围和变化幅度在大坝承载能力内，符合整体规律性，无突变或突变值较小	相邻测点规律性一致，符合空间规律，熟知的差异在一定范围内	> 0.8~0.9	初期变化较快，后期平稳，对时间的导数接近零
较安全	数据基本处于安全范围内，能较合理地反映大坝的整体规律性，带有突变	相邻测点规律相似，能体现空间规律，有数值差异，突变量较小	> 0.7~0.8	对时间的导数大于零，但随时间变幅减小

评语	数据整体规律性	相邻测点规律性	复相关系数	时效分量变化
不安全	个别数据超出大坝的允许或承载能力，不能很好地表现整体规律性	测点之间联系不好，数值差异量较大，带有突变	$>0.5\sim0.7$	持续增长
很不安全	大量数据超出允许范围，带有很大突变，不符合大坝整体规律性	测点之间基本无联系，测值在数值上和空间分布上突变大	≤ 0.5	持续增长并伴有突变增大的现象

经低层因子到高层因子的评判后，最后得到评判第一层的大坝安全评语得分的隶属度向量 p_1，经过计算得到大坝安全得分 $S = C_{大坝得分} \circ p_1^{\mathrm{T}}$，$S$ 即大坝安全运行状态的综合表示。

10.5 安全评判专家系统

10.5.1 专家系统

专家系统(Expert System，ES)是一种具有大量专门知识与经验的智能程序系统，它能运用某个领域一个或多个专家多年积累的经验和专门知识，模拟领域专家求解问题时的思维过程，以解决该领域中的各种复杂问题。也就是说，专家系统具有三个方面的含义：

①它是一种智能的程序系统，能运用专家知识和经验进行启发式推理。

②它必须包含有大量专家水平的领域知识，并能在运行过程中不断地对这些知识进行更新。

③它能应用人工智能技术模拟人类专家求解问题的推理过程，解决那些本来应该由领域专家才能解决的复杂问题。

专家系统是人工智能应用研究的一个重要分支。20 世纪 60 年代末，费根鲍姆等人研制成功第一个专家系统 DENDRAL。专家系统已被成功地运用到众多领域，它实现了人工智能从理论研究走向实际应用，从一般思维方法探讨转入专门知识运用的重大突破。我国专家系统的研发起步于 20 世纪 80 年代，开发成功了许多具有实用价值的应用型专家系统。

如图 10-7 所示，专家系统的基本结构包括数据库、知识库、知识获取机构、推理机、解释器、人-机接口等部分。

①数据库又称综合数据库，用来存储有关领域问题的初始事实、问题描述以及系统推理过程中得到的种种中间状态或结果等，系统的目标结果也存于其中。

②知识库是专家系统的知识存储器，用来存放被求解问题的相关领域内的原理性知识或一些相关的事实以及专家的经验性知识。原理性或事实性知识是一种广泛公认的知识，即书本知识和常识，而专家的经验知识则是长期的实践结晶。

③知识获取机构是专家系统中的一个重要部分，它负责系统的知识获取，由一组程序组成。知识获取机构的基本任务是从知识工程师那里获得知识或从人训练数据中自动获取知识，将得到的知识送入知识库，并确保知识的一致性及完整性。

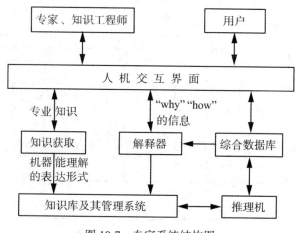

图 10-7 专家系统结构图

④推理机是专家系统在解决问题时的思维推理核心，由一组程序组成，用以模拟领域专家思维过程，以使整个专家系统能以逻辑方式进行问题求解。

⑤解释器是人与机接口相连的部件，负责对专家系统的行为进行解释，并通过人机接口界面提供给用户。

⑥人-机接口是专家系统的另一个关键组成部分，是专家系统与外界进行通信与交互的桥梁，由一组程序与相应的硬件组成。

安全评判专家系统能够实时分析评价建筑物变形程度，发现异常观测值，并对其进行成因解析，综合评价建筑物安全状况，为辅助决策提供技术支持，是安全监测的重要手段之一。下面以大坝安全综合评价专家系统为例说明安全评判系统的详细内容。

10.5.2 大坝安全综合评价专家系统

大坝安全综合评价专家系统是利用存储于计算机内的大坝安全综合评价领域内人类专家的知识，解决过去需要人类专家才能解决的现实问题的计算机系统。

大坝安全综合评价专家系统融汇了坝工理论、数学力学、人工智能、现代计算等理论、方法及技术，集成实测资料及其正反分析成果、设计和施工资料、专家知识等。大坝安全综合评价专家系统包括综合推理机、知识库、方法库、工程数据库和图库等部分，可以实现对资料及专家知识的全面科学管理，对大坝安全进行全过程的实时分析评价，评定大坝的安全级别。其逻辑模型、物理模型的总体结构如图 10-8 所示和图 10-9 所示。

整个系统主要由总控和一机四库组成。一机四库即：①数据库(含图形库和图像库)及其管理子系统；②模型库及其管理子系统；③方法库及其管理子系统；④知识库及其管理子系统；⑤综合分析推理子系统(推理机)。下面介绍各模块的主要功能和要求。

1. 系统总控

建立各子系统之间的联系，提供系统主菜单及选单功能，控制各库和各子系统的协调运行。系统总控的功能包括：①提供系统总菜单；②控制系统内数据采集系统的采集和输入；③启动和控制综合分析推理子系统的运行；④控制系统与外部的通信；⑤协调系统各库内容的传输。

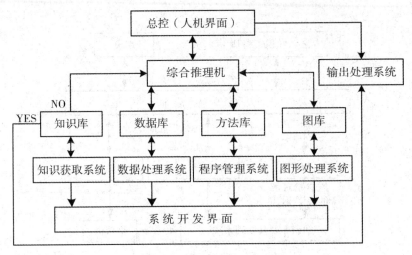

图 10-8　逻辑模型的总体结构

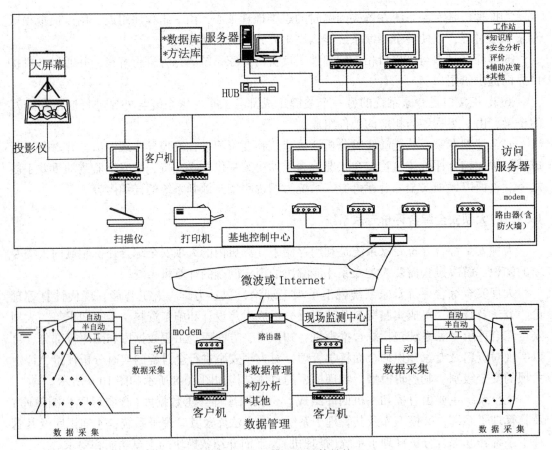

图 10-9　物理模型的总体结构

2. 数据库及其管理子系统

数据库及其管理子系统是面向数据信息存储、查询的计算机软件系统，是整个专家系统运行的基础。数据库的主要内容包括：工程档案库、观测仪器特征库、原始观测数据库、整编观测数据库、观测房(站)库、人工巡视检查信息库、数据自动采集信息库、现实数据库和生成数据库等。

①工程档案库主要存放与枢纽安全有关的各种档案资料，包括枢纽结构及布置等图形资料、与枢纽安全有关的各种录像、照片等图像资料、枢纽及建筑物的特性资料、枢纽安全册等信息。

②观测仪器特征库存放仪器的编号、名称、技术参数、计算规则和埋设情况等信息。原始观测数据库存放原型观测的数据资料。

③整编观测数据库存放按工程要求换算整编后的原型观测数据资料信息。

④观测房(站)库存放观测房(站)特征、内设仪器情况、接口参数等信息。

⑤人工巡视检查数据库存放采用人工巡视检查方法获得的观测数据资料。

⑥数据自动采集信息库存放 MCU 测控单元的连接情况、接口和连接仪器状况、自动采集规则以及相关的技术参数等信息。

⑦现实数据库存放以监控项目为单位的分析推理的现实对象，主要包括以下两类信息：一类是经过处理(各类误差处理、缺损值的插补)的实测数据，供建模和分析使用；另一类是描述当前监测及结构性态的各类信息(包括定量或定性信息，例如异常值的起始日期、趋势性变化类型、速率等)，是综合分析推理的实际对象，并可随时调用以显示当前的结构状态。

⑧生成数据库存放各建筑物及重点工程部位的在线分析成果和正反分析成果信息。

数据库的管理工作主要包括数据资料的采集、录入、存储、整编、查询、传输、报表和图示等。

3. 方法库及其管理子系统

方法库及其管理子系统是用于方法信息存储和调用管理的计算机软件系统。方法库的方法主要包括：①观测数据预处理和检验；②观测数据统计分析；③监控数学模型；④结构分析程序集；⑤渗流场分析程序集；⑥反分析程序集；⑦综合分析模块；⑧辅助决策模块等。

方法库的管理工作主要包括方法的添加、删除、修改、调用等。

4. 模型库及其管理子系统

模型库及其管理子系统主要提供各类建模程序和储存建筑物不同部位及测点的各类模型数据，并对模型数据进行系统管理。已建的各类模型主要用于预报各建筑物不同部位的运行状况和识别测值的正常或异常性质。模型库的主要模型包括统计模型、确定性模型、混合模型、空间位移场模型等；模型库的管理工作主要包括模型的建立、查询、修改、删除等。

5. 图库

图库主要用于以下各类图表需求。

①工程安全概况图表：工程特性表、枢纽布置图和典型剖面图、工程安全表、坝址地质剖面图(含关键问题)、监测系统考证表、监测系统平面和剖面布置图。

②监测资料处理和分析图表：检测资料整编图表，检测量的特性值统计图表，监测量的测值过程线、模型计算过程线、各分量过程线等图，监控指标图表，日常巡查图表，关键问题图表。

③结构分析图表：材料参数表、应力和稳定分析简图；结构有限元网格、单元和结构

点图；应力、位移计算成果图。

④渗流分析图表：渗流有限元网格、单元和结点图；渗流场计算成果图。

⑤反分析图表：参数反分析成果表(归并到材料参数表中)；修正后的应力、位移计算成果图；修正后的渗流场计算成果图。

⑥综合评价图报表：评判图表、决策图表。

6. 知识库及其管理子系统

知识库及其管理子系统是用于知识信息的存储和使用管理的计算机软件系统。本模块的主要知识内容包括：①建筑物的监控指标；②日常巡视检查评判标准；③观测中误差限值；④力学规律指标；⑤领域专家的知识和经验；⑥规程、规范的有关条款等。

对知识库的管理主要是对知识库进行输入、查询、修改、删除等。

7. 推理机(综合分析推理子系统)

推理机(综合分析推理子系统)对工程观测信息进行综合分析和处理，其功能主要为：把各类经整编后的观测数据和观测资料与各类评判指标进行比较，从而识别观测数据和资料的正常或异常性质。在判断观测数据和资料为异常时，进行成因分析和物理成因分析，并根据分析成果发出报警信息或提供辅助决策信息。综合分析推理子系统需要与数据库、模型库、方法库、知识库进行频繁的信息交互。

根据知识库的上述准则识别测值的性质。若为疑点，则应用推理链进行成因分析，识别疑点的性质。若识别为异常，则对其进行物理成因分析；若还需定量分析时，则应用结构或渗流反分析程序进行反分析。当推理无解，找不出疑点的成因时，进入专家综合评判。

(1)识别

识别每次测值是正常或疑点。若为正常，将其成果输出；若为疑点，则进入下一步分析。

(2)疑点成因分析

经上述识别，若测值为疑点，首先检查观测原因，包括下列内容：

①观测记录、计算有无错误。若有错误，修正测值，排除疑点，成果输出；否则进入下一步检查。

②检查监测系统，包括基点、测点、测线、观测仪器等问题。若存在这些问题，排除疑点，成果输出；否则为异常，进入物理成因分析。

(3)异常的物理成因分析

①首先进行环境量分析，即外因分析，包括水位、温度等是否发生特殊变化，扬压力和地下水位是否发生特殊变化、是否发生强烈地震或采用重大工程措施等。

②基础分析。在上述环境量作用下，分析基础尤其是主要滑裂面和地质结构面是否产生过大变形或滑动，帷幕或排水是否受损。

③坝体分析。在上述环境量的作用下，或者基础产生过大变形(或滑动)，或帷幕、排水受损等情况下，分析坝体是否产生过大变形或裂缝。

④成因反分析。当坝基和坝体在环境量产生特殊变化时，若需定量分析物理成因，调方法库的有关程序进行结构或渗流反分析，给出产生异常的定量成果；应用推理链，若找出疑点或异常的成因，则将其成因输出，否则进入下一步评判。

(4)综合分析和评判

①首先输出上述疑点的时间、部位及其上述推理分析过程。

②邀请有关专家对上述疑点分析可能产生的原因，然后进行综合评判，确定或初步确定疑点的成因。

③若判断为异常或险情，可以应用有关程序进行结构和渗流反分析，提出运行控制水位的建议。

第11章 水利工程安全监测

11.1 概述

11.1.1 监测工作的重要性

当前，我国已建成的大坝达到八万七千座，而大坝又是关系国计民生的重要基础设施，因此，对水库大坝进行实时监测是非常有必要的。而且，我国的水库大多已修建了几十年，个别的水库已经是年久失修，加之当时建造时未能充分考虑水库的防洪作用，为了确保大坝的防洪效果，必须对大坝及时修复加固，并进行实时监测。鉴于这种情况，对于大坝进行科学安全管理和实时监测已是各级水利部门工作的重点。

近20年来，中国经济进入快车道，坝工技术突飞猛进，修建了不少大坝。以土石坝为例：20世纪90年代开始，高土石坝和混凝土面板堆石坝的筑坝技术迅速发展，其中小浪底水利枢纽工程坝高154m，天生桥一级水电站坝坝高178m，目前坝高在90m以上的土石坝超过20座。另一类重要的大坝是混凝土重力坝，成为中国高坝的主要坝型，坝高90m以上的重力坝有27座，包括创造多项世界纪录的三峡大坝，最大坝高181m；龙滩大坝坝高192m，江垭水坝最大坝高131m。中国拱坝的数量世界第一，坝高90m以上的有14座，其中有龙羊峡大坝坝高178m，二滩大坝坝高240m，凤滩坝坝高112.5m，群英坝坝高100.5m和沙牌大坝坝高132m。这些工程在国民经济中发挥了巨大的作用。然而，相当一部分大坝存在着某些不安全因素，这些因素不同程度地影响了工程效益的发挥，甚至威胁着下游千百万人民的生命财产安全。

我国的溃坝史上曾出现过两次高峰，一次是20世纪50年代末、60年代初，主要是施工中的中、小型水库溃决；另一次是20世纪70年代，因社会动乱，管理不善也造成大批小型水库溃决。20世纪80年代后，由于加强了水库大坝的安全管理和病险水库的除险加固，溃坝率已大大降低。

尽管如此，我们还必须清醒地认识到一个严峻的事实，我国在上述两个水利建设高潮中兴建的大坝，已运行了三四十年，有的将近半个世纪，本身在逐渐老化，加上不少水库本身就先天不足，老化更为显著。随着时间的推移，还会有新的病险水库产生。据水利部2008年统计，我国大中型水库大坝安全达标率仅为64.1%，病险率约占36%，其中大中型水库的病险率接近30%，小型水库的病险率则更高。可见，水利大坝的安全现状是不容乐观的，应进一步加强监测和管理。

11.1.2 监测系统研究进展

1. 监测数据的自动采集

鉴于我国大部分水库大坝存在或大或小的问题，安全管理形势依旧严峻，建立健全水利安全管理体系已是迫在眉睫，同时将自动化安全监测技术应用到对水坝的监测过程中，实现对大坝的实时监测。通过自动化技术的应用，一方面能够切实掌握大坝的具体情况，确保大坝处于始终安全运行的状态，另一方面，利用长期的监测数据制订出科学合理的大坝维护方案，以延长大坝的服役年限。而且据调查研究，自动化的应用，提高了大坝对于洪水的应对能力，使得水库库容始终保持在安全线以内，能够有效降低洪涝灾害带来的损失；根据降水情况，合理地进行调水，确保下游农业发展有充足的水源。可见，对大坝进行自动化安全监测对防洪抗旱都有巨大的作用，是经济发展的重要保障。

美国、法国、意大利和瑞士等国在 20 世纪 60 年代就开始大坝安全监控自动化系统的研究，已取得了很好的效果。日本梓川上 3 座拱坝的监测系统在 20 世纪 60 年代末已实现数据采集的自动化，1976 年建成的岩屋堆石坝除设置了几种重要观测项目的自动检测装置外，还装备了工业电视系统，以监视闸门的工作状况和溢洪道流态。欧洲一些国家也在 20 世纪 60 年代采用遥测仪器实现了水平位移等重要观测项目的集中遥测，20 世纪 70 年代随着电子技术的进步，数据采集的自动化技术达到了实用水平。意大利是最早进行大坝安全监测自动化研究的国家，早在 1977 年就提出了用确定性模型进行混凝土坝位移监控的方法，在塔尔瓦奇亚双曲重力拱坝上采用 1 台模拟计算机进行垂线位移监控的试验，并取得了成功。

我国在这方面起步较晚，在整体水平上与这些国家的水平相比还有一定的差距，尤其在土石坝监测领域。20 世纪 50 年代，我国南湾、官厅、大伙房等大型水库设置了土石坝变形和渗流监测设施，包括坝面沉降和水平位移观测、用横臂式沉降仪观测坝体内部沉降、用测压管观测坝体和坝基渗流压力。20 世纪 60 年代以后，我国土石坝安全监测有了进一步发展，监测项目也逐步增加，在铁山、横山、升钟、羊毛湾等土石坝用双管式水压力计、钢弦式孔隙水压力计观测土中土压力或接触面土压力，用差动电阻式钢筋计、无应力计和应变计观测混凝土或者钢筋混凝土应力变力。20 世纪 80 年代以后，我国特别重视土石坝的安全监测，在"六五""七五""八五"和"九五"期间都将高土石坝安全监测列为国家科技攻关项目，这么多年来，国家科技攻关项目负责单位——南京水利科学研究院先后开发了坝高在 100m 的高土石坝安全监测设备以及坝高在 200m 的高土石坝安全监测仪器所需要的仪器。20 世纪 90 年代以后，我国特别重视土石坝的安全监测问题，土石坝安全监测分布式数据采集系统由南京水利科学研究院和南京电力自动化研究院等开发成功并投入使用，并且实现了大坝安全实时自动化监测，主要是在计算机网络技术和通信技术发展的基础上，将数据自动采集、数字量传输和资料整理的自动化应用在大坝安全监测中。这些技术已经普遍应用在许多实际的工程中。

近些年来，除了传统的自动化监测方式外，国外也有利用计算机层析成像技术的报道。计算机层析成像技术（Computerized Topography，CT）指在不损坏物体结构的前提下，利用在物体周围所获得的一些物理量（如 X 射线光强、波速）的一维投影数据，计算重建出物体在特定层面上的二维和三维图像的技术。因为它可以定量反映大坝的内部情况，使仪器设备的复杂性得以降低，大坝的安全性得以提高，对大坝安全监测提供了可靠的资料。因此，意大利、日本等国先后将此技术应用于大坝性态诊断中，此项技术可以有效地进行大坝安全监测，而且有很好的应用效果。

在大坝安全监测自动化研究过程中，一些科技发达和拥有较多大坝的国家，近年来在大坝监测仪器的改进和自动化系统的研制上下了不少工夫，取得了丰硕的成果。这些成果不仅提高了测值的可靠性和准确性，而且使所采集的信息在空间上和时间上的连续程度大为增强，减轻了观测人员的劳动强度，改善了观测条件，节约了人力，另外，这些成果的最显著成就是实现了大坝实时在线安全监控，将数据采集、记录、分析处理以至报警等多个环节连接成一个短历时过程，使大坝安全监测的效率进一步得到提高。我国在这方面的研究成果也很多，已有多座大坝实现了自动化监测，具有高可靠性的分布式大坝安全监测自动化系统将成为以后发展的主流。

2. 监测信息处理系统的研究开发

监测数据的自动采集只是完成了大坝安全监测工作的一部分，进一步利用电子计算机对监测数据进行分析处理，以便根据计算成果判断大坝的工作性态是否正常，这才是大坝安全监测的最终目标。所谓大坝的安全在线监控，就是在不脱机情况下连续实现监测数据自动采集、自动处理和评判大坝安全状况，采取有效措施保障大坝的安全。由此可见，实现大坝安全在线监控是大坝安全监测系统自动化的重要一环，有了这个环节，才能及时、有效地发挥监测系统的作用。

大坝监测自动化的实现主要经历了三个阶段：第一阶段是数据采集和整理的自动化，即从传感器到检测器到计算机（或微处理器）实行数据的采集、检测、显示、传输、存贮、打印的自动化；第二阶段是资料分析自动化，即人工测读数据整理成报表后，由有关机构用计算机软硬件实现数据储存、检验、制表、绘图、分析、建模、反馈的自动化；第三阶段是全过程自动化，即综合完成前两种方式的功能，实现实时在线监控，迅速判断大坝安全性态。我国研究开发大坝安全监测自动化系统也经历了这样一个发展过程，从20世纪70年代末到20世纪80年代中期，主要研制了用于差动电阻式仪器的自动监测系统，实现了这类仪器的高精度远距离测量和测量数据的初步处理。"七五"期间，着重研究开发了大坝安全自动监测微机系统，实现了变形、应力、温度、渗流等监测项目的自动测量和自动处理；研制了大坝安全在线监控和监测数据离线处理的整套软件，达到了相当高的水平。

在大坝监测数据管理系统中，以意大利研究开发的微机辅助监测系统（MAMS）较为典型。此系统可通过安设在坝体、基岩或坝区各观测点上的传感器自动采集效应量和环境量，传送到坝上监控站，经过初步处理后的数据再传输到计算机中心进行分析、反馈，形成一个大坝安全监控全过程的自动化系统。20世纪90年代，中国的某些特大型水利水电工程及网、省电力部门也组织开发了一批具有决策支持和网络功能的大坝监测信息处理系统。

20世纪90年代计算机网络的发展和Internet技术的普及，为大坝安全监控管理拓展了空间，以流域或省（网）局等为单位的大范围管理已成为可能。西方发达国家对坝工领域的注意力从建坝转向管坝，已开发运用大坝安全监控网络系统。建立以网省局为中心，水电厂为分中心的大坝安全监控网络系统，将网省局所属水电厂大坝安全自动化系统进行网络互连，并增加数据库管理，监测数据的在线、离线分析，反演分析，安全评估，决策支持，Web浏览器和Internet连接等功能模块。大坝安全监控网络系统将在我国大坝安全管理、水电厂防汛、水库调度等方面发挥重要的作用，取得更显著的经济和社会效益，有效提高了我国大坝运行管理和监测技术水平。

3. 综合评判专家系统的开发研究

"大坝安全监测专家系统"通过访问专家，并依据有关大坝安全法规、设计规范和专家知识等，归纳整理成知识库，综合应用国内外在这一领域中的先进科研成果，建立具有多功能的方法库，结合具体工程，及时整理和分析有关资料，建立数据库，然后应用模式识别和模糊评判，通过综合推理求解，对大坝安全状态进行综合评判和辅助决策服务，实现实时分析大坝安全状态、综合评价大坝安全状态等目标。因此，专家系统对确保大坝安全，改善运行管理水平等都将起到重大作用。同时，专家知识和实践经验是宝贵的财富，通过建立专家系统将专家的知识整理成知识库，使其体系化、完整化并发挥更大的作用，从而避免由于专家年龄老化导致这些知识的消失。因此，建立专家系统又具有重大的实际意义和科学价值。在大坝安全监测领域，专家系统研究尚属起步阶段。意大利在大坝安全评判分析系统的研究中起步较早，其开发的 MISTRAL 信息管理系统和 DAMSAFE 决策支持系统在系统功能和实用程度方面都得到同行的高度评价。在我国，一些大坝已开始进行专家系统的研制工作，从最新的科研报告来看，目前我国的专家系统研究水平已超过国外，但硬件环境方面还存在一些问题。

11.2　主要监测内容与方法

11.2.1　概述

水工建筑物必须设置必要的监测项目，用以监控建筑物的安全、掌握其运行规律、指导施工和运行、反馈设计。

1. 工作原则

监测工作应遵循如下原则：

①监测仪器和设施的布置，应明确监测目的，紧密结合工程实际，突出重点，兼顾全面，相关项目统筹安排，配合布置。应保证具有在恶劣气候条件下仍能进行重要项目的监测。

②仪器设备要耐久、可靠、实用、有效，力求先进和便于实现自动化监测。

③仪器的安装和埋设要及时，必须按设计要求精心施工，应保证第一次蓄水期能够获得必要的监测成果，并应做好仪器的保护；埋设完工后，及时作好初期测读工作，并绘制竣工图、填写考证表，存档备查。

④仪器监测严格按照规程规范和设计要求进行，相关监测项目力求同时监测；针对不同监测阶段，突出重点进行监测；发现异常，立即复测；做到监测连续、数据可靠、记录真实、注记齐全、整理及时，一旦发现问题，及时上报。

⑤仪器监测应与巡视检查相结合。

2. 基本要求

安全监测工作可分为五个阶段，各阶段的工作应满足以下要求：

①可行性研究阶段。提出安全监测系统的总体设计专题、监测仪器及设备的数量、监测系统的工程概算。

②招标设计阶段。提出监测系统设计文件，包括监测系统布置图、仪器设备清单、各监测仪器设施的安装技术要求、测次要求及工程预算等。

③施工阶段。提出施工详图，应做好仪器设备的检验、埋设、安装、调试和保护，应绘制竣工图，编写埋设记录和竣工报告；应固定专人进行监测工作，保证监测设施完好和监测数据连续、可靠、完整，应按时进行监测资料分析，评价施工期大坝安全状况，为施工提供决策依据。

④首次蓄水阶段。应制订首次蓄水的监测工作计划和主要的设计监控技术指标；按计划要求做好仪器监测和巡视检查；拟定基准值，定时对大坝安全状态作出评价并为蓄水提供依据。

⑤运行阶段。应进行经常的和特殊情况下的监测工作；定期对监测设施进行检查、维护和鉴定，以确定是否应报废、封存或继续观测、补充、完善和更新，定期对监测资料进行整编和分析。对大坝的运行状态作出评价，建立监测技术档案。

3. 工作状态划分

应定期对监测结果进行分析研究，并按下列类型对大坝的工作状态作出评估：

①正常状态，指大坝(或监测的对象)达到设计要求的功能，不存在影响正常使用的缺陷，且各主要监测量的变化处于正常情况下的状态。

②异常状态，指大坝(或监测的对象)的某项功能已不能完全满足设计要求，或主要监测量出现某些异常，因而影响正常使用的状态。

③险情状态，指大坝(或监测的对象)出现危及安全的严重缺陷，或环境中某些危及安全的因素正在加剧，或主要监测量出现较大异常，若按设计条件继续运行将出现大事故的状态。

11.2.2 监测项目

对于不同类型、不同等级的水工建筑物，其安全监测的项目和精度要求有一定的差异，具体要求见表11-1。

11.2.3 监测方法

水工建筑物的水平位移和垂直位移监测方法分别见表11-2和表11-3。

表 11-1　　　　　　　　　　　　　水工建筑物监测项目

类别	项目	按工程分类						按级别分类			
		土石坝	堆石坝	混凝土坝	水闸、溢洪道	隧洞、地下厂房	水库	1	2	3	4
水文	水位	✓	✓	✓	✓	✓	✓	✓	✓	✓	✓
	降水	✓	✓	✓	✓		✓	✓	✓		
	波浪	✓					✓				
	冲淤			✓	✓			✓			
	气温	✓	✓	✓	✓			✓	✓	✓	
	水温			✓				✓	✓		

类别	项目	按工程分类						按级别分类			
		土石坝	堆石坝	混凝土坝	水闸、溢洪道	隧洞、地下厂房	水库	1	2	3	4
变形	表面	✓	✓	✓	✓	✓	✓	✓	✓	✓	
	内部	✓									
	地基			✓				✓	✓		
	裂缝	✓	✓	✓	✓	✓		✓	✓	✓	✓
	接缝		✓	✓		✓					
	边坡	✓	✓		✓	✓					
渗流	坝体	✓	✓	✓				✓			
	坝基	✓	✓	✓	✓			✓	✓	✓	
	绕渗	✓		✓				✓			
	渗流量	✓	✓	✓	✓	✓		✓	✓	✓	✓
	地下水				✓	✓		✓			
	水质	✓		✓	✓						
应力	土壤										
	混凝土							✓			
	钢筋		✓	✓		✓		✓	✓		
	钢板							✓			
	接触面	✓									
	温度			✓				✓	✓		
水流	压强				✓	✓		✓			
	流速				✓	✓					
	掺气										
	消能				✓			✓			
地震	振动										

表 11-2　　　　　　　　　　　　**水平位移监测方法**

部位	方法	说　明
重力坝	引张线 视准线 激光准直	一般坝体、坝基均适用 坝体较短时用 包括大气和真空激光，坝体较长时用真空激光

部位	方法	说　明
拱坝	视准线	重要测点用
	导线	一般均适用，可用光电测距仪测量导线边长
	交会法	交会边较短、交会角较好时用
土石坝	视准线	坝体较短时用
	大气激光	有条件时用，可布设管道
	卫星定位	坝体较长时用
	测斜仪或位移计	测量内部分层及界面位移用
	交会法	交会边较短、交会角较好时用
近坝区岩体	测斜仪	一般均适用
	交会法	交会边较短、交会角较好时用
	卫星定位	范围较大时用
	多点位移计	也可用于滑坡体和坝基
高边坡、滑坡体	视准线	一般均适用
	卫星定位	范围较大时用
	直线测距	用光电测距仪或钢钢线位移计、收敛计
	边角网	一般均适用，包括三角网、测边网和测边测角网
	同轴电缆	可测定位移深度、速率及滑动面位置
断层、夹层	断层监测仪	可测断层的三维位移
	变位计	可测层面水平及垂直位移
	测斜仪	一般均适用
	倒垂线	必要时用
校核基点	岩洞稳定点	也可精密测距和测角
	倒垂线	一般均适用
	边角网	有条件时用
	延长方向线	有条件时用
	伸缩仪	用于基准点传递和水平位移观测

表 11-3　　　　　　　　　　　　　　**垂直位移监测方法**

部位	方法	说　明
混凝土坝	一等或二等水准	坝体、坝基均适用
	三角高程	可用于薄拱坝
	激光准直	两端应设垂直位移工作基点
土石坝	二等或三等水准	坝体、坝基均适用
	三角高程	一般采用全站仪观测
	激光准直	两端应设垂直位移工作基点
近坝区岩体	一等或二等水准	观测表面、山洞内及地基回弹位移
	三角高程	观测表面位移

部位	方法	说　明
高边坡及滑坡体	二等水准 三角高程 卫星定位	观测表面及山洞内位移 一般利用全站仪观测 范围较大时用
内部及深层	沉降板 沉降仪 多点位移计 变形计	固定式，观测地基和分层位移 活动式或固定式，可测分层位移 固定式，可测各种方向及深层位移 观测浅层位移
高程传递	垂线 铟钢带尺 光电测距仪 竖直传高仪	一般均适用 需利用竖井 需利用旋转镜和反射镜 可实现自动化测量，但维护较困难

11.2.4　监测周期

安全监测周期的确定应根据规范的整体要求以及工程建筑物的实际情况确定。通常，在施工期，由于坝体等建筑物的填筑速度较快，荷载的变化较大，变形的速度也相应较快，这时，为了了解变形的过程，反馈施工质量和控制施工进度，变形和应力的测次应相应增加，一般取规范要求的上限。

在蓄水期，由于水库水位上升很快，且大坝等水工建筑物尚未经受过这种荷载的检验，是否存在工程隐患尚不十分明确，因此，在这个阶段应加强监测工作，以了解建筑物的施工情况，以及现实情况与设计标准是否一致。因此，水库蓄水过程中，一般取测次的上限；待完成蓄水后，水工建筑物无异常情况、工作稳定时，可逐步减少测次。

在运行期，当观测值变化速率较大时可取测次的上限，性态趋于稳定时可取下限。若遇到工程扩建或改建、提高库水位及长期放空水库又重新蓄水时，需重新按照施工和蓄水期的要求进行监测。

监测项目、周期、精度等应严格按照规范及设计的要求执行，若因情况发生变化需要变更时，应报上级主管部门批准。

11.3　监测系统设计与建立

11.3.1　监测断面布置

1. 土石坝（含堆石坝）

①观测横断面：布置在最大坝高、原河床处、合龙段、地形突变处、地质条件复杂处、坝内埋管或运行可能发生异常反应处，一般不少于2~3个。

②观测纵断面：在坝顶的上游或下游侧布设1~2个，在上游坝坡正常蓄水位以上1个，正常蓄水位以下可视需要设临时断面，下游坝坡2~5个。

③内部断面：一般布置在最大断面及其他特征断面处，可视需要布设1~3个，每个

断面可布设 1~3 条观测垂线，各观测垂线还应尽量形成纵向观测断面。

界面位移一般布设在坝体与岸坡连接处，不同坝料的组合坝型交界处及土坝与混凝土建筑物连接处。

2. 混凝土坝（含支墩坝、砌石坝）

①观测纵断面。通常平行坝轴线在坝顶及坝基廊道设置观测纵断面，当坝体较高时，可在中间适当增加 1~2 个纵断面。当缺少纵向廊道时，也可布设在平行坝轴线的下游坝面上。

②内部断面。布置在最大坝高坝段或地质和结构复杂坝段，并视坝长情况布设 1~3 个断面。应将坝体和地基作为一个整体进行布设。拱坝的拱冠和拱端一般宜布设断面，必要时也可在 $\frac{1}{4}$ 拱处布设。

3. 近坝区岩体及滑坡体

①两坝肩附近的近坝区岩体，垂直坝轴线方向各布设 1~2 个观测横断面。

②滑坡体顺滑移方向布设 1~3 个观测断面，包括主滑线断面及其两侧特征断面。

③必要时可大致按网格法布置。

11.3.2 水平位移观测点布置

1. 位移标点

①土石坝：在每个横断面和纵断面交点等处布设位移标点，一般每个横断面不少于 3 个。位移标点的纵向间距，当坝长小于 300m 时取 30~50m，当坝长大于 300m 时一般取 50~100m。

②混凝土坝：在观测纵断面上的每个坝段、每个垛墙或每个闸墩布设一个标点，对于重要工程也可在伸缩缝两侧各布设一个标点。

③近坝区岩体及滑坡体：在近坝区岩体每个断面上至少布设 3 个标点，重点布设在靠坝肩下游面。在滑坡体每个观测断面上的位移标点一般不少于 3 个，重点布设在滑坡体后缘起至正常蓄水位之间。

2. 工作基点

①土石坝：在两岸每一纵排标点的延长线上各布设一个工作基点；当坝轴线为折线或坝长超过 500m 时，可在坝身每一纵排标点中部增设工作基点兼作标点，工作基点的间距取决于采用的测量仪器。

②混凝土坝：可将工作基点布设在两岸山体的岩洞内或位移测线延长线的稳定岩体上。

③近坝区岩体及滑坡体：选择距观测标点较近的稳定岩体建立工作基点。

3. 校核基点

①土石坝：一般仍采用延长方向线法，即在两岸同排工作基点连线的延长线上各设 1~2 个校核基点，必要时可设置倒垂线或采用边角网定位。

②混凝土坝：校核基点可布设在两岸灌浆廊道内，也可采用倒垂线作为校核基点，此时校核基点与倒垂线的观测墩宜合二为一。

③近坝区岩体及滑坡体：可将工作基点和校核基点组成边角网或交会法进行观测。有条件时也可设置倒垂线。

11.3.3 垂直位移测点布置

在通常情况下,垂直位移采用精密水准测量方法观测,对于混凝土大坝,一般采用一等水准测量的精度要求进行观测,对于土石坝和滑坡体一般采用二等水准测量的精度要求进行观测。为保证测量成果的可靠性,水准线路应构成附合、闭合线路,或组成水准网。对于中小型工程和施工期的工程,可根据位移的实际情况适当降低观测精度。

水准测量的基准点应根据工程建筑物的规模、受力区范围、地形地质条件及观测精度要求等综合考虑,原则上要求这种类型的点能长期稳定,且变形值小于观测误差。为达到上述要求,一般在大坝下游1~3km处布设一组或在两岸各布设一组(3个)水准基点,各组内的3个基准点组成50~100m的等边三角形,以便检核基准点的稳定性。对于山区高坝,可在坝顶及坝基高程附近的下游分别建立水准基点。

水准基点的形式可采用土基标、地表岩石标、深埋钢管标、双金属管标等,具体形式可根据实际情况确定。

一般分别在坝顶及坝基处各布设一排沉降监测标点,在高混凝土坝中间高程廊道内和高土石坝的下游马道上,也应适当布置观测标点。另外,对于混凝土坝每个坝段相应高程各布设一点;对于土石坝沿坝轴线方向至少布设4~5点,在重要部位可适当增加;对于拱坝在坝顶及基础廊道每隔30~50m布设一点,其中在拱冠、$\frac{1}{4}$拱及两岸拱座应布设标点,近坝区岩体的标点间距一般为0.1~0.3km。

沉降标点可根据实际需要采用综合标、混凝土标、钢管标、墙上标等形式。

11.4 小浪底大坝安全监控系统设计

11.4.1 工程概况

小浪底水利枢纽工程位于河南省洛阳市以北40km的黄河干流上(见图11-1),上距三门峡大坝130km、下距焦枝铁路桥8km、距黄河京广铁路桥115 km,是一座以防洪、防凌、减淤为主,兼顾发电、灌溉、供水等综合利用的水利枢纽工程,由大坝、泄洪排沙建筑物、输水发电系统组成。大坝为壤土斜心墙堆石坝,最大坝高160m。泄洪排沙建筑物由3条直径为14.5m的孔板泄洪洞(由导流洞改建而成),3条明流泄洪洞,3条直径为6.5m的排沙洞、正常溢洪道及非常溢洪道,直径为7.8m的引水发电洞、地下厂房和3条尾水洞组成,电站装机6台,总容量180万kW。

小浪底水利枢纽坝顶高程281m,正常高水位275m,库容126.5亿m³,淤沙库容75.5亿m³,长期有效库容51亿m³,千年一遇设计洪水蓄洪量38.2亿m³,万年一遇校核洪水蓄洪量40.5亿m³。死水位230m,汛期防洪限制水位254m,防凌限制水位266m。防洪最大泄量17000亿m³/s,正常死水位泄量略大于8000 m³/s。

小浪底工程设计任务书于1987年2月经国务院正式批准,1991年9月前期准备工程开工,1994年9月12日主体工程正式开工,1997年10月28日实现大河截流,1999年10月25日下闸蓄水,2000年1月9日首台机组并网发电,2001年12月整个工程全部完工。

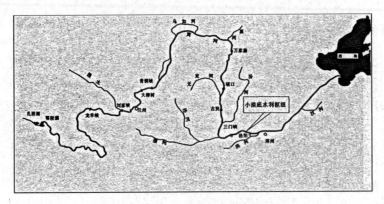

图 11-1 小浪底水利枢纽位置示意图

11.4.2 大坝监测项目

由于小浪底工程地质条件复杂和地下洞群多等工程特点，需要变形监测项目众多，测量区域广大，各个监测项目观测频次、观测周期、观测精度要求不尽相同，采取的监测方法和监测仪器也不相同。因此，为了充分利用各个监测项目的监测资料，提高工作效率，追求最大的经济效益，更好地解决各个监测项目之间的相互联系，必须在测区内建立统一的平面和高程控制体系。小浪底监测系统基准的建立，主要采用大地测量方法，遵循分级布网、逐级控制的原则，建立平面和高程变形测量控制网，为大坝安全监测和各个项目的监测提供工作基点。外部变形监测控制网主要由固定点网、工作基点网、监测网三级组成。

小浪底工程外部变形监测主要分为三大部分：枢纽外部变形监测、近坝岸（边）坡外部变形监测、坝库区断层活动性及地形变监测等。

1. 枢纽外部变形监测

（1）大坝变形监测

众所周知，大坝建成蓄水后，由于库水位作用，导致大坝坝体、坝基和坝肩出现渗流现象，这对大坝安全是不利的，但又是不可避免的。而大坝是整个水利枢纽工程的关键部位，监测大坝位移变化，是变形监测的重点。

大坝外部变形监测原设计方案是按照视准线法（小角法或觇牌法）观测，由于多数视准线中间工作基点布设在大坝上，亦属变形点。每一次监测首先要重新确定中间工作基点位置，视准线法观测较复杂。而且土石坝位移量较大，一般会超出觇牌的量程。

（2）进水塔监测

进水塔群是整个枢纽发电、泄洪、排沙、灌溉的进水口。共有 10 个塔组成，塔高112m，总长 270.7m。在进水口处为控制水流，布置有巨大的闸门，闸门的启闭轨道设在进水塔体上，为确保安全运行，加强对进水塔体的监测有十分重要的作用。

（3）进水口高边坡位移监测

进水口高边坡位于左坝肩水工建筑物进口处。坡顶开挖高程 290m 左右，坡脚开挖高程为 170m，坡高近 120m，坡面宽度 270~330m，开挖坡度为 1：0.2；左右侧边坡高 30~60m，坡面宽 40~60m。由于边坡基岩裂隙发育，部分岩体除抗剪强度低之外，还存在塑性蠕变问题。水库蓄水后，山体受库水的长期浸泡，泥化夹层有蹦解的可能性。边坡的稳定性直接关系到施工及将来发电洞群的运行安全。因此，必须对进口边坡稳定性进行长期的变形监测。

（4）地下厂房监测

地下厂房由主厂房、主变室、尾水闸室三大洞室组成，地下厂房长250.5m、宽26.2m、高66.44m。厂房顶拱高程为165.05m，上面覆盖岩体厚度为70~100m。主厂房与主变室之间岩体厚度为32m，主厂房下游边墙底部布置6条尾水洞，中部布置6条母线洞和1条进厂交通洞，都与主厂房边墙垂直相交。洞室之间岩体单薄，对围岩稳定不利。因此，为确保厂房安全运行，须对厂房的收敛和沉陷进行监测。

2. 枢纽周边滑坡监测

（1）东苗家滑坡体监测

东苗家滑坡体位于小浪底大坝下游约1.5km处的黄河右岸岸坡段，该滑坡体东西宽约350m，南北长约400m，方量约500万m^3。滑坡体前缘凸入黄河，4#公路从其中部穿过，东苗家移民新村分布在滑体后部。已查明东苗家滑坡为一经长期发育过程而形成的前有牵引、后有推动的蠕滑型滑坡，其变形破坏形式比较复杂，前部以塌滑为主，中部以顺层滑移为主，后部则表现为拉裂变形。黄河自西向东流过滑坡体前缘，左岸导流、泄洪、发电系统的出水口方向正对着滑坡体前缘，在运用条件下对滑坡体的稳定性构成不利影响。东苗家滑坡体的稳定问题对4#公路的畅通、泄水建筑物的正常运用及东苗家移民新村的安全影响重大。滑坡体目前总体上处于基本稳定状态，但泄水工程的运用及大强度降雨等因素，均会对滑坡的稳定性带来不利影响。因此，对东苗家滑坡体的监测是十分必要的。

（2）1#、2#滑坡体监测

1#、2#滑坡体位于坝址上游2.8~3.7km黄河右岸处，滑坡体体积为410m^3和1100m^3。在大坝建成蓄水和围堰截流蓄水情况下，由于水的浸润作用，将改变坡体和滑带的物理力学参数，降低滑带的抗剪强度，有可能使坡体产生滑移破坏，冲击库水形成涌浪，对工程施工和运行产生破坏性影响。因此，对滑坡体的监测有十分重要的作用。

3. 坝库区断层活动及地形变监测

（1）坝库区断层活动监测

小浪底水利枢纽工程坝库区在大地构造上位于华北地台的南部，山西断隆、华北断拗、豫西断隆的交接地带，南与秦岭复杂褶皱系相邻。进入新生代以来，大面积的强烈升降运动与断裂的继承性差异运动为水库区构造运动的特点，形成了围绕库区分布的垣曲、三门峡、洛阳、济源断陷盆地。水库区及周边地区的断裂构造比较发育。在水库附加荷载影响范围内第四纪活断层有10条。这些断层在水库蓄水后大部被库水淹没，除附加荷载外，还存在库水的渗入条件，因此具备了水库诱发地震的条件。为了研究断层的活动性和库水位的关系，根据小浪底库区及坝址断层分布情况，结合小浪底工程规模和地质条件，在断层的拐折、分叉和交汇部位布置监测点，监测库坝区断层的活动。

（2）GPS地形变监测

由于小浪底水库库容巨大，蓄水后的巨大水体对工程地质环境的改变是明显的。通过库区适当范围的地形变监测，不仅可以捕捉到断层活动的特征，为水库诱发地震的分析预报提供依据，而且可以分析库盆变化，从水工角度为大坝区变形、分析提供参考资料。

4. 大坝安全监测

大坝观测设有变形、渗流、应力应变及震动反应等观测项目。

大坝观测仪器主要布置在三个横断面和两个纵断面上，三个横断面分别是 A—A（D0+

693.74）、*B*—*B*（D0+387.5）、*C*—*C*（D0+217.5），其中 *A*—*A* 观测断面位于 F1 断层破碎带处，F1 断层对大坝的影响较大，是重点观测部位；*B*—*B* 观测断面位于最大坝高处，而且覆盖层最深（70 多米），是坝体的典型观测断面；*C*—*C* 观测断面位于左岸，该断面防渗体基本上处于岩石基础和河床覆盖层的交界部位，同时断面下游坝轴线上有一基岩陡坎，使其变形比较复杂，有引起裂缝的可能。两个纵断面为沿斜心墙轴线的断面 *D*—*D* 及沿坝轴线的断面 *E*—*E*。图 11-2 为小浪底大坝外部监测系统布置示意图。

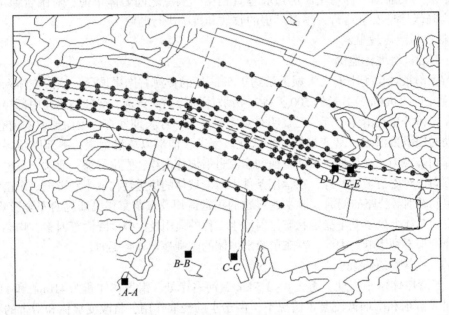

图 11-2　小浪底大坝外部监测系统布置

5. 观测项目

（1）变形监测

变形监测主要包括大坝的外部变形和内部变形，以及斜心墙和坝壳接触面间、岩体与坝体接触面间的相对变形。

大坝的外部变形观测分为水平变形（沿水流方向及坝轴线方向）和竖直变形（沉陷和固结）两部分。坝体表面的观测标点既可作为水平变形测量的标点又可当作竖直变形测量的标点。大坝外部变形共布设测线 8 条，156 个测点，顺河流方向的水平位移采用视准线法或小角度法观测；沿坝轴线方向的水平位移采用量距法进行观测；坝体的沉陷采用二等精密水准进行施测。

坝体内部变形观测主要有水平位移观测、垂直位移观测及界面相对错动观测，主要采用四种方法进行观测：测斜仪、堤应变计、界面应变计及钢弦式沉降计。

大坝共设有 17 支测斜管，分别以垂直向、倾斜向及水平向三种方式埋设，并在一定的间距安装沉降环，以测量坝体三个方向的变形。

大坝共布置有 5 套堤应变计串。有 3 套堤应变计串沿纵向布置在防渗体轴线附近，另外两套堤应变计串沿横向布置在大坝的主要观测断面 *B*—*B* 上。

大坝共布设界面变位计 13 支，其中，沿斜心墙上、下游边坡埋设 6 支，一端锚固于斜心墙，另一端锚固于反滤层中。另外，考虑到大坝左岸坝肩岸坡较陡，为监测坝肩不均匀沉降可能引起的防渗体与基岩的错动，沿二者结合面布置有 7 支界面变位计，其一端锚固于岸坡基岩上，另一端锚固于斜心墙中。

钢弦式液体沉降计共设 8 条测线，均沿纵向布置。上游坝壳内设三条测线，用以监测上游坝坡的沉降，斜心墙上表面布置两条测线，用以监测斜心墙表面的沉降变形，斜心墙内设三条测线，基本上在斜心墙的中心线上。

（2）渗流监测

坝基渗流是该工程的重点监测项目，监测的重点部位是沿整个大坝防渗线及斜心墙基础面的渗压力。监测项目包括绕坝渗流、坝体内的孔隙水压力和浸润线分布。对 F1 断层两侧及右岸滩地也需要监测其渗流稳定性。

坝体渗压监测仪器主要布置在三个横向观测断面内，另外，在 $B—B$ 观测断面上游堆石体内布置了 6 支渗压计。为了监测天然淤积的防渗效果，在坝前围堰上游布置有 2 支渗压计。

为了监测 $F1$ 断层及其两侧破碎带的渗流稳定性，沿 $F1$ 断层坝基下共布设有 15 支渗流观测仪器。

大坝右岸岩层存在有承压水层，由于 $F1$ 断层透水性差，使 $F1$ 断层成为相对隔水边界，水库蓄水后承压水位将提高，对大坝稳定不利。为了监测承压水的情况和排水对释放承压水的效果，布设有 6 支测压管和部分深层渗压计测点。

两岸绕坝渗流观测主要是通过在两坝肩布设测压管进行观测，结合其他两岸的渗流测点基本能够控制和掌握绕坝渗流的情况。

大坝渗流量观测采用分区、分段的方法来观测。整个大坝分为三个区，即左岸、右岸和河床部分。两岸的渗流由斜心墙后伸出的混凝土截渗墙引向下游，截渗墙嵌入基岩 0.5m，末端作引水渠和量水堰；河床部分的渗流用设在下游围堰排水涵洞内的量水堰量测。全坝共设置 9 个量水堰。

（3）土压力监测

土压力监测分为土体中应力和边界土压力两类，前者设置在坝体主观测断面内，后者设置在基础界面上。

坝体应力观测采用土压力计。由于大坝河谷较宽，故考虑按平面问题布设测点。结合坝体的计算情况，沿坝高设两排共 11 组土压力计组。

（4）地震反应监测

坝址区基本烈度为 7 度，地震反应监测对象主要是 3 度以上的地震反应。设置两个横向、一个纵向观测断面和一个基础效应台，共设 10 个监测点，仪器采用数字式三分量强震仪。

（5）混凝土防渗墙监测

混凝土防渗墙分为主坝防渗墙和围堰防渗墙监测。主坝防渗墙墙外设渗压计和边界土压力计，墙内设应变计、钢筋计、无应力计等应力应变监测；另设倾角计和堤应变计进行墙体变形监测。

作用于防渗墙上的外力有水压力和土压力。水压力观测采用渗压计，土压力观测采用边界土压力计观测，共设 6 支土压力计，上游设 2 支，下游设 3 支，墙顶设 1 支。

墙体的应力观测采用混凝土应变计、钢筋计，并埋设有无应力计。观测仪器沿三个高程布置，每个高程上下游侧布置两支钢筋计，墙体中部布置混凝土应变计，共有 6 支钢筋计、3 支混凝土应变计和 2 支无应力计。墙体的变形观测采用倾角计进行观测，墙体沿高程共布置有 6 支倾角计。

大坝监测仪器布置情况如图 11-3 所示。

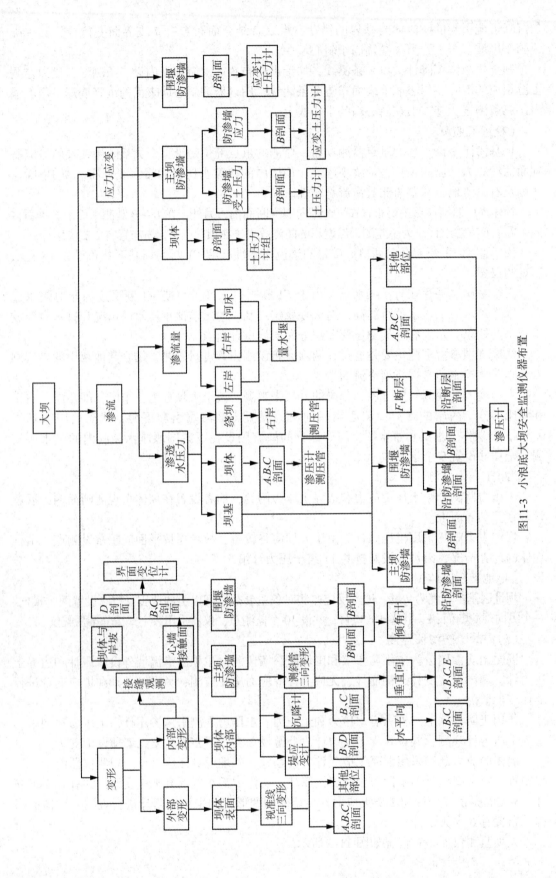

图11-3 小浪底大坝安全监测仪器布置

11.5 大坝安全监测发展趋势

随着社会的进步以及科学技术特别是信息技术的发展，人们观念的不断转变，对大坝安全监测提出了更高更深的要求，大坝安全监测的未来发展趋势展望如下：

①传感器智能化。智能仪器是自带微型计算机或者微型处理器的测量传感器，仪器自身具有数据存储、数据传输、逻辑运算判断及自动化操作等功能。随着人工智能技术和电池技术的迅猛发展，逐步具备自检、自校、自诊断功能、物理量直接展示、结果数字化输出、无线传输和人机交互等功能特性。

②接口的标准化和即插即用。国内外多个监测仪器生产厂家的仪器设备，由于各家接口和系统不通用、需要专业安装调试队伍等问题，严重阻碍了大坝安全监测自动化的推广，为此，需要研究通用的通信协议数据库接口、通信接口、传感器接口和电源接口标准，建立健全相应的技术规程规范，从而方便各个系统设备、模块之间的集成。

③远程操作与实时诊断。因基层维护管理人员的技术知识和素养较低，实现大坝安全监测系统远程实时诊断，为运行维护人员提供维护维修信息具有很重要的现实意义。通过有线或无线网络可实现远程控制、参数设置、故障诊断等操作。如利用无线网络技术，只要在手机能上网的地方，通过 3G/4G 即可以实现远程数据采集、系统维护、软件升级和维护、故障原因和修复方法以及测值成因分析等，同时通过短消息实现大坝安全报警和故障提示，从而极大地方便了大坝安全自动监测系统的运行维护。

④系统整合。目前许多水电站与水库大坝均安装部署了大坝安全监测、水情测报、闸门监控、视频监控等自动化系统。可以将以上各系统有机地整合起来，应用优化技术以达到在平常确保大坝安全的前提下，尽量多蓄水、多发电、多供水，从而创造更多的效益；在汛期有较多的防洪库容，又能实时动态地对水库调度进行优化，从而最大限度达到防灾（减灾）和兴利的目的。

⑤大坝群信息系统集成。利用云计算技术集成流域乃至管理单位所属大坝群的信息系统，利用大数据技术收集整合大坝群通过物联网技术连接传感器的相关数据，同时需要用到 GIS 技术、数据仓库、数据挖掘、远程通信等技术。通过建立大坝群安全监测海量数据库，集中进行数据处理，利用数据挖掘技术从中发现新的规律，对充分利用数据资源，提高大坝设计、施工和运行维护水平将起到十分重要的作用。安全监测数据采集、分析评价、远程操控等由云平台进行统一管理。水库大坝主管部门和管理单位以政府购买服务的方式向云平台管理单位寻求需求的满足。目前，全环节的数据共享利用、数据统一分析评价，特别是在大数据深度挖掘方面还有待进一步研究。

⑥运行管理移动化。近年来移动互联网技术发展迅速，智能手机大量普及，移动基础设施逐步完善。移动互联网可以克服运行管理工作在空间、时间上的阻隔，满足现场突发性、不确定性的日常工作要求。例如大坝安全巡视检查工作可以通过手机 APP 完成，通过 GPS 定位、拍照、摄像等手段，实现实时巡查情况的上报，能减轻巡查工作量，规范巡查路线和流程。

⑦虚拟现实。虚拟现实技术是数字水利数字流域的必然要求，是与 GIS、GPS 和 RS 技术相配套的技术。近年来，虚拟现实技术又有了很大的发展，在大坝安全监测自动化方面的应用可以包括：①动态模拟大坝变形、渗流、裂缝等的产生、发展和相互耦合过程，

实现三维动态可视化；②利用增强现实模拟上下游溃坝、泄洪和其他荷载变化对大坝安全的影响，进行淹没和损失评估；③利用分布式虚拟现实环境，在因特网环境下，充分发挥各地人才和数据资源的优势，协同开发虚拟现实的大坝健康诊断系统等。

第 12 章　桥梁工程安全监测

12.1　概述

随着我国国民经济水平的不断提高，公路交通事业得到了迅速发展。根据国家交通发展规划，我国将建成以高速公路为主的五纵七横国道主干线，在全国范围内形成"横连东西、纵贯南北"的交通运输大通道网络。近年来，在跨长江、黄河、海湾、高山峡谷等区域相继建设了一批结构新、难度大、科技含量高的大跨径桥梁，并相继投入使用。随着桥梁结构分析设计理论的不断完善，建筑材料和施工技术的长足进步，大跨度桥梁结构的轻柔化成为必然趋势。这对桥梁建成后的安全维护提出了更高要求，大型桥梁的安全运营也成为日益突出的社会问题。另外，我国迅速发展的经济形势给大跨径桥梁带来了巨大的交通运输压力，不少长期运行桥梁的设施性能退化已呈现加速趋势，其安全性问题也越来越显得突出。

桥梁结构安全监测实际上是一个多参数包括温度、应力、位移、动力特性等的监测。所谓桥梁结构安全监测技术就是指利用一些设置在桥梁关键部位的测试元件、测试系统、测试仪器，实时在线地量测桥梁结构在运营过程中的各种反应，并通过对这些桥梁结构关键部位的测试数据的现场采集、数据与指令的远程传输、数据储存与处理、结构安全状态的评估与预警等一系列程序，分析桥梁结构的安全状况，评价其承受静、动态荷载的能力和结构的安全可靠性，为运营及管理决策提供依据。

桥梁结构安全监测技术涉及多个学科交叉领域，随着现代检测技术、计算机技术、通信技术、网络技术、信号分析技术以及人工智能等技术的迅速发展，桥梁结构安全监测技术正向实时化、自动化、网络化的趋势发展。目前，桥梁检测技术包含多项检测内容，能对桥梁状态进行实时监测，并集成远程通信与评判控制的安全监测系统，已经成为桥梁安全监测技术发展的前沿。

桥梁外部变形作为直接、直观的结构安全指标，是衡量桥梁结构是否处于正常运行状态范围的最直观参数，也是桥梁安全监测的重要项目。日常的桥梁变形监测可以对桥梁结构状态评估提供基础数据，极端事件发生时也可以此迅速做出应急决策。因此，及时检测分析桥梁结构外部变形，并根据变形情况做出预警，对保障桥梁工程的安全运营具有重要的意义。

12.2　监测内容与方法

12.2.1　主要监测内容

大型桥梁常常具有两种特征的变形：一种是不可恢复的如基础沉降、索力的松弛以及桥梁的断裂等造成的永久变形;另一种是在外力消失后可以恢复到施加外力以前状态的短期变形(如果外力荷载超过了桥梁的极限承载力,那么也将产生永久变形或者损伤)。短期变形又分为静态和动态两种,其中静态变形是指由于持续风力、温度变化、车载等因素引起的接近于静态的缓慢变化,动态变形则是指由于桥梁自身结构在车载、持续风力、地震等随机环境因素激发下产生的微小振动。

根据我国最新颁发的公路技术养护规范中的有关规定和要求,以及大跨度桥梁塔柱高、跨度大、主跨梁段为柔性梁的特点,变形观测的主要内容包括桥梁墩台变形观测、桥面线形与挠度观测、主梁横向水平位移观测、高塔柱摆动观测。而对于大跨径预应力混凝土梁桥,主要进行桥梁墩台沉降观测、桥面挠度观测。

1. 桥梁墩台变形观测

墩台的垂直位移观测:主要包括墩台特征位置的垂直位移和沿桥轴线方向(或垂直于桥轴线方向)的倾斜观测。在墩台垂直位移观测中,仪器设备、观测人员、观测路线及程序方法要相对稳定,不同期观测环境条件不宜差异过大。

墩台的水平位移观测:各墩台在上、下游的水平位移观测称为横向位移观测;各墩台沿桥轴线方向的水平位移观测称为纵向位移观测。两者中,以横向位移观测相对更为重要。

2. 塔柱变形观测

塔柱在外界荷载的作用下会发生变形,及时而准确地观测塔柱的变形对分析塔柱的受力状态和评判桥梁的工作性态有十分重要的作用。

塔柱变形观测主要包括:塔柱顶部水平位移监测、塔柱整体倾斜观测、塔柱周日变形观测、塔柱体挠度观测和塔柱体伸缩量观测。

3. 桥面挠度观测

桥梁挠度是反映桥梁结构安全的重要指标之一,是判定桥梁竖向整体刚度、桥梁承载能力和结构整体性的重要技术参数。大跨径桥梁的挠度较大,允许的挠度测量误差也大,现有的测量方法容易满足其精度要求。中小跨径桥梁刚度大、荷载小,荷载作用下的挠度小,所以对挠度测量的精度要求也高。桥面在外界荷载的作用下发生变形,使桥梁的实际线形与设计线形产生差异,从而影响桥梁的内部应力状态。过大的桥面线形变化不但影响行车安全,而且对桥梁的使用寿命有直接的影响。目前常用的方法有精密水准仪法、悬锤法、静力水准法等。

4. 桥面水平位移观测

桥面水平位移主要是指垂直于桥轴线方向的水平位移。桥梁水平位移主要由基础的位移、倾斜以及外界荷载(风、日照、车辆)等引起对于大跨径的斜拉桥和悬索桥,风荷载可使桥面产生大幅度的摆动,这对桥梁安全运营十分不利。

桥面水平位移观测的主要内容包括:水平位移基准网观测及水平位移观测点的测量。在实施水平位移监测的过程中,首先需要对控制网进行布设和校核。对只布设一条基准线的大桥,只需进行基准点距离测量,但需要建立校核点,作为检核基准线稳定性的条件。对于多条基线的大桥,除上述检核之外,还需进行相邻基准点之间的距离及角度测量。在具体的水平位移观测点观测中,其观测精度主要受测角和测距误差的影响。除传统大地测量手段外,采用在桥面关键部位布设 GNSS 监测点,可获得桥面各点位连续同步水平位移情况。

12.2.2 常用监测方法

1. 垂直位移监测

垂直位移观测是定期测量布设在桥墩台上的观测点相对于基准点的高差，求得观测点的高程，利用不同时期观测点的高程求出墩台的垂直位移值。垂直位移监测方法主要有以下几种：

①精密水准测量。这是传统的测量垂直位移的方法，这种方法测量精度高，数据可靠性好，能监测建筑物的绝对沉降量。另外，该法所需仪器设备价格低，能有效降低测量成本，该方法的最大缺陷是劳动强度高、测量数据慢，难以实现观测的自动化，对需要高速同步观测的场合不太适合。

②三角高程测量。三角高程测量是指由测站向照准目标观测竖直角和它们之间的水平距离或者斜距，计算测站点与照准点间高差，其观测方法主要有单向观测法、对向观测法和中间观测法三类。其中对向观测法在使用过程中可以消除部分误差，像大气折光误差，故在工程测量中被广泛采用。这是一种传统的大地测量方法。该法在距离较短的情况下能达到较高的精度，但在距离超过 400m 时由于受大气垂直折光的影响，其精度会迅速降低。该法在高塔柱、水中墩台的垂直位移监测中有一定的优势。为了满足桥梁垂直位移监测的精度要求，在布设三角高程监测网时要控制其边长，点位要埋设具有强制对中基盘的观测墩；观测时要提高测距和测角的精度，尤其是竖直角的测量精度，并选择良好的观测时段，减小仪器和棱镜的量高误差，采用网中等级较高的高程点作为已知点对高程网进行严密平差。

③GNSS 测量。GNSS 除了可以进行平面位置测量以外，还能进行高程测量，但高程方向测量的精度比平面测量精度约低一半。若采用静态测量模式，1h 以上的观测结果一般能达到 ±5mm 以上的测量精度；若采用动态测量模式，一般只能达到几个厘米左右的精度。利用该法测量可实现监测的自动化，但是测量设备硬件成本相对较高。

④光纤传感器测量。桥梁在运营阶段的实时监测对传感技术提出了更高的要求，而传统的电子传感技术往往难以满足。光纤传感器用光纤作为传递信息的介质，具有灵活轻巧、抗电磁干扰、耐久性好、传输带宽大等优点，并可沿同一根光纤复用多个传感器，实现对结构的准分布式测量。光纤传感器的损耗极低，适合于长距离传输和监控，这在一些大型的桥梁结构中尤其重要。准分布式或者分布式光纤传感器，不仅能测量传感器处的变形或者应力等物理量，而且可以确定位置，利用一根光纤即可进行实时变形监测。

2. 水平位移监测

①导线测量法。对桥梁水平位移监测还可采用导线测量法，这种导线两端连接于桥台工作基点上，每一个墩上设置一导线点，它们也是观测点。这是一种两端不测连接角的无定向导线。通过重复测量观测，由两期观测成果比较可得观测点的位移。

②基准线法。对直线形的桥梁测定桥墩台的横向位移以基准线法最为有利，而纵向位移可用高精度测距仪直接测定。大型桥梁包括主桥和引桥两部分，可分别布设三条基准线，主桥一条，两端引桥各一条。

③GNSS 观测。利用 GPS 自动化、全天候观测的特点，在工程的外部布设监测点，可实现高精度、全自动的水平位移监测，该技术已经在我国的部分桥梁工程中得到应用。由于 GNSS 观测不需要测点之间相互通视，因此有更大的范围选择和建立稳定的基准点。

3. 挠度观测

桥梁挠度测量是桥梁检测的重要组成部分，桥梁建成后，桥梁承受静荷载和动荷载，必然会产生挠曲变形，因此，在交付使用之前或交付使用之后应对梁的挠度变形进行观测。

桥梁挠度观测分为桥梁的静荷载挠度观测和动荷载挠度观测。静荷载挠度观测是测定桥梁自重和构件安装误差引起的桥梁的下垂量；动荷载挠度观测是测定车辆通过时在其重量和冲量作用下桥梁产生的挠曲变形。目前常用的桥梁挠度测量方法主要有悬锤法、水准仪(经纬仪)直接测量法、水准仪逐点测量法和摄影测量法等。

①精密水准法。精密水准是桥梁挠度测量的一种传统方法，该方法利用布置在稳固处的基准点和桥梁结构上的水准点，观测桥体在加载前和加载后的测点高程差，从而计算桥梁检测部位的挠度值。精密水准是进行国家高程控制网及高精度工程控制网的主要手段，因此，其测量精度和成果的可靠性高。近年来，数字水准仪在大量工程中得到广泛应用，其观测、记录和数据处理更方便快捷，大大提高了测量的工作效率。对于跨径 1000 m 以内的桥梁，利用水准测量方法测量挠度，一般能达到±1mm 以内的精度。当桥梁的跨径、坡度较大时，精密水准测量的难度明显加大，桥上放置仪器点位选择困难，较大的坡度使测站数增多，从而使观测结果的精度受到一定的影响，另外，桥梁检测过程中，由于受外界条件的影响(如温度、风荷载、荷载变形、照明等)，使测量结果会带有一定的误差，从而使其实际精度比理论精度低。

②全站仪观测法。由于近年来全站仪的普及和精度的提高，使得全站仪在许多工程中得到了广泛的应用。该方法的实质是利用光电测距三角高程法进行观测。在三角高程测量中，大气折光是一项非常重要的误差来源，但桥梁挠度观测一般在夜里，这时的大气状态较稳定，且挠度观测不需要绝对高差，只需要高差之差，因此，只有大气折光的变化对挠度有影响，而这项误差相对较小。利用徕卡 TM50 全站仪，在 1 km 以内，全站仪观测法一般可以达到毫米级的精度。

③GNSS 观测法。目前，GNSS 测量主要有以下几种模式：静态、快速静态、准动态和动态，各种测量模式的观测时间和测量精度有明显的差异。通常情况下，静态测量、快速静态测量精度较高，一般可达毫米级的精度，但其观测时间一般要 1 h 以上。准动态和动态测量的精度一般较低，大量的实测资料表明，在观测条件较好的情况下，其观测精度为厘米级。对于处于常规运营期的大跨径桥梁而言，除随机环境因素激发下产生的微小振动外，桥梁的动态变形一般为是接近"蠕动"的缓慢动态变形。但这种动态蠕变与大坝、滑坡体等的变形又有明显不同，其周期较短，一般约为 24 h。在环境因素相差不大的情况下，同一监测点同时段的位置重复较差可能仅为数毫米。对于上述变形，目前 GNSS RTK 监测数据结果的定位误差因素干扰均过大。在监测桥梁短期动态变形及其可恢复性时，可采用"连续准静态法"，其监测结果精度可达到±5mm。

④静力水准观测法。静力水准仪的主要原理为连通管，利用连通管将各测点联结起来，以观测各测点间高程的相对变化。目前，静力水准仪的测程一般在 20 cm 以内，其精度可达 ±0.1mm 以上，另外，该方法可实现自动化的数据采集和处理。这项技术在建筑物安全监测中应用已十分普遍，仪器稳定性和数据可靠性较高。静力水准的精度虽然较高，但其布设受限制较多。由于该仪器的量程较小，因此在测点布设时，应将测点布设在适当的高程面上，从而使观测前的准备时间较长。另外，在检测过程中，由于液体渗漏、

温度、气压等的影响，其观测精度也会受到一定的影响，因此在仪器安装过程中，应仔细检查连通管的接头是否牢固，以防止液体渗漏。

⑤测斜仪观测法。该法利用均匀分布在测线上的测斜仪，测量各点的倾斜角变化量，再利用测斜仪之间的距离累计计算出各点的垂直位移量。该法的最大缺陷是误差累积快，测量精度受到不利影响。

⑥专用挠度仪观测法。在专用挠度仪中，以激光挠度仪最为常见。该仪器的主要原理为：在被检测点上设置一个光学标志点，在远离桥梁的适当位置安置检测仪器，当桥上有荷载通过时，靶标随梁体震动的信息通过红外线传回检测头的成像面上，通过分析将其位移分量记录下来。该方法的主要优点是可以全天候工作，受外界条件的影响较小。该方法的精度主要受测量距离的影响，通常情况下其挠度测量精度可达毫米级。

⑦摄影测量法。该方法用数字相机获取的影像进行二值化、滤波等预处理，接着对边缘点进行跟踪，得到每一目标的边界；对每一条边界进行目标识别，判断其是否是目标，再对其进行定位。当把一幅图像中所有的目标点找到后，记录下来并进行纠正，纠正后的点与其他一系列图像中纠正后的相应的目标点进行比较，得到目标点的变形值即挠度，将这些挠度值绘成图表得到需要的成果。摄影前，在上部结构及墩台上预先绘出一些标志点，在未加荷载的情况下，先进行摄影，并根据标志点的影像，在量测仪上量出它们之间的相对位置。当施加荷载时，再用高速摄影仪进行连续摄影，并量出在不同时刻各标志点的相对位置，从而获得动载时挠度连续变形的情况。利用上述方法不仅能显示客观、真实的影像，而且是在同一瞬间摄取多个目标点。利用相应软件进行识别定位，得到目标点的物方坐标。

⑧三维激光扫描法。地面三维激光扫描技术采用新的数据获取模式，具有现有测量手段所不具备的优点，以非接触式、自动化、高精度、测程大的特点快速获取高精度、高密度的三维点云数据通过对点云数据的处理与分析，可以快速得到桥梁的几何信息，实现对桥梁挠度的测量。由于地面三维激光扫描技术测量精度受到多种因素的影响，在点云处理时，需要依据监测表面情况采取有针对性的数据处理方法。相对于测量机器人、水准测量技术等，三维激光扫描监测桥梁挠度变形在测量精度上和数据处理技术上仍有不足。因此，在实际应用时，与其他技术手段相结合是非常必要的。

⑨地基合成孔径雷达法。地基合成孔径雷达(GB-SAR)技术是近几年新兴的变形监测技术。该技术用差分干涉技术，通过对目标体发射和接收微波信号并计算它们之间的相位差来监测目标体的变形和微动情况。将传统的星载、机载 SAR 技术移植到地面，利用 SAR 雷达成像技术，在距离向和方位向实现了高分辨率，能够对矿山边坡、大坝、桥梁、建筑的微动变形和结构变化进行全天候大面积监测。相较于传统的固定式传感器和 GNSS，该技术具有连续工作、覆盖面大、精度高等优点。通过极高的数据采集速度，观测结果几乎可以做到对目标的实时监测，从而能够在桥梁安全监测(如挠度)和结构安全评估领域发挥更加重要的作用。

12.3 桥梁基础垂直位移监测

12.3.1 高程基准网与观测点布设

1. 高程基准网布设

为了观测桥梁墩台的垂直位移，需建立变形监测高程基准网，由基准点和工作基点组成。在布设基准网时，为了使选定的基准点稳定牢固，应尽量选在桥梁承压区之外，但又不宜离桥梁墩台太远，以免加大施测工作量及增大测量的累积误差。一般来说，以不远于桥梁墩台 1000~2000m 为宜。基准点需成组埋设，以便相互检核。基准点应尽量埋设在稳固的基岩上；当工程所在区域的覆盖层较厚时，可建立深埋钢管标作为基准点。另外，在大型桥梁工程的施工初期，为验证设计数据，一般会建立一定数量的试桩，这些试桩有的已和深层基岩紧密相连，有良好的稳定性。因此，在试桩顶部建立水准标点，可以成为良好的工作基点，甚至可以作为基准点使用。垂直位移测量基准网宜布设成环形网，一般采用精密水准测量方法进行观测，其精度一般要比日常沉降观测的精度高一个等级。

工作基点是指在桥梁垂直位移监测时，作为直接测定观测点的较稳定的控制点。一般选在桥台或其附近，以便于观测布设在桥梁墩台上的观测点，测定各桥墩相对于桥台的变形。而工作基点的垂直变形可由基准点测定，以求得观测点相对于稳定点的绝对变形。工作基点宜建造具有强制对中装置的混凝土观测墩。若采用基准点能直接测量变形观测点，可不设立工作基点。

2. 观测点布设

在布设观测点时，应遵循既要均匀又要有重点的原则。均匀布设是指在每个墩台上都要布设观测点，以便全面判断桥梁的稳定性；重点布设是指对那些受力不均匀、地基基础不良的部位或结构的重要部分，应加密观测点，主桥桥墩尤应如此。主桥墩台上的观测点，应在墩台顶面的上下游两端的适宜位置处各埋设一点，以便研究墩台的沉降和不均匀沉降(即倾斜变形)。

一般情况下，桥墩的垂直位移变形观测点，宜沿桥墩的纵、横轴线外边缘布设，或布设在墩面上。每个桥墩的变形观测点数不宜少于 2 个。箱梁变形观测点宜在其顶板上沿横断面均匀布设，且观测点数不宜少于 3 个。梁体采用悬臂法、支架法浇筑或预制梁安装时，变形观测点宜沿梁体纵向轴线或两侧边缘分别布设。对于悬臂法浇筑梁，宜布设在每段梁体的首尾端；对于支架法浇筑梁，宜布设在每个桥墩和墩间梁体的 $\frac{1}{2}$、$\frac{1}{4}$ 处。装配式拱架变形观测点，可沿拱架纵向轴线布设在每段拱架的两端和拱架的 $\frac{1}{2}$ 处。索塔垂直位移变形观测点，宜布设在索塔底部四角；索塔倾斜变形观测点，宜布设在索塔同一侧的顶部、中部和下部。桥面变形观测点应沿桥面中心线及两侧均匀布设，点位间距以 10~50 m 为宜。

12.3.2 垂直位移观测

桥梁结构竖向位移主要包括梁式桥施工期间桥墩、梁体以及运营期间桥墩、桥面的竖向位移测量，拱桥施工期间的桥墩、拱圈以及运营期间的桥墩、桥面垂直位移，悬索桥、斜拉桥施工期间索塔、梁体、锚碇以及运营期间索塔、桥面垂直位移，桥梁两岸边坡垂直位移。垂直位移观测是指定期地测量布设在桥墩台上的观测点相对于基准点的高差，以求得观测点的高程，并将不同时期观测点的高程加以比较，得出墩台的垂直位移值。监测点的观测一般应根据实际情况布设成附合路线或闭合路线。

当前桥梁竖向位移监测的方法主要有几何水准测量方法，静力水准测量方法、精密测距三角高程方法以及 GNSS 测量方法等。首级高程控制网的等级，应根据桥梁工程规模、监测精度要求合理选择。首级网宜布设成环形网，加密网应布设成符合路线或节点网。高程工作基点可根据需要设置。基准点和工作基点应形成闭合环或形成由附合路线构成的结点网。高程基准点应选设在变形影响范围以外且稳定、易于长期保存的地方。高程基准点、工作基点之间宜便于进行水准测量。当使用电磁波测距三角高程测量方法进行观测时，宜使各点周围的地形条件一致。当使用静力水准测量方法进行沉降观测时，用于联测观测点的工作基点宜与沉降观测点设在同一高程面上，偏差不宜超过±1cm。当不能满足这一要求时，应设置上下高程不同但位置垂直对应的辅助点传递高程。垂直位移测量基准网的主要技术要求，应符合表 12-1 的规定。

表 12-1　　　　　　　　　　　垂直位移测量基准网主要技术要求

等级	相邻基准点高差中误差（mm）	每站高差中误差（mm）	往返较差或环线闭合差（mm）	检测已测高差较差（mm）
一等	0.3	0.07	$0.15\sqrt{n}$	$0.2\sqrt{n}$
二等	0.5	0.15	$0.30\sqrt{n}$	$0.4\sqrt{n}$
三等	1.0	0.30	$0.60\sqrt{n}$	$0.8\sqrt{n}$
四等	2.0	0.70	$1.40\sqrt{n}$	$2.0\sqrt{n}$

注：表中 n 为测站数。

12.4　桥梁挠度和水平位移监测

12.4.1　平面基准网布设

平面基准网是大桥进行水平位移监测的基础。平面变形监测控制网由基准点与工作基点构成。基准点应埋设在变形区域以外稳定的基岩或原状土中，且能长期保存，工作基点应埋设在索塔附近便于观测的地方。为了方便观测，控制点一般都应建立混凝土观测墩，并埋设强制归心底盘。

为保证控制网的精度和可靠性，控制点应组成合适的图形，目前，一般用大地四边形即能达到较好的效果。变形监测控制网应充分利用施工控制网点，在精度和稳定性满足要求的情况下，甚至可以不再另设变形监测网。控制网的精度应根据工程的实际情况决定，主要应考虑索塔的实际变形量、所采用的测量方法、监测的目的和工程的规模等。

平面基准网的观测方法主要有两种：精密全站仪观测和 GNSS 观测。由于目前全站仪的测距和测量精度都很高，且变形监测网的点数一般较少，因此，在实际工程中，大多采用全站仪观测。当利用 GNSS 进行观测时，应根据实际情况确定控制网的投影面，并利用测距仪对观测基线进行检核。平面基准网的主要技术要求应符合表 12-2 的规定。

平面基准网数据平差的起算基准应采用经过稳定性检验合格的控制点或点组，且各期平差计算应建立在统一的基准上。当网内控制点的稳定与否尚未预知，或全部控制点位于非稳定地区时，应采用重心基准；当网内具有部分相对稳定的控制点时，应采用拟稳基准。应使用严密的平差方法和可靠的软件系统；平差方法应与其所采用的起算基准相适应。涉及边长、方向等不同类型的观测值时，宜使用验后方差估计方法确定观测值的权。平差计算除给出变形参数值外，还应评定变形参数的精度。

表 12-2 水平位移测量基准网主要技术要求

等级	相邻基准点的点位中误差(mm)	平均边长 L(m)	测角中误差 (″)	测边相对中误差	水平角观测测回数	
					1″级仪器	2″级仪器
一等	1.5	≤300	0.7	≤1/300000	12	—
		≤200	1.0	≤1/200000	9	—
二等	3.0	≤400	1.0	≤1/200000	9	—
		≤200	1.8	≤1/100000	6	9
三等	6.0	≤450	1.8	≤1/100000	6	9
		≤350	2.5	≤1/80000	4	6
四等	12.0	≤600	2.5	≤1/80000	4	6

注：1. 水平位移测量基准网相关指标是基于相应等级相邻基准点的点位中误差要求确定。

2. 具体作业时，可根据测量项目的特点在满足相邻基准点的点位中误差要求的前提下，进行专项设计。

3. 卫星定位测量基准网不受测角中误差和水平角观测测回数指标的限制。

平面基准网点的稳定性检验，可采用下列方法：

1. 平均间隙法

平均间隙法是一种常用的总体位移显著性检验方法，其基本思路是把两个观测周期的观测成果对同一网进行两次连续观测，由这两次观测资料平差所求得的两组控制点坐标应用统计检验的方法对变形监测网作几何图形一致性检验，以判明该网在两期观测之间是否发生了显著性变化，如果通过检验则说明所有点稳定，否则采用分块间隙法。

设 X_1、X_2 是两期全部坐标参数向量，f_1 与 f_1 分别为两期的多余观测数，坐标差为 $d_X = X_2 - X_1$。从平均情况判断，作出坐标差估计方差

$$\hat{\sigma}_d^2 = \frac{d_X^T P_d d_X}{f} \tag{12-1}$$

其中，f 是 d_X 中的函数独立的变量数，P_d 是 d_X 的权阵。

两期观测的单位权方差同一性检验通过后，可求得综合的 d_X 的单位权中误差估值

$$\hat{\sigma}_0^2 = \frac{f_1 \hat{\sigma}_{01}^2 + f_2 \hat{\sigma}_{02}^2}{f_1 + f_2} \tag{12-2}$$

组成统计量 $F = \dfrac{\hat{\sigma}_d^2}{\sigma_0^2}$，服从于自由度 f 和 $f_1 + f_2$ 的 F 分布，利用统计量对监测网网形一致性检验，若检验未通过，即 $F > F_\alpha(f, f_1 + f_2)$，说明监测网变形显著，存在不稳定点。

2. t 检验法

平均间隙法对监测网进行整体性检验，若检验未通过，则采用分块间隙法对不稳定点

进行搜索，但计算过程比较复杂。在对不稳定点进行位移显著性检验时可以采用 t 检验法进行单点检验，逐个判断监测点的稳定性。

在作 t 检验时，前提条件是两期观测必须是同精度，即母体方差相同。在实际平差计算中，$\hat{\sigma}_{01}^2$、$\hat{\sigma}_{02}^2$ 不可能完全相同，需要对其进行同一性检验。

若同一性检验合格，则认为两期观测精度相同，对监测网中任一点可作统计量

$$t = \frac{d_x}{\hat{\sigma}_0 \sqrt{Q_{11} + Q_{22}}} = \frac{d_x}{\hat{\sigma}_{d_x}} \tag{12-3}$$

式中，d_x 表示两期坐标平差值差值；Q_{11}、Q_{22} 为两期观测平差值的协因数；$\hat{\sigma}_0$ 表示两期观测单位权中误差估值。统计量 t 服从于自由度为 f_0 的 t 分布，f_0 为两期多余观测总数。选择一定显著水平 α，若 $|t| > t_{\alpha/2}(f_0)$，则认为该点位移显著，否则认为该点稳定。

12.4.2 索塔挠度观测

索塔是斜拉桥、悬索桥的基本构件之一，其产生挠度变形的原因主要有三个方面：①由于索塔两侧的拉力不等，而使索塔在顺桥向产生挠度变形；②由于索塔受风力、日照等外界环境因素的影响，而产生挠度变形；③由于设计与施工的不合理性，而使索塔产生额外的变形。索塔挠度是指索塔的高程方向上索塔各点的水平位移分布情况，它包括桥轴线方向的水平位移和垂直于桥轴线方向的水平位移。

索塔上观测点布设的位置和数量，应以能反映索塔摆动和扭曲的变形特征为原则，同时要有利于观测。为此，在实际布点时，应首先从整体出发，在塔柱的不同高程上布设测点，以反映索塔在不同高度的摆动幅度，具体的测点间隔应根据塔柱的高度等因素确定，一般以每隔 30 m 左右布设一点为宜。另外，在测点布设时，还应考虑塔柱的变形特征，因此，一般需要在塔柱顶部、各横梁处布设测点。为便于分析索塔的扭曲变形，在同一高度断面上一般应布设两个观测点。为便于在岸上观测照准，测点一般都应布设在江岸一侧。为便于观测，每个观测点上都应预埋强制对中装置，或者埋设永久性照准标志。

索塔挠度变形观测的常用方法有：①全站仪极坐标法；②GNSS-RTK 法；③GNSS 连续准静态测量法等。对于垂直的直线型索塔还可以采用垂线法观测。

12.4.3 主梁挠度观测

主梁的挠度变形是主梁结构状态改变最灵敏、最精确的反映，因此，对主梁进行挠度监测能够更为准确地把握主梁结构内力状态的改变。另外，部分的结构损伤也将导致主梁挠度情况的异常，通过对主梁挠度的监测也可以识别出这些损伤来。因此对主梁挠度的监测对于结构内力状态及损伤识别均有重要意义。通过挠度监测可以达到以下目的：①修正结构内力反演的结构，确保内力状态的识别精度；②进行基于刚度变化的损伤识别。

目前，主梁挠度观测的主要方法有：水准测量法、专用挠度仪测量法、连续准静态 GNSS 测量法、液体静力水准测量法、连通管测压法等。液体静力水准测量对测点的高差有较高的要求，虽测量精度高，但测程较小，在有些场合限制了该法的应用。

12.5 应用实例

12.5.1 超高索塔挠度监测

大跨径斜拉桥主要由塔、梁、索三部分组成，是一种高次超静定结构体系。索塔为斜拉桥的重要组成部分，承载着作用在桥上的主要动静荷载，是斜拉索锚固的基础，关联着桥面曲线的形态。作为高耸建筑物，索塔在强风和日照作用下将产生显著的位移和振动，由于强风、日照等作用的随机性和不均匀性，使得塔体风场和温度场的变化难以准确描述。因此，这种变化和振动必须控制在结构设计的动态特性范围以内，否则将影响塔的正常运行和安全，从而对整个桥梁安全产生威胁。

为确保桥梁安全运营，某大跨径斜拉桥在施工期建立了结构健康监测系统，采用GNSS 技术对桥梁关键结构位移变化信号进行连续采样，从而研究钢箱梁桥面、桥塔位移与环境变化(如温度、风力)及交通荷载状况的关系，为大桥工作状态动态显示及结构健康评估提供外部变形监测资料。GNSS 监测系统采用 5 台瑞士 Leica GRX1200Pro 接收机；其中 1 台为基准站，4 台为监测站，如图 12-1 所示。本实例基于该桥 300m 超高索塔GNSS 监测数据，采用小波分析技术对监测数据进行去噪处理，然后分析索塔的动态变形情况。

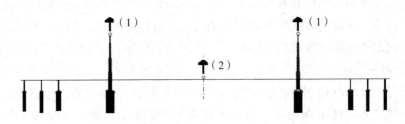

图 12-1　GNSS 监测点分布

在 GNSS 数据采集过程中，受到各种干扰信号的影响，测量信号不可避免含有一定数量的粗差。粗差的数量尽管相对较少，但由于其特征明显不同于随机误差，势必会影响数据分析的可靠性，因此，首先要对数据进行粗差探测并予以剔除。对于有较多数据组成的数据序列，常用的粗差探测与剔除方法有小波变换法、"莱茵达"准则等。利用小波变换对数据序列进行粗差探测可以直接对数据进行分析以判别粗差，不仅可以避免利用残差法探测粗差时产生的模型误差，而且可以较好地满足实时自动化监测对数据快速自动化智能处理的要求。"莱茵达"准则又称为"3σ"准则，也叫差分法，是将残差大于 3 倍样本标准差的观测值当做粗差处理。

选取 2011 年 9 月 1 日的索塔柱 GNSS 监测结果进行分析，图 12-2、图 12-3 分别为 X方向(沿桥纵轴方向)和 Y 方向(垂直桥轴横向)形变原始信号图，图 12-4 和图 12-5 表示对原始信号进行小波分解后的高频信号重构图。

GNSS 动态监测信号经过粗差剔除和小波去噪后，需要在时域和频域内对数据进行分

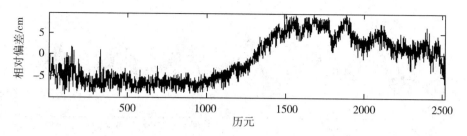

图 12-2　索塔柱 X 方向信号周日变化图

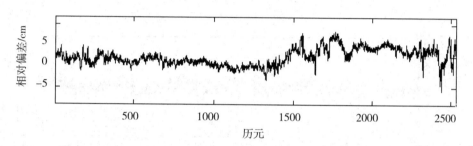

图 12-3　索塔柱 Y 方向信号周日变化图

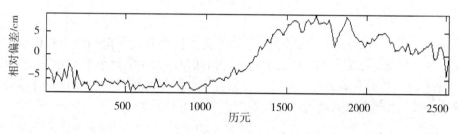

图 12-4　索塔柱 X 方向信号小波去噪后序列

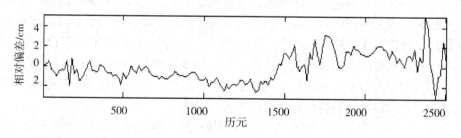

图 12-5　索塔柱 Y 方向信号小波去噪后序列

析。进一步选取 2011 年 9 月 1 日—9 月 6 日的 GNSS 监测数据，经过粗差探测和剔除处理后，将 GNSS 信号 X 和 Y 方向的形变数据在时域上绘制出时程变化曲线图分别如图 12-6、图 12-7 所示。

从图可以看出，索塔柱 GNSS 形变信号在 X 方向和 Y 方向具有明显的周期性，且周期约为 24 h。X 方向在上午时间段较为平缓，正午以后呈现逐渐增大态势，表明索塔随着日照增强、局部温度升高，索塔沿桥纵轴方向位移增大；下午至夜间时段位移则逐步反方向

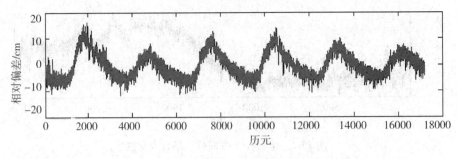

图 12-6 *X* 方向信号曲线图

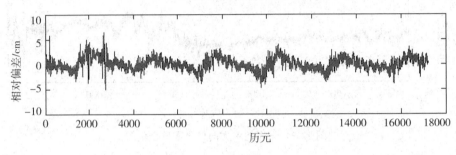

图 12-7 *Y* 方向信号曲线图

回移，索塔柱在 24 h 后形变一般能恢复到初始位置，每日变化范围约为±10 cm。垂直桥轴横向 *Y* 方向具有与 *X* 方向相似的发展趋势，但在位移大小上远小于 *X* 方向，变化范围不超过±5cm。以上结果分析表明，索塔柱位移具有良好的可恢复性，不存在连续缓慢的方向性偏移，未见各种荷载对塔柱工作性态产生明显不利影响。

12.5.2 预应力连续刚构桥挠度监测

连续刚构桥是指主梁连续、墩梁固结的连续梁桥。分主跨为连续梁的多跨刚构桥和多跨连续刚构桥，均采用预应力混凝土结构，有两个以上主墩，采用墩梁固结体系。连续刚构桥既保持了连续梁无伸缩缝、行车平顺的优点，又保持了 T 形刚构不设支座、无需体系转换的优点，其顺桥向抗弯刚度和横桥向抗扭刚度能很好地满足较大跨径的受力要求，已成为大跨度预应力混凝土桥梁的首选桥型。定期监测、合理控制大跨径连续刚构桥成桥后长期挠度，是保障连续刚构桥运营安全的重要措施。

本实例介绍国内某跨径超 200m 连续刚构桥线形及挠度监测。如图 12-8 所示，连续刚构监测高程基准为水准基点 ST02，岸上布设 AN06、AN07 作为工作基点，分别利用精密全站仪三角高程实现岸堤点与桥面工作基点 NQCG、NQCH 的高程传递。桥面监测点间按精密几何水准测量方法施测，岸堤与桥面监测点构成闭合水准路线，即 ST02-NQCG-XG01-SG01-NQCH-ST02，具体涉及高程传递点位分布如图 12-8 所示。整个闭合水准线路长 1.114 km，精密三角高程和几何水准测量均按《国家一、二等水准测量规范》(GBT 12897—2006)中二等测量要求施测。计算所得闭合环高差闭合差为−1.8mm，小于规定限差 4.2mm，满足二等水准精度要求，因而 NQCG、NQCH 均可作为连续刚构桥面监测的工作基点。

连续刚构桥面线形及挠度观测，采用 Trimble DINI03 数字水准仪按不低于国家二等水

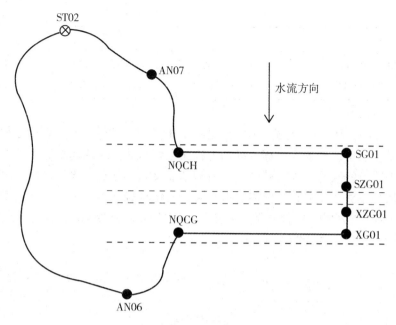

图 12-8　连续刚构桥岸堤与桥面高程基准传递点

准测量要求施测。考虑到温度及交通荷载等因素变化对连续刚构位移的影响，为保证监测成果的可靠性，对连续刚构桥面监测点采取多时段重复观测，具体观测时段及温度变化如表 12-3 所示。

表 12-3　　　　　　　　　　　连续刚构桥面观测时段分布表

部 位	日 期	时 段	温 度
连续刚构应急 车道下游测线	2016-09-20	6：00~7：30	21~23℃
	2016-09-12	7：20~8：30	25~28℃
	2016-09-12	8：40~9：40	28~29℃
	2016-09-12	10：00~11：00	28~30℃
	2016-09-20	14：10~15：30	28~30℃
	2016-09-20	15：40~17：20	28~26℃
	2016-09-12	16：00~17：20	32~30℃
连续刚构应急 车道上游测线	2016-09-18	7：40~8：50	25~26℃
	2016-09-19	9：00~10：30	26~28℃
	2016-09-13	13：30~15：00	29~31℃
	2016-09-13	15：10~16：30	30~30℃
	2016-09-12	17：00~18：15	29~27℃
连续刚构中间 第一车道下游测线	2016-09-13	21：40~0：40	25~26℃
	2016-09-13	0：50~1：40	25~26℃

部 位	日 期	时 段	温 度
连续刚构中间 第一车道上游测线	2016-09-13	21：00~22：20	25~23℃
	2016-09-13	22：30~0：10	24~22℃

　　图 12-9 为连续刚构桥面上游、中间上游、中间下游、下游四条测线线形测量的几何水准观测结果。其中，横轴为里程，纵轴为各测点到基准直线的高度。为了直观显示桥面线形，四条测线点的实测高程均减去了下游侧基准直线，基准直线是采用下游首尾两点求出的直线。从四条测线线形看，整体线形平顺，变化趋势基本一致，且与施工控制线形一致。图 12-10 为连续刚构上游测线监测点位移反映的挠度变化情况，各监测点位移变化最大值出现在跨中位置，下挠约 4.5mm。

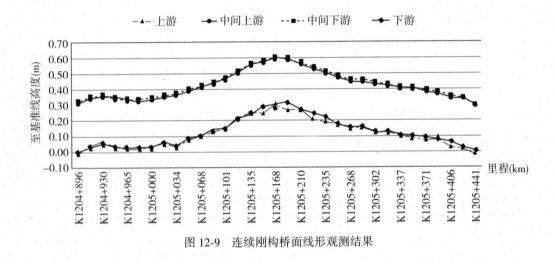

图 12-9　连续刚构桥面线形观测结果

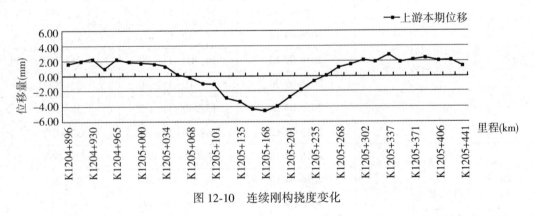

图 12-10　连续刚构挠度变化

第13章　城市地铁工程安全监测

13.1　概述

近一个世纪以来，经济飞速发展，城市规模日益壮大，城市地面交通拥堵问题也愈发严重。随着经济发展水平和科学技术水平的提高，集运量大、速度快、污染小、能耗低等优点于一体的城市地铁成为了城市交通的重要发展方向。地铁工程主要建造在地质复杂、道路狭窄、地下管线密集、交通繁忙的闹市中心，其安全问题不容忽视。无论在施工期还是在运营期都要对其进行安全监测，以确保主体结构和周边环境的安全。

地铁自身结构是轨道、机电设备和运行列车的载体，其结构安全成为轨道交通系统高效运行的基本保证。周边环境(地表、建筑、管线等)是地铁工程的直接承载体，二者相互作用，地铁工程的施工和运营对周边环境有着直接的扰动，周边环境的变动也直接影响着地铁工程的安全，在保证地铁工程的安全施工和运营的同时，也要确保周边环境的安全。因此，对地铁工程进行安全监测具有重要意义，一方面积累监测数据，分析变形规律，为地铁工程及其附属设施的检修以及后续地铁设计、施工提供参考依据；另一方面可以及时掌握地铁结构和周边环境安全状态，以便采取措施消除隐患，确保地铁工程施工、运营及周边环境的安全。有鉴于此，国家住房和城乡建设部(原建设部)在2005年发布了《城市轨道交通运营管理办法》，对地铁工程的监测和保护提出了明确要求。此外，还通过了《城市轨道交通工程测量规范》(GB/T 50308—2008)、《城市轨道交通工程监测技术规范》(GB 50911—2013)和《城市轨道交通结构安全保护技术规范》(CJJ/T 202—2013)，对城市地铁工程安全监测范围、内容、方法以及要求给出了具体规定。城市地铁工程安全监测主要对象为工程施工和运营期间的地铁结构自身和周边环境，分为施工期监测和运营期监测两种，而运营期监测又分为长期监测和专项监测两类。

施工期监测是针对地铁结构施工期间，对支护结构、地铁结构自身以及受施工影响的地表、建筑、管线等周边环境进行沉降、水平位移、收敛、倾斜、应力、振动、地下水位等监测，受施工工艺多样、环境条件复杂多变、监测对象繁多分散、安全风险不一等诸多因素影响，监测方法常以人工监测和现场巡查相结合的方式为主，必要时须采用远程视频监控作为辅助。

对于运营期监测，长期监测是针对地铁运营期间，对其线路中的隧道、高架桥梁、路基和轨道结构及重要的附属结构等进行沉降监测，必要时还须对隧道结构进行净空收敛监测，它是对地铁隧道结构长期运营自身变形的监测，所以常称为永久监测。由于该项工作是对地铁全线结构实施的永久性监测，监测项目少、监测周期长、监测频率相对较低、监测时间限制相对宽松，所以通常主要采取人工监测的方法进行。相对于针对地铁全线的长期监测，专项监测则是针对处于某些特殊情况下的局部区段所进行的一种监测，如：①不良地质作用对线路结构的安全有影响的区段；②存在对线路结构的安全可能带来不利影响的软土、膨胀土、湿陷性土等特殊性岩土区段；③因地基变形使线路结构产生不均匀沉降、裂缝的区段；④地震、堆载、卸载、列车振动等外力作用对线路结构或路基产生较大影响的区段；⑤既有线路保护区范围内有工程建设的区段；⑥采用新的施工技术、基础形式或设计方法的线路结构等。其中最为常见的是对既有线路保护区范围内有工程建设的区段的专项监测，常称地铁保护区监测。所谓既有线路保护区，是指国家住房和城乡建设部（原建设部）于2005年发布的《城市轨道交通运营管理办法》中"第二十条城市轨道交通应当在以下范围设置控制保护区：（一）地下车站与隧道周边外侧50m内；（二）地面和高架车站以及线路轨道外边线外侧30m内；（三）出入口、通风亭、变电站等建筑物、构筑物外边线外侧10m内。"所规定的"控制保护区"，常称"地铁保护区"。为了进一步细化保护区的安全防护，国家住房和城乡建设部又于2013年发布了《城市轨道交通结构安全保护技术规范》（CJJ/T 202—2013），从保护区安全防护方法、保护区监测范围和内容以及方法等方面作了详细规定。整体上，在监测方法方面，专项监测可根据地铁线路所处具体情况和对监测实时性的要求从人工监测、自动化监测和人工监测与自动化监测相结合三种方法中适当选取。

施工期监测和运营期的长期监测以及专项监测从监测范围、监测内容、监测方法、监测频率和周期上都有本质区别，下面分别介绍。

13.2 城市地铁工程施工期监测

13.2.1 主要监测内容与方法

1. 监测内容的确定

施工期监测是城市地铁工程施工阶段的一项极其重要的工作，科学合理地确定监测内容对于地铁工程的安全高效施工具有重要意义。监测内容的确定应按照先选择监测对象再选定监测项目的顺序进行。

工程监测对象的选择应在满足工程支护结构安全和周边环境保护要求的条件下，针对不同的施工方法，根据支护结构设计方案、周围岩土体及周边环境条件综合确定。城市地铁工程施工工法主要为明挖法、盖挖法、盾构法和矿山法。针对各种施工工法，所有监测对象可归纳为三大类，即工程支护结构、周围岩土体及周边环境。具体来说，监测对象应包括下列内容：

①基坑工程中的支护桩（墙）、立柱、支撑、锚杆、土钉等结构，矿山法隧道工程中的初期支护、临时支护、二次衬砌及盾构法隧道工程中的管片等支护结构；

②工程周围岩体、土体、地下水及地表；

③工程周边建（构）筑物、地下管线、高速公路、铁路、城市道路、桥梁、既有地铁线路及其他城市基础设施等环境。

监测项目的选定应以能够反映监测对象的变化特征和安全状态为目的，根据监测对象的特点、工程监测等级、工程影响分区、隧道施工的情况等合理确定。各监测项目应相互配套，满足设计和施工方案的要求，形成完整的地铁隧道工程监测体系。

2. 监测项目及方法

《城市轨道交通工程监测技术规范》（GB 50911—2013）根据基坑、隧道工程的自身风险等级、周边环境风险等级和地质条件复杂程度对工程监测等级由高到低划分为一、二、三级，具体级别则由三者中的最高等级确定。同时，还根据地铁工程施工对周围岩土体扰动和周边环境影响的程度及范围将工程影响区域划分为主要影响区、次要影响区和可能影响区三个级别。监测项目则在这两者的基础上结合监测对象特点和施工实际情况细化为应测项目和选择项目两个级别。

监测的实施整体上采用仪器监测和现场巡视检查相结合的方法进行，对工程施工中风险较大的部位还需进行远程视频监控，如岩土体开挖面、支护结构、周边环境、始发井、接收井、联络通道、施工竖井、洞口、通道、提升设备等。各监测对象的监测项目和常用监测仪器设备分别如表 13-1 至表 13-4 所示。

表 13-1　　　　明挖法和盖挖法基坑支护结构和周围岩土体监测项目

序号	监测项目	工程监测等级			监测仪器设备
		一级	二级	三级	
1	支护桩（墙）、边坡顶部水平位移	应测	应测	应测	全站仪、GNSS
2	支护桩（墙）、边坡顶部沉降	应测	应测	应测	水准仪、全站仪、静力水准仪
3	支护桩（墙）体水平位移	应测	应测	选测	测斜仪
4	支护桩（墙）体结构应力	选测	选测	选测	应力应变传感器
5	立柱结构沉降	应测	应测	选测	水准仪、全站仪
6	立柱结构水平位移	应测	选测	选测	测斜仪
7	立柱结构应力	选测	选测	选测	应力应变传感器
8	支撑轴力	应测	应测	应测	轴力计等应力应变传感器
9	顶板应力	选测	选测	选测	应力应变传感器
10	锚杆拉力	应测	应测	应测	锚索计等应力应变传感器
11	土钉拉力	选测	选测	选测	钢筋应力计等应力应变传感器
12	地表沉降	应测	应测	应测	水准仪
13	竖井井壁支护结构净空收敛	应测	应测	应测	收敛计、全站仪、激光测距仪
14	土体深层水平位移	选测	选测	选测	测斜仪
15	土体分层沉降	选测	选测	选测	水准仪、分层沉降仪
16	坑底隆起（回弹）	选测	选测	选测	水准仪、全站仪
17	支护桩（墙）侧向土压力	选测	选测	选测	土压力计
18	地下水位	应测	应测	应测	水位尺、水位计
19	孔隙水压力	选测	选测	选测	孔隙水压计

表 13-2 盾构法隧道管片结构和周围岩土体监测项目

序号	监测项目	工程监测等级			监测仪器设备
		一级	二级	三级	
1	管片结构沉降	应测	应测	应测	水准仪、全站仪、静力水准仪
2	管片结构水平位移	应测	选测	选测	全站仪、激光准直仪
3	管片结构净空收敛	应测	应测	应测	收敛计、全站仪、激光测距仪
4	管片结构应力	选测	选测	选测	应力应变传感器、光纤传感器
5	管片连接螺栓应力	选测	选测	选测	应力应变传感器、光纤传感器
6	地表沉降	应测	应测	应测	水准仪
7	土体深层水平位移	选测	选测	选测	测斜仪
8	土体分层沉降	选测	选测	选测	水准仪、分层沉降仪
9	管片围岩压力	选测	选测	选测	土压力计
10	孔隙水压力	选测	选测	选测	孔隙水压计

表 13-3 矿山法隧道支护结构和周围岩土体监测项目

序号	监测项目	工程监测等级			监测仪器设备
		一级	二级	三级	
1	初期支护结构拱顶沉降	应测	应测	应测	水准仪、全站仪
2	初期支护结构底板沉降	应测	选测	选测	水准仪、全站仪
3	初期支护结构净空收敛	应测	应测	应测	收敛计、全站仪、激光测距仪
4	隧道拱脚沉降	选测	选测	选测	水准仪、全站仪
5	中柱结构沉降	应测	应测	应测	水准仪、全站仪
6	中柱结构倾斜	选测	选测	选测	水准仪、全站仪、激光铅垂仪、正倒垂线、倾斜传感器
7	中柱结构应力	选测	选测	选测	应力应变传感器、光纤传感器
8	初期支护结构、二次衬砌应力	选测	选测	选测	应力应变传感器、光纤传感器
9	地表沉降	应测	应测	应测	水准仪
10	土体深层水平位移	选测	选测	选测	测斜仪
11	土体分层沉降	选测	选测	选测	水准仪、分层沉降仪
12	围岩压力	选测	选测	选测	土压力计
13	地下水位	应测	应测	应测	水位尺、水位计

表 13-4　　　　　　　　　　　　　　周边环境监测项目

监测对象	监测项目	工程影响分区		监测仪器设备
		主要影响区	次要影响区	
建（构）筑物	沉降	应测	应测	水准仪、静力水准仪
	水平位移	选测	选测	全站仪、GNSS
	倾斜	选测	选测	水准仪、全站仪、倾斜传感器
	裂缝	应测	选测	裂缝监测仪、激光扫描仪
地下管线	沉降	应测	选测	水准仪、全站仪、静力水准仪
	水平位移	选测	选测	全站仪、GNSS
	差异沉降	应测	选测	水准仪、全站仪、静力水准仪
高速公路与城市道路	路面路基沉降	应测	选测	水准仪
	挡墙沉降	应测	选测	水准仪
	挡墙倾斜	应测	选测	水准仪、全站仪、倾斜传感器
桥梁	墩台沉降	应测	应测	水准仪、静力水准仪
	墩台差异沉降	应测	应测	水准仪、静力水准仪
	墩柱倾斜	应测	应测	水准仪、全站仪、倾斜传感器
	梁板应力	选测	选测	应力应变传感器
	裂缝	应测	选测	裂缝监测仪、激光扫描仪
既有城市轨道交通	隧道结构沉降	应测	应测	水准仪、全站仪
	隧道结构水平位移	应测	选测	全站仪、激光准直仪
	隧道结构净空收敛	选测	选测	全站仪、巴塞特收敛系统、激光测距仪、位移传感器、激光扫描仪
	隧道结构变形缝差异沉降	应测	应测	水准仪、全站仪、静力水准仪
	轨道结构(道床)沉降	应测	应测	水准仪、全站仪、静力水准仪
	轨道静态几何形位（轨距、轨向、高低、水平）	应测	应测	轨检尺、轨检车、电水平尺、位移传感器
	隧道、轨道结构裂缝	应测	选测	裂缝监测仪、激光扫描仪
既有铁路(包括城市轨道交通地面线)	路基沉降	应测	应测	水准仪、静力水准仪
	轨道静态几何形位（轨距、轨向、高低、水平）	应测	应测	轨检尺、轨检车、电水平尺、位移传感器

　　工程监测所采用的监测方法和使用的仪器设备多种多样，监测对象和监测项目不同，监测方法和仪器设备就不同，工程监测等级和监测精度不同，采用的监测方法和仪器设备的精度也不一样。另外，由于场地条件、工程经验的不同，也会采用不同的监测方法。总

之，监测方法的选择应根据设计要求、施工需要和现场条件等综合确定，并便于现场操作实施。

3. 监测点布设

(1) 工程支护结构和周围岩土体监测点布设

为了能够反映监测对象的实际状态、位移和内力变化规律，并进行监测对象安全状态的分析，工程支护结构和周围岩土体监测点的布设位置和数量一般根据地铁工程的施工工法、工程监测等级、监测条件及监测方法的要求等综合确定。对于支护结构监测，测点需布设于支护结构设计计算的位移与内力最大部位、位移与内力变化最大部位以及反映工程安全状态的关键部位。在实际布设时，先根据工程条件和规模，以反映监测对象的变化规律和不同监测对象之间的内在变化规律为前提，确定监测断面位置和数量，然后再按照断面进行监测点布设。当同时有多个监测对象和多个监测项目时，往往将不同的监测项目测点布设于同一监测断面上，以反映不同监测对象的内在联系和变化规律，如将基坑支护结构变形、内力监测点、支撑轴力监测点、地表沉降及岩土体位移监测点和环境对象的监测点进行对应布设，可综合反映基坑和环境对象两者之间的内在联系和变化规律。

①明挖法和盖挖法监测点布设。

对于支护桩(墙)、边坡顶部水平位移和沉降监测，监测点沿基坑周边布设，监测等级为一级、二级时，布设间距为 10~20m，监测等级为三级时，布设间距为 20~30m；基坑各边中间部位、阳角部位、深度变化部位、邻近建(构)筑物及地下管线等重要环境部位、地质条件复杂部位等需布设监测点；出入口、风井等附属工程的基坑每侧监测点一般不少于 1 个；水平和沉降监测点一般为共用点，布设于支护桩(墙)顶或基坑坡顶上。

对于支护桩(墙)体水平位移监测，监测点沿基坑周边的桩(墙)体布设，监测等级为一级、二级时，布设间距为 20~40m，监测等级为三级时，布设间距为 40~50m；基坑各边中间部位、阳角部位及其他代表性部位的桩(墙)体亦需布设监测点；监测点的布设位置与支护桩(墙)顶部水平位移和沉降监测点处于同一监测断面。

对于其他结构的沉降、水平位移和结构应力监测，监测点的布设由结构的受力特征、变形特征及其在结构系统中的地位与作用等因素综合决定，有的还要与相近的支护桩(墙)体水平位移监测点共同组成监测断面。

对于周边地表沉降监测，沿平行基坑周边变现布设 2 排及以上地表沉降监测点，排距为 3~8m，且第一排监测点距基坑边缘 2m 以内，每排监测点间距为 10~20m；监测断面主要根据基坑规模和周边环境条件，以垂直于基坑边线的横向监测断面形式布设于有代表性的部位，每个横向监测断面监测点的数量和布设位置需满足对基坑工程主要影响区和次要影响区的控制，每侧监测点数量一般不少于 5 个；监测点及监测断面的布设位置与周边环境监测点布设相结合。

②盾构法隧道监测点布设。

对于盾构管片结构沉降、水平位移和净空收敛监测，监测断面布设于盾构始发与接收段、联络通道附近、左右线交叠或邻近段、小半径曲线段、地质条件复杂区段和特殊性岩土区段等位置。每个监测断面在拱顶、拱底、两侧拱腰处布设管片结构净空收敛监测点，拱顶、拱底的净空收敛监测点可兼做沉降监测点，两侧拱腰处的净空收敛监测点可兼做水平位移监测点。

对于盾构管片结构应力、管片围岩压力和管片连接螺栓应力监测，监测断面以垂直于隧道轴线方式布设于地质或环境条件复杂地段,并与管片结构沉降和净空收敛监测断面处于同一位置;每个监测项目在每个监测断面的监测点一般不少于5个或每环管片的数量。

对于周边地表沉降监测,监测点沿盾构隧道轴线上方地表布设,监测等级为一级时,监测点间距为5~10m;监测等级为二级、三级时,监测点间距为10~30m,在始发和接收段监测点相对增多。监测断面主要根据周边环境和地质条件,以垂直于隧道轴线的横向监测断面方式布设,监测等级为一级时,断面间距为50~100m,监测等级为二级、三级时,间距为100~150m。此外,横向监测断面还布设于始发和接收段、联络通道等部位及地质条件不良易产生开挖面坍塌和地表过大变形的部位,以用于控制。横向断面内监测点数量一般为7~11个,主要影响区监测点间距为3~5m,次要影响区间距为5~10m。

土体深层水平位移和分层沉降监测孔及监测点一般布设于地质条件复杂地段、特殊性岩土地段、邻近重要建(构)筑物地段、地下管线地段以及受工程施工扰动较大的岩土体地段。监测孔的位置和深度主要根据工程需要并顾及避免管片背后注浆的影响而确定。土体分层沉降监测点通常布设在各层土的中部或界面上,有时也以等间距方式布设。

③矿山法隧道监测点布设。

对于初期支护结构拱顶沉降、净空收敛监测,监测断面通常布设为垂直于隧道轴线的横向监测断面,车站监测断面间距为5~10m,区间监测断面间距为10~15m,分部开挖施工的每个导洞均应布设横向监测断面。监测点布设于隧道拱顶、两侧拱脚处(全断面开挖时)或拱腰处(半断面开挖时),拱顶的沉降监测点可兼做净空收敛监测点,净空收敛测线一般为1~3条。初期支护结构完成后即可进行监测点的布设。

对于车站中柱沉降、倾斜及结构应力监测,通常选取具有代表性的中柱进行沉降、倾斜监测,进行结构应力监测的中柱数量不低于中柱总数的10%,且为3根以上,按照高度一致、均匀布设的原则,在每柱上布设4个监测点。

对于围岩压力、初期支护结构应力、二次衬砌应力监测,监测断面布设在地质条件复杂或应力变化较大的部位,并与净空收敛监测断面处于同一位置。监测点布设在拱顶、拱脚、墙中、墙角、仰拱中部等部位,监测断面上每个监测项目不少于5个监测点。

对于周边地表沉降监测,监测点主要沿每个隧道或分部开挖导洞的轴线上方地表布设,监测等级为一、二级时,监测点间距为5~10m,监测等级为三级时,间距为10~15m。监测断面主要根据周边环境和地质条件,以垂直于隧道轴线的横向监测断面方式沿地表布设,监测等级为一级时,监测断面间距为10~50m,监测等级为二级、三级时,间距为50~100m。此外,横向监测断面还布设于车站与区间、车站与附属结构、明暗挖等的分界部位,以用于控制。横向断面内监测点数量与盾构法隧道相同。

(2)周边环境监测点布设

为了反映环境对象变化规律和分析环境对象安全状态,周边环境监测点布设位置和数量原则上根据环境对象的类型和特征、环境风险等级、所处工程影响分区、监测项目及监测方法的要求等综合确定。由于反映环境对象变化特征的关键部位与环境对象的类型、特点有很大的关系,所以一般要求监测点应布设在反映环境对象变形特征的关键部位和受施工影响敏感的部位,此外,还要顾及便于观测,并且不影响或妨碍环境监测对象的结构受力、正常使用和美观。

在实际中,通常主要根据工程影响分区,按照设计要求进行布设。例如,对于地下管线,位于主要影响区时,需在管体上布设直接监测点,间距为5~15m;位于次要影响区时，当无法布设直接监测点时，可在低保或土层中布设间接监测点，间距为 15~30m。对于既有地铁线路，主要影响区内的监测断面间距不大于 5m，次要影响区内则不大于 10m。

4. 监测频率及监测预警

地铁工程监测的监测频率是根据施工方法、施工进度、监测对象、监测项目、地质条件等情况和特点，并结合当地工程经验进行确定的。

在监测过程中，监测频率需严格按照相关要求实施，使监测信息及时、系统地反映施工工况及监测对象的动态变化。对穿越既有地铁线路和重要建(构)筑物等周边环境风险为一级的工程，在穿越施工过程中，需提高监测频率，并对关键监测项目进行自动化实时监测。施工期间，现场巡查每天不少于一次，做好巡查记录，在关键工况、特殊天气等情况下应增加巡查次数。

基坑回填完成或矿山法隧道进行二次衬砌施工后，结束支护结构的监测工作；盾构法隧道完成贯通、设备安装施工后，结束技术管片结构的监测工作；支护结构监测结束后，且周围岩土体和周边环境变形趋于稳定时，结束监测工作。

明挖法和盖挖法基坑工程施工中支护结构、周围岩土体和周边环境的监测频率按表 13-5 实施。盾构法隧道工程施工中隧道管片结构、周围岩土体和周边环境的监测频率按表 13-6 实施。

表 13-5　　　　　　　　　　　　明挖法和盖挖法基坑工程监测频率

施工工况		基坑设计深度(m)				
		≤5	5~10	10~15	15~20	>20
基坑开挖深度(m)	≤5	1 次/1d	1 次/2d	1 次/3d	1 次/3d	1 次/3d
	5~10	—	1 次/1d	1 次/2d	1 次/2d	1 次/2d
	10~15	—	—	1 次/1d	1 次/1d	1 次/2d
	15~20	—	—	—	(1~2 次)/1d	(1~2 次)/1d
	>20	—	—	—	—	2 次/1d

注：d 为天。

表 13-6　　　　　　　　　　　　盾构法隧道工程监测频率

监测部位	监测对象	开挖面至监测点或监测断面的距离	监测频率
开挖面前方	周围岩土体和周边环境	$5D < L \leq 8D$	1 次/(3~5d)
		$3D < L \leq 5D$	1 次/2d
		$L \leq 3D$	1 次/1d
开挖面后方	管片结构、周围岩土体和周边环境	$L \leq 3D$	(1~2 次)/1d
		$3D < L \leq 8D$	1 次/(1~2d)
		$L > 8D$	1 次/(3~7d)

注：D 为段偶发隧道开挖直径(m)，L 为开挖面至监测点或监测断面的水平距离(m)，d 为天。

矿山法隧道工程施工中隧道初期支护结构、周围岩土体和周边环境的监测频率按表13-7实施。

表13-7   矿山法隧道工程监测频率

监测部位	监测对象	开挖面至监测点或监测断面的距离	监测频率
开挖面前方	周围岩土体和周边环境	$2B < L \leq 5B$	1 次/2d
		$L \leq 2B$	1 次/1d
开挖面后方	初期支护结构、周围岩土体和周边环境	$L \leq 1B$	(1~2 次)/1d
		$1B < L \leq 2B$	1 次/1d
		$2B < L \leq 5B$	1 次/2d
		$L > 5B$	1 次/(3~7d)

注：B 为矿山法隧道或导洞开挖宽度（m），L 为开挖面至监测点或监测断面的水平距离（m），d 为天。

监测预警等级和预警标准是根据工程特点、监测项目控制值、当地施工经验等在工程设计阶段进行制定，具有较强的专用性，未经专门论证，不同工程项目之间不可直接套用。《城市轨道交通工程测量规范》（GB/T 50308—2017）和《城市轨道交通工程监测技术规范》（GB 50911—2013）在对各地地铁工程监测进行了大量调研的基础上，给出了地铁隧道支护结构、周围岩土体和周边环境监测的最大累计变形量和变化速率的控制值，以作为在无地方工程经验且风险较低的情况下的参考。

13.2.2 监测资料整理和分析

1. 监测资料整理

监测资料整理的主要工作是对现场监测所得的资料加以整理、编制成图表和说明，使它成为便于使用的成果。其具体内容如下：

①及时对监测资料进行整理、分析和校对，监测数据出现异常时，应分析原因，必要时应进行现场核对或复测。

②对监测数据应及时计算累积变化值、变化速率值，并绘制时程曲线，必要时绘制断面曲线图、等值线图等。

2. 监测资料分析

监测资料分析是分析归纳支护结构、周围岩土体和周边环境的变形过程、变形规律和变形幅度；分析变形的原因，变形值与引起变形因素之间的关系，并找出它们之间的函数关系，进而判断支护结构、周围岩土体和周边环境的情况是否正常。在积累了大量监测数据后，又可以根据施工工况、地质条件和环境条件分析监测数据的变化原因和变化规律，从而修正设计的理论以及所采用的经验系数。这一阶段的工作可分为：

①成因分析（定性分析）。对监测对象本身（内因）与作用在监测对象上的荷载（外因）以及监测本身，加以分析、考虑，确定形变值变化的原因和规律性。

②统计分析。根据成因分析，对实测数据进行统计分析，从中寻找规律，并导出变形

值与引起变形的有关因素之间的函数关系。

③变形预报和安全判断。在成因分析和统计分析的基础上，可根据求得的变形值与引起变形因素之间的函数关系，预报未来变形值的范围和判断监测对象的安全程度。

13.2.3 地铁工程施工期监测方案设计

1. 方案设计的原则

地铁工程施工期监测的目的是通过采用测量测试仪器、设备，对工程支护结构和施工影响范围内的岩土体、地下水及周边环境等的变化情况（如变形、应力等）进行量测和巡视检查，依据准确、翔实的监测资料研究、分析、评价工程结构和周边环境的安全状态，预测工程风险发生的可能性，判断设计、施工、环境保护等方案的合理性，为设计、施工相关参数的调整提供资料依据。因此，监测方案的设计原则是在熟悉地铁工程施工方案、了解施工区域内水文气象资料、岩土工程勘察资料、周边环境调查报告、安全风险评估报告等重要的监测背景资料的基础上，结合现场踏勘情况，设计出确保工程安全的、经济有效的、便于监测工作的实施和工程项目施工的监测方案。

2. 方案设计前的准备工作

在进行方案设计之前，应充分做好相关资料收集、整理和分析以及现场踏勘工作，从而为方案设计提供准确、翔实、充分的信息储备，也为制订出内容具体、针对性较强的监测方案打下扎实的基础。方案设计前的准备工作主要包括：

①资料收集与分析。收集整理水文气象资料、岩土工程勘察报告、周边环境调查报告、安全风险评估报告、设计文件和施工方案等相关资料，对各类资料中与工程监测相关的信息进行梳理、分析和提炼，确保据此编制的监测方案具体且有较强的针对性。

②现场踏勘。监测范围内的周边环境现场踏勘与核查是编制监测方案的重要环节，能及时发现设计期间的调查遗漏或不准确的情况，进而保证监测方案的编制更具体、更有针对性。内容主要包括：①环境对象与工程的位置关系及场地周边环境条件的变化情况；②工程影响范围内的建（构）筑物、桥梁、地下构筑物等环境对象的使用现状和结构裂缝等的病害情况；③重要地下管线和地下构筑物的分布情况，特别注意是否存在废弃地下管线和地下构筑物，必要时挖探确认。同时还需对地下管线的阀门位置，雨水、污水管线的渗漏情况等进行调查。

3. 方案设计的内容

监测方案设计的内容会根据不同的工程项目、不同的地质情况有所不同，但从整体上，方案设计的内容一般需包括以下几个方面：①工程概况；②建设场地地质条件、周边环境条件及工程风险特点；③监测目的和依据；④监测范围和工程监测等级；⑤监测对象及项目；⑥基准点、监测点的布设方法与保护要求，监测点布置图；⑦监测方法和精度；⑧监测频率；⑨监测控制值、预警等级、预警标准及异常情况下的监测措施；⑩监测信息的采集、分析和处理要求；⑪监测信息反馈制度；⑫监测仪器设备、元器件及人员的配备；⑬质量管理、安全管理及其他管理制度。

其中，监测项目、监测周期和监测频率、结构变形允许值、监测报警值等内容是由地铁工程设计单位在工程设计中制定的。

工程场地位置、设计概况及施工方法、辅助措施、施工筹划，场地地质条件、不良地质位置，地下水分布及水位、补给方式、地下水控制方法及周边环境建设年代、基本结构形式、基础形式、与工程的位置关系、风险等级、保护措施等是编制监测方案的重要资料和依据。

监测方案中需要对监测的目的、所依据的设计文件、国家行业地方及企业的规范标准、政府主管部门的有关文件等进行明确。

监测范围、监测对象、工程监测等级、监测项目、基准点及监测点布设方法与保护要求、监测频率及周期、监测控制值、预警标准及异常情况监测措施、监测信息采集处理及反馈等是监测方案的重要内容。

另外，为确保监测工作的质量，监测工作的组织形式及质量保证措施在监测方案中应明确，其内容主要包括：①开展监测工作的具体人员、仪器设备类型、数量及主要精度指标等；②监测质量安全及环境保护管理制度、各重要环节质量控制措施；③各环节作业技术要求和管理细则等。

13.2.4 工程应用

1. 工程概况

（1）车站工程概况

某市地铁 8 号线一期工程某车站为地下两层岛式站台车站，呈东西向布置，全长217.8m，宽20.3m，有效站台宽度11m，在站台四个象限及东西两端分别设置 4 个出入口和 2 个风亭组。车站主体基坑围护结构采用"地下连续墙+混凝土内支撑+钢支撑"的支护形式，标准段基坑宽22m，深16.7~18.2m，竖向和端头井处各设置 3 道支撑。出入口通道和风道均为地下一层基坑，基坑深10.5~11.5m。

车站主体结构采用地下两层单柱双跨（局部双柱三跨）现浇钢筋混凝土结构形式，其与附属结构均采用明挖顺筑法施工。基坑深度范围内为素填土、填砂、填碎石、粉质黏土、全风化花岗岩、强风化花岗岩、中等风化花岗岩，地质差异性较大。这些不良地质条件对基坑开挖支护较为不利，为施工造成了一定的困难。

车站结构周边建（构）筑物分布于城市主干道路南北两侧，周边环境相对开阔，出入口及风亭距周边房屋净距最近处约4.8m。周边地下管线密集，主要有污水管道、给水管道、电信管道、电力管道通信光缆等，对基坑开挖、隧道施工造成较大影响。

（2）工程风险及车站施工监测等级

车站施工风险主要包括工程基坑自身风险及车站施工导致周边建（构）筑物正常使用功能或结构安全受到影响的风险。车站基坑属深基坑工程，须严格对围护结构、地面沉降、支撑等进行监控。同时，根据车站地质情况及周边环境保护要求，车站主体基坑安全等级为一级，变形控制标准为地面最大沉降量≤0.20%H（且≤20mm），支护结构最大水平位移≤0.25%H（且≤30mm），支护顶部最大水平位移小于 0.002H 及 30mm 中的较小值。

根据基坑工程的自身风险等级、周边环境风险等级和地质条件复杂程度确定工程监测等级为二级。

2. 监测内容及方法

（1）基坑主体结构监测项目

根据相关规范和车站的设计要求，监测项目及测点布置统计如表 13-8 所示。

表 13-8　　　　　　　　　　　　　监测项目及测点布置统计表

序号	监测项目	测点布置	单位	数量	备注
1	围护墙顶水平位移及竖向位移	监测点沿基坑周边布设，车站监测等级为二级，布设间距取 18m；基坑各边中间部位、阳角部位、深度变化部位、临近建（构）筑物和地下管线等重要环境部位、地质条件复杂部位等，布设监测点。对于出入口、风井等附属工程的基坑，每侧的监测点不应少于 1 个	处	28	地连墙一幅 6m，监测点设于一幅中点，每隔三幅设一监测点
2	围护墙体变形测斜	监测点沿基坑周边布设，车站监测等级为二级，布设间距取 18m；与桩顶水平位移和竖向位移监测点处于同一监测断面	个	28	同墙顶位移设置原则
3	支撑轴力	支撑轴力监测选择基坑中部、阳角、深度变化、对于钢支撑，轴力计布设在支撑的端部；对于混凝土支撑，钢筋计布设在支撑中部或两支点间 1/3 部位，当支撑长度较大时也可以布设在 1/4 点处，并应避开节点位置。砼支撑 15 处，钢支撑 30 处	处	45	每隔 18m 设置一个监测点。轴力计 30 个，钢筋应力计 60 个（15处×4 点）
4	墙外土压力	监测点沿基坑周边布设，纵向两侧各两处，两端各一处；每一处沿深度方向布设 6 个测点；与围护墙体变形测斜处于同一监测断面	处	6	土压力测点共 36 个
5	坑底隆起	沿基坑中轴线纵向布设，间隔 30m	个	7	每处 1 个测点，共 7 个测点

（2）周边环境监测项目

主要包括基坑周围地表沉降与地下水位、基坑周围地下管线沉降、建筑物沉降监测三个方面，其中，基坑周围地表沉降监测点布设位置与围护墙顶位移监测断面接近，共计 88 个测点；在基坑外侧每隔 36m 布设一处地下水位监测点，共计 16 个；在基坑边向外侧 3 倍基坑深度范围内的管线上布设管线沉降监测点 58 个；基坑边向外侧 2~4 倍基坑深度范围内的建筑物上布设沉降监测点 18 个；另根据周边建筑物实际情况布设裂缝监测点。

（3）现场巡视

现场巡视可以提供及时、可靠的信息，用以评定工程在施工期间的安全性及施工对周边环境的影响，并对可能发生的危及施工、周边环境安全的隐患或事故及时、准确预报，以便及时采取有效措施消除隐患，避免事故的发生。每次现场监测工作实施的同时对施工工况、支护结构、周边环境和监测实施进行现场巡视，巡视频率为 1 次/d，特殊情况加密巡视频率。

（4）监测点埋设与监测方法

基准点布设在施工影响范围以外的稳定区域，每个监测工程的竖向位移观测的基准点不少于 3 个，水平位移观测的基准点不少于 4 个。

工作基点则布设于基坑周围较稳定的地方，直接在工作基点上架设仪器对水平变形监测点进行监测。监测基准点和工作基点采用强制对中设备，以减少中误差对观测结果的影响。

①围护结构顶部水平位移及沉降监测：采用水平位移监测点与沉降监测点共点方式布设，在墙顶用电锤钻孔，埋入位移标志杆(测量时将棱镜直接插入，即可观测)，用砂浆固定。

围护结构水平位移监测主要使用全站仪及配套棱镜组采用坐标法进行观测，沉降观测采用水准测量方式进行，主要控制技术要求与监测方法按Ⅱ级监测要求实施，即水平位移变形点点位中误差±3.0mm，坐标较差或两次测量较差 4.0mm，高程中误差±0.5mm，相邻点高差中误差±0.3mm，往返较差、附合或环线闭合差不大于 $0.3\sqrt{n}$（n 为测站数）。

监测数据处理与计算，采用严密平差计算各监测工作点和监测点坐标，与既有坐标进行对比分析，判断围护结构的变形规律。

②墙体变形：将测斜管固定在钢筋笼上迎土侧，每节测斜管间用接箍连接，拧紧螺丝，并用密封胶密封，以防止混凝土浆液进入测斜管。测斜管底部比钢筋底部略低，顶部高出水平钢筋。测斜管与钢筋笼用铁丝捆紧，确保测斜管平顺，待混凝土凝固后测斜管与围护墙共同变形。测斜管埋设方法如图 13-1 所示。

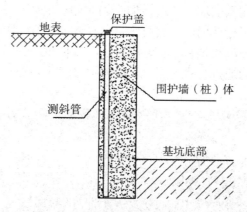

图 13-1　测斜仪安装与埋设示意图

在围护桩(墙)冠梁施工完成后，土方开挖前，将试测探头自上而下放入测斜管，检查测斜管是否扭曲，在确信测斜管已达到设计要求后，再将测斜探头放入测斜管，每0.5m 作为一个采样点，采集测斜管各点的初始数据，根据施工进度，对各点的数值进行采集。

③地下水位的监测：为了保证基坑施工能干作业，基坑内地下水位控制在开挖面以下2m 左右的含水层，基坑外地下水位保持基本稳定，避免由于周边地下水位下降引起建筑物发生沉降，甚至因不均匀沉降引发建筑物开裂等。控制坑外地下水位与降水前地下水位相比的下降幅度及下降速率不低于设计要求。

④支撑轴力的监测：对于钢筋混凝土支撑轴力监测点的埋设，埋设前对钢筋计率定，确定初始频率与率定系数；埋设时将钢筋计与支撑受力主筋焊接，将电缆线接出(见图

13-2)，随着混凝土浇筑凝固，钢筋计与支撑协同受力，通过测定钢筋计的受力可以测算支撑轴力。

图 13-2　钢筋计埋设实例图

　　对于钢支撑轴力监测点的埋设，选择端头轴力(反力计)进行轴力测试。轴力计在安装前，要进行各项技术指标及标定系数的检验。安装时，轴力计沿管轴线方向，对称于管轴中心焊接布置于钢管前端头钢板上(见图 13-3)。测量时通过频率仪测量轴力计在某一荷载下的自振频率，然后通过公式直接计算出钢支撑的轴力值。

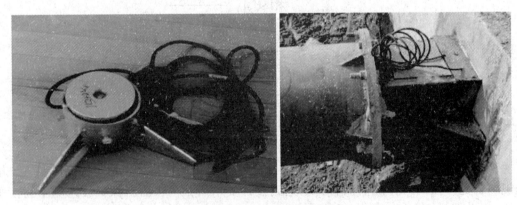

图 13-3　轴力计安装实例图

　　⑤沉降变形的监测：监测项目包括建筑物沉降、管线沉降、周边地表沉降等。
　　对于建(构)筑物沉降及倾斜监测，直接用电锤在建筑物外侧墙体上打洞，并将观测标志打入，或利用其原有沉降监测点。监测时，照相关规范车站监测等级(Ⅱ级)要求施测，每次测量时直接用基准点作单点引测，基于建筑物沉降观测结果计算获取建筑物倾斜值。
　　对于管线沉降监测，有检查井的地下管线打开井盖直接将测点布设到管线上或管线承载体上，无检查井但有开挖条件的管线应开挖暴露管线，将测点直接布到管线上，无检查井也无开挖条件的管线可在对应的地表埋设间接观测点。布设监测点时，对于封闭的管线可采用抱箍式埋点，对于开放式的管线可在管线或管线支墩上做监测点支架。管线沉降测点标志形式如图13-4所示。

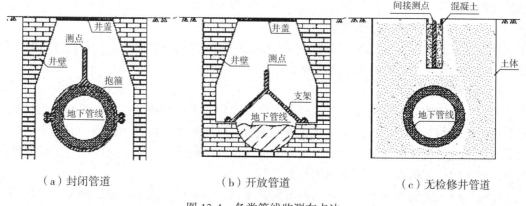

（a）封闭管道　　　　　　（b）开放管道　　　　　　（c）无检修井管道

图13-4　各类管线监测布点法

对于地表沉降监测，按照设计要求，在施工影响范围内的地表布置，监测点标志采用窨井测点形式，使用人工开挖或钻具成孔的方式进行埋设，穿透路面结构层，并加保护盖（见图13-5）。道路、地表沉降监测测点应埋设平整，防止由于高低不平影响人员及车辆通行。同时，测点埋设稳固，用黄砂填实，做好清晰标记，方便保存。

（a）示意图　　　　　　　（b）布点　　　　　　　（c）加保护盖

图13-5　地表沉降监测布点示意图与实例图

⑥坑底隆起：当基坑开挖至底板时，在浇筑垫层前，在坑底埋设沉降点，通过测试坑底变形确定坑底隆起变形。监测点布设在基坑的中央、距基坑底边缘1/4坑底宽度处以及其他能反映变形特征的位置；当基坑土质软弱、基底以下存在承压水时，适当增加监测点。

⑦建筑物裂缝监测：裂缝监测内容包含裂缝位置、走向、长度、宽度，必要时监测裂缝深度。裂缝监测选择有代表性的裂缝进行观测。每条需要观测的裂缝至少设2个监测点，每个监测点设一组观测标志，每组观测标志可使用2个对应的标志分别设在裂缝的两

291

侧。对需要观测的裂缝及监测点统一进行编号。

裂缝宽度监测采用裂缝观测仪进行测读，也可在裂缝两侧贴、埋标志，采用千分尺或游标卡尺等直接量测，或采用裂缝计、粘贴安装千分表及摄影量测等方法监测裂缝宽度变化；裂缝长度监测采用直接量测法；裂缝深度监测宜采用超声波法、凿出法等。

⑧墙体土压力监测：墙体测土压力采用挂布法。安装时将测试线引出至墙顶，并注意测试线的保护。

3. 监测频率及监测数据处理

基坑工程监测工作从基坑工程开挖前的准备工作开始，至地下工程施工结束的全过程，因此监测周期分施工前期和施工期。

(1) 监测数据采集

①施工前期监测频率。在各个监测点埋设完成后，对变形监测控制网联测，监测基准网在施工阶段每月复测一次；基准网观测完成后，对地表水平位移、沉降、周围房屋的变形等工作基点进行3次观测，取平均值为工作基点的初始值；施工基坑开挖前，再次进行监测，取3次平均值作为监测点的初始值。

②基坑施工期监测频率。基坑工程监测频率以能系统反映监测对象所测项目的重要变化过程，而又不遗漏其变化时刻为原则。施工期监测频率参考《建筑基坑工程监测技术规范》(GB 50497—2009)执行。

(2) 监测数据处理

①监测资料初步分析。将监测值与技术警戒值相比较，将监测物理量进行相互对比，将监测成果与设计要求值相对照，以检验监测物理量的大小及变化规律是否合理。并将结果向项目部、监理办、第三方监测、业主汇报。

在监测资料整理中，根据所绘制的图表和有关资料，及时进行初步分析。分析各监测量的变化规律和趋势，判断有无异常值。判断后须经项目部、监理工程师、第三方监测、现场业主代表等多方协商同意后作出合理决策。

②监测数据过程分析。分阶段、分工序对监测结果进行总结和分析，主要内容包括：根据监测值绘制时态曲线；选择回归曲线，预测最终值，并与控制基准进行比较；对支护及岩土体状态、工法、工序进行评价；及时反馈评价结论，并提出相应工程的对策建议。

(3) 监测控制基准及预警等级

①围护结构与周边环境监测控制值。

监测控制标准参考根据《城市轨道交通工程监测技术规范》(GB 50911—2013)、《某市城市轨道交通地下工程监测技术规程》及《某市城市轨道交通8号线一期工程某站施工图设计》文件，从严编制。根据测量结果进行综合判断，确定变形管理等级，以指导施工。

②预警分级控制标准。

施工预警分为监测数据预警、巡视预警二类。施工过程中每一类预警按照严重程度由小到大分为三个等级：黄色预警、橙色预警和红色预警。

4. 监测资料成果报送

设置专职信息管理工程师，负责信息管理工作，并采用计算机辅助手段对本工程监测数据、现场巡视数据、施工、监理、设计等单位的信息资料进行搜集并进行综合分析评估，形成准确、及时、实用的监测信息，以日报、周报、月报、专题报告等形式，及时输送给建设单位、监理单位、施工单位、设计单位和相关产权单位等，从而为施工提供决策依据。

13.3 城市地铁工程运营期长期监测

13.3.1 主要监测内容与方法

1. 监测内容的确定

城市地铁是城市的交通生命线，其结构的安全状态不仅关系到地铁交通系统的安全运行，而且对城市交通通畅、居民安全便利出行、地铁线路周边环境的安全以及地铁工程的运行效率和寿命都至关重要。

《城市轨道交通工程测量规范》（GB/T 50308—2017）和《城市轨道交通工程监测技术规范》（GB 50911—2013）规定，城市地铁运营阶段长期监测内容主要包括现有线路轨道、道床和隧道、高架结构、车站等建筑以及受线路运营影响的周边环境变形区内的道路、建筑、管线、桥梁等。在实际监测中，监测内容的确定通常由地铁运营所处阶段、地质条件和结构形式综合确定。在运营初期，一般根据施工期地铁工程监测情况确定，内容主要是施工期监测内容的延续；运营初期以后根据运营后一段时间内地铁结构、周边环境和列车运行舒适度综合确定监测内容。

2. 监测项目及方法

目前，在地铁结构自身没有新建、维修、加固以及周边环境没有施工的情况下，地铁运营期长期监测对象主要为隧道、桥梁、路基等地铁结构自身的变形监测，监测项目主要为结构的沉降监测，在地质条件复杂、变形较为明显的区域还有水平位移监测和隧道收敛监测等。

监测的实施整体上采用仪器监测为主，以日常线路巡查为辅。各监测对象的监测项目和常用监测仪器设备如表13-9所示。由于线路较长、监测频率较低，而且一般情况下地铁每日停运时间相对较长，监测时间相对宽裕，所以地铁结构监测通常为人工监测，但在变形速率较大、监测频率较高和地铁停运时间较短等特殊情况下，自动化监测则成为主要监测方式。

表 13-9　　　　　　　　　　　　　地铁运营期长期监测项目

监测对象	监测项目	监测仪器设备
隧道与车站	沉降	水准仪、全站仪、静力水准仪
	隧道与车站差异沉降	水准仪、全站仪、静力水准仪
	水平位移	全站仪
	隧道与车站相对水平位移	全站仪
	隧道收敛	收敛计、全站仪、激光测距仪
路基	沉降	水准仪、全站仪、静力水准仪
桥梁	沉降	水准仪、全站仪、静力水准仪

3. 监测网（点）布设

由于地铁隧道结构变形监测具有涉及范围大、要求精度高和监测时间长等特点，因此，必须根据地铁隧道结构设计、相关规范和地铁隧道结构实际状况，从地铁隧道结构整体来考虑，拟定统一要求的变形监测网(点)布设和实施方案。

（1）基准网(点)的布设

基准网(点)是变形监测的基础，基准网(点)布设的一般原则是：基准网(点)应布设在变形体或变形区之外，且地质情况良好、不易破坏的地方。但是，根据地铁隧道的实际情况，从经济性和可操作性考虑，基准网(点)全部布设在地铁外是不可取的。如果监测基准网(点)全部布设在地铁外，一是增加了引测进地铁隧道的工作量；二是引测进地铁时，因测量条件差，测边短，俯、仰角大，测量的质量很难得到保证和控制。此外，由于地铁隧道对于整体防水性能和结构稳定性要求较高，并且作为一线状的地下建筑构物，长期监测的基准点数量较大，布设费用较高，因此，在隧道内布设基岩基准点或倒垂基准点均不合适。而地铁车站所处的地质条件一般较好，遇到不良地质，都进行地基处理，所以通常将车站看作一个大的稳定的刚体，发生变形的可能极小；另外，个别车站发生变形，也可从相邻车站的位置关系中反映出来，不至于对监测基准网(点)体系造成影响。因此，可以把变形监测基准网(点)建立在车站上，如选择车站的铺轨控制基标或埋设的特殊点作为变形监测的基准点。

对于沉降监测，监测基准网主要由水准基点和工作基点构成。水准基点一般布设于地铁外部(国家或地区高程控制点最佳)，工作基点布设在地铁车站内，可与水平位移监测基准点共用。监测基准网宜布设成附合水准路线或沿上、下行线隧道成结点水准路线形式，根据地质条件和车站结构的稳定状况确定定期观测的周期，采用国家一等水准技术要求施测，但观测限差则应按严格的变形监测指标控制，否则平差后的工作基点高程中误差太大，难以检验出工作基点发生的沉降位移，使隧道沉降监测时附合水准线路无法测合。

对于水平位移监测，在车站左右线按要求各埋设一条边作为基准边，基准点间距离应在 120m 以上，车站之间成附合导线形式，左右线间成闭合导线。

（2）变形监测点的布设

对于沉降监测，在直线地段一般每 100m 布设 1 个监测点，在曲线地段每 50m 布设 1 个监测点，在直缓、缓圆、曲线中点、圆缓、缓直等部位都要布设监测点，在道岔区，道岔理论中心、道岔前端、道岔后端、辙叉理论中心等结构部位各布设 1 个监测点，线路结构的沉降缝和变形缝、区间与联络通道衔接处、附属结构与线路结构衔接处等都要布设监测点，线路结构存在病害或处在软土地基等区段则需根据实际情况布设监测点。高架桥梁的每一桥墩布设 1 个监测点。

对于隧道与车站沉降差异监测，监测点的布设较为简单，只需在隧道与车站交接缝两侧约 1m 处的道床上布设一对沉降监测点，每期直接监测两点间高差即可，如图 13-6 所示。

水平位移监测点边应尽量布设成长边，减少导线边数，以减少误差的累积。依据地铁线路所处的地质情况，地质条件好的地段，每间隔 50~70m 设一水平位移监测点；地质条件不良的地段，每间隔 40~60m 设一水平位移监测点。监测点与水平位移监测点尽量共用，地质条件不良的地段可根据实际情况适当加密。

对于隧道收敛变形监测，监测点的布设一般根据隧道所处地质条件、所用收敛计以及隧道断面形状等实际情况而定。如美国 GEOKON 收敛计在隧道断面内布设方法如图 13-7 所示。

294

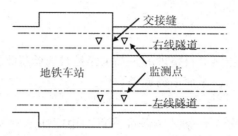

图 13-6 车站与隧道交接处沉降差异点布设示意图

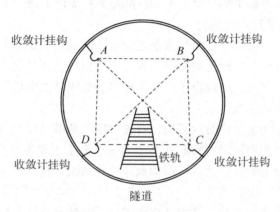

图 13-7 收敛计布设示意图

（3）测点标志与埋设

地铁隧道内水平位移及沉降监测的基准点标志应进行统一设计和埋设，可位于车站道床中间的水沟中，高出水沟底部约 10mm，采用混凝土标石，中央嵌入铜芯标志，并加保护罩。

水平和沉降监测点布设于道床中央，可分别埋设直径 16mm 或 8mm，长约 60mm 的圆头实心铜质或不锈钢标志。基准点与变形监测点均需按要求用油漆统一标记。

4. 监测频率及监测预警

因地质条件、结构形式、周边环境及施工方法的不同，各地及不同区段等轨道交通线路结构达到完全稳定的持续时间有很大的差异，变形速率和最终变形量也各不相同。因此，线路结构的监测频率可以根据各自的实际情况确定，以能够及时、准确、系统地反映线路结构变形为确定原则。

一般情况下，线路运营初期即试运行期间的监测频率为每 1~2 个月监测 1 次，但线路结构变形较大或地基承受的荷载发生较大变化时，应增加监测次数；线路运营第一年内的监测频率为每 3 个月监测 1 次，第二年为每 6 个月监测 1 次，以后每年监测 1~2 次；线路结构存在病害或处在软土地基等区段时，根据实际情况提高监测频率。

与施工期监测一样，运营期监测预警等级和预警标准是根据工程特点、监测项目控制值、线路运营特点和所处环境等进行制定，具有较强的专用性，未经专门论证，不同线路之间不可直接套用。

13.3.2 监测资料整理和分析

1. 监测资料整理

与施工期监测类似，监测资料整理的主要工作是对现场监测所得的资料加以整理、编制成图表和说明，使它成为便于使用的成果。

2. 监测资料分析

运营期监测资料处理分析包括监测基准网点的稳定性分析和地铁隧道结构形变情况分析。

通常，隧道断面收敛变形情况可由收敛计读数经相关方法计算处理得到，而水平和沉降则较为复杂，因此，下面主要介绍水平和沉降监测数据的处理和分析过程。

(1)监测基准网点的稳定性分析

隧道结构水平位移、沉降的判断均参照监测基准网点，如果基准点不稳定，所求位移即失真。在对监测基准网作周期性观测后，其点位测值的变化是观测误差还是点位的真实变化，必须加以区分。另外，点位稳定性分析还可为监测基准网提供稳定或相对稳定的基准信息，以便平差基准的选取。

稳定性分析通常应用统计检验的方法，首先对监测基准网作几何图形一致性检验，即稳定点的整体检验，以判明该网在两期观测之间是否发生了显著性变化。如果检验通过，则认为所有的网点是稳定的。否则，再用动点检验法依次寻找动点，直到通过检验为止。

(2)隧道水平位移、沉降分析

地铁的隧道结构体为条形状，呈现一定的柔性，在地质条件不稳固状态下极易产生变形，而地下车站结构体相对较大，位移要比隧道会小得多。在工程管理中，无论从结构安全还是行车安全上考虑，密切关注的是隧道相对车站的位移。所以，对隧道的水平位移和沉降分析应重点分析隧道相对于车站的位移，也就是变形监测点相对于工作基点的变化。

隧道变形监测点数量较多，且相邻测点之间的结构体呈现一定的刚度，如果仅仅对单一变形测点的变化进行分析，既不方便，又不能全面地反映出隧道纵向的整体沉降情况。所以，变形分析宜采取整体分析，可按隧道的上、下行线逐条或区间逐段去分析。较直观的方法是将监测的报表绘制成"监测点位移量曲线图"，即将每一期各测点的累计沉降量曲线绘制在以隧道里程(或测点)为横轴，位移量为竖轴的坐标系中，同样方法绘制"监测点位移速率曲线图"，这样便能直观地从图上看出整条隧道的沉降情况、规律和趋势。必要时还可将隧道纵向地质剖面图及隧道纵断面绘制在"监测点位移量曲线图"下方，更有利于分析隧道沉降的成因，做出正确推测。

隧道如建在地质稳固的基础上或经历长期的稳定，相邻期监测计算的高程变化量会很小，可以采取统计检验的方法对隧道监测点作稳定性检验，以判明隧道监测点两期测值的差异是否是由测量误差引起的。

13.3.3 地铁工程运营期长期监测方案设计

1. 方案设计的原则

受工程地质条件、施工方法和运营中列车动荷载等诸多因素的影响，城市地铁线路结构在运营期间会发生不同程度的位移变形，往往会影响到线路结构安全和列车运营安全。因此，在运营阶段，为保证线路结构安全和运营安全，应对线路中的隧道、高架桥梁、路基和轨道结构及重要的附属结构等进行变形监测，为线路维护提供监测数据资料。有鉴于此，监测方案的设计原则是在熟悉地铁线路结构形式，了解线路沿线地质条件、以往监测情况、地铁运营特点等重要监测背景资料的基础上，结合现场踏勘情况，设计出满足线路结构安全和运营安全管理的监测方案。

2. 方案设计前的准备工作

与施工期监测方案设计一样，应充分做好方案设计前的准备工作，主要包括资料收集、整理和分析以及现场踏勘工作，确保制订出内容具体、针对性较强、满足地铁运营安全管理的监测方案。方案设计前的准备工作主要包括：

①资料收集与分析。收集整理线路结构形式、线路沿线工程地质勘察报告、以往监测资料、地铁运营管理规定文件、地铁运营资料(运营时段、调度安排、运营期施工管理办法)等相关资料，对各类资料中与监测相关的信息进行梳理、分析和提炼，确保据此编制的监测方案具体且有较强的针对性。

②现场踏勘。现场踏勘是确保编制的方案能满足运营管理规定、线路监测需要的基本要求。主要内容包括线路沿线周边环境情况、已有监测网(点)布设情况、线路结构病害情况等。

3. 方案设计的内容

通常，运营期地铁长期监测方案主要包括以下几个方面：

①项目概况；②线路沿线地质条件、周边环境条件及结构病害情况；③以往监测及结构稳定性情况；④监测目的和依据；⑤监测对象及项目；⑥监测范围；⑦基准点、监测点的布设方法与保护要求，监测点布置图；⑧监测方法和精度；⑨监测频率；⑩监测控制值、预警等级、预警标准及异常情况下的监测措施；⑪监测信息的采集、分析和处理要求；⑫监测信息反馈制度；⑬监测仪器设备、元器件及人员的配备；⑭质量管理、安全管理及其他管理制度。其中，监测项目、监测周期和监测频率、结构变形允许值、监测报警值等内容是由地铁管理方制订的。

监测方案中需要对监测的目的、所依据的设计文件、国家行业地方及企业的规范标准、政府主管部门的有关文件等进行明确。

监测范围、监测对象、监测项目、基准点及监测点布设方法与保护要求、监测频率及周期、监测控制值、预警标准及异常情况监测措施、监测信息采集处理及反馈等是监测方案的重要内容。

为了考虑监测工作的连续性、系统性，对于处于试运行的地铁线路监测，根据需要将施工过程中的线路结构监测项目延续作为运营阶段线路结构的监测项目。

另外，为确保监测工作的质量，监测工作的组织形式及质量保证措施在监测方案中应明确，其内容主要包括：①开展监测工作的具体人员、仪器设备类型、数量及主要精度指标等；②监测质量安全及环境保护管理制度、各重要环节质量控制措施；③各环节作业技术要求和管理细则等；④现场监测作业时段、人员设备进出场要求、监测现场安全保护措施等。

13.3.4 工程应用

1. 工程概况

某市地铁 1 号线的西延工程，线路全长 4.82km，其中地下隧道长 3.93km，设有奥体中心、元通和中胜三座地下车站。西延线隧道坐落在具有高含水量、高压缩性、高灵敏性、低强度、易变形特征的软流塑淤泥粉质黏土层中，为长江漫滩，覆盖层厚度大，基岩埋没深，大部分层厚达30~40m，地质状况较差。隧道为双洞矩形，采取顺作法施工。主体结构于2003年年底施工结束，2004年2月完成顶板土回填，于2005年9月通车运营。

2. 沉降监测概况

2004年9月开始对隧道底板作沉降监测，考虑到隧道周边地区正处于开发建设高峰，大量的施工工地在降水作业，道路在修筑，即使地下车站也处在较大的沉降过程中，因此，监测基准网决定选择固定基准。但西延线隧道周边大区域的地质不稳定，无法建立稳定可靠和长期使用的水准基点，设想的基岩标因地下岩层埋深大、建设成本高未能付诸实施，水准基点利用了距离隧道3.3km处的国家Ⅱ等水准点NT04，并在结构相对稳定的三座车站内分别布设了3个工作基点BM1、BM2、BM3，与NT04组成图13-8所示的监测基准网。

隧道内的沉降监测点布设在两轨外侧的道床上，按隧道结构的施工浇筑段每段设1个点，测点间距平均为24m，左右线隧道分别布设了153个沉降测点，部分点兼用了控制基标；每座车站还设置了4对隧道与车站的沉降差异监测点，布设形式如图13-8所示。

为了减少外业观测工作量，监测基准网与隧道沉降合为一体观测，即监测基准网测量的水准路线均从隧道内的监测点通过。观测采用标称精度为±0.7mm/km的德国蔡司生产的NI007精密自动安平水准仪，并配备相应的铟瓦水准尺以国家一等几何水准测量的方法施测，观测的技术指标参照规范要求，外业记录采用PC-E650计算机和自编的程序电子记簿。观测频率为每月1次，在每月的15—18日进行，截至2005年8月共观测了12期。

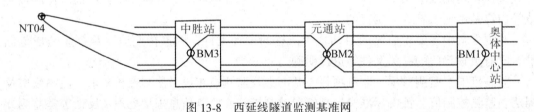

图13-8　西延线隧道监测基准网

3. 数据处理

每期观测后，首先对图13-8网进行经典平差，以NT04为基准，计算出BM1、BM2、BM3的高程，然后采用平均间隙法，以当期与首期两期观测作检验进行工作基点稳定性分析，若存在不稳定点，再用限差检验法以2倍中误差作为极限误差寻找动点，并作高程值的修正。最后，以隧道两侧的工作基点构成的附合水准路线平差计算每条隧道内的沉降测点高程。

表13-10为前8期工作基点高程变化量统计表，各期经基准点的稳定性检验，工作基点BM1、BM2和BM3分别在第3、6、4期沉降了-2.7mm、-2.1mm、-2.3mm，也说明三个车站在不同的时期发生了沉降。当检验出工作基点下沉后，在以后期作稳定性检验中，则以当期观测与该期观测作比较。

表 13-10   **工作基点高程变化量统计表**

点名	距离 （km）	极限误差 （mm）	高程变化量 d_i（mm）						
			第 2 期	第 3 期	第 4 期	第 5 期	第 6 期	第 7 期	第 8 期
BM1	7.22	±1.6	−0.8	−2.7	0.1	1.4	−0.3	−1.0	1.3
BM2	5.36	±1.4	0.6	−0.4	−1.3	−1.3	−2.1	−1.2	0.8
BM3	3.92	±1.2	0.6	−0.2	−2.3	−0.5	0.9	−0.2	−0.9

4. 隧道沉降分析

将西延线隧道观测结果按左、右线分别绘制"监测点沉降量曲线图"和"监测点沉降速率曲线图"，图 13-9、图 13-10 为前 8 期部分测期部分测点的沉降量和沉降量速率曲线图。

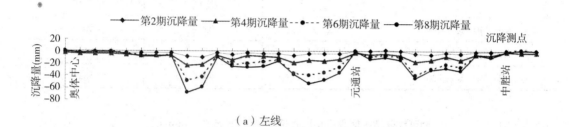

图 13-9　西延线隧道累积沉降量曲线图

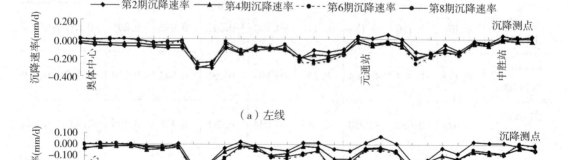

图 13-10　西延线隧道沉降量速率曲线图

从图中可以看出：

①整条隧道出现了不同程度的下沉，左右线沉降存在相同的变化规律：

a. 隧道产生了三个较长的沉降槽, 总长度约为 910m, 分布及沉降情况见表 13-11。

b. 累计沉降量 ≤2cm 的隧道长度共 1414m, 累计沉降量为 2~4cm 的隧道长度共 1447m, 累计沉降量为 4~6cm 的隧道长度共 432m, 累计沉降量>6cm 的隧道长度共 200m; 三个沉降槽的过程曲线在逐期降低, 表明沉降还在继续; 其他区间段的曲线开始重合, 沉降趋于稳定。

c. 在前 6 期, 隧道的沉降速率在不断变大, 第 6 期之后开始逐渐收敛, 所以, 图 13-10 的沉降速率曲线前 6 期是逐期下降, 而第 8 期的曲线则处在了第 6 期上面。表 13-12 统计了隧道各区段部分测期的平均沉降速率。

表 13-11　　　　　　　　西延线隧道三个沉降槽分布及沉降情况

里程区间	长度(m)	最大沉降量(mm)	
		左线	右线
K0+840~K1+090	250	67.4	60.3
K1+700~K2+000	300	52.5	51.4
K2+760~K3+120	360	44.6	58.6

表 13-12　　　　　　西延线隧道区间段平均沉降速率统计表(单位: mm/d)

里程区间	左线					右线				
	第2期	第4期	第6期	第7期	第8期	第2期	第4期	第6期	第7期	第8期
K0+000~K1+051	-0.015	-0.020	-0.028	-0.025	-0.021	-0.007	-0.011	-0.015	-0.014	-0.010
K1+051~K1+200	-0.303	-0.327	-0.354	-0.318	-0.065	-0.156	-0.233	-0.255	-0.247	-0.228
K1+200~K1+800	-0.101	-0.116	-0.128	-0.111	-0.102	-0.012	-0.075	-0.091	-0.071	-0.066
K1+800~K2+000	-0.172	-0.223	-0.268	-0.257	-0.108	-0.238	-0.243	-0.250	-0.233	-0.229
K2+000~K2+900	-0.025	-0.032	-0.050	-0.047	-0.034	-0.016	-0.126	-0.135	-0.133	-0.122
K2+900~K3+140	-0.149	-0.187	-0.227	-0.192	-0.139	-0.103	-0.142	-0.186	-0.184	-0.174
K3+140~K4+106	0.003	-0.015	-0.022	-0.021	-0.018	-0.005	-0.039	-0.061	-0.057	-0.052

② 经实地踏勘和分析, 三个沉降槽形成的原因为:

a. 周边环境影响: 整个河西在大面积施工和降水, 造成地面在整体下沉。

b. 土质原因：地质条件均较差，淤泥质粉质黏性厚度基本上均在 20m 以上。

c. 地面荷载影响：三个沉降槽上方都有道路横向通过，沉降期间正处于道路修建中，直至第 6 期施工才基本结束。

根据前 8 期观测结果和隧道的沉降情况，地铁管理部门对隧道进行了加固和道床修整处理。从第 9 期之后的观测结果已看出隧道加固获得了效果，隧道基本上处于了稳定状态，为 2005 年 9 月运营提供了保障。

13.4　城市地铁工程运营期专项监测

根据《城市轨道交通工程测量规范》（GB/T 50308—2017）、《城市轨道交通工程监测技术规范》（GB 50911—2013）和《城市轨道交通结构安全保护技术规范》（CJJ/T 202—2013）中的相关规定，地铁工程运营期专项监测从适用条件上可分为不良地质条件、设计与施工中采用了新方法、外部作用三种，其中前两者的专项监测主要缘于地铁结构系统内因（地基中存在不良地质条件和特殊性岩土、地基变形、线路结构采用了新的施工技术、基础形式或设计方法等），属于对地铁结构自身系统发生"自主"变形的监测，在监测范围、监测内容、监测方法、监测频率和监测周期等方面与长期监测并没有明显不同，因而通常将该类专项监测作为长期监测对待。而外部作用下的专项监测则主要缘于地铁结构系统外部一定范围内的变化（地震、堆卸载、列车振动等外力作用、保护区工程建设），属于对地铁结构系统发生"被动"变形的监测，所以在监测范围、监测内容、监测方法、监测频率和监测周期等方面均与外部变化及其影响程度有关，与长期监测有较大的不同，由于该类专项监测中最为常见的是地铁保护区监测，其他的极为少见。有鉴于此，在一般情况下，地铁运营期专项监测也称地铁保护区监测，故本章照此阐述。

13.4.1　主要监测内容与方法

1. 监测内容的确定

由于地铁保护区监测针对的是地铁外部作业（如地铁沿线周边施工）对地铁结构产生的影响进行监测，因此，一方面需对地铁结构和外部作业影响区域除地铁结构外的对象进行监测，另一方面具体监测内容需由地铁结构受到外部作业的影响程度进行确定，而外部作业的影响程度是由接近外部作业的程度和外部作业的施作方法两个方面决定的。如何根据接近外业的程度和外部作业的施作方法综合确定外部作业的影响程度成为确定具体监测内容的关键。《城市轨道交通结构安全保护技术规范》（CJJ/T 202—2013）根据地铁结构的施工方法及其与外部作业的空间位置关系将接近地铁的程度分为非常接近、接近、较接近和不接近四个级别，根据外部作业的施作方法将外部作业的工程影响区域分为强烈影响区（A）、显著影响区（B）和一般影响区（C），在此基础上，将外部作业影响程度分为特级、一级、二级、三级和四级 5 个等级，具体如表 13-13 所示。对于地铁结构处于复杂的工程地质条件或存在工程地质灾害的情况，其外部作业影响等级结合当地具体的工程经验综合进行确定，一般不低于一级。当外部作业影响等级为特级、一级、二级时，应对受其影响的城市地铁结构进行监测，四级的外部作业对结构的影响不明显，基本可以忽略。根据监测数据，结合结构安全控制指标值，应对外部作业实行过程监控。通过对外部作业进行过程监控，可动态掌握外部作业对地铁结构的影响，及时采取针对性的防控措施，保障地铁结构的安全。

表 13-13   外部作业影响等级的划分

外部作业的工程影响分区	接近程度			
	非常接近	接近	较接近	不接近
强烈影响区（A）	特级	特级	一级	二级
显著影响区（B）	特级	一级	二级	三级
一般影响区（C）	一级	二级	三级	四级

注：（1）本表适用于围岩级别为Ⅳ~Ⅵ的情况；围岩级别为Ⅰ~Ⅲ的情况，表中的影响等级可降低一级；围岩级别为Ⅵ的软土地区，表中的影响等级应提高一级，特级时不再提高。（2）围岩级别应按现行行业标准《铁路隧道设计规范》（TB 10003—2016）中的有关规定确定。

在地铁保护区监测中，监测项目需根据外部作业的影响等级并兼顾现场的可操作性和能反映外部作业过程结构的响应进行选定。

2. 监测项目及方法

监测项目的选择以"能及时反映外部作业对地铁结构安全影响的重要变化"为原则，按照外部作业影响等级，监测项目分为应测、宜测和可测三个级别，应测为正常情况下必须监测，宜测为条件许可时应该监测，可测为一定条件下可以监测，具体见表 13-14。

表 13-14   监 测 项 目

序号	监测项目	外部作业影响等级				监测对象
		特级	一级	二级	三级	
1	沉降	应测	应测	应测	宜测	内部
2	水平位移	应测	应测	应测	宜测	
3	相对收敛	应测	宜测	宜测	可测	
4	变形缝张开量、裂缝	应测	应测	宜测	可测	
5	隧道断面尺寸	应测	宜测	可测	可测	
6	道床与轨道变位	应测	宜测	可测	可测	
7	地下水水位	应测	应测	应测	宜测	外部
8	围护结构顶部水平位移	应测	应测	应测	宜测	
9	维护结构顶部沉降	应测	应测	应测	宜测	
10	岩、土体深层水平位移	应测	应测	应测	宜测	

注："内部"指地铁结构监测对象，"外部"指外部作业影响区域除地铁结构外的监测对象。道床与轨道变位的监测包括：道床的纵、横断面水平位移、差异沉降；轨道的水平位移，轨道的纵、横向差异沉降，轨道之间的相对水平位移。

地铁结构的监测工作，不得影响地铁的正常运营。监测方法采用仪器监测与巡视检查相结合的方法，监测方式上主要有人工监测、自动化监测和人工与自动化监测结合三种。

3. 监测点布设

监测点布设在监测对象变形和内力的关键特征点上，具体布设位置应根据外部作业影响等级确定。通常，监测点的布设及监测仪器见表 13-15，对于地下结构曲线段监测断面的间距应加密布置。

表 13-15　　　　　　　　　　　监测点布设和监测仪器

序号	监测项目	监测点布设位置	监测点布设间距	监测仪器	仪器精度
1	沉降	地下结构底板、拱顶、侧墙；地面及高架结构底层柱、桥面、桥墩	按 3 ~ 20m 一个断面	水准仪、静力水准仪、全站仪	水准仪：0.3mm/km；全站仪：1″，1mm+2ppm
2	水平位移	地下结构底板、拱顶、侧墙；地面及高架结构底层柱、桥面、桥墩	按 3 ~ 20m 一个断面	全站仪	1″，1mm+2ppm
3	相对收敛	地下结构每监测断面布置不少于两条测线	按 3 ~ 20m 一个断面	全站仪、收敛计	全站仪：1″，1mm+2ppm；收敛计：0.1mm
4	变形缝张开量	结构裂缝位置、结构变形缝两侧	缝的两侧均匀布置	裂缝计、游标卡尺、全站仪	裂缝计、游标卡尺：0.1mm；全站仪：1″，1mm+2ppm
5	隧道断面尺寸	地铁地下结构	按变形断面或在重点位置布设	全站仪	1″，1mm+2ppm
6	道床与轨道变位	道床的纵、横断面上，两条轨道上	按 3 ~ 20m 一个断面	水准仪、静力水准仪、全站仪、道尺	水准仪：0.3mm/km；全站仪：1″，1mm + 2ppm；道尺：≤±0.3mm
7	地下水水位	外部作业空间与城市轨道交通结构之间	孔间距 15 ~ 25m	水位计	10.0mm
8	围护结构顶部水平位移	外部作业的围护结构	按基坑监测要求布置	全站仪	1″，1mm+2ppm
9	围护结构顶部沉降	外部作业的围护结构	按基坑监测要求布置	水准仪、全站仪	水准仪：0.3mm/km；全站仪：1″，1mm+2ppm
10	岩、土体深层水平位移	在邻近地下结构的支护结构和土体位置	按变形断面或在重点位置布设	测斜仪	0.5mm/m
11	爆破振动速度	结构薄弱部位、靠近爆破位置	结构薄弱部位，或结构与爆破点之间	速度传感器	1.0%F.S

监测的基准点应设置在变形影响区域以外，且需位置稳固可靠、易于长期保存。变形、变位监测网的基准点至少应设置 3 个。大型的监测项目，水平位移基准点应采用带有强制归心装置的观测墩，垂直位移基准点宜采用双金属标或钢管标。监测的工作基点，应选在比较稳定且方便使用的位置。设立在大型外部作业影响区域内的水平位移监测工作基点，宜采用带有强制归心装置的观测墩，沉降监测工作基点可采用钢管标。监测基准点、工作基点、变形监测点的设置都不得影响地铁的正常运营。

监测项目的初始值应在外部作业实施前测定，应取至少连续测量 3 次的稳定值的平均数作为初始值。此过程又称为"零状态"普查。

通常，对于地铁隧道结构监测，水平位移监测基准点左右线各自独立布设，分别布设 6~8 个，布设于变形区域外 80~120m，形成附合导线。控制网的首期坐标采用一点一方向的无约束平差方法。由于隧道保护监测控制网的特殊性，没有多余观测，为了提高监测控制网的可靠性，控制网观测时采用多测回、多时段方法。水平位移监测平面坐标系的 X 轴与轨道平行，Y 轴垂直于轨道，以指向基坑为正。对水平位移监测点的观测通常采用自由设站法，通过测量基准点后方交会获得自由设站点的坐标，然后用极坐标法测量水平位移监测点的坐标。沉降监测基准网执行《城市轨道交通工程测量规范》(GB/T 50308—2017)中Ⅱ等沉降监测控制网的技术要求，监测基准网网形宜布设成闭合水准路线或沿上下行线隧道布设成结点水准路线形式。所以，沉降监测基准点一般布设在变形区域外 80~120m，左右线各布设 4 个，分布在变形区域外两侧；左右线区间 8 个基准点形成附合水准路线。沉降监测时，将沉降监测点与基准点布设成附合水准路线。由于隧道沉降的特殊性，一般不选择固定基准平差，常选择拟稳基准平差或重心基准平差。

4. 监测频率及监测预警

地铁保护区监测频率的确定按照能系统反映监测对象所测项目的重要变化过程及其变化时刻的原则确定。当监测数据接近地铁结构安全控制指标值的预警值时，应提高监测频率；当发现地铁结构有异常情况或外部作业有危险事故征兆时，应采用不间断实时监测，必要时还要扩大监测范围、增加监测项目、加密监测点。监测周期，即监测开始至监测结束，从外部作业之前测定监测项目初始值开始，至外部作业完成或结束，且地铁结构的变形、位移等已稳定，结构的安全隐患、风险消除后结束监测。通常，安全控制指标值按表 13-16 确定。

表 13-16 地铁结构安全控制指标值

安全控制指标	预警值	控制值	安全控制指标	预警值	控制值
隧道水平位移	<10mm	<20mm	轨道横向高差	<2mm	<4mm
隧道沉降	<10mm	<20mm	轨向高差(矢度值)	<2mm	<4mm
隧道径向收敛	<10mm	<20mm	轨间距	>-2mm <+3mm	>-4mm <+6mm
隧道变形曲率半径	—	>15000m	道床脱空量	≤3mm	≤5mm
隧道变形相对曲率	—	<1/2500	振动速度	—	≤2.5cm/s
盾构管片接缝张开量	<1mm	<2mm	结构裂缝宽度	迎水面<0.1mm 背水面<0.15mm	迎水面<0.2mm 背水面<0.3mm
隧道结构外壁附加荷载	—	≤20kPa			

监测预警等级划分及应对管理措施如表 13-17 所示。

表 13-17 　　　　　　　　　　　　**监测预警等级划分及应对管理措施**

监测预警等级	监测比值 G	应对管理措施
A	$G < 0.6$	可正常进行外部作业
B	$0.6 \leq G < 0.8$	监测报警，并采取加密监测点或提高监测频率等措施加强对城市轨道交通结构的监测
C	$0.8 \leq G < 1.0$	应暂停外部作业，进行过程安全评估工作，各方共同制定相应安全保护措施，并经组织审查后，开展后续工作
D	$G \geqslant 1.0$	启动安全应急预案

注：监测比值 G 为监测项目实测值与结构安全控制指标值的比值。

监测预警等级的划分，应结合城市轨道交通结构监测数据的变化速率值，当每天的变化速率值连续 3 天超过 2mm 时，监测预警等级应评定为 C 级。当外部作业对结构造成的安全影响较大时，如实测数据超过相应的结构安全控制值的 80%，监测预警等级达到 C 级时，应立即停止外部作业，及时开展现状调查、复测，结合监测数据通过结构验算等手段，评估结构的当前安全状态，并提出相应的处理意见和建议，在通过后续评审后，方可继续进行外部作业。

13.4.2　监测资料整理和分析

1. 监测资料整理

监测报表是地铁保护区监测的重要资料。每次测量完成后，监测人员都要及时进行数据处理和分析以及整理，形成当日报表，提供给相关单位。监测报表应体现及时性和准确性，对监测项目应有正常、异常和危险的判断性结论。监测结束后应进行监测工作总结，提交最终监测成果报告。

2. 监测资料分析

地铁保护区监测资料分析主要通过监测报表和最终监测成果报告体现。

（1）监测报表

主要内容如下：

①变位监测成果表，包括本次变化值、变化速率以及累计变化值；

②监测点位置布置图；

③水平位移和竖向位移变化量曲线图；

④其他监测项目必要的布置图、变化量曲线图；

⑤对达到或超过监测报警值的监测点应有报警标示，并有分析和建议；

⑥其他相关说明和建议。

（2）监测成果报告

主要内容如下：①外部工程概况、监测依据、监测项目、监测设备和监测方法、监测频率和监测报警值；

②变位监测最终成果表，包括外部影响施工结束后平均变化速率以及最终变位累计变

化值；

③水平位移和竖向位移监测点位置布置图，水平位移和竖向位移随时间变化的累计变化值曲线图；

④其他监测项目的布置图，随时间变化的累计变化值曲线图；

⑤各监测项目全过程的发展变化分析及整体评述，对轨道交通结构的安全评估；

⑥监测工作的结论和建议。

13.4.3 地铁工程运营期专项监测方案设计

1. 方案设计的原则

地铁保护区监测方案是监测单位实施监测的重要技术依据和文件，是保证监测质量的重要前提。地铁保护区监测方案，应依据结构受外部作业的影响特征、结构安全保护要求及外部作业实施前所开展的安全评估成果编制。

2. 方案设计前的准备工作

应充分做好方案设计前的准备工作，主要包括资料收集、整理和分析以及现场踏勘工作，确保制定出内容具体、针对性较强、满足地铁运营安全管理的保护区监测方案。方案设计前的准备工作主要包括：

①资料收集与分析。收集整理外部作业类型、外部作业方案、外部作业施作方法、外部作业区域地质勘察报告、外部作业区域与地铁结构相对空间位置关系、地铁保护区结构形式、地铁保护区地质勘察报告、以往监测资料、地铁运营管理规定文件、地铁运营资料(运营时段、调度安排、运营期施工管理办法)等相关资料，对各类资料中与监测相关的信息进行梳理、分析和提炼，确保据此编制的监测方案具体且有较强的针对性。

②现场踏勘。现场踏勘是确保编制的方案能满足运营管理规定、地铁保护区监测需要的基本要求。主要内容包括线路沿线周边环境情况、已有监测网(点)布设情况、线路结构病害情况等。

3. 方案设计的内容

依据外部作业对结构的影响特征、结构的安全保护要求、外部作业实施前所开展的安全评估成果和所选监测项目、监测仪器、监测组织以及国家现行相关技术标准编制监测方案。监测方案还包括在外部作业实施前，采用仪器和人工巡视相结合的方法，对城市轨道交通结构现有状况进行影像、照片、文字、测量数据等全方位定量、定性记录和确认，如现有结构裂缝的长度、宽度测量，渗漏水的位置和面积、修补痕迹等记录，以便于比较得出外部作业对城市轨道交通结构影响的量值、速率、性质等。

通常，运营期地铁保护区监测方案主要包括以下几个方面：

①项目概况；②外部作业概况；③外部作业区工程地质条件；④外部作业区域与地铁结构空间位置关系；⑤零状态普查情况、以往监测及结构稳定性情况；⑥监测目的和依据；⑦监测对象及项目；⑧监测范围；⑨基准点、监测点的布设方法与保护要求，监测点布置图；⑩监测方法和精度；⑪监测周期和频率；⑫监测控制值、预警等级、预警标准及异常情况下的监测措施；⑬监测信息的采集、分析和处理要求；⑭监测信息反馈制度；⑮监测仪器设备、元器件及人员的配备；⑯质量管理、安全管理及其他管理制度。

其中，外部作业概况、外部作业区域水文地质条件由外部作业单位提供，监测方案中需要对监测的目的、所依据的设计文件、国家行业地方及企业的规范标准、政府主管部门的有关文件等进行明确。

监测范围、监测对象、监测项目、基准点及监测点布设方法与保护要求、监测频率及周期、监测控制值、预警标准及异常情况监测措施、监测信息采集处理及反馈等是监测方案的重要内容。

13.4.4　地铁保护区自动化监测系统

随着基坑、盾构、顶管等施工工艺的改进，施工速度越来越快，对地铁保护区监测的效率要求也越来越高。而采用人工监测方法存在着工作量大、效率低下、劳动强度大等缺点，而且每次作业只能在地铁停运的有限时间内(通常只有 3h 左右)进行，作业时段非常有限，这对短时间内实现完成保护区监测造成了较大的困难，更难以满足在特殊情况下高精度、高可靠性、实时、高频率甚至全天时的保护区监测。在此情况下，实现地铁保护区自动化监测显得尤为必要和迫切。

随着科技水平的不断提高，基于高精度智能测量设备、无线通信技术、计算机技术和现代化网络平台等先进仪器设备和技术，自动化监测系统得到了空前发展，形成了多种多样的自动化监测系统。图 13-11 为南京市测绘勘察研究院股份有限公司开发的自动化三维高精度智能监测系统。该系统集成了先进的通讯硬件设计与创新的数据分析处理软件设计，解决了数据自动采集、快速稳定传输、数据智能处理、监测成果精度高及 Web 实时发布等关键问题，实现了数据采集、传输、分析处理、成果发布、预警预报等过程的高度智能化，构建了一个基于云服务的实时安全监测信息管理平台。

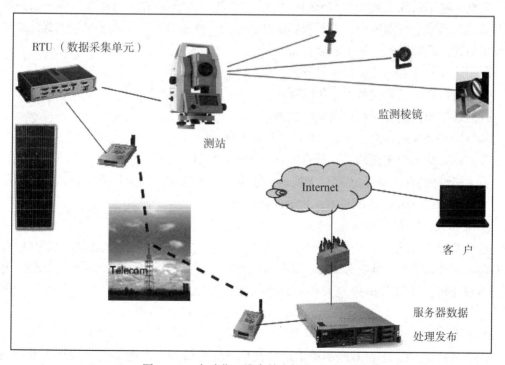

图 13-11　自动化三维高精度智能监测系统

监测系统结构如图 13-12 所示。监测系统主要包含 3 个子系统，即数据采集子系统、数据分析处理子系统和成果 Web 发布子系统，每个子系统均包含特定的功能。

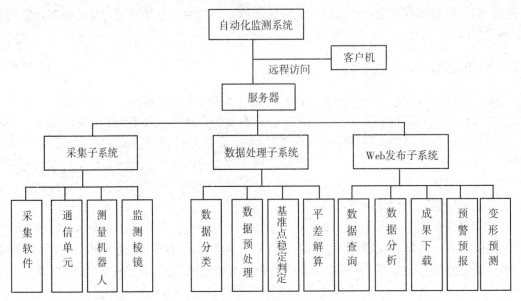

图 13-12　自动化三维高精度智能监测系统结构图

1. 数据采集子系统

数据采集子系统主要由采集软件、测量传感器、通信单元(RTU)等组成。采集软件为开放的数据采集与管理平台，可兼容全站仪、静力水准仪、电子水平尺、激光测距仪等多元传感器。系统可满足如下要求：

①全站仪测量数率满足至少每分钟测量 5 个棱镜的要求。

②全站仪满足远程控制、采集的要求。

③能够按照规定的时间自动观测数据。

④以国家公共通信网(GPRS)的通信方式进行通信。

⑤测站必须为固定测站，并可自动修正测站的位置变化。

自主研发的 RTU 应用 3G/4G 无线通信技术，传输快速，稳定可靠，相比国内广泛使用的 2G(GPRS/CDMA)通讯技术，传输时间缩短了 2/3。

2. 数据处理子系统

数据处理子系统自动对采集的观测数据进行分类、异常值剔除、基准点稳定性判定、平差解算等数据处理。能有效判定并剔除不稳定性基准点，提高平差结果的可靠性。基于多元回归分析、频谱分析以及神经网络等方法，可实现对地铁结构的形变进行预测和分析。

3. Web 发布子系统

成果 Web 发布云平台对监测成果进行信息化安全管理，实时提供地铁结构变形监测服务，可方便查询、数据分析、下载各类监测报表与成果报告。

13.4.5 工程应用

1. 工程概况

(1)新建线路概况

南京市某城际轨道交通一期工程某区间盾构段起于中间1#风井(盾构井),后拐入站北一路,沿站北一路向东南方向走行约250m后下穿规划河流、上跨已建成运营的城际轨道交通线路。该区段全长约862.76m,区间设1座联络通道,其中有一段与既有轨道交通线缓直曲线平面相交,如图13-13所示。盾构区间隧道纵坡自出发站到中央盾构井一直呈下坡趋势,坡度依次为19.73‰、4‰、26.5‰,三段下坡段之间的变坡点竖曲线半径为5000m。盾构区间工程共有2个盾构始发洞门、2个盾构到达洞门。洞门处设置内径5500mm,外径6700mm的钢筋混凝土环形圈梁,圈梁宽度应位于400~800mm范围内。

图13-13 盾构法区间隧道位置示意图

(2)既有线路区间隧道概况

既有线路是一条于2014年7月运营的线路,新建线路工程上穿、平行既有线路某区间,其中新建线路区间左线盾构隧道在里程ZCK1+532.16~ZCK1+613.11段上穿既有线路盾构区间隧道,穿越长度约80.95m;右线隧道里程YCK1+494.66~YCK1+587.68上穿既有线路盾构区间,上穿长度约93.02m,对应既有线左右线的里程范围分别为ZDK33+852.5~ZDK33+910、YDK33+900~YDK33+980,平面交角约为30°,穿越段为缓直线段,穿越段距离约分别为58m、80m。

(3)工程地质概况

该线普遍分布以建筑垃圾及少量生活垃圾为主,厚度均匀。浅部土层饱和软土和软弱土(可塑-软塑粉质黏土)底板埋深、厚度变化不大;饱和砂性土(包括粉土、粉质黏土、粉质黏土夹卵、砾石),分布广泛,厚度变化不大。下伏基岩为全风化钙、泥质砂岩和中风化钙、泥质砂岩,岩面起伏不大。

(4)水文地质概况

根据地下水赋存条件,场区地下水类型主要为松散岩类孔隙水及基岩裂隙水,松散岩类孔隙水有孔隙潜水及孔隙承压水。

（5）新建线路区段与既有线路区段相互位置关系

①平面位置关系。新建线路盾构区间与既有线路左线相交于 ZDK33+852.5～ZDK33+910，约58m；与既有线路右线相交于 YDK33+900～YDK33+980，约80m。

②竖向位置关系。既有线路区间在上穿地段为盾构法施工，断面尺寸为圆形隧道净空内径为 5500mm，结构顶埋深约为 28m。既有线路区间隧道主要采用 φ6390mm 的土压平衡盾构机施工，管片外径 6200mm，内径 5500mm。新建线路盾构区间与既有线路右线隧道最小净距仅为 2.37m，与既有线路左线隧道最小净距为 3.16m。

2. 监测要求

（1）监测方法与实施

区间隧道段保护区监测采用自动化监测方法，以滚动监测的方式进行，即随着隧道的掘进，保护区监测范围相应推进，根据设计与监测相关规范，掌子面前后50m（依据隧道开挖跨度确定）对应区间隧道需要进行监测，后期根据监测数据的变形规律，掌子面对应前后监测范围相应调整。

新线隧道开挖期间，每天与施工单位及时联系，于当天17：00之前获悉隧道开挖进度，然后根据开挖进度调整监测范围。随着每天开挖面的推进，每天监测范围相应跟进。

（2）监测对象、项目、频率

①项目影响等级的划分。根据《城市轨道交通结构安全保护技术规范》（CJJ/T 202—2013），地铁保护区监测对象与项目由外部作业影响等级确定，而外部作业影响等级确定由接近程度与工程影响分区综合判定。该新建线路盾构法区段，距既有线路最近距离为2.37m，处于<1.0D 之内，判定接近程度为非常接近；上穿既有线路隧道正上方，判定该工程属于强烈影响区（A）。因此，判定项目影响等级为特级。

②监测对象、项目的确定。参照《城市轨道交通结构安全保护技术规范》（CJJ/T 202—2013）与南京地铁监护相关规定，根据上述项目影响等级的划分等级，该保护区监测对象、项目如表 13-18 所示。

表 13-18　　　　　　　　　　　　监测对象与项目

序号	监测项目	监测对象	外部影响等级
1	垂直位移（道床、拱顶）	地铁隧道内部	特级
2	水平位移		
3	隧道水平、竖向收敛		
4	隧道断面变形		
5	轨道静态几何形位		
6	隧道裂缝、渗漏		

③监测范围。盾构法施工段对应既有线路里程为左线 ZK33+852.5～ZK34+065，右线 YK33+850～YK34+047，两端各外放 60m，即监测范围为左线 ZK33+792.5～ZK34+125，右线 YK33+790～YK34+107，左线长 332.5m，右线长 317.0m。

④监测频率。该区段保护区监测采用自动化监测方法，其监测对象、项目、频率如表 13-19 所示。

表 13-19   **新建线路盾构法段对应既有线路隧道段自动化监测项目表**

序号	监测对象	监测项目	监测频率
			掌子面施工前后 50m 范围内对应区间隧道
1	所有测项	初始值取定	2 次
2	区间隧道	道床垂直位移	实时监测
3		拱顶沉降	实时监测
4		隧道水平位移	实时监测
5		隧道竖向收敛	实时监测
6		隧道水平收敛	实时监测

⑤监测控制标准。

表 13-20   **监测控制标准表**

序号	监测对象	监测项目	报警值	警戒值	允许值
1	隧道结构	垂直位移	±3.3mm	±6.7mm	±10.0mm
2		水平位移	±3.3mm	±6.7mm	±10.0mm
3		隧道水平收敛（盾构隧道）	相对标准圆 30mm	相对标准圆 60mm	相对标准圆 80mm
		隧道竖向收敛	—	—	—
		拱顶沉降	—	—	—
4		隧道断面变形	±5.0mm	±10.0mm	±15.0mm
5		结构裂缝	—	—	0.3mm

3. 监测实施方法及执行情况

自动化监测采用前述自主研发的全站仪三维智能监测系统，主要测项包括：垂直位移、拱顶沉降、水平位移、隧道水平收敛、竖向收敛。

（1）坐标系统

①平面坐标：左、右线均采用假设坐标系，X 轴垂直于轨道轴线方向，指向西；Y 轴平行于轨道轴线，指向南。

②高程系统：采用假定相对高程。

（2）监测网布设

①基准点组的布设。基准点作为变形监测的起始依据，其稳定性十分重要，在本段监测区域外 60～80m 的南北端分别布设 1 个基准点组（左线 DJZ2、DJZ3；右线 DJY2、DJY3），累计 4 个基准点组，每组基准点组由 9 个棱镜基准点组成。随着新建线路盾构隧道的掘进，结合基准点的稳定状况，基准点的位置作相应调整。基准点组布设示意图如图 13-14 所示。

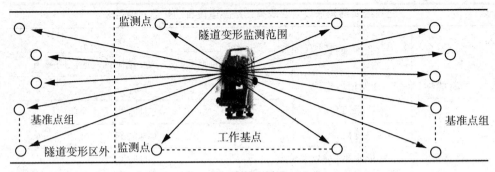

图 13-14　基准点组布设示意图

②工作基点的布设。左右线共布设 1 个工作基点（左线 DSZ2：里程为 K33+900，右线 DSY2：里程为 K33+900），并在工作基点上一个强制对中支架，用于架设测量机器人进行数据采集。

③监测断面布设。该区段左右线共布设 48 个自动化监测断面（DZ12—DZ34，DY11—DY35），每个断面根据监测需要及现场环境布设 4 个 L 形监测小棱镜（见图 13-15），所有测点布设如图 13-16 所示。

各断面监测点的坐标值同时可解算出以下监测项值：各断面道床与拱顶点监测点 Z 坐标值的变化量可算出该断面道床垂直位移、拱顶沉降；各断面监测点与该段曲率中心平面距离的变化量可计算出该断面水平位移，各断面左右腰线上两个监测点的坐标值可算出该断面水平收敛值；各断面道床、拱顶两个监测点的 Z 坐标值可算出该断面的竖向收敛值。

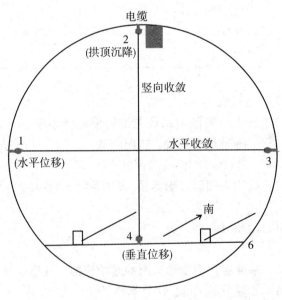

图 13-15　断面布设图

（3）基准点测量

①高程测量。自动化监测垂直基准为基准点组，首次采用任意设站三角高程法与对应

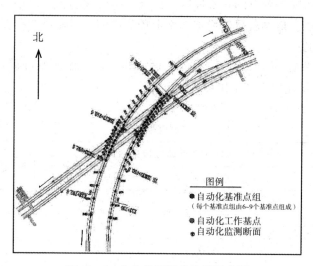

图 13-16 自动化监测点布设示意图

位置的人工垂直基准点进行联测,以得到各基准点组内 9 个 L 形迷你棱镜的高程,之后由自动化监测系统实时观测。

②平面坐标测量。基准点组平面初始坐标采用精密导线法测量,之后由自动化监测系统实时观测,并进行基准点稳定性判定与解算。

(4)监测点测量

随着每天盾构掘进掌子面的推进,每天监测区域也相应推进。在工作基点上安置测量机器人并与 RTU 相连接,通过前述"自动化三维高精度智能监测系统"远程控制测量机器人,对基准点、工作基点、每期监测范围内的监测点进行数据采集和数据通讯管理,首次需进行学习测量,本次使用 2 台测量机器人进行观测,24 小时对地铁隧道进行安全监测,实时发现地铁隧道结构的形变。监测网测量要求如表 13-21 所示。

表 13-21 监测网测量要求

使用仪器	测回数		2C 及指标差(″)		距离测量较差（mm）
	水平角	垂直角	2C	指标差	
Leica TM30	1	1	6	6	2

(5)数据处理

①自动化数据处理。自动化监测数据处理系统自动对数据进行平差处理及报表生成。垂直位移、拱顶沉降、水平位移监测点参与整网平差计算,在工作基点平差成果的基础上采用极坐标方法计算获取 X、Y、Z。

为提高隧道水平收敛、竖向收敛监测精度,减小误差传递影响,收敛监测断面点不参与整网平差,而采用几何三角形直接计算法,即根据全站仪与两棱镜监测点间的距离、水平方向值、天顶距观测值,采用余弦定理计算出水平、竖向收敛值。

②监测成果分析。在盾构掘进施工过程中,派专人定期对施工情况进行跟踪记录,结

合施工状况综合分析隧道变形的真实原因。研究拟定合理的数学模型，通过大量的监测数据对其进行验证调试，最终获得较稳定的变形预测模型，对隧道变形趋势进行预测预报。

（6）监测情况分析

该项目保护监测期间，共自动化监测 153 期，主要监测项目累计最大变化值见表 13-22，各测项数据均在报警值范围内。

表 13-22 监测成果统计

监测测项	保护监测阶段成果最大变量		相对轨后/设计累计变化量
	测点编号	阶段变化量	
道床沉降	DY23	−2.7mm	
水平位移	DZ16	−2.5mm	
水平收敛	DY29	2.0mm	DY16 19.5mm
竖向收敛	DZ28	−2.2mm	
拱顶沉降	DY27	−2.8mm	

注：1. 沉降："−"表示测点下沉，"+"表示测点上升；水平位移："+"表示朝向宁和城际方向位移，"−"表示背向宁和城际方向位移；水平收敛："+"表示向外扩张；"−"表示向内压缩；竖向收敛："+"表示竖向扩张；"−"表示竖向压缩。

第 14 章　高铁工程安全监测

14.1　概述

近年来，随着经济的持续快速发展，我国高速铁路事业不断壮大。截至 2016 年，我国高速铁路营业里程超过 2.2 万千米，占全世界高铁总里程的 60% 以上，动车组完成工作量超过客运总量的一半以上，已成为世界上高速铁路发展最快、规模最大的国家。高速铁路的大规模建设和运营，不仅使得人们的出行变得更加高效和便捷，同时也对安全管理提出了更高的要求和更大的挑战，如何保障高速铁路的安全运行成为了不可忽视的重要关键问题。

高速铁路是由性质迥异的构筑物(桥梁、隧道、涵洞、路基等)和轨道组成，它们相互依存、相互补充，共同构成刚度均匀的线路结构，是高速列车运行的基础。因此，为了确保高速铁路线桥设备状态良好和动车组持续安全、平稳、高速运行，对线路结构进行全面、细致、高精度的变形监测具有十分重要的意义。

在我国，高速铁路工程变形监测问题一直受到高度重视，相关部门先后发布了《新建时速 200 公里客货共线铁路设计暂行规定》(铁建设函〔2005〕285 号)、《客运专线无砟轨道铁路设计指南》(铁建设函〔2005〕754 号)、《客运专线铁路无砟轨道铺设条件评估技术指南》(铁建设〔2006〕158 号)、《铁路客运专线竣工验收暂行办法》(铁建设〔2007〕183 号)、《高速铁路设计规范》(TB 10621—2009)、《高速铁路工程测量规范》(TB 10601—2009)和《高速铁路运营沉降监测管理办法》(铁总运〔2015〕113 号)等一系列规范标准和文件，从设计、施工和运营三个方面对高速铁路工程变形监测进行了系统的规定，有效地保障了高速铁路的高质高效建设和安全运行。

14.2　主要监测内容和方法

高速铁路线路长，路基、桥梁、涵洞、隧道工程量大，沿线复杂地质条件对工程建设影响大，线下构筑物变形是轨道铺设的重要参数，一直贯穿于设计、施工、运营养护、维修各阶段，为使这一重要参数所获取的数据科学、可靠并连续，因此，在工程设计阶段，就对变形监测进行规划、设计。在施工和运营期间，则根据设计文件要求，对高速铁路及其附属建筑物进行变形监测。

高速铁路变形监测的内容包括路基、涵洞、桥梁、隧道、车站，以及道路两侧高边坡、滑坡地段的沉降监测和水平位移监测。其中，隧道建在基岩中，一般不会发生大的变形，路基和桥涵是变形监测的主要对象。同时，高速铁路对路基、涵洞、桥梁的沉降以及桥墩倾斜(横向倾斜影响轨道平顺)特别敏感，因此，变形监测以沉降监测为主，并结合沉降监测值对过渡段及相邻结构物的差异沉降进行分析；水平位移监测则由路基、桥梁、隧道等工点具体情况确定。此外，在运营期，还要对轨道的平顺性进行监测，以保证列车行驶安全。变形监测工作应根据线下工程施工的开工时间、工程进展以及工程的需要适时开展。首次观测，应连续进行二次观测，并以平均值作为首期观测值。变形监测前应对所使用的仪器和设备进行检验校正。每次观测时，应注意采用相同的图形或观测路线和观测方法，使用同一仪器和设备，由固定观测人员在基本相同的环境和观测条件下工作。

《高速铁路运营沉降监测管理办法》(铁总运〔2015〕113 号)规定，精密工程测量控制网(包括框架控制网 CP0、基础平面控制网 CPI、线路平面控制网 CPII、轨道控制网 CPIII和线路水准基点控制网)是高速铁路运营沉降监测的基础，沉降监测要依据精密工程测量控制网开展实施，同时需对精密工程测量控制网进行定期或不定期复测。

高速铁路变形监测的精度应按照监测量的中误差小于允许变形值的 1/10 ~ 1/20 的原则进行设计，其等级划分和精度要求如表 14-1 所示。

表 14-1　　　　　　　　　　　　　变形测量等级及精度要求

变形测量等级	沉降监测		水平位移监测
	变形观测点的高程中误差(mm)	相邻变形观测点的高差中误差(mm)	变形观测点的点位中误差(mm)
一等	±0.3	±0.1	±1.5
二等	±0.5	±0.3	±3.0
三等	±1.0	±0.5	±6.0
四等	±2.0	±1.0	±12.0

14.2.1　变形监测网

1. 监测网点的分类与布设

高速铁路变形监测网(水平位移监测网、垂直位移监测网)可采用独立坐标和高程系统，按工程需要的精度等级建立，并与施工控制网联测，一次布网完成。高速铁路变形监测点分为基准点、工作基点和监测点三类，各类测点布设要求如下：

①基准点应建立或选设在变形影响范围以外便于长期保存的稳定位置，宜选用 CPI、CPII 控制点以及线路水准基点。当需要增设基准点时，按照线路水准基点的埋设要求增设基准点。使用时应作稳定性检查与检验，并应以稳定或相对稳定的点作为监测变形的参考点。每个独立的监测网应设置不少于 3 个稳固可靠的基准点，且基准点的间距不大于 1km。

②作为高程和坐标的传递点，工作基点应选在比较稳定的位置。对观测条件较好或观测项目较少的工程，可不设立工作基点，在基准点上直接观测监测点。对于沉降监测工作基点，除使用线路水准基点外，还可按照国家二等水准测量的技术要求加密水准基点。加密后的工作基点间距 200m 左右，以保证线下工程沉降监测需要。

③监测点应设立在变形体上能反映变形特征的位置或监测断面两侧，并与建筑物稳固地连接在一起。要求结构合理、设置牢固、外形美观、观测方便且不影响监测体的外观和使用。

高速铁路沉降监测的等级和精度一般按照三等水准测量技术要求执行，对于技术特别复杂的部位，根据需要按照二等水准测量技术要求执行。

2. 变形监测基准网

(1)水平位移监测网

水平位移监测网可采用独立坐标系统按三等平面监测网建立，并一次布设完成。不能利用 CPI 和 CPII 控制点的监测网，至少应与两个 CPI 或 CPII 控制点联测，以便引入高速铁路工程测量平面坐标系统，从而实现水平位移监测网坐标与施工平面控制网坐标的相互转换。控制点采用有强制归心装置的观测墩，照准标志采用有强制归心装置的觇牌或反射片。水平位移监测网的主要技术要求如表 14-2 所示。在设计水平位移监测网时，应进行精度预估，选用最优方案。

表 14-2　　　　　　　　　　　　　水平位移监测网的主要技术要求

等 级	相邻基准点的点位中误差（mm）	平均边长（m）	测角中误差（"）	测边中误差（mm）	水平角观测测回数		
					0.5"级仪器	1"级仪器	2"级仪器
一 等	±1.5	≤300	±0.7	1.0	9	12	—
		≤200	±1.0	1.0	6	9	—
二 等	±3.0	≤400	±1.0	2.0	6	9	—
		≤200	±1.8	2.0	4	6	9
三 等	±6.0	≤450	±1.8	4.0	4	6	9
		≤350	±2.5	4.0	3	4	6
四等	±12.0	≤600	±2.5	7.0	3	4	6

表 14-3　　　　　　　　　　　　　沉降监测网的主要技术要求

等级	相邻基准点高差中误差（mm）	每站高差中误差（mm）	往返较差、附合或环线闭合差（mm）	检测已测高差较差（mm）	使用仪器、观测方法及要求
一等	0.3	0.07	$0.15\sqrt{n}$	$0.2\sqrt{n}$	DS05 型仪器，视线长度≤15m，前后视距差≤0.3m，视距累积差≤1.5m，宜按国家一等水准测量的技术要求施测。
二等	0.5	0.13	$0.3\sqrt{n}$	$0.5\sqrt{n}$	DS05 型仪器，宜按国家一等水准测量的技术要求施测。
三等	1.0	0.30	$0.6\sqrt{n}$	$0.8\sqrt{n}$	DS05 或 DS1 型仪器，视线长度≤15m，宜按国家二等水准测量的技术要求施测。
四等	2.0	0.70	$1.40\sqrt{n}$	$2.0\sqrt{n}$	DS1 或 DS3 型仪器，宜按国家三等水准测量的技术要求施测。

注：n 为测站数。

（2）沉降监测网

沉降监测网应布设成闭合环状、结点或附合水准路线等形式，水准基点应埋设在变形区以外的基岩或原状土层上，亦可利用稳固的建筑物、构筑物设立墙上水准点。沉降监测网可根据需要独立建网，按二等水准测量精度实施，高程应采用施工高程系统。不能利用水准基点的监测网，在施工阶段至少应与一个施工高程控制点联测，使沉降监测网与施工高程控制网高程基准一致。

沉降监测网的主要技术要求如表 14-3 所示。

（3）变形监测基准网的复测

对于沉降监测网，由于自然条件的变化和人为破坏等原因，变形监测基准网中不可避免地存在个别点位发生变化的情况。要定期对基准点及工作基点按照二等水准测量技术要求进行复测。在建设期，应对监测网定期复测，为线下工程施工和无砟轨道铺设条件评估提供及时有效的监测数据；运营后监测网的复测方式同建设期的测量方式一致。对于技术特别复杂和沉降监测等级要求二等及以上的重要桥隧部位，应独立建网，并按国家一等水准测量的技术要求进行施测或进行特殊测量设计。

14.2.2 路基变形监测

1. 监测内容

路基变形监测主要包括路基面沉降观测、路基基底沉降观测、路基坡脚水平位移观测和过渡段沉降观测。路基工程沉降监测以路基面沉降观测和地基沉降观测为主，根据工程结构、地形地质条件、地基处理方法、路堤高度、堆载预压等具体情况来设置沉降监测断面。同时应根据施工过程中掌握的地形、地质变化情况调整或增设监测断面。

2. 监测断面与监测点的布设

监测断面应根据设计文件要求，按以下原则布设：

①路基沉降变形观测断面根据不同的地基条件，不同的结构部位等具体情况设置。沉降观测断面的间距一般不大于 50m，对于地势平坦、地基条件均匀良好、高度小于 5m 的路堤或路堑可放宽到 100m；对于地形、地质条件变化较大地段应适当加密。

②路桥过渡段、路隧过渡段、路涵过渡段，于不同结构物起点 5～10m 处，距起点 20～30m、50m 处各设一断面。路涵过渡段宜在涵洞顶斜向设横剖面管，并于涵洞两侧 2m 设一观测断面。

监测点的布设也应根据设计文件要求，按以下原则设置：

①为有利于测点看护，集中观测，统一观测频率，各观测项目数据的综合分析，各部位观测点须设在同一横断面上。

②一般路堤地段观测断面包括沉降观测桩和沉降板，沉降观测桩每断面设置 3 个，布置于双线路基中心及左右线中心两侧各 2m 处；沉降板每断面设置 1 个，布置于双线路基中心。

③软土、松软土路堤地段观测断面一般包括剖面沉降管、沉降观测桩、沉降板和位移观测桩。沉降观测桩每断面设置 3 个，布置于双线路基中心及两侧各 2m 处，沉降板位于双线路基中心，位移监测边桩分别位于两侧坡脚外 2m、10m 处，并与沉降监测桩及沉降板位于同一断面上，剖面沉降管位于基底，如图 14-1 所示。

④路堑地段观测断面分别于路基中心，左右中心线以外2m的路基面处各设1根沉降观测桩，观测路基面的沉降。

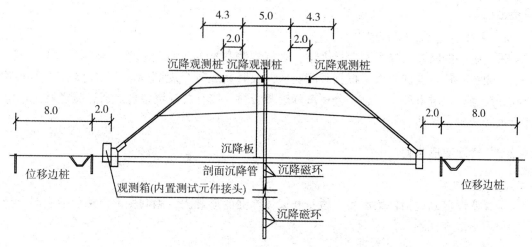

图 14-1　松软土地段观测断面布置图(单位：m)

3. 监测技术要求

路基沉降观测应按表14-3中三等垂直位移监测网的精度要求进行测量，剖面沉降管观测的精度应不低于4mm/30m。路堤地段从路基填土开始进行沉降观测；路堑地段从级配碎石顶面施工完成开始观测。路基填筑完成或施加预压荷载后应有不少于6个月的观测期。观测数据不足以评估或工后沉降评估不能满足设计要求时，应延长观测时间或采取必要的加速或控制沉降的措施。路基沉降观测的频次应符合表14-4的规定。

表 14-4　　　　　　　　　　　　　　　　路基沉降观测频次

观测阶段	观 测 频 次	
填筑或堆载	一般	1次/天
	沉降量突变	2~3次/天
	两次填筑间隔时间较长	1次/3天
堆载预压或路基施工完毕	第1个月	1次/周
	第2、3个月	1次/2周
	3个月后	1次/月
架桥机(运梁车)通过	全程	前2次通过前后各1次；其后每1次/天，连续2次；其后3天/次，连续3次；以后1次/周
无砟轨道铺设后	第1个月	1次/2周
	第2、3个月	1次/月
	3~12个月	1次/3月

在沉降观测实施过程中，观测时间的间隔还应根据地基的沉降值和沉降速率进行调整。当两次连续观测的沉降差值大于 4mm 时应加密观测频次；当出现沉降突变、地下水变化及降雨等外部环境变化时应增加观测频次。观测应持续到工程验收交由运营管理部门继续观测。

4. 监测资料整理与分析

采用统一的路基沉降观测记录表格，做好观测数据的记录与整理，观测资料应齐全、详细、规范，符合设计要求。根据观测资料，及时完成每个观测标志点的荷载-时间-沉降曲线的绘制。及时整理、汇总、分析沉降观测资料，按有关规定整理成册，报送有关单位进行沉降分析、评估。

14.2.3 桥涵变形监测

1. 监测内容

桥梁变形监测包括桥梁承台、墩身和梁体徐变变形观测；涵洞变形监测包括涵洞自身及涵顶填土沉降观测。

2. 桥梁变形监测点的布设

为满足桥梁变形观测的需要，在梁体及每个桥梁承台及墩身上设置观测标。观测标埋设应符合以下原则：

(1) 桥台观测标应设置在台顶(台帽及背墙顶)，测点数量不少于 4 处，分别设在台帽两侧及背墙两侧(横桥向)。

(2) 承台观测标为临时观测标，当墩身观测标正常使用后，承台观测标随基坑回填将不再使用。承台观测标分为观测标-1、观测标-2。承台观测标-1 设置于底层承台左侧小里程角上，承台观测标-2 设置于底层承台右侧大里程角上。

(3) 墩身观测标埋设，当墩全高大于 14m 时(指承台顶至墩台垫石顶)，需要埋设两个墩身观测标；当墩全高≤14m 时，埋设一个墩身观测标。墩身观测标一般设置在墩底部高出地面或常水位 0.5m 左右的位置；当墩身较矮，梁底距离地面净空较低不便于立尺观测时，墩身观测标可设置在对应墩身埋标位置的顶帽上。特殊情况可按照确保观测精度、观测方便、利于测点保护的原则，确定相应的位置。

(4) 梁体变形观测点的布设应符合下列规定：

①对原材料变化不大、预制工艺稳定、批量生产的预应力混凝土预制梁，前 3 孔梁逐孔设置观测标，以后每 30 孔梁选择 1 孔梁设置观测标。当实测弹性上拱度大于设计值的梁，前后未观测的梁应补充观测标，逐孔进行观测，其余现浇梁逐孔设置观测标。移动模架施工的梁，对前 6 孔进行重点观测，以验证支架预设拱度的精度。验证达到设计要求后，可每 10 孔选择 1 孔设置观测标，当实测弹性上拱度大于设计值的梁，前后未观测的梁应补充观测标，逐孔进行观测。

②简支梁的 1 孔梁设置观测标 6 个，分别位于两侧支点及跨中；连续梁上的观测标，根据不同跨度，分别在支点、中跨跨中及边跨 1/4 跨中附近设置，3 跨以上连续梁中跨布置点相同。

③钢结构桥梁每孔设置 6 个观测标，分别在支点及跨中两侧设置。

④对大跨度桥梁等特殊结构应由设计单位单独制订变形观测方案，施工单位按照设计方案进行观测。

3. 涵洞变形监测点的布设

涵洞自身沉降观测需要在涵洞边墙两侧布置沉降观测点，测点数量不少于 4 个。涵顶填土沉降观测参照路基地段沉降观测点布置方式，采用在涵顶线路中心位置埋设沉降板进行观测的方式。

4. 桥涵变形监测技术要求

在基准点、工作基点和变形观测点之间建立固定的观测路线，保证各次观测均沿同一路线。首次观测应在观测点稳固后及时进行并应连续进行二次观测，取其平均值作为首期观测值。每个桥梁墩台在承台施工完成后开始进行首次沉降观测，以后根据表 14-5 中要求的时间间隔进行观测。

表 14-5　　　　　　　　　　　　　墩台沉降观测频次

观测阶段		观测频次		备　注
		观测期限	观测周期	
墩台基础施工完成				建立观测起始点
墩台混凝土施工		全程	荷载变化前后各 1 次或 1 次/周	承台回填时，测点位移至墩身或墩顶，二者高程转换时的测量精度要求不应低于首次观测要求
预制桥梁	架梁前	全程	1 次/周	
	预制梁架设	全程	前后各 1 次	
	附属设施施工	全程	荷载变化前后各 1 次或 1 次/周	
桥位施工桥梁	制梁前	全程	1 次/周	
	上部结构施工中	全程	荷载变化前后各 1 次或 1 次/周	
	附属设施施工	全程		
架桥机(运梁车)通过		全程	前 2 次通过前后各 1 次；其后每 1 次/天，连续 2 次；其后 1 次/3 天，连续 3 次；以后 1 次/周	至少进行 2 次通过前后的观测
桥梁主体工程完工至无砟轨道铺设前		≥6 个月	1 次/周	对岩石地基的桥梁，一般不宜少于 60 天
无砟轨道铺设期间		全程	1 次/天	
无砟轨道铺设完成后	24 个月	0~3 个月	1 次/月	工后沉降长期观测
		4~12 个月	1 次/3 月	
		13~24 个月	1 次/6 月	

注：观测墩台沉降时，应同时记录结构荷载状态、环境温度及天气日照情况。

对于大型连续梁，梁体徐变变形监测需在梁体施工完成后开始布置测点，并在张拉预应力前进行首次观测，各阶段观测频次应满足表 14-6 的要求。

表 14-6 　　　　　　　　　　　　　　　　梁体变形观测

观测阶段	观测周期	备 注
预应力张拉期间	张拉前、后各 1 次	测试梁体弹性变形
桥梁附属设施安装	安装前、后各 1 次	测试梁体弹性变形
预应力张拉完成至无砟轨道铺设前	张拉完成后第 1 天	
	张拉完成后第 3 天	
	张拉完成后第 5 天	
	张拉完成后 1~3 月，每 7 天为一测量周期	
无砟轨道铺设期间	每天 1 次	
无砟轨道铺设完成后	第 0~3 个月，每 1 个月为一测量周期	残余徐变观测（长期观测）
	第 4~12 个月，每 3 个月为一测量周期	
	第 13~24 个月，每 3 个月为一测量周期	

注：变形观测时，应同时记录结构荷载状态、环境温度及天气日照情况。

每个涵洞基础施工完成后开始进行首次沉降观测，以后根据表 14-7 中要求的时间间隔进行观测。

表 14-7 　　　　　　　　　　　　　　　　涵洞沉降观测频次

观测阶段	观测频次		备 注
	观测期限	观测周期	
涵洞基础施工完成			设置观测点
涵洞主体施工完成	全程	荷载变化前后各 1 次或 1 次/周	观测点移至边墙两侧
涵顶填土施工	全程		
架桥机（运梁车）通过	全程	前 2 次通过前后各 1 次；其后每 1 次/天，连续 2 次；其后 1 次/3 天，连续 3 次；以后 1 次/周	至少进行 2 次通过前后的观测
涵洞完工至无砟轨道铺设前	≥6 个月	1 次/周	对岩石地基的桥梁，一般不宜少于 60 天
无砟轨道铺设期间	全程	1 次/天	
无砟轨道铺设完成后	24 个月	0~3 个月　　　1 次/月	工后沉降长期观测
		4~12 个月　　1 次/3 月	
		13~24 个月　　1 次/6 月	

注：变形观测时，应同时记录结构荷载状态、环境温度及天气日照情况。

5. 监测资料整理与分析

采用统一的桥涵沉降观测记录表格，做好观测数据的记录与整理，观测整理应齐全、详细、规范，符合设计要求。根据观测资料，及时完成每个观测标志点的荷载-时间-沉降曲线的绘制。无砟轨道桥梁相邻墩台累积沉降量之差应≤5mm。及时整理、汇总、分析沉降观测资料，按有关规定整理成册，报有关单位进行沉降分析评估。

14.2.4 隧道变形监测

1. 监测内容

高铁隧道高程变形监测主要是隧道基础的沉降监测，即隧道的仰拱部分沉降监测。隧道变形监测应在隧道主体工程完工后进行，变形观测期一般不应少于3个月。观测数据不足或工后沉降评估不能满足设计要求时，应适当延长观测期。

2. 监测断面的布设

隧道变形监测点按照监测断面进行布设，布设要求如下：

(1) 隧道洞门结构范围内和隧道内围岩变化处各布设一个监测断面。

(2) 隧道内一般地段监测断面的布设根据地质围岩级别确定，Ⅱ级围岩段原则上不设变形监测点，必要时每800m设一处变形观测断面，Ⅲ级围岩每400m、Ⅳ级围岩每300m、Ⅴ级围岩每200m布设一个观测断面，地应力较大、断层破碎带等不良和复杂地质区段适当加密布设。

(3) 隧道洞口、明暗分界处和变形缝处均应进行沉降监测。

(4) 每个观测断面在仰拱填充面距离水沟电缆槽侧壁10cm处埋设一对沉降观测点。

变形监测点及监测元器件的埋设位置应标设准确、埋设稳定。监测期间应对观测点采取有效的保护措施，防止施工机械的碰撞，人为因素的破坏。

3. 监测技术要求

隧道变形监测按表14-2中三等沉降监测精度要求施测。隧道基础沉降监测的频次不低于表14-8的规定，沉降稳定后可不再进行观测。

表 14-8   隧道基础沉降观测频次

观测阶段	观测频次		
	观测期限		观测周期
隧底工程完成后	3个月		1次/周
无砟轨道铺设后	3个月	0~1个月	1次/周
		1~3个月	1次/2周

4. 监测资料整理与分析

采用统一的隧道沉降观测记录表格，做好观测数据的记录与整理，观测整理应齐全、详细、规范，符合设计要求。根据观测资料，及时完成每个观测标志点的荷载-时间-沉降曲线的绘制。及时整理、汇总、分析沉降观测资料，按有关规定整理成册，报有关单位进行沉降分析评估。

14.3 高速铁路工程监测方案设计

1. 方案设计的原则

高速铁路轨道尤其是无砟轨道对线下工程的工后沉降要求十分严格，轨道板施工完后只有通过扣件进行调整，扣件调整范围十分有限。因此要求高速铁路无砟轨道施工前对线下构筑物沉降、变形进行系统监测与分析评估，符合设计要求后方可施工。同时，变形监测工作精度要求高，受施工干扰大。所以，通过在变形监测工作开展以前制订详细的监测方案，以确保变形监测工作的顺利实施。

2. 方案设计前的准备工作

在进行方案设计之前，应充分做好相关资料收集、整理和分析以及现场踏勘工作，为制订出内容具体、可实施性强的监测方案打下基础。方案设计前的准备工作主要包括：

（1）资料收集与分析。收集整理高速铁路工程设计文件、线路走向、线路结构形式、自然地理条件、工程范围、工程内容、工程地质勘察报告、工程施工方案、以往精密工程测量控制网测量情况、相关标准规范、工程技术规定和评估要求文件等资料，对以往精密工程测量控制网资料、相关标准规范、工程技术规定和评估要求文件进行深入梳理、分析和提炼，对已进入运营期的线路，还要收集整理和分析线路运营管理规定文件、运营资料（运营时段、调度安排、运营期施工管理办法）、以往监测资料等相关资料，为方案编制提供确切、详尽的基础资料。

（2）现场踏勘。现场踏勘了解监测范围内的精密工程测量控制点分布情况、现场场地情况、施工情况以及工程构筑物相关结构等，对于已进入运营期的线路，还要对已有监测网（点）布设情况、线路结构病害情况、线路沿线环境情况等进行调查分析。

3. 方案设计的内容

方案设计的内容一般需包括以下几个方面：①工程概况；②工程水文地质条件、工程构筑物结构特点等；③监测目的和依据；④监测范围、内容和技术要求；⑤基准点、监测点的布设方法与保护要求，监测点布置图；⑥监测方法和监测频率；⑦监测信息的采集、分析和处理要求；⑧监测信息反馈制度；⑨监测仪器设备、元器件及人员的配备；⑩质量管理、安全管理及其他管理制度。其中，监测范围、内容和技术要求、监测频率等内容是根据高速铁路评估要求、规范、指南等综合制定的。

工程概况主要包括高速铁路线路走向、线路结构形式、自然地理条件、工程范围、工程内容和工程施工等，是对工程相关内容的概述，重点体现监测项目背景。

监测方案中需要对监测的目的、所依据的文件、国家行业地方及企业的规范标准、政府主管部门的有关文件等进行明确。

监测范围、监测内容和技术要求、基准点及监测点布设方法与保护要求、监测频率、监测信息采集处理及反馈等是监测方案的重要内容。

为了考虑监测工作的连续性、系统性，根据需要对施工过程中线路精密工程测量控制网进行定期复测，以确保线路精密工程测量控制网的完整性。

14.4 工程应用

14.4.1 工程概况

某高速铁路长江大桥某标段工程主桥由简支钢桁梁桥、钢桁梁柔性拱桥、北岸跨大堤钢桁梁组成。北引桥采用混凝土连续(刚构)梁分别跨越两条公路和一条河流,其他采用多孔48m混凝土简支梁。线路长5066.706m,共计72个桥墩,其中水上24个,陆地48个。

按照相关规范要求,需在施工期间对72个墩台及相应梁体的沉降变形进行系统的监测。通过对沉降变形监测数据的系统综合分析评估,验证或调整设计措施,使桥梁工程达到规定的变形控制要求,分析、推算最终的沉降量和变形量。合理确定轨道开始铺设的时间,以确保轨道结构的铺设质量。沉降变形观测的起讫时间从观测标志埋设开始至施工结束移交给后续沉降观测组之前。

14.4.2 工程地质概况

20年一遇设计通航水位标高为5m,最低设计通航水位(98%保证率)标高为−1.27m,常水位标高为0m。预测最高水位3.8m,发生在七、八月份,一天两潮,潮差约3m。北岸地面标高相对较低,一般为2~3m,南岸地面标高为2~5m,近桥位的两岸平原区河网纵横交错。桥址位于长江三角洲平原区,海陆交互频繁,地层成因复杂,区内第四系为一套河湖、滨海相松散的沉积物,总厚度可达300m以上。

14.4.3 沉降监测技术要求

采用国家85黄海高程系统,按照三等沉降监测技术要求执行。

14.4.4 基准点、工作基点、沉降监测点的布设

1. 基准点布设

基准点采用由建设方提供的QBM1、QBM2、DQ8三点,均为地面标志。

2. 工作基点布设

工作基点采用北引桥N39号墩附近的试桩(点号EBM1),正桥1#墩附近的试桩(点号EBM2),江中测量墩三个(点号EBM3、EBM4、EBM5),共计工作基点五个。

3. 沉降监测点布设

(1)承台监测点布设

每个承台设置2个观测标,观测标1设置在左侧小里程角上,观测标2设置在右侧大里程角上。陆域承台监测点为临时标,当墩身监测点正常使用后,承台监测点不再监测。水上墩不设置墩身监测点,采用直接在承台顶面设置高约1.5m的砼强制对中观测墩。

(2)陆域墩身监测点布设

墩身观测标设置在高出地面0.5m的墩身上,每个墩身2个,左右设置,如图14-2所示。

(3)陆域墩身监测点布设

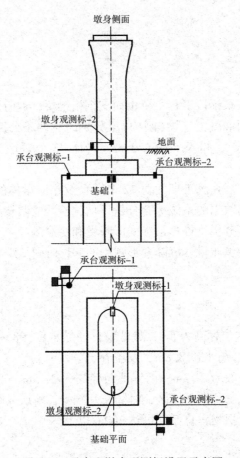

图 14-2　承台和墩身观测标设置示意图

　　每个承台设置 2 个观测标，观测标 1 设置在左侧小里程角上，观测标 2 设置在右侧大里程角上。其中观测标 1 为强制对中观测墩，观测标 2 的构造形式同陆域承台。

（4）混凝土简支梁梁体监测点布设

　　每 30 孔选择一孔设置，每孔设置 6 个观测标，分别位于两侧支点及跨中，如图 14-3 所示。

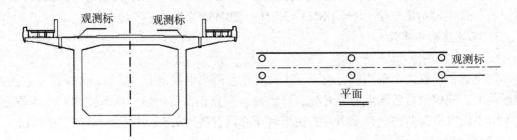

图 14-3　简支梁梁顶观测标设置示意图

（5）混凝土连续梁梁体监测点布设

连续梁梁体顶面的监测点，根据不同的跨度，分别在支点、中跨跨中及边跨1/4跨中附近设置，如图14-4所示。

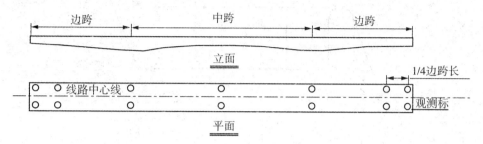

图 14-4　混凝土连续梁顶部观测标示意图

（6）简支钢桁梁梁体监测点布设

简支钢桁架不存在徐变，为了观测变形，每孔设置6个观测标，分别在支点及跨中设置。布设位置同砼简支梁。

（7）钢桁梁柔性拱桥监测点布设

钢桁架不存在徐变，为了观测变形，连续梁上的观测标，根据不同的跨度，分别在支点、中跨跨中及边跨1/4跨中附近设置。

14.4.5　沉降监测方法

桥梁梁体徐变等变形观测按二等水准测量精度要求进行，水准线路须形成闭合水准路线，所有测段均往返测量，观测路线如图14-5所示，观测频次按照规范要求执行。

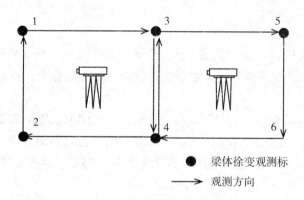

●　梁体徐变观测标

→　观测方向

图 14-5　梁体徐变等变形观测水准路线示意图

陆域桥梁墩台沉降观测方法采用 DNA03 电子水准仪按国家二等水准规范要求进行，观测路线如图14-6所示，观测频次按照规范要求执行。

水中墩台沉降观测除 3#、4#墩以外，都采用 EDM 同时对向三角高程跨江水准测量，跨江视线长度 100～1000m 不等。作业中，严格执行《铁路工程测量规范》（TB 10101—2009）中二等跨江水准测量的相关规定。测量仪器采用目前测角精度最高的 TS30。3#墩和4#墩由于承台顶面标高为−5m、−12m，导致其与相邻墩之间无法采用正常的观测方法，

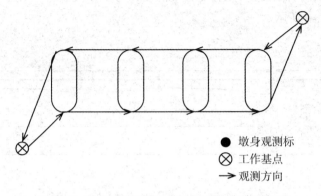

● 墩身观测标
⊗ 工作基点
→ 观测方向

图 14-6　桥梁陆域墩台沉降观测水准路线示意图

根据《高速铁路工程测量规范》(TB 10601—2009),拟采用中间设站光电测距三角高程,水准路线构成一个以相邻墩为结点的闭合环,如图 14-7 所示。

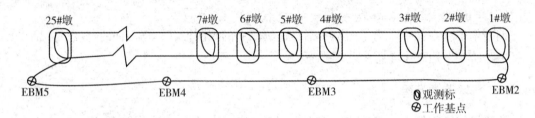

🔘 观测标
⊗ 工作基点

图 14-7　桥梁水中墩台沉降观测水准路线示意图

14.4.6　数据处理

水准测量记录表做到认真、字迹清晰、整洁、格式统一。手簿及其他资料应由专人保管,不得遗失。每次作业完成后,从电子水准仪中自动导出数据,做好电子版记录的备份与存档。

平差时,先计算闭合差、中误差等相关指标,满足国家二等水准要求后方可进行严密平差。网平差计算分析采用专用软件进行。计算完成后,对多期沉降观测数据进行汇总管理、建模,编制 Excel 格式的沉降报告,以图形显示沉降量、沉降速率以及沉降曲线。

14.4.7　资料整理

资料整理应根据行业或国家有关技术档案规范规定,坚持清晰、工整、真实的原则,分门别类装入档案盒(袋),除原始记录、图纸或观测手簿外,其他纸张原则要求采用 A4 幅面大小,需归档的资料主要如下:①观测实施方案、技术设计;②基准网、监测点分布图;③基准点、监测点标石、标志竣工图、点之记;④仪器检验与校正;⑤观测手簿(原始记录);⑥平差计算、成果表;⑦各观测点沉降过程线;⑧业主、设计、监理、评估单位的往来通知、变更等文件。

参 考 文 献

[1]中华人民共和国国家质量监督检验检疫总局．测绘基本术语(GB/T 14911—2008)［S］. 北京：中国标准出版社，2008.

[2]中华人民共和国住房和城乡建设部．工程测量基本术语标准(GB/T 50228—2011)［S］. 北京：中国计划出版社，2012.

[3]中华人民共和国国家质量监督检验检疫总局．国家三、四等水准测量规范（GB/T 12898—2009)［S］. 北京：中国标准出版社，2009.

[4]国家质量技术监督局．国家三角测量规范（GB/T 17942—2000）［S］. 北京：中国标准 出版社，2000.

[5]中华人民共和国国家质量监督检验检疫总局．全球定位系统（GPS）测量规范（GB/T 18314—2009)［S］. 北京：中国标准出版社，2009.

[6]中华人民共和国水利部．混凝土坝安全监测技术规范(SL 601—2013)［S］. 北京：中国 水利水电出版社，2013.

[7]中华人民共和国水利部．土石坝安全监测技术规范(SL 551—2012)［S］. 北京：中国水 利水电出版社，2012.

[8]岳建平，方露，黎昵．变形监测理论与技术研究进展［J］. 测绘通报，2007(7)：1-4.

[9]廖明生，林珲．雷达干涉测量——原理与信号处理基础［M］. 北京：测绘出版 社，2003.

[10]郭华东，等．雷达对地观测理论与应用［M］. 北京：科学出版社，2000.

[11]皮亦鸣，等．合成孔径雷达成像原理［M］. 成都：电子科技大学出版社，2007.

[12]卢丽君．基于时序 SAR 影像的地表形变检测方法及其应用［D］. 武汉：武汉大 学，2008.

[13]Strozzi T，Farina P，Corsini A. Survey and monitoring of landslide displacements by means of L- band satellite SAR interferometry［J］. Landslides，2005(2)：193-201.

[14]Bernard Ini G，Ricc I P，Coppi F. A Ground Based Microwave Interferometer with Imaging Capabilities for Remote Measurements of Displacements［C］. M GALAHAD workshop within the 7th Geomatic Week and the "3rd International Geotelematics Fair（GlobalGeo）". Barcelona，Spain，2007.

[15]尹宏杰，朱建军，李志伟，等．基于 SBAS 的矿区形变监测研究［J］. 测绘学报， 2011，40(1)：52-58.

[16]王昊，董杰，邓书斌．基于 SARscape 的干涉叠加在地表形变监测中的应用［J］. 遥感 信息，2011(6)：109-113.

[17]邢诚，韩贤权，周校，王鹏．地基合成孔径雷达大坝监测应用研究［J］. 长江科学院 院报，2014，31(7)：128-134.

329

[18] 徐亚明，周校，王鹏，邢诚．地基雷达干涉测量的环境改正方法研究［J］．大地测量与地球动力学，2013，33(3)：41-43.

[19] 张祥，陆必应，宋千．地基 SAR 差分干涉测量大气扰动误差校正［J］．雷达科学与技术，2011，9(6)：502-506.

[20] 孙希龙，余安喜，梁甸农．差分 InSAR 处理中的误差传播特性分析［J］．雷达科学与技术，2008，6(1)：35-38.

[21] 吉增权．分布式光纤温度监测技术与应用[J]．工业工程与技术，2013(14)：39-40.

[22] 王玉田，等．光纤传感技术及应用[M]．北京：北京航空航天大学出版社，2009.

[23] 黄贤武，郁苃霞．传感器原理应用[M]．成都：电子科技大学出版社，1995.

[24] 史晓锋，等．分布式光纤测温系统及其在测温监测中的应用[J]．山东科学，2008，21(6)：50-54.

[25] 豆朋达，等．分布式光纤传感器大坝安全监测系统研究[J]．新器件新技术，2017，17(7)：47-51.

[26] 韩博，等．基于光纤温度传感器的分布式温度测量系统设计[J]．测控技术，2016(9)：20-24.

[27] 朱赵辉，等．光纤光栅位移计组在围岩变形连续监测中的应用研究[J]．岩土工程学报，2016，38(11)：2093-2100.

[28] 李术才，等．海底隧道新型可拓宽突水模型试验系统的研究及应用[J]．岩石力学与工程学报，2014，33(12)：2409-2418.

[29] 陈从平，等．基于视觉机器人的大坝水下表面裂缝检测系统设计[J]．三峡大学学报（自然科学版），2016(5)：72-74，86.

[30] 李剑芝，等．基于光纤光栅定位的全分布式光纤位移传感器[J]．天津大学学报（自然科学与工程技术版），2016(6)：653-658.

[31] 张兴，等．内嵌式微腔光纤法布里-珀罗应变传感器的研制[J]．武汉理工大学学报，2016(1)：80-83.

[32] 中华人民共和国水利部．土石坝安全资料整编规程(SL 196-96)［S］．北京：中国水利水电出版社，1996.

[33] 王德厚．大坝安全监测与监控[M]．北京：中国水利水电出版社，2004.

[34] 吴中如，等．水工建筑物安全监控理论及其应用［M］．南京：河海大学出版社，1990.

[35] 吴中如，朱伯芳．三峡水工建筑物安全监测与反馈设计[M]．北京：中国水利水电出版社，1999.

[36] 岳建平，田林亚，等．变形监测技术与应用[M]．北京：国防工业出版社，2013.

[37] 黄铭．数学模型与工程安全监测[M]．上海：上海交通大学出版社，2008.

[38] 侯建国，王腾军．变形监测理论与应用[M]．北京：测绘出版社，2008.

[39] 岳建平，方露．城市地面沉降监理论与技术[M]．北京：科学出版社，2012.

[40] 余腾，胡伍生，孙小荣．基于灰色模型的地铁运营期轨行区沉降预测研究[J]．现代测绘，2017，40(2)：33-36.

[41] 余兰，岳建平．改进的 BP 小波神经网络预测模型应用研究[J]．甘肃科学学报，2016，28(5)：38-41.

[42]张进平，等．大坝安全监测决策支持系统的开发[J]．中国水利水电科学研究院学报，2003，1(2)：84-89.

[43]李永江．土石坝安全监测技术及安全监控理论研究进展[J]．水利水电科技进展，2006，26(5)：73-77.

[44]黄声享，尹晖，蒋征．变形监测数据处理[M]．武汉：武汉大学出版社，2003.

[45]郑德华，等．三维激光扫描仪及其测量误差影响因素分析[J]．测绘工程，2005，14(2)：32-35.

[46]刘春，等．地面三维激光扫描仪的检校与精度评估[J]．工程勘察，2009，11：56-66.

[47]谢宏全，谷风云，等．地面三维激光扫描技术与应用[M]．武汉：武汉大学出版社，2016.

[48]程效军，等．海量点云数据处理理论与技术[M]．上海：同济大学出版社，2014.

[49]谢宏全，侯坤，等．地面三维激光扫描技术与工程应用[M]．武汉：武汉大学出版社，2013.

[50]李爱萍，等．基于全过程监测的三峡电站19#机组蜗壳钢板应力分析[J]．水电能源科学，2013，31(1)：154-156.

[51]严建国，李双平．三峡大坝变形监测设计优化[J]．人民长江，2002，33(6)：36-38.

[52]段国学，等．三峡大坝安全监测自动化系统简介[J]．人民长江，2009，40(23)：71-72.

[53]胡金莲，曹婉，李天河．三峡大坝14号坝段坝体应力应变分析及预测[J]．水电自动化与大坝监测，2007，31(1)：77-80.

[54]李楠．钢板计在三峡大坝安全监测中的应用[J]．实验技术与管理，2005，22(5)：36-39.

[55]中华人民共和国行业标准．建筑变形测量规范(JGJ/T-97)[S]．北京：中国建筑工业出版社，1998.

[56]张正禄，等．工程测量学[M]．武汉：武汉大学出版社，2005.

[57]陈永奇，等．变形监测分析与预报[M]．北京：测绘出版社，1998.

[58]岳建平，华锡生．大坝安全监控在线分析系统研究[J]．大坝观测与土木测试．2001，1.

[59]李明福，等．长江堤防重要涵闸施工安全监测技术[J]．水利水电快报，2007(17).

[60]马水山，等．长江重要堤防安全监测技术的应用与发展[J]．长江科学院院报，2002(6).

[61]杜国文，刘汉丞，徐德林．小浪底地下工程施工期安全监测技术[J]．水利水电工程设计，1999(2).

[62]刘学敏，等．IBIS-L系统及其在大坝变形监测中的应用[J]．测绘与空间地理信息，2015(7).

[63]边少锋，等．卫星导航系统概论(第二版)[M]．北京：测绘出版社，2016.

[64]王坚，张安兵．卫星定位原理与应用[M]．北京：测绘出版社，2017.

[65]刘志强．GPS/GLONASS实时精密单点定位研究[D]．上海：同济大学，2015.

[66]叶世榕．非差相位精密单点定位理论与实现[D]．武汉：武汉大学，2002.

[67]匡翠林，等．基于PPP技术监测高层建筑风致动态响应[J]．工程勘察，2013，41

（2）：58-62.

［68］姚平. GPS 在桥梁监测中的应用研究［D］. 上海：同济大学，2008.

［69］余加勇，等. 基于全球导航卫星系统的桥梁健康监测方法研究进展［J］. 中国公路学报，2016，29（04）：30-41.

［70］刘志强，等. 大跨径桥梁运营期 GPS/BDS 动态形变监测及分析［C］. 第八届全国交通工程测量学术研讨会，2017.

［71］周家刚，等. 苏通大桥外部变形监测体系设计［J］. 勘察科学技术，2011（4）：49-52.

［72］许映梅，等. 基于小波去噪的苏通大桥索塔 GPS 监测数据分析［J］. 水利与建筑工程学报，2013，11（2）：1-6.

［73］张勤，等. 近代测量数据处理与应用［M］. 北京：测绘出版社，2011.

［74］赵一晗. 大坝形变监测数据分析中若干理论问题的研究［D］. 上海：同济大学，2007.

［75］张文基，等. 大跨径桥梁挠度观测方法评述［J］. 测绘通报，2002，（08）：41-42.

［76］徐芳，等. 利用数字摄影测量进行钢结构挠度的变形监测［J］. 武汉大学学报（信息科学版），2001（3）：256-260.

［77］徐进军，等. 基于地面三维激光扫描的桥梁挠度变形测量［J］. 大地测量与地球动力学，2017，37（6）：609-613.

［78］郭鹏，等. 新型 FMCW 地基合成孔径雷达在大桥变形监测中的应用［J］. 测绘通报，2017（6）：94-97.

［79］姚海敏. 大型桥梁结构变形监测应用研究［D］. 北京：中国地质大学，2009.